集成电路工艺技术丛书

现代电子装联整机工艺技术

（第2版）

李晓麟 著

電子工業出版社
Publishing House of Electronics Industry
北京 • BEIJING

内 容 简 介

本书就电子装联所用焊料、助焊剂、线材、绝缘材料的特性及使用和选型，针对工艺技术的特点和要求做了较为详细的介绍。尤其对常常困扰电路设计和工艺人员的射频同轴电缆导线的使用问题进行了全面的分析。

对于手工焊接的可靠性问题、整机接地与布线处理的电磁兼容性问题、工艺文件的编制、电子装联检验的理念和操作等内容，本书不仅在理论上，还在技巧、案例等方面进行了详细的介绍，具有很好的可指导性和可操作性。值得提及的是，作者毫无保留地将很多工艺技术经验、自创的大量彩色图示、图片都融进了本书中，目的是指导读者轻松把握整机装联技术中大量隐含质量问题的正确处理方式，学会用静态的眼光分析、看透整机质量寿命中的动态问题。

本书最后配有大量彩色插图，非常适合电子装联操作者、工艺技术人员、电路设计人员阅读，同时也可以作为相关技术人员的培训教材使用。

图书在版编目（CIP）数据

现代电子装联整机工艺技术 / 李晓麟著. —2 版. —北京：电子工业出版社，2022.4
（集成电路工艺技术丛书）
ISBN 978-7-121-43100-5

Ⅰ. ①现… Ⅱ. ①李… Ⅲ. ①电子装联－整机 Ⅳ.①TN305.93

中国版本图书馆 CIP 数据核字（2022）第 042715 号

责任编辑：李　洁
印　　刷：北京虎彩文化传播有限公司
装　　订：北京虎彩文化传播有限公司
出版发行：电子工业出版社
　　　　　北京市海淀区万寿路 173 信箱　邮编：100036
开　　本：787×1 092　1/16　印张：18.25　字数：467 千字　彩插：8
版　　次：2011 年 11 月第 1 版
　　　　　2022 年 4 月第 2 版
印　　次：2024 年 7 月第 3 次印刷
定　　价：168.00 元

凡所购买电子工业出版社图书有缺损问题，请向购买书店调换。若书店售缺，请与本社发行部联系，联系及邮购电话：（010）88254888，88258888。

质量投诉请发邮件至 zlts@phei.com.cn，盗版侵权举报请发邮件至 dbqq@phei.com.cn。

本书咨询联系方式：lijie@phei.com.cn。

序

产品制造技术的核心是产品的工艺技术，电子装联技术是电子装备制造基础的支撑技术，是电子装备实现小型化、轻量化、多功能化和高可靠性的关键技术。面对中国已经从全球的制造业大国向制造业强国转化的关键时期，在推进武器装备现代化，加快构建适应信息化、智能化战争和履行使命要求中，电子制造技术正面临着巨大的挑战，同时也并存很多发展机遇。作为电子装备制造业的关键和核心技术之一的整机装联技术，其工艺技术水平的高低，直接影响着产品功能指标的实现，关系到产品的可靠性和产品寿命，决定着产品的质量。质量问题的改进，更应标本兼治。如何治？怎么治？电子装联技术能力的提升就是其中重要的环节之一。

因此造就一支高素质的电子装联队伍，打造一大批能工巧匠式的人才是当下最紧迫的需求，未来电子制造人才必须掌握专业知识，夯实其技术基础、苦练内功，提高个人的制作技能，助力我国电子制造业迅速屹立于世界电子制造强国之巅。此书的再版正是适应了这种需求。

编著者在从事电子装联技术工作中积累了丰富的实践经验。在总结几十年工作经验的基础上，从电子装联工艺技术的规范化、标准化和实用性入手，对整机装联技术的描述针对性强、简明实用，既有理论阐述，也有生产过程中操作性问题的处理，向读者提供了操作技巧和工艺数据，并站在读者更容易掌握并效法实施的角度，以图文并茂的生动讲解方式，引导读者进入一个领悟工艺技术的境界。

他山之石，可以攻玉。相信该书的再版对电子装联工艺技术一定会具有很好的指导意义，同时也将对我国电子装备生产质量的把关和提升起到积极的促进作用。编著者一辈子都在我们二十九所工作，也曾是我的同事，作为现在仍工作在电子装备信息领域的我，对此书的再版，表示热烈的祝贺！对为此书付出大量心血的编著者表示衷心的感谢！对电子工业出版社为电子装联制造行业呈现给读者一本可指导性、可操作性的难得好书向其致敬！

中国电子科技集团公司第29研究所所长

2021年7月

自序

我于1977年东南大学无线电技术专业毕业，到中国电子科技集团公司第29研究所（简称29所）从事电子装联工艺技术工作，一直到2007年年初退休。

2007年4月我受聘于现在的工业和信息化部4所，主编了GJB/Z 162—2012《多芯电缆装焊工艺技术指南》、GJB/Z 163—2012《印制电路装焊工艺技术指南》两项国军标。

在编制国军标的同时，开始为北京的一家专业培训公司讲授电子装联工艺技术培训课（社会公开课、企业内部培训课），一直到现在。

在编制国军标和授课期间，我与电子工业出版社合作出版了“电子装联工艺技术丛书”，即《整机装联工艺与技术》《多芯电缆装联工艺与技术》《印制电路组件装焊工艺与技术》《电子装联常用元器件及其选用》。十多年过去了，这些书在业界仍然是比较抢手和受欢迎的。

2014年10月到2020年年初我又受聘于一家私人企业做电子装联工艺技术工作（主要针对29所的产品）；2018年下半年，受聘于29所的一个下属公司从事电子装联工艺技术工作到现在。

纵观我的职业生涯，从青年到暮年，一直都在与电气装配焊接（特别是整机和系统级电子装联）打交道，与军用电子设备的制造、生产共发展。目睹了近几十年电子装联的装配、焊接、压接、布线等技术，由于不同的企业对标准/规范的理解程度的差异，导致制造出来的电子设备产品的可靠性和寿命也存在差异。

电子装联技术中的软钎焊接技术，其整机、模块、系统中的布线千差万别、千奇百怪，不可能靠特定的标准、规定的尺寸对其进行质量定位。这类技术的质量，很多时候是一种隐含质量，是会随着时间的推移以及物理、化学变化而改变的。

在十几年的社会公开课，以及企业的内训课中，通过与来自军工、航空、航天、民用等单位的电路设计人员、工艺人员、一线操作者、检验人员的交流，深深感到在电子装联的制造业中还存在着以下一些突出问题。

一是当下电子装联技能人才的奇缺问题（特别是整机装焊人员）。

现有的技术人员技能水平参差不齐，优秀人才不多。他们中的绝大多数人迫切想在技能操作上提升自己，但往往又苦于没有实战经验的老工艺师指导。这些人在每次的培训课中全神贯注地听我讲课，有时甚至还带着单位棘手的问题到现场向我请教，表现出对电子装联知识的渴求与热情。他们的这种精神使我一次次被感动、被鞭策，促使我把课讲好，尽量与实际工程贴近。很多学员在工作中遇到不好解决的问题，还常常给我打电话进行咨询。每每这些时候，我都义无反顾地，不惜花时间给予支持。

二是对电子装联中的软钎焊接技术没有真正搞懂。

电子装联技术操作者对软钎焊接的理解大多停留在表面，以为只要把两种金属连接在一起就可以了，完全不明白两种金属连接在一起的可靠性及如何把握等问题。因此导致很多电子产品中的焊点外观大多都是“胖乎乎”的，有种堆积感。这个问题非常普遍，并且很多电子装联工艺技术人员、质量把关人员对此也没有一个清醒、正确的认识，只追求“胖乎乎”的焊点，生怕焊锡少了不可靠。一些人总认为，焊料就像浆糊一样，用烙铁沾点“浆糊”就可将需要焊接的东西连接在一起，只要拉不断，日后也能通过电测试，因此，根本就不重视软钎焊接技术的学习和培训，这也是一些私企随意招募电子装联工，然后很快上岗的原因之一。

而电子设备中软钎焊接的权重是非常大的，设备整体质量的高可靠性均取决于成千上万个小小的焊点。这也是为什么我们的电子产品及电子设备在技术性能、功能上具有先进性，但在高可靠性、寿命方面表现得不尽人意的原因之一。

三是不可制造性设计带给电子装联的质量风险问题。

在电子设备、电子产品的装联中，常常会遇到一些不符合工艺技术要求的不可制造性问题。这些问题往往在设计阶段就已经“潜伏”下来，到了生产线上，问题就暴露出来了，可是由于生产任务、生产计划的制约，这些不可制造性设计问题，不可能重新设计、重新更换产品（除非严重、完全不可生产的产品），一般情况下就只能由工艺师在现场“救火”。虽然很多时候这些“火”在损失效益、成本的情况下，能被工艺技术人员给处理了，但是这中间隐含的质量风险问题就很难说了，因为这取决于“救火人员”的判断力和水平，以及如何对具体问题的处理能力。

目前，不可制造性设计的问题在业界具有一定的普遍性，在生产线上时有发生。这些问题给电子设备带来的隐含质量风险，常常不被重视。

不可制造性设计带给企业的不仅仅是利益的损失，还会直接威胁电子设备，特别是军用电子设备的质量，在“时机成熟”的环境条件下让使用者欲哭无泪，甚至“愤怒”！类似的这种教训不是没有。怎样才能提高 DFM（可制造性设计）呢？那就需要设计师必须懂点电子装联工艺的制造要求与规范，了解本单位的加工装备、制造流程。特别是新产品、新技术及第一次使用的元器件、零部件的装配、焊接，应多与电子装联工艺师沟通，也就是我们常说的加强工程应用。

对于工艺人员来说，应该尽量亲临生产线，不可制造性的问题一旦发生，必须让设计师到位，让他们知晓问题及如何解决，工艺规范和标准对这些问题的要求是什么，以后怎样避免。只有这样，才能让年轻的设计师快速成长，才能使单位的设计、生产步入比较良性的循环，才能争取利益最大化。

四是现有电子装联工艺人员的队伍建设问题。

这是一个老生常谈的问题。由于历史原因，电子装联工艺人员的队伍一直不被“看好”。学校没有专门的专业，单位搞设计的人员没人愿意从事电子装联工艺。我到 29 所被分配在第三研究室搞终端设计，可是不到几个月就被“约谈”搞起了电子装联工艺，由此我组建了 29 所的电子装联工艺专业，并在这个岗位独立工作了 13 年多（其间组织也在筹人支援，可是当时不被看好的专业就是没人愿意干），没想到我一直干到了现在。这中间我也产生过看不起自己，甚至觉得低人一等的感觉（20 世纪八九十年代，坊间流传着设计老大、结构老二、工艺老三的说法），不仅仅收入比别人低，而且还必须经常处理大量生产线上非常繁杂的日常工作。

另外，搞工艺的不仅要同总体设计师、分机设计师、各电路设计师、调试人员、产线人员、质量管理人员、物资保障人员等打交道，还有可能在所检、军检中随时被“传讯”到现场处理问题，特别是设备在例试、联试过程中出现任何有关电子装联问题时，经常需要放下手中的事情，立刻去配合处理，没有喘息的时候。而搞电路设计的人只需承担电路系统中某个专业领域的设计，打交道的面少，分机交付、系统完成后，多少总有一些喘息的时间。重要的是，地位比搞工艺的高，因此要让一个搞电路设计的人员来做电子装联工艺是何其难啊！几十年下来，造成现在电子装联工艺队伍人员不足的尴尬局面。如今随着中国制造业，特别是电子工业的腾飞，电子装联工艺人员严重不足，电子装联操作者的技能水平亟待提升。

一名工艺人员的培养不是一朝一夕的事情，需要借助实战经验中大量知识的累积，才能对生产线上五花八门的、标准中不可能具体涉及的问题随时“拍板”“画押”。

以上四个方面的问题是我在退休后这十几年授课及企业内训中的经历和常思考的问题。这些问题使得国内高速发展的电子制造业与“工匠人员”奇缺的矛盾日趋凸显，并且正在严重制约着“中国制造”的进程。

从事一辈子的电子装联工艺工作，让我深深体会到，工艺就是搞生产制造，通过语言讲解，再配有相应的图片引导读者“怎么才做得好”“做到什么程度”才是比较有效的。因此，书中的很多地方我都非常用心，在专业图片设计人士的帮助下，绘制了大量的彩色图示图片，对理论方面的讲解、操作方面的做法给予了“理论联系实际”的示范。

最后呈献给读者以下几句话共勉：

书中教你的很多东西，但不能代替你实践。

书中尽量让你开悟，但不能强迫你学习。

书中向你描述焊点的外观，但不能代替你拿烙铁。

书中告诉你布线的原则，但不能替你选择长短。

书中分享的我对整机接地的做法，但不能替你做决定。

书中教你分清产品的对错，但不能替你判断放行与否。

书中让你体会到质量的重要，但不能让你做到好质量的永恒。

书中毫无保留地奉献，但不能永远给你指明方向。

书中让你感悟到做一个工匠的价值，但不能替你实现它。

注：正文配图中标有“*”的均在书后附有对应彩图。

再版说明

时隔 11 年了，这本有关电子装联整机工艺技术的专业书终于又和读者见面了。感谢多年来许多读者对我的支持及对此书的认可。从“自序”中大家可以了解到，我至今仍忙碌在电子装联一线。由于这次时间要求短，只能做一些局部的修订，仅在原有的 8 章基础上增加了“电子装联技术的检验”一章，使本书在整机装联上更加完善了。没有做大的修改，也是因为电子装联的整机装配焊接，其所有的关键技术应该说在第 1 版中都涵盖了，这些几乎完全依赖手工操作的技术，配备了相关的彩色图片加以说明，在今天甚至在今后仍然都是适用的。

本书对于从焊料开始到电子装联所用材料及特性、手工焊接技术、整机接地技术与布线处理、工艺文件的编制、检验的基础知识及怎样做好整机检验工作等都进行了详细的说明，有理论知识、有实践、有技巧，配合图文并茂的解说，非常具有指导性、可操作性。

本书虽然是介绍电子装联工艺技术的，但也值得电路设计师对本书所涉及的这些难得的“工程知识”进行借鉴。因为一个好的产品设计师，首先应该是一个好的工艺师。一个不懂制造技术的设计人员不可能设计出一个好产品。要成为一名优秀的设计师，其必要条件之一是应具备比较全面的工艺知识。任何一种产品在设计时，不仅要照顾用户的功能要求，同时还应考虑如何满足制造工艺的要求，设计图纸必须具有可制造性、良好的工艺性，否则难以达到预期的技术指标和经济效果，最终致使产品缺乏市场竞争力。这正是当下倡导的 DFM（可制造性设计）。

另外，人才的教育和培训是离不开教材的，为了更好地为企业培养大量有用、好用的技能人才，为电子装联业内人士继续提高技能水平，以及方便电子装联工艺人员参考，我将这一辈子从事的电子装联工艺技术结合工作实践进行总结，目的是指导读者把握整机装联技术中大量隐含质量问题的正确处理方式，学会用静态的眼光分析、搞清整机质量寿命中的动态问题。

本书的再版得到了中国电子科技集团第 29 所现任所长高贤伟的关心与支持，他在百忙之中为本书撰写了序，在此向他表示诚挚的、深深的谢意！

在本书再版之际，仍然要向我的父亲李维先教授致敬，他是中国十名中等专业教育专家之一（教育科学出版社，1983 年“中华人民共和国教育大事记 1949—1982”：1979 年 12 月 30 日按照联合国教科文组织的要求，我国向该组织提供十名中等专业教育专家人名录）。他于 1993 年因心肌梗塞突然离开了我们，在此向我最亲爱的父亲深深地鞠上一躬！是他的在天之灵激励着我，给我智慧，鼓舞着我完成了他的心愿。退休后十几年来的培训课，总感到有父亲与我“同站讲台”的感觉，可能就是这种感觉让我的课倍受学员们喜爱。永远思念着的父亲，在飘渺天际的您一定能看见女儿书中闪现着您的智慧之光！

本书大量精美的图片由专业美术设计师王宇先生完成。是他高超的专业技能与对本书技术内容的深刻理解和悟性，使本书熠熠生辉！

在此，还要感谢曾为本书提供帮助的 29 所宋冬、肖剑锋、杨红云，成都晨光化工研究院的薛树满等人的大力支持。

编著者

李晓麟

目录

Chapter 1

第1章 电子装联技术概述

纵观世界制造业，同样的电路图纸，同样生产电视、冰箱、空调、计算机、汽车，但装焊后的整机，有的好调，不费事、不费时，而有的总是调不出来或技术指标达不到要求，于是换这个元件、试那个器件，造成电子设备的寿命指标和可靠性产生极大的差异，目前这种情况在电子制造业时有发生，也是电子产品的“常见病”“多发病”。

同样的生产线、同样的设备，同种类型的产品在不同的国家制造，其结果有时会产生很大的差异。按照电路图纸进行组装连接，以达到各项电气性能指标的最佳状态，这就是装联工艺技术。这是一种电路图纸无法表达的专业技术，更是一种把设计要求质量和可靠性有效体现在产品上，从而使产品获得稳定质量的技术。因此，要医治生产中的“常见病”“多发病”，必须从电子装联工艺学、生产制造技术等方面来控制产品的制造质量。

1.1 电子装联工艺与技术

在 QJ2828 标准中对电子装联术语的定义是：电子电气产品在形成中采用的装配和电连接的工艺过程。

这里强调了“装配和电连接”与“工艺过程”。其实“装配和电连接”就是“电子组装和电气互联”；“工艺过程”就是工艺技术。

电子装联技术是电子装备制造的实体技术（针对机箱、机壳而言），因为采用这种技术生产出来的产品便是整机、系统、大系统，或者至少是模块级的电子产品（具有一定独立功能）。所以装联技术是衡量一个国家综合实力和科技发展水平的重要标志之一，是电子装备实现小型化、轻量化、信息化、多功能化和高可靠性的关键技术。

1.1.1 电子装联工艺的定义

电子装联工艺的定义：现代化企业组织大规模的科研生产，把许多人组织在一起，共同、有计划地进行电子电气产品的装配和电连接，需要设计、制定共同遵守的电子装联法规、规定，这种法规和规定就是电子装联工艺技术，简称电子装联工艺。

电子装联工艺所涉及的范围包括整机/系统级电子设备，模块/部件级电子设备（含单元模块、板级电路模块、微波电路模块、射频电缆组件、多芯电缆组件/部件等），以及支撑上述整机/系统级电子设备和模块/部件级电子设备的基础零部件及材料（含基板、元器件、材料、辅助材料、线缆等）。

1.1.2 电子组装的定义

电子组装的定义：根据成熟的电路原理图，将各种电子元器件、机电元器件及基板合理地设计、互连、安装、调试，使其成为适用的、可生产的电子产品（包括集成电路、模块、整机、系统）的技术过程。

电子组装是一门集电路、工艺、结构、组件、器件、材料紧密结合的多学科交叉的工程学科，涉及集成电路固态技术、厚/薄膜混合微电子技术、印制电路技术、通孔插装技术、表面组装技术、微组装技术、电子电路技术、热控制技术、封装技术、测量技术、微电子学、物理、化学、机械、材料科学等。

1.1.3 电气互联的定义

进入21世纪后，电子装联技术由电子组装扩展到电气互联。电气互联技术的定义是：在电、磁、光、静电、温度等效应和环境介质中任何两点（或多点）之间的电气连通技术，即由电子、光电子器件、基板、导线、连接器等零部件，在电磁介质环境中经布局布线制成的电气模型的工程实体的制造技术。

电气互联技术这一历史性的技术革新，使原来以单纯的组装、焊接为特点的电子装联技术发展到电子技术与信息科学、集成电路与精密工艺学、热传导学与流体物理学、金属材料与化学、机械工程与自动控制、可靠性工程与系统工程等相互联系的、范围广泛的、多学科技术在内的，囊括了电、磁、光电、静电、机电和温度等效应的电子工程系统制造技术。

电气互联的这种先进制造技术是当代信息技术、综合自动化技术、现代企业管理技术和通用制造技术的有机结合，是传统制造技术不断吸收机械、电子、信息、材料、能源及现代管理技术方面的成果，并将其综合应用于开发、设计、制造、检测、管理及售后服务等制造全过程，实现优质、高效、低耗、清洁、灵活生产，获得理想技术经济效果的制造技术的总称。

1.2 电子装联技术发展史

电子装联技术随着电子封装技术的发展而发展，因为一代封装形式决定了一代装联技术，所以装联技术的发展史就必须从元器件的封装史谈起。

电子装联技术几十年来经过了五个发展阶段和通孔插装、表面组装及微组装三次变革，从20世纪50年代的电子管到60年代与集成电路同时出现的THT（通孔插装技术），然后被80年代的SMT（表面组装技术）所代替，IC（集成电路）封装由DIP（双列直插式）向SOIC（小外形封装集成电路）、PLCC（J形引脚器件）方向发展。90年代是IC封装的迅速发展时期，IC

封装从周边端子型（以QFP器件为代表）向球栅阵列型（以BGA、CSP器件为代表）转变。进入21世纪后，现代芯片封装技术发展日新月异，快速地推动SMT迈入后SMT（post-SMT）时代。一些超高性能、超微型化、超薄型化的产品异军突起，已经使得传统的SMT概念及流程操作越来越显得无能为力。目前这些技术还在向纵深发展，与微组装技术交织在一起，成为装联界人们关注的焦点，也是电子装联技术最新的发展动向。

电子装联技术发展历程见表1-1。

表1-1　电子装联技术发展历程

历　程	电子封装技术	电子装联技术
第一代	电子管时代（20世纪50年代）	分立组件，分立走线，金属底板，电子管，接线柱，线扎，手工THT
第二代	晶体管时代（20世纪60年代）	分立组件，单层/双面印制电路板，手工THT
第三代	集成电路时代（20世纪70年代）	IC，双面印制板，初级多层印制板，初级厚/薄膜混合集成电路，波峰焊
第四代	大规模/超大规模集成电路时代（20世纪80年代）	LSI/VLSI/ALSI，细线多层印制板，多层厚/薄膜混合集成电路，HDI技术（高密度组装技术），SMT，再流焊
第五代	超大规模集成电路时代（20世纪90年代）	BGA，CSP，SMT，MCM（多芯片组件），3D技术（立体组装技术），MPT（微组装技术），DCA技术（直接芯片组装技术），TAB技术（载带焊技术），无铅焊接技术，穿孔回流焊技术，选择焊技术，乳化半水清洗技术，激光再流焊技术，金丝焊技术，凸点制造技术，Flip-Chip技术（倒装焊技术）

1.3　电子装联技术的分类

电子装联技术的分类有两种：其一，按其组成结构特征和产品层次规定划分；其二，按组装技术划分。

按其组成结构特征和产品层次规定划分见表1-2。

表1-2　装联技术按组成结构特征和产品层次规定划分

装配类别	说　明
印制电路板组装件装配	把通孔元器件和表面安装元器件插装或贴装到印制电路板上并进行焊接的一种装配
结构组件（部件）装配	把结构零件、部件通过紧固件或焊接、铆接、胶接连接起来的一种装配
电气组件（部件）装配	除印制电路板以外的其他电气装配，例如，高、低频电缆装配，元器件（开关、按钮、电连接器等）和面板结构组件的组合装配（包括钳装和在这些元器件上焊接元器件和导线）变压器、电感线圈、屏蔽盒焊接等
整机（单元）装配	将机械和电气零件、部件、组件、导线按预定的设计要求相互进行组装连接的一种装配

按组装技术划分为：常规电子装联技术——通孔插装式印制电路板装联技术；新一代电子装联技术，即后SMT表面组装技术。

新一代电子装联技术如图1-1所示。

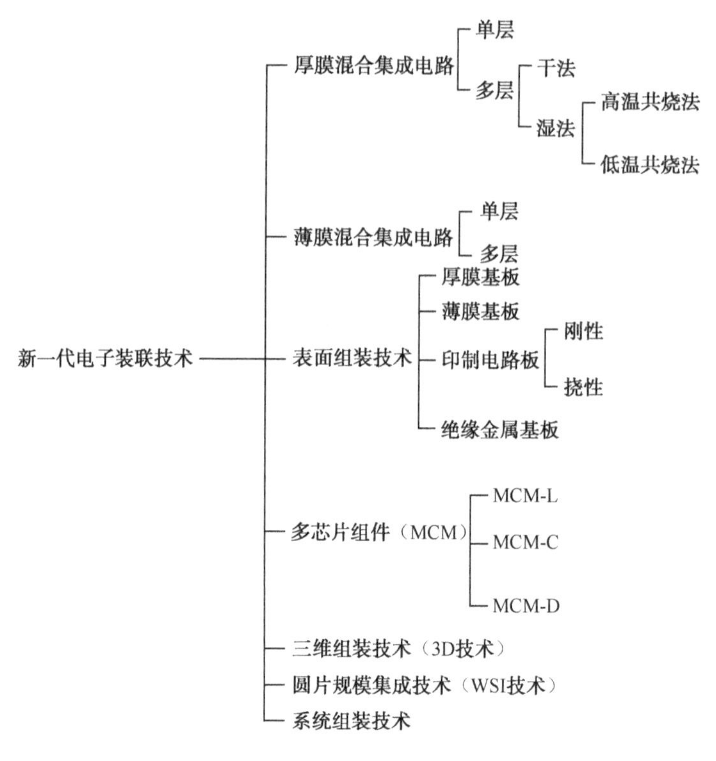

图 1-1　新一代电子装联技术

新一代电子装联技术包含组装技术、组装工艺、结构设计、互连基板、元器件、专用设备、材料、测试、可靠性等。可见电子装联技术是一个需要与多个领域发生联系、包含多学科内容的一门技术。

Chapter 2

第2章 焊接材料的选用及要求

在电子装联行业中，广泛使用的焊接材料是锡铅焊料，这几年由于环境保护的要求，提出了无铅焊接的概念，由于无铅焊接技术的工艺窗口非常窄，焊点长期质量问题不能很好地解决，因此，军工产品、要求高的电子设备产品至今是不允许采用这种技术的。本书所涉及的焊料及焊接技术都是以电子装联传统使用的锡铅焊料进行讨论的。

2.1 概述

传统的焊料是易熔化的金属，用以填满两种金属连接处的间隙，在它们表面形成合金层，使焊料与被连接的金属形成一个牢固的整体。在电子装联技术中所用的焊料都是易熔的合金，通常合金由两种或两种以上的金属构成软钎焊料，其产品包括焊料、焊剂及焊料与焊剂相结合的制品。利用软钎焊料与母材金属表面原子间的相互润湿作用，在低于母材金属熔点的温度下把两种金属连接到一起的技术称为软钎焊。

焊接技术最早可追溯到公元前的古埃及时代，古代的焊接方法主要是铸焊、钎焊和锻焊。随着近代电子工业的发展，软钎焊和焊接材料得以迅猛发展。如今焊料已成为电子装联技术中最常用的焊接材料了。比如浸焊、波峰焊、再流焊、手工焊接等，焊料已成为必不可少的重要工艺材料之一。

在国际标准 ISO 9453（由 ISO/TC44 焊接及其联合加工技术委员会起草）中对焊料的规定是：

硬钎焊——熔点高于 450℃；

软钎焊——熔点低于 450℃。

因此，在电子装联中人们常常把焊接中所用焊料称为软钎焊料，也把这种焊接技术称为软钎焊接技术。

2.2 焊接材料

2.2.1 常用焊料

焊料按其组成成分，有锡铅焊料、银焊料、铜焊料；按照使用的环境温度有高温焊料（电子设备在高温环境下使用的焊料）、低温焊料（电子设备在低温环境下使用的焊料）。在实际使用中应根据电子产品的组成情况、组装工艺要求等对焊料进行正确的选取和应用。

1）常用的焊料形状

在电子装联焊接工艺中常用的焊料形状有棒状、丝状、膏状和预成形焊料。这些不同的焊料形状各有其用途。

（1）棒状焊料。

棒状焊料又称条状焊料，主要用于浸渍焊和波峰焊。使用时直接将棒状焊料熔于焊接设备的焊料槽中，根据焊料合金成分控制所需焊接温度。

（2）丝状焊料。

丝状焊料主要用于烙铁焊接，可制成实心状焊料，也可制成有芯焊料，中空部分填装活性焊剂和树脂，起助焊作用。这种中空的锡铅焊料通常又称为焊锡丝。

（3）膏状焊料。

膏状焊料一般称为焊膏，主要用于再流焊，是 SMT 焊接工艺的主要焊料形式。关于焊膏的详细知识将在本章 2.4 节中专门介绍。

（4）预成形焊料。

预先将焊料制成片状、盘状、带状、环状和球状等不同形状，根据需要选用。

关于焊料的形状，在国际标准 ISO 9453 中规定了软钎焊料在产品单元中的制造要求与化学成分。产品单元随焊料变化表见表 2-1。

表 2-1　产品单元随焊料变化表

焊料形状	产品单元
锭、条、板、棒、杆	以单一的锭、条、板、棒、杆为单位
丝状	以单一的卷为单位
精制的预成形件，环、球或粉材	以每一包装量为单位

电子装联中使用最多、最广泛的是焊锡丝。焊锡丝是在丝的芯灌注配制好的助焊剂，灌注一股的称为单芯焊料，灌注两股的是双芯焊料，最多灌注三股。目前双芯和三芯助焊剂的焊锡丝已基本不用了，主要使用单芯焊锡丝。这种带助焊剂芯的焊锡丝如图 2-1 所示。

在实际操作中，对规格不同的焊锡丝应该根据产品的焊接端子大小进行选择，这样可以提高焊接效率，并保证焊接质量。一个大的焊接端子如果采用很细的焊锡丝焊接，需要不断地送焊锡丝，这样就会延长焊接端子的加热时间，这种做法对焊接质量是十分不利的。

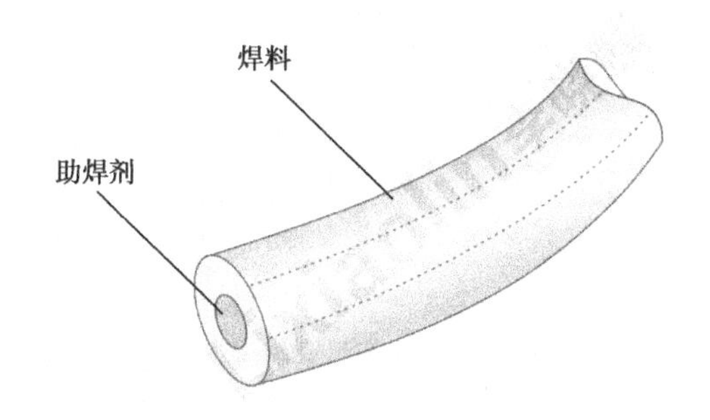

图 2-1　带助焊剂芯的焊锡丝

表 2-2 提供了一个焊接端子大小与焊锡丝的选择表，以供参考。

表 2-2　焊接端子大小与焊锡丝的选择表

	被 焊 对 象	焊锡丝直径/mm
1	印制电路板焊接点	0.5～1.2
2	小型端子与导线焊接	1.0～1.2
3	大型端子与导线焊接	1.2～2.0

2）常用的合金焊料

按合金的主要成分来看，焊料有以下几类。

（1）锡-铅（Sn-Pb）系焊料。

这种焊料品种繁多，使用广泛，目前仍是电子装联工艺和表面组装工艺中最常用的焊料。后面会对这种焊料有专门介绍。

（2）锡（Sn）系焊料。

锡系焊料的组成中不含 Pb，而是在其中加入 Au、Ag、Sb 等金属，属于高温焊料。

（3）铅（Pb）系焊料。

铅系焊料的组成中不含 Sn，与 Au、Ag 和 Sb 等形成共晶合金，但因生成脆性的金属间化合物，机械强度差，当 Pb 含量偏高时毒性较大。

（4）铝（Al）系焊料。

铝系焊料主要以 Al-Si 或 Al-Ge 合金的形式被使用，它们的熔化温度高。

（5）金（Au）系焊料。

Au 的电性能优良，化学性能稳定，但其与 Sn、Pb 系金属间生成的化合物存在机械性能差的缺点，且价格昂贵。如在 Au 中加入 20%的 Sn，则熔点下降至 280℃，变成润湿性很好的焊料，具有稳定的化学特性和机械特性。

（6）铟（In）系焊料。

铟系焊料最大的特点是熔点低，与 Sn 相比，In 对 Ag、Au 和 Pb 的溶蚀作用小，常用于混合电路的焊接。但因 In 的价格昂贵，仅限于一些特殊用途。

2.2.2 装联工艺对焊料的选择要求

电子装联焊接工艺对焊料的选择有以下要求：

（1）熔融焊料必须对被焊接金属表面具有良好的润湿性，表面张力小、流动性好，有利于焊料均匀分布，有好的结合强度。

（2）熔点要低，特别是对印制电路板上元器件的焊接，工艺要求在温度不高的条件下进行，以保证元器件不因受热冲击而损坏。如果采用熔点在180～190℃的焊料，实际焊接温度就需在230～250℃。对于大部分集成电路器件来讲，规定的最高焊接温度为230℃，焊接时间不超过10s。有些热敏感器件需要采用低温焊料进行焊接，要求焊料的熔点温度在150℃左右。

（3）凝固时间要短，有利于焊点成形，便于操作（满足这个要求的只有Sn63/37焊料，后面有专门描述）。

（4）焊点外观好，且便于检查。

（5）导电性好，并有足够的机械强度。

（6）抗蚀性好，应保证产品在高温、低温、潮湿、盐雾等恶劣环境下正常工作。

2.3 锡-铅冶金学特性

锡-铅系焊料的应用已有悠久的历史，至今仍是电子装联领域中最通用、质量最稳定、焊接后连接点最理想的焊接材料。把两种金属连接在一起的方法很多，但为什么锡-铅合金受到人们的青睐而使用至今？这要归功于锡、铅这两种金属的物理和化学性质及锡-铅合金的特性。

2.3.1 锡的物理和化学性质

锡是银白色有光泽的金属，在常温下锡耐氧化性能好，暴露在空气中时仍保持其光泽，且延展性好，晶粒结构比较粗。锡的熔点为231.8℃，沸点为2270℃，密度为7.29g/cm^3。

当弯曲锡棒时，由于其晶粒界面相互摩擦，可发出“锡鸣”的奇特声音。锡是一种质软、低熔点金属，相变点温度为18℃，低于这个温度时变成粉末状的灰色锡，通常称为α锡，这种α锡具有金刚石型晶格的金相结构，这时质地开始变脆。当温度高于相变点时，变成白色锡，通常称为β锡，呈体心立方晶格，这时质地变软，富有延展性，平时我们使用的锡都为相变点以上的β锡。从β锡到α锡的相变速度，受相变温度和锡中所含杂质的影响很大。当添加0.1%铋时，一般认为能防止相变，而锌、铝、镁、锰等杂质则会使相变速度加大。α锡的形成会导致锡瘟，添加某些金属会降低发生锡瘟的危险性。例如，美国国家标准QQ-S-571中要求钎料中添加0.25%锑，以防止α锡的形成。

锡还具有以下物理和化学性能：

（1）在大气中有较好的耐蚀性，不会失去金属光泽；

（2）锡不会受水、海水、氧、二氧化碳和氨气的作用，并能抵抗中性物质及一般有机酸的腐蚀；

（3）强酸和强碱对锡有腐蚀作用；

（4）不能抵抗氯、碘、苛性钠、苛性钾等物质的腐蚀；

（5）锡对人体是无毒害的；

（6）锡能加工成厚度很薄（0.01mm）的箔材，但它不能拉成细丝状。

2.3.2　铅的物理和化学性质

铅是一种质地柔软的蓝灰色金属，刚暴露的金属表面具有光亮的金属光泽，但在空气中该表面会很快变质，呈暗灰色。这层暗灰色的氧化膜附着力非常强，保护其底层金属免受环境的进一步侵蚀，使铅具有耐受多种化学和环境腐蚀的独特性能。铅具有面心立方晶格，很容易加工成形。它的熔点是 327.4℃，沸点为 1725℃，密度为 11.34g/cm^3。

铅的其他化学和物理性质如下：

（1）导电、导热性能差；

（2）塑性优异，铸造性好，并具有润滑性；

（3）高纯度的铅耐腐蚀性极强，化学性能稳定，氧、海水、食盐、苯酚等对其无作用，醋酸、柠檬酸和盐酸等对其稍有腐蚀，硝酸和氧化镁等对其有强腐蚀作用；

（4）对人体有害，铅本身不会被人体吸收，但它的可溶性化合物，如氯化铅、硝酸铅、醋酸铅等毒性很大；

（5）在常温下铅很容易加工成铅板和铅箔，但不能拉伸。

为方便比较和查看，用表格形式将以上锡和铅的特性表示出来。锡和铅的物理特性对照见表 2-3。

表 2-3　锡和铅的物理特性对照

特　性	锡	铅
密度/（g/cm³）	β锡（15℃）7.29 α锡（1℃）5.76	11.34（99.9%，22℃）
熔点/℃	231.8	327.4（99.9%）
沸点/℃	2270	1725
比热容/（cal/（g·℃））	β锡（0～100℃）0.0534 α锡（8～13℃）0.0493	0.0305
热导率/（W/（m·K））	0.16（20℃）	0.083（20℃）
结晶结构	α锡金刚石型晶格 β锡体心立方晶格	面心立方晶格
膨胀系数/（40℃）	2.234×10^{-5}	2.93×10^{-5}
电导率/（S/m）	13.9	7.91
温度系数/（1/℃）	4.47×10^{-3}（0～100℃）	3.36×10^{-3}（20～40℃）

2.3.3 锡-铅合金焊料的特性

锡和铅形成的二元合金，是电子装联工艺中广泛采用的主要焊接材料。

在焊接过程中，锡与被焊金属反应形成合金，是此过程的“主角”，而铅在任何情况下通常不发生反应。那为什么在焊料中人们要把铅作为重要的组成部分呢？在锡中加入铅并形成合金后，这种二元合金所体现的特性是锡、铅单独存在时不可能具备的。从以下锡-铅合金的特性中不难找到答案。

（1）降低熔点，改进操作性能。

锡的熔点为 231.8℃，铅的熔点为 327.4℃，但锡-铅合金的熔化温度可低至 183℃。熔点低对保护元器件和焊接操作都极为有利。

（2）减小表面张力和黏度。

由于表面张力和黏度的减小，增加了焊料的流动性，改善了润湿性，对焊接有利，表 2-4 中列出了 Sn-Pb 组成比例不同时对表面张力和黏度的影响。

（3）改进机械特性。

锡和铅的抗拉强度分别为 15MPa 和 14MPa，而锡-铅合金的抗拉强度可达 40MPa 左右。同样，剪切强度也有明显提高，锡和铅的剪切强度分别为 20MPa 和 14MPa，锡-铅合金的剪切强度则达到 30～35MPa，焊接后还会变得更大。这样一来，焊接后两种金属间的结合机械特性得到了很大的改善。

（4）增加了防氧化能力。

由于锡中加入了铅，发挥了防止焊料氧化的作用，减少了氧化量。这个特性对采用波峰焊接工艺来说特别有意义。

（5）抗蚀性、导电性。

锡-铅合金在一起就会保持很好的抗蚀性，并有较好的导电性。随着锡含量的增加，电导率越来越好，表 2-5 中列出锡铅焊料不同比例组成时的物理特性。

（6）锡-铅合金的经济性较好。

表 2-4 Sn-Pb 组成与表面张力和黏度的关系表

铅/%	锡/%	温度/℃	表面张力/（nN/m）	黏度/（Pa·s）
0	100	290	545	0.0165
20	80	280	514	0.0192
37	63	280	490	0.0197
50	50	280	476	0.0219
58	42	280	474	0.0229
70	30	280	470	0.0245
80	20	280	467	0.0272
100	0	390	439	0.0244

表 2-5　锡-铅焊料物理特性表

合金成分/%		熔点/℃		密度	抗拉强度	抗剪强度	延伸率/%	电导率	电阻率
锡	铅	固相线	液相线	/（g/cm^3）	/（kg/mm^2）	/（kg/mm^2）		/（S/m）	/（μΩ·m）
100	0	232	232	7.29	1.49	2.02	55	13.9	10
63	37	183	183	8.46	5.41	3.80	28～30	11.5	14.99
70	30	183	186	8.17	5.48	3.52	20.0	12.5	13.79
60	40	183	188	8.52	5.34	3.94	27～40	11.5	14.99
50	50	183	214	8.90	4.36	3.66	38～98	10.9	15.82
40	60	183	238	9.28	3.80	3.37	39～15	10.1	17.07
20	80	183	277	10.04	3.37	2.95	22.0	8.7	20.50
0	100	327	327	11.34	1.42	1.39	39		

2.3.4　锡-铅合金态势图的揭示

金属相图使我们可分析平衡状态下各种不同成分合金系在不同温度下的各种不同相之间的相互关系，是理解合金的理论基础。根据传统的锡-铅合金相图，为了更好地反映这种二元合金在不同锡铅比例下的金相情况，图 2-2 是制作成的相关图示，随着色差、光泽度的变化，反映出了锡-铅二元合金相变随温度和成分之间的变化关系。图中重点突出了共晶点 *B*，同时图中也标出了焊料应用中的关键数据。

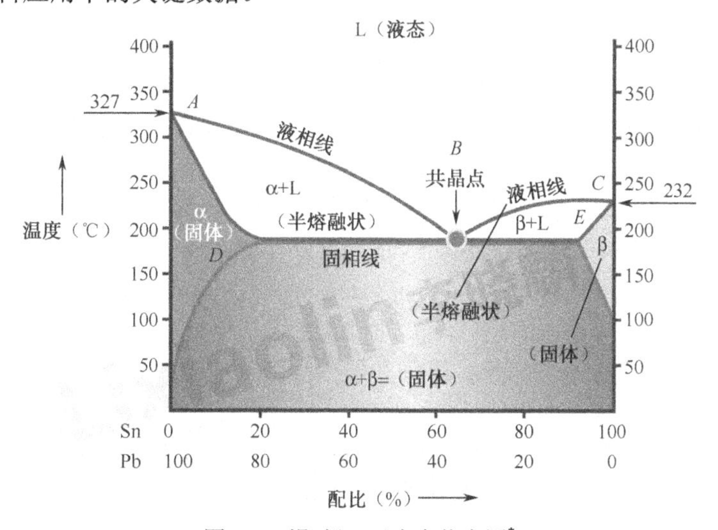

图 2-2　锡-铅二元合金状态图*

从图 2-2 中可以看出，只有纯铅 *A* 点（熔点为 327℃）、纯锡 *C* 点（熔点为 232℃）、α+β 合金 *B* 点（熔点为 183℃）是在单一温度下熔化的。其他配比构成的合金则是在一个温度区域内熔化的，其上线 *A*—*B*—*C* 线称为液相线（也称初晶线），高于此线的合金呈完全液态，并且完全溶解。下线 *A*—*D*—*B*—*E*—*C* 线称为固相线。位于α和β固溶体区内的合金将呈单相，它们的溶解度曲线表示该二区固溶体中的溶质（主要元素）数量随冷却而减少。在液相线和固相线之间的为半液体区，焊料呈稠糊状，分别为α相+液相和β相+液相构成的半熔化状态区。随着α

或β固态结晶体在锡和铅液熔体中的扩散及温度的降低，该液熔体不再能溶解大量的第二相，并形成更多的α或β晶体，直到达到低共熔温度，在该温度下其余材料全部凝固为 α 和 β 的固态混合体。(α+ β) 固溶体区的合金由不同配比的 α 相和 β 相组合而成。

需要注意的是：在 *B* 点的合金成分配比下，锡铅焊料是不呈半液体状态的，可由固体不经过糊状直接变成液体，这个 *B* 点称为共晶点，这个温度称为共晶温度。按共晶点的配比配制的合金称为共晶合金。锡-铅合金焊锡的共晶点配比为 63%的锡、37%的铅，这种焊锡称为共晶焊锡，共晶的温度为 183℃。共晶的成分表现为单独的均匀相，即共晶成分是具有不同熔点的两相（锡和铅）组成的混合物，在熔点温度下由分离的两相转变为单一的液熔体。当冷却时，可逆过程将给出混合结构形成的两个不同的固溶相。这种结构是共晶组分所特有的。共晶组分冷却后形成的细晶粒混合结构，对形成焊接接头的机电性能有特殊意义。当锡含量高于 63%时，熔化温度升高，强度降低。当锡含量少于 10%时，焊接强度差，接头发脆，焊料润湿能力差。

所以，63%的锡、37%的铅共晶焊锡是理想的焊接材料，其焊锡熔化温度低，这样减小了被焊接元器件受热损坏的机会。同时，由于只有共晶焊锡能由液体直接变成固体，减少了许多虚焊现象（焊点冷凝的时间越长，产生虚焊的可能性越大）。故共晶焊锡应用得非常广泛。现在，为方便使用，在工程应用中常将锡铅焊料制成焊锡丝，在丝的中心加入松香助焊剂，构成活性焊锡丝，如图 2-1 所示。

2.3.5 软钎焊料的工程应用分析

（1）熔点温度分析。

在选用焊料的诸多因素中，焊料熔点温度是首要考虑的。由于在等于或稍高于熔点的温度下，焊料仍呈黏滞状态，极不易流动，在一定程度上限制了其润湿特性。因此，较理想的焊接温度应高出焊料温度 15.5～71℃为宜。该温度范围适用于大多数软钎焊料合金。对锡-铅合金这种特定的组合，焊料合金熔点和焊接温度之差建议取 40～60℃为宜。

图 2-2 中展示了锡-铅系焊料的推荐焊接温度带。以波峰焊接工艺为例，通常在波峰焊接中都是采用成分为 Sn63/Pb37 的共晶组分，该组分的熔点为 183℃，那么按照上述给出的经验数据，可大致确定其较优的焊接温度范围应为 223～143℃。而对应此状态，焊料槽中的温度通常应选择 250℃左右。焊料槽采用较高温度的目的是保证焊料有良好的流动性，并考虑到被润湿表面的所有热损耗，这也是缩短焊接时间和增强助焊剂活性所要求的。在波峰焊接时，焊点的加热过程中主要影响因素是被焊工件的焊前温度、被焊工件的比热容和热导（被焊零件和焊点的散热效果）、助焊剂活化所要求的温度、焊料槽本身的热散失（传导热和辐射热）等。这些要求必须和焊料波峰所能提供的热量相平衡。

（2）冷却过程中的温度-时间关系分析。

锡-铅合金相图中位于糊状区域的钎料，假如把加热过程延长，即经历较长时间后达到焊接温度，不会产生什么问题。然而，冷却过程的情况就不同了，糊状区钎料形成的第一个固相晶体通常是沉积于被焊基体金属表面的。因为沿该表面产生的散热量最大，此时如果被焊表面发生了相对移位，则留下的液态钎料将不再以连续的形式凝固，并将使糊状区钎料所析出的晶粒参差不齐地排列。在完全凝固时，余下的低共溶成分的液态钎料不能桥连所有已形成的晶粒间界面，结果形成表面呈霜状的焊点。在极端情况下，这样的钎料接头可能具有扩展的裂纹和钎料间的间断点，进而开裂导致焊点断裂，形成受扰动焊点。因此，糊状区的存在，导致了凝固过程变长，这对形成匀质焊点是极为不利的。

2.3.6　焊料的非室温物理性能

从冶金学的观点看，任何金属的性能均取决于其使用温度和熔点之间的温差。一般来说，当该温差相同时，具有相同晶格结构的合金具有相类似的物理性能。那么锡-铅合金的这些性能在非室温下是如何变化的呢？

（1）低温下的应用性能。

随着温度降低，焊料的屈服点强度和抗拉强度增高，见表 2-6，而拉伸的延伸率和截面的缩减率急剧降低，在较低温度下电导稍有提高。

表 2-6　锡-铅系焊料在低温下的抗拉强度

焊料成分/%		抗拉强度/（kg/mm^2）		
锡	铅	+70℃	−196℃	−253℃
100	0	3.6	7.1	7.3
90	10	5.4	11.0	14.0
60	40	5.6	12.0	15.0
50	50	5.6	13.0	16.0
25	75	5.2	13.0	17.0
0	100	2.8	4.5	7.1

β锡（体心立方晶格）和α锡（金刚石型晶格）的相变点温度为 13.2℃，它们在固体状态下，由于原子排列发生变化而产生相变（同素异构转变），将导致焊料变脆。我们知道β锡的密度为 7.29g/cm^3，而α锡的密度为 5.76g/cm^3，因此，在发生α锡相变时，体积就会增加 26%，强度就会减弱。因此，当焊接设备在低温的工作环境下使用时，应当特别慎重地考虑这个因素。

在以上情况下，如果在锡-铅合金中掺入略高于 0.1%的锑，就可以有效地阻止这种相变，以防不测事件的发生造成不必要的损失。

（2）高温下的应用性能。

在高温应用中，焊料合金的温度接近其熔点温度，因此焊料的强度降低，但其延展性能和延伸率增高。国外一位专家归纳计算焊料合金最高使用温度的经验公式为

$$T_{max}=(T_{sol}-T_{room})/1.5+T_{room}$$

式中　T_{max}——合金的最高推荐使用温度（℃）；

T_{room}——室温（℃），通常取 20℃；

T_{sol}——低共晶成分的熔点温度（℃）。

例如，低共晶成分（Sn63/Pb37）的锡-铅焊料的 T_{sol} 为 183℃，则可算得其 T_{max} 为

$$T_{max}=(183-20)/1.5+20=128.7℃$$

表 2-7 列出了锡-铅合金的电阻率温度系数与其组成成分之间的关系。表 2-7 中还列出了含附加成分锑的合金数据，在分析电阻率时这些数据是很重要的。

表 2-7　锡-铅合金的电阻率温度系数与其组成成分之间的关系

元素/%			电阻率温度系数（0～100℃）
锡	铅	锑	
100	—	—	0.0045
97.1	—	2.975	0.00366
95.0	—	5	0.00351
44.8	55.2	—	0.00356
42.4	53.38	1.22	0.00380
40.0	57.55	2.45	0.00417
—	100		0.00356

2.3.7　锡-铅合金中杂质对焊接的影响

以二元合金锡铅焊料为软钎焊接的主要材料，如果在焊料中有其他杂质的金属掺入，对软钎焊接是有一定影响的。特别是采用超声波焊接技术，因为焊锡槽中的焊料量往往不是一个小数目，如果焊锡槽大，可能一槽焊料就有几十千克甚至更多，一般情况下焊料是不会经常更新的，只是添加焊料而已。但是随着焊接产量的增加，可能焊料中掺入的杂质也会增多，特别是铜元素。另外，在整机装配中常常使用的大大小小的锡锅也和波峰焊接设备中的焊锡槽类似，使用时间长了（或使用频繁）也有焊料中混入杂质的情况。因此，焊料中杂质对焊接性能的影响问题是值得探讨的。

（1）以焊料纯度来划分锡-铅合金钎料的品位。

首先看看回收精炼钎料是怎么回事。在工业上往往对一些废钎料（钎料渣、滴落的钎料、钎料头、废弃的污染钎料等）进行回收利用或者精炼后重新出售。由于精炼的费用高（远远超过钎料的售价），故对仅含铜、锌、铁这类杂质的低品位废钎料，一般采取向回收废钎料中添加新的原生金属，以使其杂质含量降低到钎料污染所允许的水平之下。美国政府标准 QQ-S-571 和 ASTM B-32，反映了回收利用钎料中的允许污染水平。在重要的电子设备使用中是不鼓励采用回收利用的钎料进行焊点的焊接的，因为在自动化大生产中，钎料中的杂质使钎料性能增加了不可预料的变化因素，有可能产生严重的焊接质量问题。

再来看原生钎料的品位。原生钎料是指利用从矿石中提炼的锡和铅配制成的钎料。原生级钎料是电子工业生产中非常标准的材料，特别是在大量生产的自动化软钎焊接的情况下（如印制电路板组件波峰焊接），该品级钎料杂质含量的一致性相对来说是可以预料的，因而足以防止采用回收利用的钎料而产生的潜在焊接质量问题。

（2）金属杂质对锡铅钎料物理性质的影响。

钎料中有微量的其他金属以杂质的形式混入，有些杂质是无害的，而有些杂质则不然，即使混入微量也会对焊接操作和焊点的性能造成不良影响。

概括来说，钎料中混入杂质元素的影响取决于所混入的元素金属在锡或铅相中的固溶度。如果形成任何金属间化合物，则该影响还取决于金属间化合物的形成状况。固溶体的形成使电阻率增高（如添加铋和锰），而金属间化合物的形成会使钎料的电阻率降低（如添加铜）。如果形成第三相，电阻率理论上是三相电阻率的加权和（如添加锌）。

（3）主要的杂质金属。

钎料中的主要成分是锡和铅，除此之外，含有的微量元素即为杂质。

在波峰焊接中遇到的主要杂质金属对焊接性能的影响，见表 2-8。

表 2-8　在波峰焊接中遇到的主要杂质金属对焊接性能的影响

杂　质	机械特性	焊接特性	熔化温度变化	其　他
锑	抗拉强度增大、变脆	润湿性、流动性降低	熔化区变窄	电阻增大
铋	变脆		熔点降低	冷却时产生裂纹、光泽变差
锌		润湿性、流动性降低 易出现“桥连”“拉尖”现象		多孔表面、晶粒粗大、失去光泽
铁		不易操作	熔点提高	带磁性
铝	结合力减弱	流动性降低		容易氧化、腐蚀、失去光泽
砷	脆而硬	流动性提高一些		形成水泡状、针状结晶、表面变黑
磷		少量会增加流动性		溶蚀铜
镉	变脆	影响光泽、流动性降低	熔化区域变宽	多孔、白色
铜	脆而硬	黏性增大 易出现“桥连”“拉尖”现象	熔点提高	形成粒状不易熔化合物
镍	变脆	焊接性能降低	熔点提高	形成水泡状结晶
银	超过 5%容易产生气体	需使用活性助焊剂	熔点提高	耐热性增加
金	变脆、机械强度降低	失去光泽		呈白色

锌（Zn）：如含量达 0.001%左右，其影响就会表现出来。

铝（Al）：含量达 0.001%时，就会明显地造成焊料的流动性及润湿性不良，不仅影响外观和操作，而且易发生氧化和腐蚀。

镉（Cd）：降低钎料的熔点，并使钎料晶粒变得粗大而失去光泽，含量超过 0.001%时，就会使流动性降低，钎料变脆。

锑（Sb）：可使钎料的机械强度和电阻增大，含量在 0.3%～3%时，焊点成形极好，如含量超过 6%，则钎料会变得脆而硬，流动性和润湿性变差，抗腐蚀性减弱。

铋（Bi）：可使钎料熔点下降，变脆。

砷（As）：即使含量很少，也会影响焊点外观，使硬度和脆性增大，但流动性却略有提高。

铁（Fe）：熔点增高，不易操作，使钎料带磁性。

铜（Cu）：熔点增高，增大结合强度。

对锡-铅合金中的杂质含量，一些国家都给出了相关标准，目的是在软钎焊接中很好地控制钎料的焊接质量，特别是采用自动化大批量生产时对钎料的控制问题。

表 2-9 给出了日本工业标准 JIS-Z3282-1972、美国 MIL 军用标准及我国冶金标准 YB-568 中所规定的杂质含量。

表 2-9　软钎料中杂质标准容限表

杂　质	日本工业标准 JIS-Z3282-1972			美国 MIL 军用标准 /%	我国冶金标准 YB-568 /%
	B 级/%	A 级/%	S 级/%		
锑	<1.0	<0.30	<0.10	0.2～0.5	<0.15
铜	<0.08	<0.05	<0.03	<0.08	0.08
铋		<0.05	<0.03	0.25	0.1
锌		<0.005	<0.005	<0.005	0.002
铁		<0.03	<0.02	<0.02	0.02
铝		<0.005	<0.005	<0.005	0.005
砷		<0.03	<0.03	<0.03	0.05

（4）目前被定为有害的杂质。

表 2-9 中所列的锌、铝等杂质均属有害杂质，即使含量为 0.001%也会使焊点外观变差，明显影响润湿性和流动性，特别是给自动化焊接工作增加困难。

直接影响焊接的杂质金属有铜、金、锌和铝等，这些杂质可使母材在浸入钎料时发生溶蚀，因而导致“桥连”“拉尖”等焊接不良现象的出现。

表 2-10 给出了美国联邦标准 QQ-S-571E、美国材料与试验协会标准 ASTM B-32-83 中规定的共晶成分含杂质量的最高百分数。

表 2-10　共晶钎料（Sn63/Pb37）所允许的杂质含量表

杂质金属	QQ-S-571E、ASTM B-32-83	新钎料的典型值/%	残渣的最高值/%
锑	*	0.010	*
铜	0.080	0.010	0.25**
金	—	0.001	0.080**
镉	—	0.001	0.005**
锌	0.005	0.001	0.005**
铝	0.005	0.003	0.006**
砷	0.030	0.020	0.030
铁	0.020	0.001	0.020
铋	0.250	0.006	0.250
铟	—	0.007	—
镍	—	0.002	—
银	—	0.002	0.100
其他	0.08	0.010	0.060

注：*　军用为（0.20～0.50）%，商用最高为 0.12%。

** 铜、金、镉、锌、铝的总量不能超过 0.30%（温度为 250℃时）。

（5）杂质对润湿的影响。

掺入锡-铅钎料中的微量金属杂质将改变所形成合金的表面，因而影响其润湿特性。

在自动化波峰焊接中，杂质对润湿性的影响对于确保波峰焊接效果有着特殊的意义。另外，钎料中含有锡-铅氧化物残渣、气体和非金属夹杂物等，对钎料的性能也有很大的影响，这一点往往被人们所忽视。

另外，焊接时，PCB 和元器件引脚上的金属杂质会进入焊料槽，也会造成锡-铅合金的污染，影响焊点质量，带来外观缺陷。因此，对使用波峰焊接设备的生产线来说，应至少每半年检验焊料槽中焊料的成分，对有害杂质进行清除或更换焊料。

2.4 焊膏

2.4.1 概述

随着 SMT 再流焊接的应用，焊膏成为其最重要的工艺材料，起着焊料、焊剂、部分胶黏剂的作用，如今已获得飞速的发展。

焊膏是由合金焊料粉、糊状焊剂和一些添加剂混合而成的具有一定黏性和良好触变特性的膏状体。它是一种匀相的、稳定的混合物。在常温下焊膏可将电子元器件黏合在既定位置，当焊膏被加热到一定温度时，随着溶剂和部分添加剂的挥发、合金粉的熔化，焊膏再流使被焊元器件与焊盘互连在一起，经冷却后形成永久性导电和机械连接的焊点。

2.4.2 焊膏的组成

（1）焊膏成分。

焊膏主要由合金焊料粉组成，合金焊料粉占焊膏质量的 85%～90%，而且它还是焊后在 PCB 上的留存物，不仅对再流焊工艺过程，也对焊点亮度、稳定性等起着关键作用。常用的合金焊料粉有 Sn-Pb、Sn-Pb-Ag、Sn-Pb-Bi 等。合金焊料粉的成分和配比，以及合金粉的形状、粒度和表面氧化程度对焊膏的性能影响很大。

最常用的合金成分为 Sn63/Pb37 及 Sn62/Pb36/Ag2，其中尤其值得关注的是含银体系，通常称为掺银焊料（有的资料中称其为银基焊料），它具有较好的物理特性和优良的焊接性能，不具有腐蚀性，适用范围极广，其熔点仅为 179～180℃，加入 2%的银可提高焊点的机械强度，还可防止银离子在与元器件接触过程中发生迁移。尤其是多层陶瓷电容器、陶瓷印制电路基板的银/钯焊盘，这种焊盘往往具有银/钯镀层，当采用只含 Sn/Pb 的焊膏时，银镀层会与焊料的接触表面发生“溶蚀”现象，从而降低焊点的结合强度。

Sn62/Pb36/Ag2 焊膏的物理特性见表 2-11。

表 2-11　Sn62/Pb36/Ag2 焊膏的物理特性

合金成分	熔点/℃	合金焊料粉与焊剂的比例	合金焊料粉粒度/目	合金焊料粉形状	拉伸强度/MPa	黏度/（Pa·s）	焊剂中氯含量/Wt%	延伸率/%
Sn62/Pb36/Ag2	179～180	85:15	300	球形和无定形混合	56.6	300	0	159

（2）合金焊料粉形状及对焊膏的影响。

焊膏的合金焊料粉按形状可分为无定形和球形两种，焊料产品在介绍焊膏时都需说明合金焊料粉是球形还是无定形，因为合金焊料粉的形状、粒度和表面氧化程度对焊膏的性能影响很大。不同形态合金焊料粉对焊膏性能的影响见表 2-12。

表 2-12　不同形态合金焊料粉形状对焊膏性能的影响

性　能	无　定　形	球　　形
黏度	大	小
塌落度	小	大
印刷性	适用于金属漏板及较粗的丝网印刷	适用范围广，尤其适合较细网印刷
注射滴涂	不大适用	适用
表面积	大	小
氧化程度	高	低
焊点亮度	不够亮	光亮

从表 2-12 可以看出，球形合金粉具有良好的印刷性，不会堵塞较细的网孔，且球形粉具有相对小的表面积，氧化程度低，能保证获得较好的焊接质量。

合金粉表面的氧化程度既与制备和处理过程中惰性气体保护状况有关，也与其形状和颗粒尺寸有关。球形合金粉与无定形合金粉相比，其表面积小，氧化程度低；而其粒子太细，由于表面积增大，也会使表面的氧化程度增加。通常要求表面氧化物的含量应小于 0.5%，最好能控制在 100×10^{-6} 以下。

（3）焊剂。

在焊膏中，焊剂可以看作合金焊料粉的载体。其主要作用是清除被焊件及合金粉表面的氧化物，使焊料迅速扩散并附着在被焊金属表面。焊膏中焊剂的组成与常规电子装联中使用的焊料的焊剂基本相同，除活性剂、成膜剂、润湿剂、稳定剂和溶剂外，为改善黏结性、触变性和印刷性，还需加入胶黏剂、增稠剂、触变剂和其他添加剂。焊剂的组成对焊膏的扩散性、润湿性、塌落度、黏度、清洗性、焊珠飞溅及储存寿命均有较大影响。

因此根据焊膏的特性，焊剂除具备通用焊剂的基本要求外，还应具备以下要求：

① 焊剂与焊料合金粉要能混合均匀；

② 要采用高沸点溶剂，防止再流焊时产生飞溅；

③ 高黏度，使合金焊料粉与焊剂不会分层；

④ 低吸湿性，防止因水蒸气引起的飞溅；

⑤ 氯离子含量低。

焊膏中焊料合金粉与焊剂的通用配比见表 2-13。

表 2-13　焊膏中焊料合金粉与焊剂的通用配比

成　　分	质量比/%	体积比/%
合金焊料粉	85～90	60～50
焊剂	15～10	40～50

其实，根据性能的需要，焊剂的质量比还可以扩大 8%～20%。焊膏中焊剂的组成及含量对塌落度、黏度和触变性等影响是很大的。

金属含量较高时（大于 90%），可改善焊膏的塌落度，有利于形成饱满的焊点，并且由于焊剂量相对较少可减少焊剂残留物，有效地防止焊料球的出现，缺点是对印刷焊膏和焊接工艺要求更严格。

金属含量较低时（小于 85%），印刷性好，焊膏不易黏刮刀，漏板寿命长，润湿性好，此外加工较易，缺点是易塌落，易出现焊料球和桥接等缺陷。

对通常的再流焊工艺来说，焊膏的金属含量控制在 88%～92%，汽相再流焊可控制在 85%左右。对细间距元器件的再流焊，为避免塌落，金属含量可大于 92%。

2.4.3　焊膏的应用特性

焊膏主要应用在 SMT 中，针对这种技术焊膏应具备以下特性。

（1）应用前具有的特性。

应该有较长的储存寿命，储存时不会发生化学变化，也不会出现焊料粉和焊剂分离的现象，并保持其黏性和黏度不变；吸湿性小、低毒、无臭、无腐蚀。

（2）涂布时以及再流焊预热过程中应具有的特性。

能采用丝网印刷、漏模板印刷或注射滴涂等多种方式涂布，具有良好的印刷性和滴涂性，脱模性良好，能连续顺利地进行涂布，不会堵塞丝网或漏板的孔眼以及注射用的管嘴，也不会溢出不必要的焊膏；有较长的工作寿命，在印刷或滴涂后通常要求在常温下能放置 12～24 小时，其性能保持不变；在印刷或滴涂后以及在再流焊预热过程中，焊膏应保持原来的形状和大小，不产生塌落。

这里说明一下：塌落是指一定体积的焊膏印刷或滴涂于 PCB 焊盘后，由于重力和表面张力的作用及温度升高或停放时间过长而引起的高度降低，底面积超出规定边界的现象，塌落的程度称为塌落度。

（3）再流焊加热时应具有的特性。

焊膏在焊接时应有良好的润湿性能，根据产品使用要求，正确选用焊剂中活性剂和润湿剂的成分，以便达到润湿性要求。不发生焊料飞溅，这主要取决于焊膏的吸水性，焊膏中溶剂的类型、沸点和用量，以及焊料粉中的杂质类型及含量。形成最少量的焊料球，这与诸多因素有关，既取决于焊膏中溶剂氧化物含量、合金粉的颗粒形状及分布因素，同时也与再流焊条件有关。

（4）再流焊后具有的特性。

焊接后的焊点应有较好的焊接强度，确保不会因振动或其他因素出现元器件脱落；焊后残留物稳定性能好，无腐蚀，有较高的绝缘电阻，且清洗性好。

2.4.4 影响焊膏特性的重要参数

焊膏的应用特性实际上是和焊膏本身的物理、化学性能密切相关的，这些影响焊膏特性的重要参数有以下几个。

（1）黏度。

焊膏是一种流体，它具有流变性，在外力作用下能产生流动。

通常将流体分为这样几种类型：牛顿流体（理想型）、塑性流体、假塑性流体、膨胀流体和触变流体。

黏度是流体的重要物理性能，以公式 $K=s/r$ 来表示，即黏度定义为恒定的剪切应力（s）与恒定的剪切速率（r）之比值。若 K 为常数，则称为牛顿流体，若 K 为变量，则称为非牛顿流体。图 2-3 表示了各种流体的流动特性。

焊膏属触变流体，基本上与假塑性流体相同。当剪切速率增加时这两类流体的表面黏度都减小，只是触变性流体要经过一定时间才能恢复原始黏度。当剪切速率恒定时，假塑性流体的黏度将为定值，而触变流体的黏度将随时间增加有下降的趋势，达到平衡时才为定值，如图 2-4 所示。

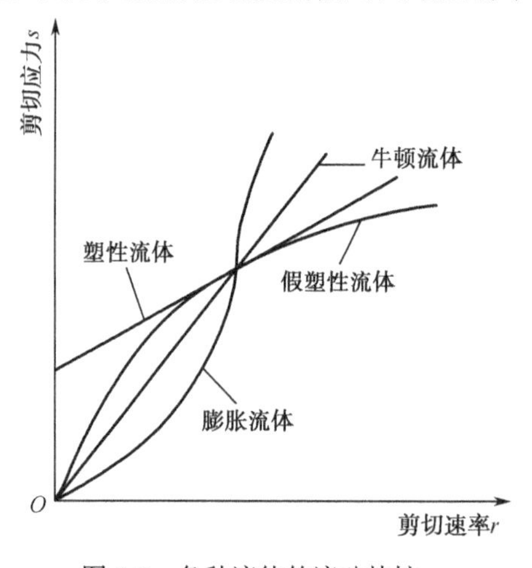

图 2-3 各种流体的流动特性

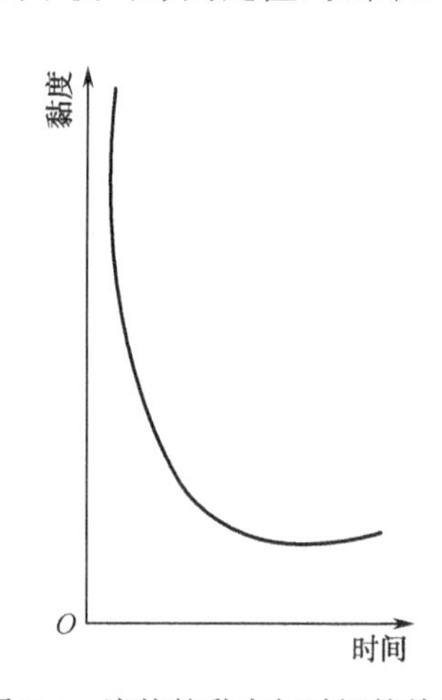

图 2-4 流体的黏度与时间的关系

焊膏的上述特性在印刷和再流焊过程中极为有用。焊膏在印刷时，由于受刮刀压力的作用开始流动，通过丝网或漏板的孔眼流到 PCB 上，当刮刀压力消失时，焊膏恢复到原来的高黏度状态，这样才能在 PCB 上留下精确的图形。

（2）密度、合金焊料粉成分配比及焊剂含量。

这个问题前面已提到过，焊膏中合金焊料粉和焊剂的组成以及两者的配比对焊膏的特性有很大的影响。通常在介绍焊膏时必须说明合金焊料粉的成分、配比以及合金焊料粉与焊剂的配比或者焊剂的含量。而焊膏的密度直观地反映了焊膏中合金粉的组成及焊剂的含量，这个也可作为影响焊膏的重要参数。

（3）熔点。

焊膏的熔点主要取决于合金焊料粉的成分与配比。随着焊膏组成和熔点的不同，需采用不同的再流焊温度，而焊接效果和性能也各不相同。表 2-14 列出了不同熔点焊膏所采用的再流焊温度，供读者参考。

表 2-14　不同熔点焊膏所采用的再流焊温度

合 金 类 型	熔化温度/℃	再流焊温度/℃
Sn63/Pb37	183	208～223
Sn60/Pb40	183～190	210～220
Sn50/Pb50	183～216	236～246
Sn45/Pb55	183～227	247～257
Sn40/Pb60	183～238	258～268
Sn30/Pb70	183～255	275～285
Sn25/Pb75	183～266	286～296
Sn15/Pb85	227～288	308～318
Sn10/Pb90	268～302	322～332
Sn5/Pb95	305～312	332～342
Sn3/Pb97	312～318	338～348
Sn62/Pb36/Ag2	179	204～219
Sn96.5/Pb3.5	221	241～251
Sn95/Ag5	221～245	265～275
Sn1/Pb97.5/Ag1.5	309	329～339
Sn100	232	252～262
Sn95/Sb5	232～240	260～270
Sn42/Bi58	139	164～179
Sn43/Pb43/Bi14	114～163	188～203
Au80/Sn20	280	300～310
In60/Pb40	174～185	205～215
In50/Pb50	180～209	229～239
In19/Pb81	270～280	300～310
Sn37.5/Pb37.5/In25	138	163～178
Sn5/Pb92.5/Ag2.5	300	320～330

（4）合金焊料粉的形状和粒度。

在前面已经提到合金焊料粉的形状和粒度、表面氧化程度都对焊膏性能起着关键的作用，尤其是合金焊料粉的形状和粒度通常都作为焊膏的重要参数。

在购买焊膏产品时，应搞清楚合金焊料粉的形状是球形还是无定形，同时还应了解合金焊料粉的粒度。电子装联中使用的大多数焊膏产品都采用球形焊料粉，粒度一般选择 200～325 目，如超出，以不多于 10%为宜。对细间距的元器件粒度可选择 325～500 目。

（5）触变指数和塌落度。

焊膏作为触变性流体，触变指数是一个重要的参数。

焊膏的塌落度主要与焊膏的黏度和触变性有关，即焊膏的粒度和触变性在很大程度上控制着印刷后图形的保持特性，而且也影响着再流焊后焊膏的塌落情况，图 2-5 反映了焊膏触变指数与塌落度的关系。

当触变指数高时，塌落度就小，而触变指数低时，则塌落度就大。

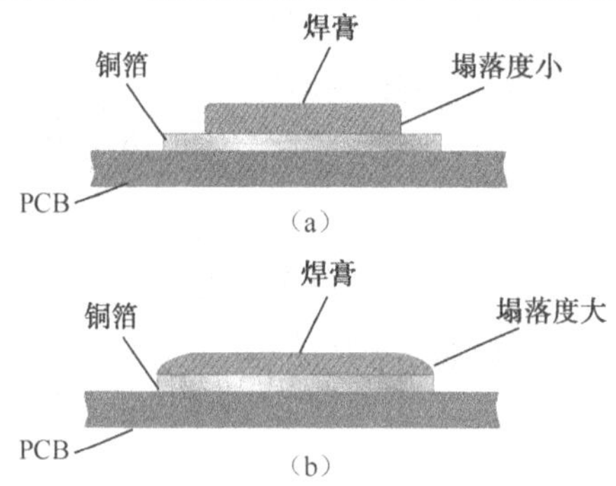

图 2-5　焊膏触变指数与塌落度的关系

（6）工作寿命和储存寿命。

由于焊膏的性能，尤其是黏度随时间和室温变化，在一定时间后，焊膏将丧失原有特性而不能使用。通常对焊膏规定了工作寿命和储存寿命两个期限。工作寿命是指焊膏从被施加到 PCB 上至贴装元器件之前的不失效时间，一般要求为 12～24h，有时需达到 72h。储存寿命是指焊膏能够不失效地正常使用之前的低温或室温保存时间，要求在 2～5℃下储存 3～6 个月。目前焊膏可以在常温下保存 3～6 个月。

2.4.5　如何选用焊膏

（1）焊膏的分类。

要想知道如何选用焊膏应首先弄清焊膏的分类，因为焊膏的品种很多，一般情况下可简单地按以下四种类型进行划分。

① 按合金焊料粉的熔点分类。

- 常用焊膏：熔点在 179～183℃。
- 高温焊膏：熔点在 250℃以上。
- 低温焊膏：熔点在 150℃以下。

② 按助焊剂活性分类。

- 无活性（R 型）焊膏。
- 中等活性（RMA 型）焊膏。
- 活性（RA 型）焊膏。

③ 按焊膏黏度分类。

依据焊膏涂布工艺的不同要求，选择不同黏度的焊膏。黏度范围通常为 100～800Pa·s，最高可达 1400Pa·s。

④ 按清洗方式分类。

- 有机溶剂清洗类焊膏。
- 水清洗类焊膏。

- 半水清洗类焊膏。
- 免清洗类焊膏。

（2）焊膏的选择。

对焊膏的类型进行区别后，对产品在使用焊膏的选择上还要依据产品制造的工艺条件、使用要求，再根据焊膏的性能进行选取，下面提出几点意见供读者选择焊膏时参考。

① 焊膏的活性，可根据 PCB 和元器件存放时间，以及表面氧化程度来决定。一般采用 RMA（中度活性松香焊剂）级焊膏。如存放时间长，表面氧化严重，则可采用 RA（活化松香）级焊膏。

② 根据不同施膏工艺选用不同黏度的焊膏，一般注射滴涂用焊膏黏度为 100～200Pa·s；丝网印刷用黏度为 100～300Pa·s；漏板印刷用黏度为 200～600Pa·s。

③ 精细间距印刷时选用球形、细粒度焊膏。

④ 双面再流焊时，第一面采用高熔点焊膏，第二面采用低熔点焊膏，保证两者熔点相差 30～40℃，以防止第一面已焊元器件脱落。

⑤ 当焊接热敏元件时，应采用含铋的低熔点焊膏。

⑥ 对免清洗工艺要用不含氯离子或其他强腐蚀性化合物的焊膏；对水清洗工艺就要用水清洗焊膏，再用纯水或去离子水洗净残留物并干燥。

⑦ 在选择焊膏时要注意，如果工艺需要采用注射滴涂方法时，应选用厂家专门为滴涂工艺研制的焊膏。滴涂用焊膏的金属微粒较细小（当 PCB 中有小于 0.635mm 的细间距器件时，更需如此要求）时，在相同的质量百分比情况下，注射用焊膏微粒的表面积要大得多，这样会导致有效的溶剂成分减少，进而影响焊膏的流动（黏度指标），这是保证良好注射的关键。

2.4.6　焊膏的涂布

焊膏的涂布实质上是焊膏流体的动态运动过程。在焊膏的质量得到保证的前提下，只有将其均匀地涂布在 PCB 焊盘上，才能保证片式元器件与焊盘之间达到很好的电气连接。在焊盘设计较合理的情况下（满足可制造性要求），焊膏印刷工艺是 SMT 成败的关键工艺之一。

（1）焊膏印刷的基本要求。

焊膏印刷的基本要求主要有以下几点：

① 焊膏均匀性好；

② 焊膏图形要清晰，相邻的图形之间尽量不要粘连；

③ 焊膏图形与焊盘图形尽量重合，错位不能太大。焊膏图形至少覆盖 75%焊盘面积，才能保证焊接质量。

（2）涂布焊膏的方法。

涂布焊膏的方法主要有三种：注射滴涂；丝网印刷（与基板不接触）；漏模板印刷（与基板接触）。实际上焊膏印刷一般采用漏模板印刷，随着 PCB 上元器件密度的增大，器件的缩小，焊膏的印刷常采用相关设备进行全自动微机控制印刷，以提高印刷的位置精确度、焊膏涂覆的均匀性及效率。

无论现代化设备再先进、智能化程度高，实践证明，设备生产的产品，都免不了或多或少地需要在某些工序中介入人工的干扰，下面是采用手工注射滴涂焊膏的方法与要求。

使用注射式装置施加焊膏的工艺过程称为注射滴涂，又称点膏或液料分配。可采用人工手动滴涂，也可采用设备自动滴涂。

注射滴涂特别是手动滴涂主要用于小批量多品种产品生产的研制以及生产中补修或更换元器件。这种方法速度慢，精度低，但很灵活。特别是当丝网印刷或漏模板印刷出现缺陷时，可用注射滴涂方法进行弥补，就像手工焊接中的烙铁焊接一样不可缺少。

在注射滴涂在加焊膏时，膏筒、导管、针管内要尽量避免进入空气，也不要翻转针筒，使焊膏流入导管内。搅棒和加料器一定要干净，不能有棉花毛或其他杂物，以免堵塞滴液口。

2.4.7 焊膏使用和储存注意事项

（1）焊膏通常被装在广口瓶内，置于2～5℃的冰箱内密封保存，储存寿命为3～6个月。

（2）使用前应先将从冰箱内取出的焊膏在室温放置2h左右，然后再开封，使其与室温平衡。如在低温下开封，易吸潮，焊接时会产生焊料球或焊料飞溅。

（3）使用时要先将焊膏轻轻搅匀约2min，并随时注意加盖。

（4）使用后仍需要密封低温保存，以防止焊膏中焊剂的易挥发组分逐渐减少，使黏度增大，相关性能改变。

（5）从丝网和漏模板上刮回多余的焊膏不要与未用过的新焊膏混合，另以容器储存，如未失效可添加溶剂后用于要求较低的产品生产中。

（6）涂布焊膏的环境湿度和温度不能过高，以防焊膏吸潮和溶剂挥发，使焊膏印刷性变差，通常相对湿度以低于60%为宜，室温最好在22～28℃。

Chapter 3

第3章 助焊剂

助焊剂是电子装联焊接过程中不可缺少的重要工艺材料。电子装联中最基础、最本质的就是焊接。焊接的目的就是用焊料将相互分离的两个金属物体结合起来，以形成导电通路。焊接离不开焊剂，助焊剂是具有净化焊料和被焊件表面，防止空气对其再氧化的物质。它的作用是与焊料、被焊元器件、焊接端子以及被焊端子铜表面的氧化物起化学反应，使被焊件金属原子与焊料表面的原子相互接触，靠原子间的热运动形成合金，当温度降低后，熔融的焊料变成固态，从而将被焊件牢固地结合起来，完成焊接过程。助焊剂对保证焊接质量起着关键的作用。

3.1 焊接端子的氧化现象与助焊剂的作用

焊接质量的好坏，除与焊料、焊接工艺、元器件、PCB的质量有关外，助焊剂的作用和选择是十分重要的。

3.1.1 焊接端子的氧化现象

助焊剂是与被焊金属发生反应而起作用的，因此首先了解一下电子装联中焊接端子的材料情况。装联中所用的焊接基材，广泛采用的是铜或黄铜，铜和黄铜在空气中暴露后，就会被空气中的氧所侵蚀，形成锈膜即氧化膜。表3-1中列出了各种温度下铜和黄铜所生成的氧化物。

这些锈膜不溶于通常的任何溶液，而且不能像清除油脂那样将其清除掉，但是这些锈膜与某些材料发生化学反应，生成能溶于液态助焊剂的化合物。利用此原理，就可除去锈膜达到净化被焊金属表面的目的。助焊剂的这种化学反应可以使锈膜生成溶于助焊剂或助焊剂溶剂的第三化合物，也可以把金属锈膜还原为原来的纯净金属表面。

表3-1 各种温度下铜和黄铜所生成的氧化物

加热温度和时间	金属	表面氧化物	金属	表面氧化物
50℃ 1h	铜	Cu_2O	黄铜	Cu_2O

续表

加热温度和时间	金　属	表面氧化物	金　属	表面氧化物
100℃　1h	铜	CuO	黄铜	Cu_2O
150℃　1h		CuO、Cu_2O		ZnO、Cu_2O
200℃　1h		CuO		ZnO、Cu_2O
250℃　1h		CuO		ZnO、Cu_2O
300℃　1h		CuO		ZnO

助焊剂的化学反应主要以松香基为代表。纯净的松香主要由松香酸和其他同分异构双萜酸组成。它溶于许多有机溶液，在用作助焊剂时，通常用异丙醇作为溶液，当在氧化了的基体铜表面上涂上该助焊剂并加热时，松香酸与氧化铜化合生成松香酸铜。松香酸铜为绿色透明的松香状物质，它易于和没有反应的松香混合在一起，从而为钎料的润湿提供了洁净的金属表面。松香酸对氧化铜层下面的基体铜是没有任何侵蚀作用的。由于密度的差异，液态钎料在排开松香助焊剂的同时，也排开了松香酸铜。当借助于有机溶剂清除残留的助焊剂时，松香酸铜也一起被清除掉了。

另外，要注意防止加热时的二次氧化问题。焊接时，必须将被焊金属加热到使焊料发生润湿的温度，随着温度的升高，金属表面的再氧化现象也会加剧。因此，助焊剂必须在焊接温度下为已净化的金属表面提供保护层，即它要在整个焊点端子或焊盘的金属表面形成一层薄膜，包住金属焊接端面，使其与空气隔绝，起到在焊接的加热过程中防止二次氧化的作用。这个作用对使用焊接设备进行装配的情形显得特别重要。

3.1.2　助焊剂的作用

性能良好的助焊剂应具有以下几种作用。

（1）去除被焊物金属表面的氧化物。

助焊剂必须具有较强的去除氧化物的能力。助焊剂中所含的活性物质，能与元器件引线和PCB焊盘表面的金属氧化物发生反应，迅速使焊接金属表面清洁并裸露，使焊料在被焊金属表面具有较强的润湿能力，从而保证焊接质量。

（2）防止焊接时焊料和焊接表面的再氧化。

焊接过程必须加热。一般说来，金属表面随着温度的升高，氧化加剧，无论焊料本身或被清洁干净的焊接表面都有可能发生再氧化。因此，助焊剂的另一个作用就是在金属表面形成一薄薄的覆盖层，隔绝空气与金属表面接触，这样就能在加热过程中防止焊料和焊接表面的再氧化。

（3）防止焊料表面的表面张力，增强润湿性。

助焊剂有降低焊料表面张力的作用，由于助焊剂的存在，改善了焊料与被焊金属之间的相互润湿性，起到了润湿作用。随着助焊剂活性的不同，降低焊料表面张力的程度也不同。表3-2列出了不加助焊剂以及加不同助焊剂时对焊料表面张力的影响。

表 3-2　助焊剂对焊料表面张力的影响

试 验 条 件	表面张力/（nN/m）
空气介质，未加助焊剂	490
松香-酒精助焊剂	390
氯化锌-氯化铵助焊剂	331

（4）有利于热量传递到焊接区。

助焊剂能在焊接过程中迅速传递能量，使被焊金属表面热量传递加快并建立热平衡，不致引起焊接表面及元器件瞬间受热而损坏，保证良好的焊接过程和焊接质量。

3.2 助焊剂应具备的技术特性

良好的助焊剂既要满足焊接工艺的要求，又要具备环境适应性和可靠性，因此助焊剂应具备软钎焊接技术所特有的一些特性。

3.2.1 助焊剂的活性

助焊剂的活性包含下述两个方面的含义。

（1）表面活性（漫流性）。

表面活性即实际操作中所说的漫流性，要能良好地润湿被焊金属和焊料，促进焊料以漫流的方式去影响表面能量的平衡，且易被液态焊料排开。助焊剂的润湿性和漫流性与接触角直接有关，在实践中，焊料和被焊金属表面之间的接触角可用于度量助焊剂的作用效果。因此，漫流性可以描述为助焊剂降低焊料-基体金属系统接触角的能力。助焊剂的漫流性通常用扩展率来表征，扩展率越大越好，良好的助焊剂其扩展率应大于 80%。

（2）化学活性。

助焊剂仅有表面活性，还不能促进焊接过程。例如，松香助焊剂在严重锈蚀的铜表面，虽然能自由流动，但不能清除锈膜，液态焊料在其上保持球状，不能润湿被焊金属。但是当在其中滴入能溶于酒精的氨基盐酸盐时，焊料便很快地在表面上漫流开。这是由于氨基盐酸盐与锈膜发生化学反应，除掉了锈膜，净化了基体金属表面的结果。化学活性是助焊剂的固有特性之一，该特性使助焊剂能够除掉锈膜，使液态钎焊料和基体金属结合。

助焊剂的化学活性和表面活性，共同影响着焊点的完美程度，二者缺一不可。例如，葡萄糖具有还原氧化铜的能力，作为助焊剂也能起净化基体金属的作用。但融化糖的黏性和表面活性不利于漫流，液态钎焊料在这种助焊剂中易成球状，虽然化学活性净化了被焊金属表面，但液态钎焊料并不能漫流。

3.2.2 助焊剂的热稳定性

助焊剂必须在焊接温度下为已净化的金属表面提供保护层,否则，刚刚净化了的金属表面，将会在空气中因焊接高温而重新加速氧化。因此，助焊剂（注：指助焊剂材料不含溶剂）必须能够耐受焊接温度而不裂解，因为助焊剂材料的裂解将产生难于被液态焊料排开和除掉的有害沉积物。例如，在285℃温度下，甚至在氮气气氛中松香也会被分解和碳化。

应当把助焊剂和作为助焊剂的溶剂区别开。在许多情况下溶剂的沸点低于焊接温度，而助焊剂材料本身具有热稳定性。例如，松香助焊剂，作为溶剂的酒精在达到焊接温度之前就一直在挥发，而松香本身只要不长时间受热，在较高温度下也是稳定的。

松香助焊剂虽然具有热稳定性和表面润湿能力，但其化学活性差，为了使其具备净化基体金属表面所必需的化学活性，往往在其内添加活性较强的有机氯化物作为活性剂。对于这种活性松香助焊剂来说，松香和酒精二者实际上都相当于溶液。活性剂（大多数是氨基盐酸盐）的分解温度低于焊接温度，在分解温度下释放出能化学净化锈蚀表面的腐蚀性氯化氢。温度升高到焊接温度时活性剂将挥发，而助焊剂中的主要部分则在冷却过程中重新组合成尽可能无害的残留物。

3.2.3　活化温度、去活化温度及钝化温度特性

热稳定性不是对良好助焊剂要求具备的唯一温度特性。在使用考查助焊剂时，其他温度特性也具有同样的重要性。如活化温度、去活化温度及钝化温度也是表征助焊剂的重要温度特性。

（1）活化温度。

活性松香助焊剂具有化学活性的成分可去除锈膜。助焊剂中的化学活性，通常要在某一特性温度范围内才能表现出来，这种使助焊剂能发生化学反应的温度称为活化温度。只有达到了该温度，才能不断触发助焊剂的作用机理，使其达到发生化学反应的状态。例如，在采用松香助焊剂的情况下，松香的主要成分是松香酸，熔点为74℃。在170℃时呈活性反应，在230～250℃转化为不活泼的焦松香酸，300℃以上就无活性了。所以只有在达到了活化温度后，活性剂才能开始分解出用于净化锈蚀表面的卤化物离子，润湿才能进行。再如采用氢气作为助焊剂时，只有当达到了某一特定温度时，氢气才能有效地还原被焊金属的锈蚀表面，从而达到润湿的目的。对于某一特定的助焊剂和基体金属组合，该温度都是唯一的，而在该温度下的作用时间则取决于锈膜的厚度。助焊剂的活化温度必须在焊接温度范围之内。

（2）去活化温度。

助焊剂中的活化物质，可能因高温下发生的中间化学变化而改变其特性并变为非活性，此时的温度称为去活化温度。例如，将纯净松香助焊剂加热到300℃左右时，因其丧失了活性而不再发生任何化学反应，失去了助焊剂的作用。

这里提到松香，它是电子装联助焊剂中最常用的东西，广大工艺人员应当对松香的知识有基本的了解。

松香长期以来一直是传统助焊剂的重要组成部分，主要在于它具有助焊剂所需要的特殊性能。普通松香是通过水蒸气蒸馏法蒸馏松、杉等针叶树的树脂，经除去松节油等挥发馏分而得到的物质。松香由90%松香酸和10%中性物质组成，在松香酸中，90%为普通松香酸，10%为脱氢松香酸和二氢松香酸。

表3-3列出了松香随温度变化的特性。

表 3-3　松香随温度变化的特性

温　度/℃	变化情况
74	软化
74～144	开始溶解，封闭在内部的松香酸（C20H30O2）呈现出活性
145～148	转化为α松香酸
150～190 150～151 173～174	转化为松香酸 转化为左旋海松酸 转化为脱氧松香酸
211～212	转化为右旋海松酸
230～250	转化为不活泼的焦松香酸，逐渐失去助焊剂的作用
300～350	碳化（丧失任何活性）

（3）钝化温度。

钝化温度亦称为分解温度，它是针对助焊剂中的活性物质而言的。在分解温度下被认为是助焊剂中的活性物质要完全分解，只要化学反应过程是均匀的和充分的，活性物质就会因全部分解而丧失殆尽，反应后助焊剂的残留物在化学活性方面可认为是中性和不具有腐蚀性的。

3.2.4　助焊剂的安全性

助焊剂在使用和储存过程中应对生态学方面不造成任何危害，在工作时，产生的烟尘应是无毒的，并且不产生刺激性气味，分解后的残留物和废弃材料应是无腐蚀性的，且不会带来任何环境问题。

3.3　助焊剂的分类

助焊剂种类繁杂，包含有机体系、无机体系、树脂系列等，但对装联技术来讲，主要应从使用角度出发来了解助焊剂的知识。

3.3.1　常规分法

通常助焊剂按以下六方面进行分类。

（1）按助焊剂状态可分为液态、糊态和固态三类。

（2）按涂布方式可分为刷布、浸渍、发泡、喷射和喷雾五类。

（3）按助焊剂活性大小可分为未活化（R 型）、中度活化（RMA 型）、全活化（RA 型）三类。

（4）按助焊剂残留物分类，可分为腐蚀性、缓蚀性和非腐蚀性三大类。

（5）按助焊剂活性剂类别可分为五类：

① 松香、有机酸体系助焊剂；

② 有机胺卤化物体系助焊剂；

③ 水溶性酸类体系助焊剂；

④ 无机体系助焊剂；

⑤ 其他，包括表面活性剂、氟碳化合物类助焊剂等。

（6）按助焊剂主要化学成分分类，可分为无机系列助焊剂、有机系列助焊剂和树脂系列助焊剂。

无机系列助焊剂通常使用的活性剂为无机盐和无机酸。它们的特点是活性大、腐蚀性较强、能够用水清洗。

无机酸类助焊剂的酸性很强，去除氧化物的能力很强，同时对金属本身又有很强的腐蚀性，所以一般在电子装联技术中几乎是不用的。

无机盐类的代表是氯化铵、氯化锌。单独使用或两者混合使用均可。这类助焊剂活性、腐蚀性也很强，其残留部分有很强的吸湿性，如使用它作为助焊剂，焊接后必须清洗干净、彻底。因此在电子装联中也极少使用。

有机系列助焊剂是指有机酸、有机胺、有机卤化物等物质。这些助焊剂和无机系列的助焊剂相比，其活性较弱，但具有活化时间短、加热迅速分解、留下的残留物基本上呈惰性、吸湿性小、电绝缘性能好等特点，有利于采用溶剂或水清洗。因此，有机系列的助焊剂是电子装联中常用的助焊剂。

表 3-4 给出了常用的有机系列助焊剂成分。

表 3-4 常用的有机系列助焊剂成分

类别	主要成分
有机酸	甲酸、丁酸、草酸、丙二酸、丁二酸、戊二酸、己二酸、癸二酸、乳酸、苯甲酸、苯乙酸、对一羟基苯甲酸、水杨酸、溴化水杨酸、柠檬酸、酒石酸、苹果酸、桂皮酸、植酸、谷氨酸、邻苯二甲酸、油酸、硬脂酸、苯甲酸
有机胺及酰胺	单乙醇酸胺、二乙醇胺、三乙醇胺、乙二胺、二乙胺、十二烷基胺、硬脂酸酰胺、甲酰胺、肼、尿素
有机胺的氢卤酸盐及有机卤化物	苯胺盐酸盐、二乙胺盐酸盐、乙二胺盐酸盐、羟胺盐酸盐、十六烷基三甲基氯化胺、谷氨酸盐酸盐、十六烷基溴化吡啶、十六烷基三甲基溴化胺、乙基二甲基十六烷基溴化胺、溴化肼
其他	苯胺磷酸盐、氟碳季铵盐

3.3.2 清洗型助焊剂

在电子产品的生产中，最广泛使用的高固体含量助焊剂是松香型有机类助焊剂。此类助焊剂通常由活性剂、成膜剂、添加剂和溶剂等成分组成。传统助焊剂以松香为基体，它能够同时起到活性剂和成膜剂的作用。为了提高助焊剂的助焊能力，还必须加入一定的活性物质，它们是助焊剂净化基体金属表面起主要作用的物质。活性剂的活性表征了它与基体金属表面氧化物起化学反应的能力。

助焊剂中的添加剂常为酸度调节剂、消光剂、光亮剂、缓蚀剂和阻燃剂等物质中的一种或几种，往助焊剂中掺入添加剂的目的是使助焊剂获得一些特殊的物理、化学性能，以适应不同应用场合的特殊需要。

广泛使用的各类松香型有机助焊剂，其中固体含量一般都在 20%～50%。焊接后在焊接面（端）上形成的大量残余物，会对电子产品的性能产生不良的影响。因此，PCB 焊后的清洗，一直被看作电子装联工艺中的重要工序（特别是军工产品），清洗的质量直接影响电子整机的性能和工作的可靠性。

3.3.3 免清洗型助焊剂

免清洗型助焊剂是指焊后只含微量残留物且无害，无须再清洗组装板的助焊剂。

从保护臭氧层和满足高密度板级电路组装的需要出发，采用免清洗助焊剂的焊接技术是解决这个问题最有效的途径。它不仅可免除清洗工艺、省去清洗设备、简化操作、节省人力、降低成本，并可彻底避免因使用含 ODS（臭氧耗损物质）的清洗剂而带来的环境污染。

既然是免清洗助焊剂，必然是固体含量很低的助焊剂，这类助焊剂中固体成分通常都低于 5%，因此，人们习惯将其称为低固型助焊剂，而把其中固体含量小于 2%的命名为超低固型助焊剂。这类低固体含量的免清洗助焊剂由于焊后残留物极少，且具有良好的稳定性，不经清洗即能使产品满足长期使用的要求。

（1）免清洗助焊剂应具备的基本要求。

在低固助焊剂中为了保证助焊剂具有适度的活性，应尽量将固体含量降低。低固免清洗助焊剂应具备下列基本要求：

① 固体含量应不大于 5%；

② 不含卤素；

③ 助焊剂扩展率应大于 80%；

④ 波峰焊接后 PCB 的绝缘电阻应大于 $1\times10^{11}\Omega$。

具备上述特性的低固助焊剂由于是非松香、非树脂型，活性剂不含卤化物，对 PCB 无腐蚀性，在不清洗的情况下，具有高的表面绝缘电阻，无离子污染物，焊接后助焊剂残留物极微且接近中性，因此对一般用途的电子产品来说，可以免除清洗工序。

与其他助焊剂一样，免清洗助焊剂也是由活性剂、成膜剂、添加剂和溶剂等成分组成的。但免清洗助焊剂要求在保持足够活性的前提下焊后残留物要少，无腐蚀性，具有较高的绝缘电阻值和极低的离子残留量。为达到此目的，采用低固含量且不含有卤素是免清洗助焊剂各种配方中的共同特点。

由于免清洗助焊剂是一种低固含量助焊剂，其活性相对较弱，因此，可通过适当延长预热时间，使活性剂充分发挥作用。根据免清洗助焊剂中所用溶剂的情况，预热温度选择略有差异。一般预热温度控制在 90～110℃。助焊剂中的活性剂被树脂包裹。在焊接过程中，随着预热温度的升高助焊剂开始激活，温度达到预热温度时树脂破裂，助焊剂释放出活性，同时溶剂开始汽化。随着温度的升高，助焊剂活性逐渐增强，在进入焊接区时活性最强，助焊剂基本挥发，冷却后活性消失，PCB 上遗留极少的残留物。

（2）对免清洗助焊剂的特性要求。

在使用免清洗助焊剂时，应符合以下特性要求：

① 可利用浸渍、发泡、喷射或喷雾等多种方式涂布；

② 与元器件、PCB 所用材料以及现有设备配伍性好；

③ 无毒性、气味小、操作安全、焊接时烟雾少、不污染环境；

④ 可焊性好，焊接质量高，不致因助焊剂质量造成虚焊、漏焊、吊桥、桥接、拉尖和焊料球等焊点缺陷；

⑤ 焊后残留物极少，板面干净、色浅、无黏性、无腐蚀性，且具有较高的耐湿性和表面绝缘电阻；

⑥ 焊后 PCB 离子残留量符合免清洗洁净度的要求；

⑦ 具有较长的储存期，一般一年以上。室温放置时不会随温度变化而出现沉淀或分层现象，具有良好的稳定性。

（3）使用免清洗助焊剂的工艺条件。

免清洗技术是一项综合性的技术，在选择应用时，为使其效果得以发挥，对工艺是有条件要求的。根据经验，在焊接工艺中需要注意以下问题。

① PCB 处理剂与免清洗助焊剂的匹配问题。

在免清洗助焊剂使用过程中最常出现的是与PCB的匹配问题。通常经热风整平处理的PCB效果较好，而经预涂处理的 PCB，由于预涂焊剂的差异，使用免清洗助焊剂的效果差别很大，有时会残留较多的预涂焊剂中所含有的松香或树脂，可能在组装板上留下不均匀的痕迹。为此，在 PCB 制作时必须选用高质量的预涂焊剂，最好也采用免清洗预涂焊剂，这样才能满足免清洗焊接工艺的要求。

② 发泡。

喷雾涂布不存在发泡问题。但对免清洗助焊剂的发泡涂布则比树脂型助焊剂有更高的要求。除要严格控制发泡高度外，要求发泡更细密，保证助焊剂在 PCB 上均匀涂布，才能获得良好的效果。

树脂型助焊剂由于固含量高、黏度较大，发泡剂量也可加大，发泡很容易，即使设备略有漏气、气流量小，对发泡影响也不大。而免清洗助焊剂固含量低、黏度小，而且焊后免清洗，要求发泡剂量必须控制在最小限度，这样对发泡设备的发泡能力、密封性要求较高，不得有漏气现象，否则发泡会不均匀，甚至发泡高度不能满足要求，涂布量也不易控制。

发泡设备中发泡管的选择尤为重要。免清洗助焊剂的发泡性能通常比树脂型助焊剂的发泡性能差，为此，应选用密度高、孔径小的发泡管，孔径以 200～600 目为宜。泡沫高度应刚好接触 PCB 底面，最多不能超过 PCB 板面厚度的 1/3，以防助焊剂达到 PCB 顶面而被残留。

③ 预热。

预热是焊接过程的重要环节，它直接影响焊点的质量。免清洗助焊剂都采用不含卤素的活性剂，其活性相对要弱一些。因此，可通过适当地延长预热过程的时间，使活性剂充分发挥作用。根据免清洗助焊剂中所用溶剂的情况，预热温度选择略有差异。一般预热温度控制在 90～110℃较好。

④ 焊接温度。

采用免清洗助焊剂时，为了有利于活性剂的升华、挥发、分解和转化，对焊接温度必须严加控制。

焊接温度对焊接质量起着关键作用。焊接时焊料槽温度较低，锡铅氧化物会少些，但活性剂的残留会增多，腐蚀性有可能增大，对长期稳定性不利；焊料槽温度过高，氧化物会增加，并且过热会导致润湿不足，影响焊接质量。因此，一般焊料槽温度以不低于 240℃、不高于 260℃为最佳。对不同的锡-铅合金组成，采用不同的焊接温度，如：

Sn60Pb40，255±5℃；

Sn63Pb37，250±5℃。

这里需注意，焊料槽温度不能单纯靠温度控制调节器显示，应经常用校正温度计实测，以使两者的误差减至最小。焊料槽中熔化的锡-铅合金应保持水平，PCB 与其保持刚接触即可，最多不超过 PCB 厚度的一半，接触时间一般为 2～3s，不超过 5s。

⑤ 焊料防氧化问题。

为防止熔化焊料被氧化，大多数焊接工艺均采用在焊料槽中加入防氧化剂的方法。通常加入的是防氧化油或防氧化蜡。但是在焊接时，由于防氧化剂的加入，常常在 PCB 上留下防氧化剂的污染物，影响板面的清洁度。为解决此问题有以下三种方法：

a．采用感应式电磁泵波峰焊机。

由于感应式电磁泵产生的是直线推力，液态金属焊料无须翻转，焊料槽平静，可在不加防氧化剂的条件下大量减少焊料氧化物的生成。

b．采用防氧化焊料。

在焊料中加入少量的防氧化剂制成的防氧化焊料，能起到一定的防氧化效果。由于防氧化剂含量较低，对 PCB 污染小，能达到免清洗的要求。

c．提高波峰高度。

虽然仍使用防氧化剂，但其添加量应尽可能减少，只在焊料槽表面覆盖很薄的一层。若适当提高焊料波峰的高度，使峰顶焊料无防氧化剂，这样 PCB 表面就不会接触到防氧化剂，也就不会有太多的防氧化剂残留在 PCB 上了。

（4）免清洗助焊剂的稀释和定期更换。

在使用免清洗助焊剂的过程中，随着溶剂的不断挥发，免清洗助焊剂的密度和固含量会增大，焊接后在 PCB 上的残留量也会增多。因此，需要经常及时加入稀释剂进行稀释，以控制助焊剂的密度和酸度。然而，所有低固含量免清洗助焊剂的密度都较小，为 0.800～0.815g/cm^3，这与稀释剂密度 0.785～0.805g/cm^3 极为接近。如果仍使用电子密度控制器或液体密度计来控制稀释剂的加入就不够准确，不能达到良好的效果。可以推荐用滴定法来测定助焊剂的酸度，用以控制稀释剂的加入量，并准确确定助焊剂能否再用。当滴定完成并加入稀释剂后，若酸值仍然超出规定范围，即表示助焊剂使用期已过，需要更换新的助焊剂。通常建议连续使用免清洗助焊剂 1～2 个月后，应更换新的免清洗助焊剂。

（5）无挥发性有机化合物 VOC 免清洗助焊剂。

在免清洗助焊剂中大量应用乙醇、异丙醇等醇类溶剂，有些助焊剂中醇的含量可高达 95%以上。这类溶剂属挥发性有机化合物（Volatile Organic Compounds，VOC），现在国际上对 VOC 的排放已有严格的限制。例如，美国早在 1990 年就制定了“空气清洁法令”，限制 VOC 的使用量。为了达到少量排放或不排放 VOC 的目的，现在已有新一代的无 VOC 免清洗助焊剂。这些助焊剂以去离子水代替醇作为溶剂，再加入活性剂、发泡剂、润湿剂、非 VOC 溶剂等按一定比例配制。无 VOC 助焊剂除对环境无污染外，且不易燃，在受热环境下操作非常安全，对运输和存放也很有利。

异丙醇较多地被使用在网板清洗和各类维护清洗的应用中，替换异丙醇的应用已成为趋势，全球制造商们正在寻找清洗表现更佳并且更环保的清洗解决方案。

3.3.4 水溶性助焊剂

当前因保护大气臭氧层的需要，国内外都在大力研制和开发水溶性助焊剂和免清洗助焊剂。

（1）水清洗工艺的条件。

水溶性助焊剂的最大特点是助焊剂组分在水中溶解度大、活性强、助焊性能好，焊后残留物易溶于水，因此可直接采用水做清洗溶剂，不消耗臭氧层物质和 VOC，但是采用水清洗工艺需要考虑下述因素和制约条件：

① 为了确保清洗质量，所使用的纯水的水质必须符合一定的要求；

② 设备的一次性投资大，一套功能完善的水清洗机加上原水提纯设备，投资总额相当于氟利昂清洗设备的 5～6 倍以上；

③ 能源消耗大，以 20 世纪 80 年代进入我国较多的 Poly-Clean 型清洗机为例，主机连同原水提纯、加热、排气等设备，每个工作日的耗水量超过 30 吨；

④ 废水处理较复杂，没有简单易行而投资较少的工艺装置对水清洗后产生的废水进行再生和循环使用，大多数厂家基本上是直接排放，这不仅增加了城市污水处理的工作量，也进一步造成了对水源的浪费。

（2）水溶性助焊剂的分类。

水溶性助焊剂分为两类，一类是无机型水溶性助焊剂；另一类是有机型水溶性助焊剂，见表 3-5。

表 3-5 水溶性助焊剂的分类

类别		主要成分
无机型	氯化物类	氯化铵、氯化锌、氯化锡、氯化镍
	氟化物类	氟化钠、氟化钙、氟化钾、氟化锂、氟硼酸、氟化氢
	硼酸、磷酸及其盐类	硼酸、磷酸、亚磷酸、磷酸二氢钾
有机型	一元酸	丁酸、丙烯酸、水杨酸、苯甲酸
	二元酸、多元酸及其盐类	草酸、柠檬酸、酒石酸、丁二酸、己二酸、苹果酸、柠檬酸铵
	肼酸及其盐类	己胺溴氢酸盐、羟胺盐酸盐、环己胺盐酸盐、肼溴、化肼、单乙醇胺盐酸盐、EDTA、甲胺盐酸盐、 三乙醇胺、吡啶溴氢酸盐
	磺酸及其盐类	十二烷甚磺酸钠、磺基水杨酸
	磷酸酯类	磷酸甘露醇、磷酸山梨醇酯
	氨基酸	谷氨酸

（3）水溶性助焊剂的特性。

水溶性助焊剂除具备助焊剂的通用要求外，还应具有以下特性：

① 助焊性较强，能适应各种元器件引线的焊接，去氧化能力强于树脂型助焊剂和免清洗助焊剂；

② 焊后残留物易用水清洗，且不污染环境；

③ 清洗后的焊点满足洁净度要求，不腐蚀，不降低电绝缘性能；

④ 储存稳定、无毒性。

（4）使用水溶性助焊剂应注意的问题。

在工艺上使用水溶性助焊剂时应注意以下问题：

① 在使用过程中，需经常添加专用的稀释剂，调节活性剂浓度，以确保取得良好的焊接效果；

② 由于水溶性助焊剂不含松香树脂，锡-铅合金焊料的防氧化显得更为必要。为确保水清洗后具有良好的洁净度，添加的焊料防氧化剂必须具有水溶性；

③ 采用纯度较高的去离子水清洗，清洗温度一般以 45～60℃为宜，有时可达 70～80℃；

④ 使用水溶性焊剂焊接的焊点，在经过水清洗后，要用离子净度仪测定其离子残留量，考核水清洗效果是否达到要求。

综上所述，本着任何事物都有其两面性的哲理，我们必须知道，没有哪一种助焊剂是最好的，也没有哪一种清洗方法是最好的方法，同时也不存在哪一种方法是确定清洁度的最好方法。这些变量都是根据具体的应用而定的。在电子装联的实际应用中，必须根据产品的需求、使用某种助焊剂应用的实验数据来确定其对助焊剂、清洗剂和清洁度测试等的要求。

Chapter 4

第4章 电子装联中的常用线材

4.1 概述

从发电厂出来的电能需要被输送到各变电站、工厂、千家万户。输送电能需要电线电缆，也可以说有电就要有电线。所以说电线电缆是输送电能必不可少的载体。

目前，电子工业中许多新兴产业的发展推动了电线电缆的迅速发展。例如，由于海洋开发、近海石油工业的开发，为此而配套的计测仪器、机器设备等问世，如水下摄像机、海底勘探设备等相应的海底线缆也被开发出来了。

在宇宙开发方面，人造卫星、宇宙飞船所用电线电缆，发射火箭时地面设备所用电子线缆，要求较高，且要绝对可靠，还要求能耐辐射、耐热冲击，避免有气体逸出，避免发烟，质量要轻，耐弯曲，安装时无论在什么气候条件下不允许有开裂等，这些都是电线电缆的发展方向。

在原子能开发方面，核能发电站用电线线缆也都是被开发的产品。

电线电缆的这些用途决定了其所选用的材料，它们必须满足电子设备使用环境的要求，目前开发出的聚四氟乙烯、聚酰亚胺、辐照聚烯烃、乙烯-四氟乙烯共聚物等材料，作为电线电缆的绝缘材料都能满足不同电子设备，在不同的环境下工作的要求。

当电路设计完毕时，就要根据电路的电压、电流、工作频率、走线长度和特殊要求来选定导线的规格、型号、颜色等。作为电气装联工艺师，必须对设计师所选用导线的正确与否及电子设备结构情况（零部件、元器件的布设情况）进行可生产性的工艺审查。这就要求工艺师对电气装联中所用导线有一个了解，具备关于导线的基础知识。本章的目的就是使电路设计师、工艺设计师、电子装联操作者认识、了解、掌握线材。

4.2 线材常识

电路设计和电气工艺人员要想使得电路工作可靠、安装合理、美观，就必须对电路所采用的各种线缆的制造材料非常了解，进而正确地选用，只有这样才能满足电路指标的最佳实现和工作寿命的最大提高。

4.2.1 线材的应用

电子装联中所用导线广义上讲，就是可流过电流的金属线。“线材”是指切成一定长度的、做了某种必要加工的连线材料。

电子产品常用的导线有电线、电缆，它们是电能或电磁信号的传输线，根据用途、品种的不同，主要有以下几个方面的应用。

（1）输配电用的电力电缆。一般有油浸纸电力电缆、绝缘铝包电力电缆、铝包电力电缆、充气电力电缆、充油 PVC 电力电缆、PE 电力电缆、交联 PE 电力电缆等。

（2）传输通信信号用的通信电缆。比如有市话电缆、市外话电缆、塑料电线等。

（3）电气设备用的控制电缆。

（4）航空、航天、电子设备用的电子线缆。比如计算机、电子设备、程控交换机等通信电子设备中所用线缆。

（5）电磁线。比如漆包线、纱包线、玻璃丝包线等。漆包线早些年是油性漆包线，现在是缩醛漆包线、聚酯漆包线、聚酰亚胺漆包线等，根据漆包线绝缘材料的不同导体尺寸也就不同。

4.2.2 导体材料

无论线材的应用如何，它们传递电信号的材料必须是导体，也就是说只有金属材料才能用于制作线材，金属材料中适合用于电线的材料有哪些呢？它们的性质又如何呢？下面看看制作线材的主要金属材料及它们具有的性能。

（1）铜导体。

铜线有电解铜和无氧铜之分，它们的导电性能都很好。铜在常温干燥情况下是不易氧化的。

铜的电导率≤0.01724 S/m。

铜线有硬态和软态之分，制作电子设备用的铜线一般是软态，即退火铜线，铜线经拉制后变硬，要用高温退火使它柔软易弯。铜线可以拉伸成直径为 0.05mm、0.08mm、0.10mm、0.12mm，这样细的导体国内已有很多厂家能够生产了（如江苏通光电子线缆股份有限公司）。

（2）镀锡铜线。

纯锡是良好的镀层材料和焊接材料，锡有银白色光泽，它对于许多化合物的抗腐蚀能力很强，铜线在常温干燥下不会氧化，但受潮气或温度升高影响也会氧化，如果镀锡后就较为稳定，且易焊接。

镀锡方法有热镀和电镀两种。无论采取哪种方法进行镀锡，最后镀层都要求光滑牢固，不能有缺陷，镀层表面的锡应是连续的、均匀的。为了节省锡的用量，许多工艺都采用锡-铅合金完成镀层，这样也很适配电子设备中软钎焊的需要。

（3）镀银铜线。

大家知道，银导体其性能很好，使用温度比锡高，如果电线需要工作在较高温度，就需要使用镀银的电线了。因为镀银的铜线可耐温达 200℃以上，纯铜线需要工作在 200℃时，铜线外表层就必须镀银。

一般镀银工艺是电解镀，其方法是在电解槽中放入电解液，银作为阳极，铜线作为阴极，可采用挂镀和连续镀这两种加工工艺。无论采用哪种工艺，镀后的银镀层要求牢固、致密、均匀。

（4）镀镍铜线。

当电缆的使用温度需要进一步提高时，导体镀层就应采用镍了。

镀镍铜导体可使电线耐温达250℃以上。这样就可满足电子设备中某些长期工作在高温区的模块单元了。

（5）铜包钢线。

铜包钢线是一种双金属导线，在钢线外包了一层铜，其中钢起到拉力作用，铜层起到导电作用。例如，在电子线缆中用作小型射频同轴电缆的导体线芯、耐高温的射频同轴电缆采用镀银铜包钢线作为内导体等。这类铜包钢线的应用还很多，ASTM-452美国电子应用铜包钢线标准见表4-1。

表4-1　ASTM-452美国电子应用铜包钢线标准

种　类	型　号	20℃时电导率/（S/m）	20℃电阻率/（$\Omega\cdot mm^2/m$）	抗拉强度最小值/（kg/mm^2）	伸平最小值/%（长225mm时）
标准30%电导率硬拉铜包钢线	30HS	29.41	0.05862	89.3	线径1.83～1.29mm为15 线径1.15mm为10
标准30%电导率韧炼铜包钢线	30A	29.41	0.05862	35.2	线径1.83～1.0.574mm为15 线径0.0511～0.079mm为10
标准40%电导率硬拉铜包钢线	40HS	39.21	0.04397	77.3	同30HS
标准40%电导率韧炼铜包钢线	40A	39.21	0.04397	31.6	同30A

在电子产品设备中所用的电缆，应选用退火铜包钢线，请工艺人员在选型时注意。

4.2.3　绝缘材料

制作电缆时，电缆的外层必须是绝缘材料，绝缘材料的种类相当多，而哪些适合做电子产品所需电线的绝缘外层呢？本节将介绍绝缘外层的材料名称、性能、使用条件要求等。

（1）聚氯乙烯。

聚氯乙烯绝缘材料是电子工业中使用得最为广泛的绝缘材料。

聚氯乙烯的英文缩写是PVC，所以通常很多时候人们将聚氯乙烯直呼为PVC。

聚氯乙烯通常用作普通电线的绝缘材料，因为它具有耐电压和较好的绝缘性能，应用于电力电缆中的塑力缆、控制电缆中的塑控缆的绝缘和护套，但在高频下不能使用，太高的电压下也不能使用，塑力缆一般应用在10kV以下。

常规的电子设备安装线可用于600V以下，一般用于通信电缆、话缆、局内电缆、程控交换机电缆、用户电缆等方面。

聚氯乙烯绝缘材料的特点：阻燃（Cl 原子的存在）、耐油、耐臭氧、耐药品性好、耐水性也好，因此被广泛地用于电缆中作绝缘和护套材料。

为了满足使用，在 PVC 中添加一些其他材料，如增塑剂、填充剂、防老剂等，由于添加剂的不同可以得到不同性能的塑料混合物，例如，有耐 105℃、90℃、80℃、70℃高温的 PVC，有耐寒冷的 PVC，等等。

（2）聚乙烯。

聚乙烯绝缘材料在同轴电缆中使用较为广泛。

聚乙烯的英文缩写是 PE，聚乙烯材料的电性能好，介电常数小，介质损耗小，介电常数和介质损耗与温度和频率都无关，因此使得这种材料多用于通信电缆及高频电缆的绝缘层（也称介质层）。在电性能中，聚乙烯材料的绝缘电阻、耐电压都很优良且稳定，因而被广泛用于电力电缆的绝缘，为了改良其耐热性，现在多使用交联 PE 材料。

聚乙烯材料的机械性能强韧，耐药品性、耐溶剂性、耐水性、耐湿性优良，在有机绝缘材料中，是最优良者之一，因此可作为线材的护套材料，在光缆中它们也常被作为护套材料使用。

由于聚乙烯材料的基料是白色的，为了防止太阳光的直射和紫外线下材料的老化，因此在某些产品中要求掺入适量的炭黑，这样可防止材料的老化，并且还可提高其机械强度性能。

聚乙烯材料由于本身制法不同分为以下几种：

① 低密度聚乙烯——超高压高温下制造，即高压法制造。这种低密度聚乙烯材料可用作射频电缆的绝缘材料，它的软化温度为 105～110℃。

② 中密度聚乙烯——中压法合成，它的软化温度为 105～110℃。

③ 高密度聚乙烯——低压法合成，它的软化温度为 120～130℃。

（3）交联聚乙烯。

在聚乙烯分子间施行交联，形成网状的分子结构，这种结构比原来的聚乙烯材料提高了耐热性、耐溶剂性，在结晶熔点上呈橡胶状弹性体。交联聚乙烯材料作为电力电缆绝缘是最为适宜的。因为它改善了对应力的龟裂性及耐药品性，这种交联聚乙烯材料可以适用于有耐热要求的电缆线材产品中。

制作交联聚乙烯材料一般有以下两种交联工艺方法：

① 化学交联，通过有机过氧化物的作用，在挤出过程中加入挤出后交联；

② 辐照交联，电线成形后用电子加速照射，使绝缘进行辐照交联。

（4）泡沫聚乙烯。

泡沫聚乙烯材料是使用化学发泡，在聚乙烯材料中加发泡剂使之发泡，在挤出中产生不活泼气体，使之形成独立的气泡，可用作通信电缆的绝缘体。

泡沫聚乙烯材料的发泡常用 AC 发泡剂、偶氮二甲酰胺、AIBE 偶氮二异丁腈。

物理发泡是 PE（聚乙烯）挤出中加入成核剂通入氮气，惰性气体在 PE 中呈微孔状，孔小，用这种物理方法发泡后聚乙烯材料的机械强度高，比化学发泡好。

泡沫聚乙烯材料常用作 CATV 电缆，用这种材料制作的电缆其介电损耗小，由于气泡是封闭的，因而它的吸湿性小。

（5）聚四氟乙烯。

聚四氟乙烯绝缘材料在电子产品中的使用极其广泛，在常规电线、通用同轴电缆导线、微波板材、电子装配中绝缘支架等方面都有应用。

聚四氟乙烯材料的英文缩写是PTFE或TFE，国内简称F4，呈白色粉末状，PTFE是结晶型高聚物，密度为2.11～2.19g/cm^3，具有极优异的化学稳定性、热稳定性和电气绝缘性能，几乎不吸水，具有极低的摩擦系数，俗称塑料之王。它对酸碱及不同类型的化学药品溶剂等极为稳定，只有熔融的碱金属（钠、钾等）在高温下对它才有侵蚀作用。

聚四氟乙烯材料在390℃以上开始分解，并释放出氟化氢。

聚四氟乙烯材料的长期使用温度可达250℃，由于它结构对称，介电常数和介电损耗非常低，因此它是电子产品理想的耐高温、耐高频的绝缘材料。

早在1938年，美国杜邦公司在实验室中发现了PTFE树脂，1941年投入中间试验生产，当时树脂主要用于军工。苏联于1949年投入生产，美国于1950年投入工业生产，随后产品逐步推广到民用。

我国自1958年开始试制PTFE，通过模压、挤压、压延、喷涂等工艺，生产板材、捧材、管材、薄膜、零件等，应用于国防、国民经济等各行业。在电子线缆、电线电缆上应用薄膜绝缘始于1962年。现在PTFE绝缘电线在天津、上海、沈阳、昆明等地的电缆厂均有生产，但产品质量、数量远远不能满足日益发展的电子工业的要求。

聚四氟乙烯有悬浮聚合和分散聚合两种：

① 悬浮聚合的PTFE为白色纤维状颗粒，颗粒直径为35～500μm，主要用于模压和挤压等工艺。

② 分散聚合的PTFE有白色纤维状颗粒和分散液两种，初级颗粒直径为0.1～0.4μm，次级颗粒直径为400～500μm，分散液用于喷涂、流延、浸渍等工艺。纤维状颗粒树脂用于糊状挤压成形。

聚四氟乙烯绝缘材料由于其具有的优异性能，广泛应用在国防及国民经济各部门，美国多用于军工、电子工业、电气工业方面，特别广泛用于电子工业方面。

下面举一些PTFE的应用领域。

① 电线电缆。

PTFE漆包线用于微型电动机、热电偶等。

PTFE电线电缆用于飞机、雷达、电视、火箭等电子设备中，是航空、航天方面不可缺少的电线电缆材料之一。

② PTFE薄膜。

PTFE制成的薄膜绝缘材料，可使线缆绝缘尺寸小、质量轻，可满足飞机舵螺等小尺寸的严要求场合。PTFE薄膜材料还可用于电容器、无线电绝缘，衬垫、仪器中间所需的绝缘层和电动机、变压器的绝缘材料。

③ 其他。

PTFE用于管材印制线路板、玻璃布层压板（电子仪器、雷达等上用）；机械制造中用于工业轴承、活塞环、导向环、密封圈；在化工、石油工业方面，作为涂层，以保护金属管道被腐蚀。

④ PTFE生料带的使用。

PTFE的生料带可用作密封材料，防泄漏；另外，PTFE也可用于器皿、烧杯、量筒，用作处理高纯物质。

PTFE 用作电线绝缘材料，其加工缺点是：加工工艺性不好，不能螺杆挤出，只能糊状挤出或切成薄膜带绕包。

（6）聚全氟乙丙烯。

聚全氟乙丙烯的英文缩写是 FEP，国内简称 F46，聚全氟乙丙烯是四氟乙烯与六氟丙烯的共聚物。按质量比，四氟乙烯为 82%～83%，六氟丙烯为 17%～18%。共聚的目的是六氟丙烯改进四氟乙烯的加工性能，若六氟丙烯含量太低则加工比较困难，反之含量高于 18%，则耐热性能显著降低。FEP 熔点为 280℃，长期工作温度为-65～205℃，对溶剂和化学药品的稳定性与 PTFE 相似，熔融黏度为 104～105Pa·s，在高温下分子可以自由行动，能形成熔融状态，可采用热塑性挤出，常用高温挤出机，制作高温高频电子线缆绝缘和护层。

聚全氟乙丙烯材料可用于航空、航天、电子计算机、潜水、雷达等电子设备的线缆中。

（7）乙烯-四氟乙烯。

乙烯-四氟乙烯材料的英文缩写是 ETFE，国内简称 F40，其中乙烯与四氟乙烯的质量比为 25∶75。此材料机械性能强韧，耐化学性好，电气性能优良，寿命长，即耐老化性好，低温韧性好，吸水性小，连续使用温度为 155℃，有极好的加工性能，可使用耐高温挤出机热塑挤出，耐切割、耐磨性都很好，具有优良的耐辐射性，含有 C—H 键，经辐照可交联，因而具有优良的耐辐射性能，介电常数为 2.6，不随温度和频率而变化。

乙烯-四氟乙烯材料常常用于制作质量轻、外径小、电性能优良的电子仪表线缆，可满足军工、电子计算机等尖端技术的要求。

注意，乙烯-四氟乙烯材料在美国其商品名叫 TEFZEL，在日本叫 Aflon cop。

（8）全氟烷氧基氟碳树脂。

全氟烷氧基氟碳树脂的英文缩写是 PFA。

它是 1973 年才开始命名的一种耐高温氟塑料，是通过改进 PTFE 加工工艺性能而发展起来的。全氟烷氧基氟碳树脂有好的熔融加工特性和无可比拟的熔融稳定性，在高温下其机械强度好，机械性能也好，并有极好的耐应力开裂性能，耐高温可达到 260℃，耐化学药品性能也极好。

但由于全氟烷氧基氟碳树脂的介电损耗有随频率变化的缺点，现在已开始用作护套和频率要求不是很高的电子线缆上，也就是说不能完全取代 PTFE 聚四氟乙烯。

（9）聚丙烯。

聚丙烯的英文缩写是 PP，是丙烯的聚合物，密度为 0.9～0.91g/cm^3，是塑料中最轻的，阻燃性、机械强度较 PE（聚乙烯）优。聚丙烯的电气性能特别是高频性能很好，因此作为电话线、耐水电动机绕组线等的绝缘材料使用。

聚丙烯的缺点：聚丙烯抗氧化稳定性不如 PE，有与铜离子作用的劣性，若开发研究使用合适的添加剂，可解决这个缺点。

可开发泡沫聚丙烯，但它不能进行化学或辐照交联。

（10）聚酰胺、尼龙。

聚酰胺、尼龙是在聚合物主链上含有交替出现的酰胺基团的高分子化合物，统称聚酰胺。

聚酰胺的特性是：耐磨、耐光、耐油、耐溶剂、耐臭氧性能好。

聚酰胺的缺点是：吸水性差、老化性差、耐热性不佳。

因尼龙的本身特征决定了它作为护层之用，比较适合用作军用野外通信线、被覆线的护层和航空导线的护层，如 PE 绝缘、尼龙护层电线、PVC 绝缘尼龙护层航空导线、FEP 绝缘尼龙护套电线等。

此外，尼龙还可作为薄膜与其他材料黏结用。

（11）聚酰亚胺。

聚酰亚胺的商品名为 Kapton，它有 H 型、F 型两种。

聚酰亚胺是芳香族四盐基酸与芳香族二胺之缩合反应而成的塑料，是到目前为止，在所有有机聚合物中，耐高温的品种之一，使用温度可达 260℃。

聚酰亚胺的特点是：机械强度高，耐磨性较好，电气性能、耐辐射性能都很好，有一定的化学稳定性，不溶于一般有机溶剂，由于是芳香结构，具有良好的耐辐射性。

聚酰亚胺的缺点是：耐气候性差，脆性，成形加工困难，在电缆工业中主要是以薄膜绕包的形式作为耐高温、耐辐射的电子线缆的绝缘层使用。

（12）聚酯。

聚酯的英文缩写是 PET 或 PETP，饱和的二元酸和二元醇通过缩聚反应可以制得线型的热塑性饱和的聚酯树脂，其种类很多。电缆上常用的是聚对苯二甲酸乙二醇酯，分子量为 20 000～30 000。

聚酯材料通常被制成薄膜状，用于电子线缆的绝缘，如冰箱电动机引线（因它耐氟利昂）、安装线缆的包带、光纤的二次被覆等。

聚酯材料的机械强度好，冲击强度为一般塑料膜的 3～5 倍，其介电系数随温度升高、频度下降而增加，耐电晕性较差，耐热性好，长期使用温度可达 120℃，短期使用温度可达 150℃，它不溶于一般的溶剂。

（13）纤维材料。

可用作电缆的纤维材料有很多种，主要有以下几种：

① 棉纱。常供电线绕包和编织用，过去的电话线、纱包线、电动机绕组线都会用到，现在已被塑料代替。棉纱柔软，受潮后电性能下降，耐温 65℃。

② 天然丝。用作丝包绝缘线，耐碱性弱，耐酸性强，电气性能优越，柔软，现在逐渐被合成纤维所代替。

③ 绵纶丝。绵纶丝即聚酰胺丝，强度比天然纤维高，因此逐步取代了天然丝。绵纶丝成本低，常用于电磁线的绝缘包覆。

④ 玻璃丝。无碱玻璃丝，是由纤维直径在 5～7μm 的单纤维，用 100～1000 根绞合组成的，缺点是耐弯曲性差，但耐热性、耐潮湿、耐腐蚀性好，耐热传导良好，可用作电磁线绝缘、玻璃丝包线、耐热安装线的编织层、高温同轴电缆的保护层等。

⑤ 聚酯丝。聚酯丝的机械性能好，耐热性能好，耐氟利昂，长期耐温达 120℃，短期耐温可达 150℃，聚酯丝材料不溶于一般溶剂，可用作编织层或绕包层作为绝缘和护层用。

4.2.4 护层材料

用于电缆的保护层材料除前面已讲过的 PVC、PE、F46 外，还有以下几种。

（1）塑料带。

主要在多芯电缆缆芯上使用，使多芯电缆缆芯紧密，在挤护套时不易变形，这样可提高机械强度，防止外伤，对单独屏蔽的线芯包带起隔离和绝缘作用。

过去有布带、纸带、PVC 带，现在有无纺布带、聚酯带等。

（2）涂漆。

① 腊克漆、硝基醋酸纤维腊克漆：将它们涂在编织上形成一层膜，使其美观、耐磨、耐油，可耐热 80℃，用于一般腊克线（过去飞机上使用腊克线较多，俄罗斯的飞机上如今仍使用较多的腊克线）。

② 尼龙腊克漆：将腊克漆涂于尼龙材料编织层上，使其更耐磨，同时防霉、耐油、耐溶剂，使用温度可提高到 105℃。

③ 有机硅漆：玻璃丝编织层需浸涂有机硅漆，耐温达 250℃，使玻璃丝不松散，机械性能良好。

④ PTFE 漆：将氟碳树脂溶液涂在聚酯丝或玻璃丝上，有好的耐磨性、阻燃性，可用于耐温 200℃以上的电子线缆。

PTFE 漆在 327℃下烘烤可形成膜，涂在玻璃丝或陶瓷纤维上具有耐磨、阻燃、耐热性能。

4.2.5 屏蔽材料

电子线缆在传输信号的过程中，为防止外界的干扰或防止本身信号的泄漏，常常需要有一层屏蔽层对这些干扰和泄漏进行隔离，电子线缆常用的屏蔽材料有以下几种。

（1）铜线编织材料。

铜线编织材料是射频同轴电缆的外导体，一方面起到导体的作用，另一方面防止外界的电磁干扰。需要耐高温的射频同轴电缆要用镀银线编织层，一般用于同轴电缆的外导体的铜线编织层是镀锡-铅合金的。电子产品中使用的安装线屏蔽层，常用编织铜线或编织镀锡-铅合金铜线或编织铜镀银线，根据不同的用途、不同的需要选择不同的镀层材料。无论什么样的镀层，编织后的电缆都要求具有柔软、易弯的特性。

（2）铜线绕包。

将作屏蔽用的铜线单向绕在绝缘线上，在低频下可节约铜料，彩色电视机中常使用这种结构的导线。

（3）铝/聚酯复合薄膜绕包。

铝/聚酯复合薄膜绕包用作屏蔽材料使用，其防静电干扰好，可采用绕包机进行生产。

（4）铜管全屏蔽。

铜管全屏蔽在高频下、超高频下应用较为广泛。由于铜管弯曲性差，因此一般用于需固定使用的场合，半硬同轴射频电缆中应用铜管作屏蔽也较为广泛。

另外，可将大的馈管用铜皮制成管子后再用氩弧焊密封焊接，并轧成波纹状以增加柔软性。

（5）铝管。

铝管作屏蔽材料使用时采用全密封或开槽。

另外，用于其他特殊用途的，还有在塑料上镀铜膜，扁铜线编织，编织后镀锡成半柔软型同轴射频电缆等。

4.3 电线电缆的分类

4.3.1 常用线缆简介

电子装联中大量地使用各种电线电缆，设计师、工艺师、操作者几乎每天都要和各种规格、类型的电线电缆打交道。下面就对常用电线电缆的特性、用途和分类进行介绍。

在电子工业上常用的电线电缆按使用目的不同大致有以下几种。

① 普通信号线。用于电器、电气设备、仪器仪表的信号线，一般使用的频率较低，不大于 300MHz。电子装联常用型号有 AF-250 系列、AFP-250 系列、ASTVR 系列、ASTVRP 系列等。

② 射频及高频电缆。主要用于无线电通信、雷达、广播及类似的电子装置中用作内/外射频信号传输的同轴电缆。电子装联常用的同轴电缆型号及它们的特性在 4.6 节中将进行详细介绍。

③ 电源电缆。

电源电缆主要用于设备及电器的电源线或室内、室外的布电线。它们常用的型号有 YZ 系列、YC 系列、BVR 系列。

说明一下：YZ 及 YC 电缆线是橡套软电缆系列，主要用于电子设备及电器的电源线使用。YZ 系列和 YC 系列的电缆线在电子装联的时候不太容易区分，看上去都差不多，它们唯一的区别是 YZ 系列相对于 YC 系列在尺寸和质量上要相对轻巧一些。特别是当盘成一卷的时候就明显了。使用得比较广泛的是 YZ 系列，下面将 YZ 系列的电缆线结构和数据介绍给读者，方便大家使用查找，见表 4-2 和表 4-3。

表 4-2 YZ 系列橡套软电缆线结构数据表

芯数×导体标称截面/mm^2	绝缘厚度规定值/mm	护套厚度规定值/mm	平均外径	
			下限/mm	上限/mm
2×0.75	0.6	0.8	6	8.2
2×1	0.6	0.9	6.6	8.8
2×1.5	0.8		8	10.5
2×2.5	0.9		9.5	12.5
3×0.75	0.6		6.5	8.8
3×1	0.6	0.9	7	9.2
3×1.5	0.8	0.9	8.6	11
3×2.5	0.9	1.1	10	13
4×0.75	0.6	0.9	7	9.6

续表

芯数×导体标称截面/mm²	绝缘厚度规定值/mm	护套厚度规定值/mm	平均外径	
			下限/mm	上限/mm
4×1	0.6	0.9	7.6	10
4×1.5	0.8	1.1	9.6	12.5
4×2.5	0.9	1.2	1	14
5×0.75	0.6	1	8	11
5×1	0.6	1	8.5	11.5
5×1.5	0.8	1.1	10.5	13.5
5×2.5	0.9	1.3	12.5	15.5

表 4-3　YZ 系列重型橡套软电缆线结构数据表

芯数×标称截面/mm²	导体中单线最大径/mm	绝缘厚度规定值/mm	护套厚度规定值/mm			平均外径/mm		20℃时导体电阻最大值/（Ω/km）	
			单层	双层		下限	上限	铜芯	镀锡铜芯
				内层	外层				
3×1.5	0.26	0.8	1.6	—	—	9.2	11.9	13.3	13.7
3×2.5	0.26	0.9	1.8	—	—	10.9	14	7.98	8.21
3×4	0.31	1	1.9	—	—	12.7	16.2	4.95	5.09
4×4	0.31	1	2	—	—	4	7.9	4.95	5.09
四芯三大一小结构								（主线芯导体电阻）	
3×6+1×4	0.31/0.31	1.0/1.0	2.2	—	—	15.2	19.4	3.3	3.39
3×10+1×6	0.41/0.31	1.2/1.0	3	—	—	19.4	24.6	1.91	1.95

注：在四芯三大一小结构中接地线芯的直流电阻值与同型号相应截面主线芯相同。

④ 通信及控制类电缆。这类电缆主要用于机电一体化、机电控制、通信、计算机信号传输等，这类电缆型号相当多，按用途不同还有很多更细的分类，这里不再赘述。

⑤ 屏蔽及保护类。这类产品并不是严格意义上的电缆，因为它们本身并不传输任何信号。但由于这类产品基本上都是由电缆厂家生产的，而且基本上都是和电缆配合使用，所以仍然把它们算成电缆中的一类。比如防波套的使用就是起保护和屏蔽作用的，它是作为电磁兼容措施之一的材料。

以上是常用电线电缆的简单介绍，按照电线电缆产品的专业生产还有下面真正意义上的分类。

4.3.2　线缆的分类

（1）电力电缆（塑力缆）。

电力电缆有 PVC 绝缘电力电缆、PE 绝缘电力电缆、交联聚乙烯电力电缆。其中 PVC 绝缘电力电缆用于低压 10kV 以下。PE 绝缘电力电缆耐电压比 PVC 绝缘电力电缆高，在 35kV 以下，有很多厂家都在生产。为了提高 PE 绝缘电力电缆的耐热性，现在已开发出交联 PE 高压电缆。

（2）通信电缆。

通信电缆主要用于电话传输电缆，这种市话电缆的生产厂家很多，但几千对的大对数电话电缆的进口数量仍很大。另外，现在通信电缆长途干线中同轴电缆已被光缆所代替，因为目前国内光缆技术发展很迅速。

（3）控制电缆。

控制电缆大多用于电气设备中的线缆，比如电子设备中的控制电缆和电气布线，如聚氯乙烯绝缘的电气安装线等。其品种很多，生产厂家也不少，一般在市场上都可以买到。我们后面还会对这种电缆进行专门介绍。

（4）电子线缆。

电子工业是近几十年来新发展起来的产业，电子线缆是从通信电缆中分立和独立出来的，我国原有电子工业基础落后，自 20 世纪 60 年代后开始发展，改革开放后突飞猛进。随着科技事业的发展，火箭、导弹、航空航天事业的发展，电子线缆的需求迅猛增长；随着移动通信的发展，发射台的不断建立，特种电子线缆应运而生，因而这十多年来特种电缆厂发展很快。当今，世界上各个国家的无线电工业通信事业发展都很快，每年以较高的速度递增，导致电子线缆的生产异军突起。但在我国，满足电子工业整机需要的高科技电子线缆还很少，很多要求较高的电子设备中使用的线缆大部分仍是进口的。

电子产品用线缆，譬如安装线看似很简单，但达到标准、满足要求的很少，如局域网电缆（LAN Cable），大家称作 5 类线，实际真正达到标准的产品大部分是进口的。

电子线缆包括范围很广，有同轴射频电缆、安装线、综合电缆、安装电缆等。

耐高温电缆线是指在传输电能中电缆本身能耐受高温等环境条件。耐高温导线用于航空、航天、火箭、导弹、无线电通信、雷达等电子设备中，要求有严格的尺寸、紧密的结构。

4.4 装联中的常用导线

以上介绍了线缆的制作材料，以及这些材料的作用和性质与它们的分类，下面将电子装联技术中常用到的一些线缆型号及它们的使用介绍给读者。

4.4.1 电线类

（1）裸线。

没有绝缘层的金属电线称为裸线。

裸导线有圆形的铜电线、铝制的单芯线、电力上使用的高电压架空绞线等。电子装联整机中常用来接地的电线和高频电路中常使用的短连接电线多采用铜镀银、粗细不等的电线，这些都可称为裸电线或裸导线，简称裸线。

（2）电磁线。

电磁线是由涂漆或包缠纤维制成的绝缘导线。纤维可用纱包、丝包、玻璃丝包和纸包等。除用于制作电子零部件、元器件外（如绕制电感线圈等），在电路连线中一般电磁线是很少用到的。

（3）普通绝缘电线。

普通绝缘电线通常被称为安装导线，它们一般是由可导电的芯线、绝缘层和保护层构成的。电线的芯线有单芯、二芯、三芯、四芯……多芯等。绝缘层的作用是防止电信号泄漏和电力放电，它常用橡皮、塑料等绝缘材料，包在芯线外面。

绝缘电线的保护层有金属护层和非金属护层两种，制作在芯线和绝缘外层之间。金属护层大多采用很薄的铝套、铅套、皱纹金属套、金属编织套等，主要起电磁场屏蔽作用，根据电路特性要求及工作频率来选用。如图 4-1 所示是一种金属护套电线，是使用在航空航天脱落电缆中的镀膜电线，绝缘层上有两层金属护套。

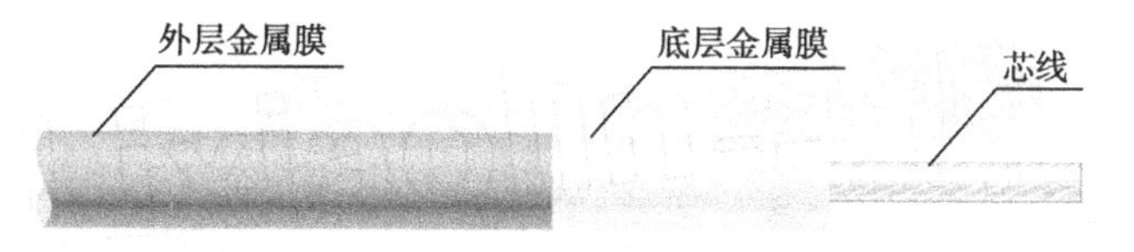

图 4-1　航空航天用镀膜电线*

图 4-2 是一种金属编织套作外护套的导线，在电子装联界中常称为屏蔽导线，它们的结构示意图如图 4-2 所示。

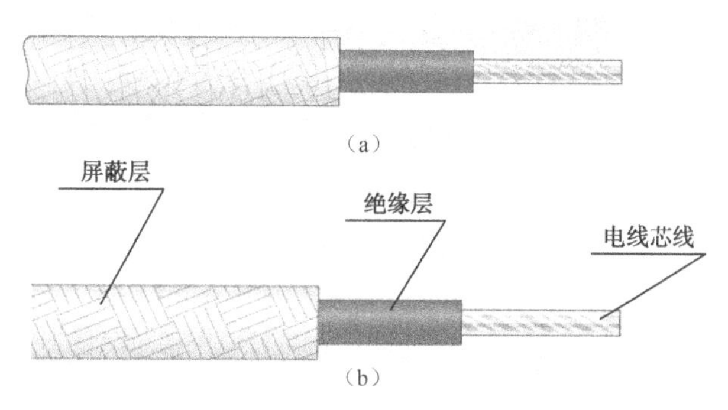

图 4-2　常用屏蔽导线的结构示意图*

非金属护层大多采用橡皮、塑料等绝缘材料制成，这种电线使用最为广泛，常见的有带缠绕丝包的绝缘电线（在芯线和外绝缘层之间缠绕了一层绝缘丝），如图 4-3 所示。

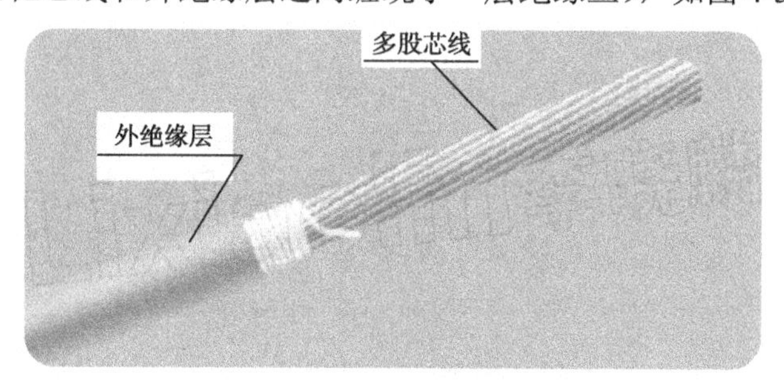

图 4-3　带缠绕丝包的绝缘电线*

* 书后配有相关彩图。

不带缠绕丝包的绝缘电线，如图 4-4 所示。很多高压电线用的就是这种没有丝包缠绕层的电线，如装联中常用的 AF-250 系列、瑞侃 55A 系列也是这种没有缠绕丝包的电线。

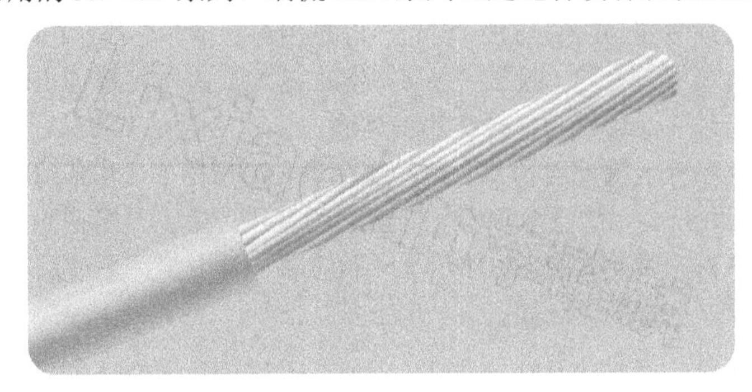

图 4-4　不带缠绕丝包的绝缘电线*

为了对电路信号进行屏蔽、隔离，电子装联中还要用到一种电线，即双绞导线。一般双绞导线用两个颜色来区别两根导线，多为相同规格的红色和黑色导线进行双绞，红色用作信号线、黑色用作接地线，如图 4-5 所示。

图 4-5　红、黑双绞导线*

另外，在军事、航空、航天电子设备上使用的绝缘导线有很多特殊要求。例如，质量要求、耐高温、具有高频性能、抗辐射、防闪电雷击等要求。这些特殊线缆的制作仅仅是在导电芯线的外护层的材料上与普通电线有些差异而已。

（4）氟塑料绝缘安装电线。

氟塑料绝缘安装电线就是电子装联中常用的聚四氟乙烯绝缘电线，型号为 AF-200、AFP-200（屏蔽）、AF-250、AFP-250（屏蔽）等系列，主要适用于交流 600V 及以下，在高低温（-60～+250℃）、高湿、防腐、防爆易燃等苛刻环境下的用电电线。

① 氟塑料绝缘安装电线的主要指标如下。

- 标称值。标称值截面是多根镀银线的截面积之和。标称值截面决定了导线能通过的电流大小，截面积越大，能通过的电流越大。
- 芯线根数及直径。导电芯线的根数及直径俗称导线的结构，不同的厂家结构不一定相同（关于这点在压接工艺中压接钳对导线的挡位选择上要特别注意），AF-250 系列导线的芯线是由多根很细的镀银线缠绕而成的，导线的直径实际上是多根镀银芯线的直径之和。
- 具有阻燃特性。

② 使用条件。

氟塑料绝缘安装电线的使用条件如下。

额定工作温度：-60～+200℃（AF-200、AFP-200 型系列）

-60～+250℃（AF-250、AFP-250 型系列）

额定工作电压：250V、600V

③ 电线的标志意义。

AF-200：镀银或镀锡铜芯聚全氟乙丙烯绝缘安装线；

AF-250：镀银或镀锡铜芯可熔性聚四氟乙烯绝缘安装线；

AFP-200：镀银铜芯聚全氟乙丙烯绝缘编织屏蔽安装线；

AFP-250：镀银铜芯可熔性聚四氟乙烯绝缘编织屏蔽安装线。

④ 常用规格及命名。

在电子装联中常用的氟塑料绝缘安装电线规格见表 4-4。

表 4-4　常用的氟塑料绝缘安装电线规格

额定电压	标称截面/mm²
250V	0.06，0.08，0.14，0.20，0.35，0.50，0.75，1.0，1.2，1.5
660V	0.14，0.20，0.35，0.50，0.75，1.0，1.2，1.5，2.0，2.5，3.0，4.0，5.0，6.0

以上这些氟塑料绝缘安装电线的型号命名表示如下：

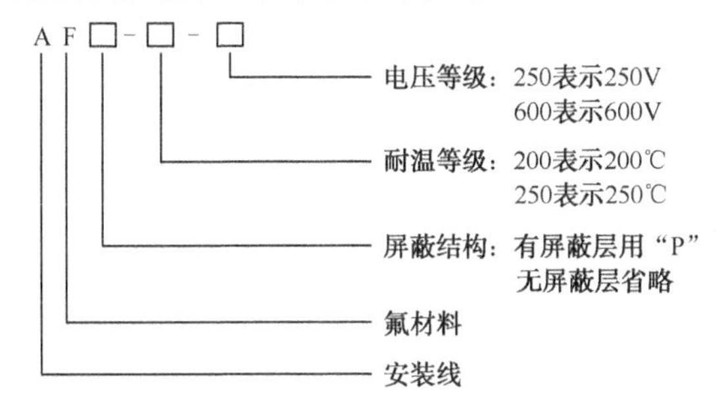

⑤ 导线外貌、结构尺寸及直流电阻。

电子装联中常用的普通氟塑料绝缘安装电线型号一般是：AF-200-250V、AF-200-600V、AF-250-250V、AF-250-600V，它们的外形如图 4-6 所示，包括芯线、绝缘层，中间没有任何缠绕绝缘层。它们的结构尺寸及直流电阻分别见表 4-5 和表 4-6 。

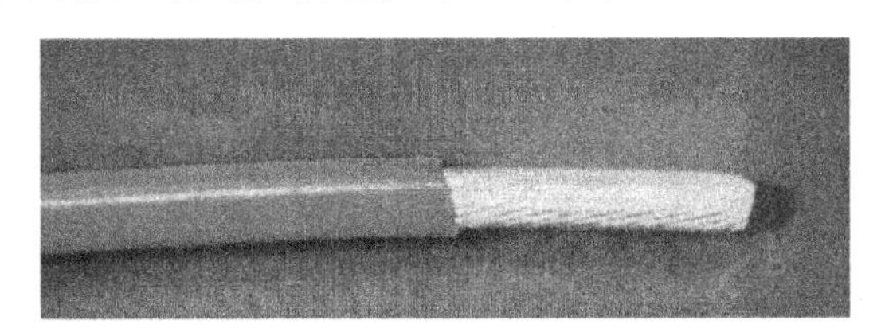

图 4-6　氟塑料绝缘安装电线外形*

表 4-5　AF-200-250V、AF-200-600V 型导线结构尺寸及直流电阻表

截面/mm²	结构/（n/mm）	导体外径/mm	绝缘厚度		绝缘外径/mm		直流电阻（20℃）≤Ω/km		计算质量（max）/（kg/km）	
			250V	600V	250V	600V	镀银导体	镀锡导体	250V	600V
0.06	7/0.10	0.30±0.01	0.15	—	0.55～0.65	—	336	371	0.96	—
0.08	7/0.12	0.36±0.01	0.15	—	0.60～0.70	—	227	251	1.24	—

续表

截面 /mm²	结构 /（n/mm）	导体外径 /mm	绝缘厚度		绝缘外径 /mm		直流电阻（20℃）≤Ω/km		计算质量（max）/（kg/km）	
			250V	600V	250V	600V	镀银导体	镀锡导体	250V	600V
0.14	7/0.16	0.48±0.02	0.15	0.25	0.72～0.82	0.92～1.02	128	142	1.94	2.50
0.20	19/0.12	0.60±0.02	0.15	0.25	0.83～0.93	1.03～1.13	83.5	92.7	2.77	3.45
0.35	19/0.16	0.80±0.02	0.15	0.25	1.03～1.13	1.23～1.33	46.9	57.8	4.53	5.40
0.50	19/0.18	0.90±0.02	0.15	0.25	1.12～1.22	1.32～1.42	37.1	40.1	5.76	6.50
0.75	19/0.23	1.15±0.02	0.15	0.25	1.37～1.47	1.57～1.67	22.7	24.6	9.00	9.75
1.0	19/0.26	1.30±0.02	0.25	0.30	1.70～1.80	1.75～1.95	17.8	19.3	12.10	12.70
1.2	19/0.28	1.40±0.02	0.25	0.30	1.80～1.90	1.85～2.05	15.3	16.7	13.70	14.10
1.5	19/0.32	1.60±0.02	0.25	0.30	1.95～2.15	2.06～2.26	11.7	12.7	17.10	18.30
2.0	19/0.37	1.85±0.02	—	0.30	—	2.30～2.50	8.78	9.55	—	23.70
2.5	37/0.30	2.10±0.03	—	0.40	—	2.75～2.95	6.86	7.46	—	32.00
3.0	37/0.32	2.24±0.03	—	0.40	—	2.89～3.09	6.03	6.56	—	35.80
4.0	37/0.37	2.59±0.03	—	0.40	—	3.24～3.44	4.51	4.90	—	46.30
5.0	37/0.41	2.87±0.03	—	0.40	—	3.52～3.72	3.67	3.99	—	55.80
6.0	37/0.45	3.15±0.04	—	0.40	—	3.80～4.00	3.05	3.32	—	66.10

表 4-6　AF-250-250V、AF-250-600V 型导线结构尺寸及直流电阻表

截面 /mm²	结构 /（n/mm）	导体外径 /mm	绝缘厚度		绝缘外径 /mm		直流电阻（20℃）≤Ω/km	计算质量（max）/（kg/km）	
			250V	600V	250V	600V	镀银导体	250V	600V
0.06	7/0.10	0.30±0.01	0.15	—	0.55～0.65	—	336	0.96	—
0.08	7/0.12	0.36±0.01	0.15	—	0.60～0.70	—	227	1.24	—
0.14	7/0.16	0.48±0.02	0.15	0.25	0.72～0.82	0.92～1.02	128	1.94	2.50
0.20	19/0.12	0.60±0.02	0.15	0.25	0.83～0.93	1.03～1.13	83.5	2.77	3.45
0.35	19/0.16	0.80±0.02	0.15	0.25	1.03～1.13	1.23～1.33	46.9	4.53	5.40
0.50	19/0.18	0.90±0.02	0.15	0.25	1.12～1.22	1.32～1.42	37.1	5.76	6.50
0.75	19/0.23	1.15±0.02	0.15	0.25	1.37～1.47	1.57～1.67	22.7	9.00	9.75
1.0	19/0.26	1.30±0.02	0.25	0.30	1.70～1.80	1.75～1.95	17.8	12.10	12.70
1.2	19/0.28	1.40±0.02	0.25	0.30	1.80～1.90	1.85～2.05	15.3	13.70	14.10
1.5	19/0.32	1.60±0.02	0.25	0.30	1.95～2.15	2.06～2.26	11.7	17.10	18.30
2.0	19/0.37	1.85±0.02	—	0.30	—	2.30～2.50	8.78	—	23.70
2.5	37/0.30	2.10±0.03	—	0.40	—	2.75～2.95	6.86	—	32.00

续表

截面/mm²	结构/（n/mm）	导体外径/mm	绝缘厚度		绝缘外径/mm		直流电阻（20℃）≤Ω/km	计算质量（max）/（kg/km）	
			250V	600V	250V	600V	镀银导体	250V	600V
3.0	37/0.32	2.24±0.03	—	0.40	—	2.89～3.09	6.03	—	35.80
4.0	37/0.37	2.59±0.03	—	0.40	—	3.24～3.44	4.51	—	46.30
5.0	37/0.41	2.87±0.03	—	0.40	—	3.52～3.72	3.67	—	55.80
6.0	37/0.45	3.15±0.04	—	0.40	—	3.80～4.00	3.05	—	66.10

常用的聚四氟乙烯带屏蔽安装电线有 AFP-200-250V、AFP-200-600V、AFP-250-250V、AFP-250-600V，这些电线的外形如图 4-7 所示。它们的结构尺寸及直流电阻见表 4-7 和表 4-8。

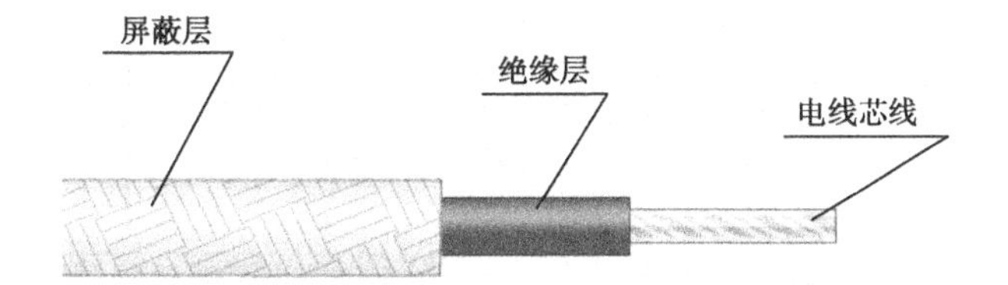

图 4-7　聚四氟乙烯带屏蔽安装电线外形*

表 4-7　AFP-200-250V、AFP-200-600V 型导线结构尺寸及直流电阻

截面/mm²	结构/（n/mm）	导体外径/mm	绝缘厚度		绝缘标称外径/mm		屏蔽最大外径/mm		直流电阻（20℃）≤Ω/km		计算质量（max）/（kg/km）	
			250V	600V	250V	600V	250V	600V	镀银导体	镀锡导体	250V	600V
0.06	7/0.10	0.30±0.01	0.15	—	0.60	—	0.97	—	336	371	2.85	—
0.08	7/0.12	0.36±0.01	0.15	—	0.65	—	1.02	—	227	251	3.25	—
0.14	7/0.16	0.48±0.02	0.15	0.25	0.77	0.97	1.14	1.42	128	142	4.28	6.17
0.20	19/0.12	0.60±0.02	0.15	0.25	0.88	1.08	1.33	1.53	83.5	92.7	6.19	7.49
0.35	19/0.16	0.80±0.02	0.15	0.25	1.08	1.28	1.53	1.73	46.9	57.8	8.57	10.06
0.50	19/0.18	0.90±0.02	0.15	0.25	1.17	1.37	1.62	1.82	37.1	40.1	10.11	11.47
0.75	19/0.23	1.15±0.02	0.15	0.25	1.42	1.62	1.87	2.15	22.7	24.6	14.13	15.50
1.0	19/0.26	1.30±0.02	0.25	0.30	1.75	1.85	2.28	2.43	17.8	19.3	19.71	20.68
1.2	19/0.28	1.40±0.02	0.25	0.30	1.85	1.95	2.38	2.53	15.3	16.7	21.68	22.76
1.5	19/0.32	1.60±0.02	0.25	0.30	2.05	2.16	2.63	2.74	11.7	12.7	26.13	27.40
2.0	19/0.37	1.85±0.02	—	0.30	—	2.40	—	2.98	8.78	9.55	—	36.52
2.5	37/0.30	2.10±0.03	—	0.40	—	2.85	—	3.55	6.86	7.46	—	46.92
3.0	37/0.32	2.24±0.03	—	0.40	—	2.99	—	3.69	6.03	6.56	—	51.42
4.0	37/0.37	2.59±0.03	—	0.40	—	3.34	—	4.04	4.51	4.90	—	63.55
5.0	37/0.41	2.87±0.03	—	0.40	—	3.62	—	4.32	3.67	3.99	—	74.22
6.0	37/0.45	3.15±0.04	—	0.40	—	3.90	—	4.60	3.05	3.32	—	85.92

表 4-8 AFP-250-250V、AFP-250-600V 型导线结构尺寸及直流电阻

截面 /mm²	结构 /（n/mm）	导体外径 mm	绝缘厚度		绝缘标称外径 /mm		屏蔽最大外径/mm		直流电阻（20℃）≤Ω/km	计算质量（max）/（kg/km）	
			250V	600V	250V	600V	250V	600V	镀银导体	250V	600V
0.06	7/0.10	0.30±0.01	0.15	—	0.60	—	0.97	—	336	2.85	—
0.08	7/0.12	0.36±0.01	0.15	—	0.65	—	1.02	—	227	3.25	—
0.14	7/0.16	0.48±0.02	0.15	0.25	0.77	0.97	1.14	1.42	128	4.28	6.17
0.20	19/0.12	0.60±0.02	0.15	0.25	0.88	1.08	1.33	1.53	83.5	6.19	7.49
0.35	19/0.16	0.80±0.02	0.15	0.25	1.08	1.28	1.53	1.73	46.9	8.57	10.06
0.50	19/0.18	0.90±0.02	0.15	0.25	1.17	1.37	1.62	1.82	37.1	10.11	11.47
0.75	19/0.23	1.15±0.02	0.15	0.25	1.42	1.62	1.87	2.15	22.7	14.13	15.50
1.0	19/0.26	1.30±0.02	0.25	0.30	1.75	1.85	2.28	2.43	17.8	19.71	20.68
1.2	19/0.28	1.40±0.02	0.25	0.30	1.85	1.95	2.38	2.53	15.3	21.68	22.76
1.5	19/0.32	1.60±0.02	0.25	0.30	2.05	2.16	2.63	2.74	11.7	26.13	27.40
2.0	19/0.37	1.85±0.02	—	0.30	—	2.40	—	2.98	8.78	—	36.52
2.5	37/0.30	2.10±0.03	—	0.40	—	2.85	—	3.55	6.86	—	46.92
3.0	37/0.32	2.24±0.03	—	0.40	—	2.99	—	3.69	6.03	—	51.42
4.0	37/0.37	2.59±0.03	—	0.40	—	3.34	—	4.04	4.51	—	63.55
5.0	37/0.41	2.87±0.03	—	0.40	—	3.62	—	4.32	3.67	—	74.22
6.0	37/0.45	3.15±0.04	—	0.40	—	3.90	—	4.60	3.05	—	85.92

以上这些型号的电线结构尺寸参数，对工艺程序在计算整机用电线质量和计算切割绝缘层厚度尺寸时（特别是使用自动下线机时）是非常有意义的。对估算整机内导线束粗细所占用空间大小，以及布线和线径的适当调整也是有重要作用的。另外，电线的直流电阻对布线长度的压降损耗有重要意义。因此，这些表格的参数可以帮助读者方便、快捷地查找需要的参数，然后进行准确的计算。

4.4.2 通信电缆类

通信电缆包括电信系统中的各种通信电缆，比如射频电缆、电话线和广播线等。电缆包括多芯低频电缆、高频单根同轴电缆等。关于高频电缆的制作及选配后面有专门介绍，这里不做详细介绍。

通信电缆类的用电线，目前大多由专门厂家量身制作。

4.4.3 网线

随着电子产品进入信息化时代，对数据信号的传输要求宽带、高速，因此就有了网线的研制和发展。以前网线大多是单芯的，由于电连接器中压接技术的发展和需要，现在装联技术中已经使用多股芯线的网线了。下面介绍一下多股芯线的网线知识。

（1）网线的结构。

多股芯线的网线由 4 对 AWG24（AWG 是美国线规标号）的导线组成。这种网线的结构示意图如图 4-8 所示。

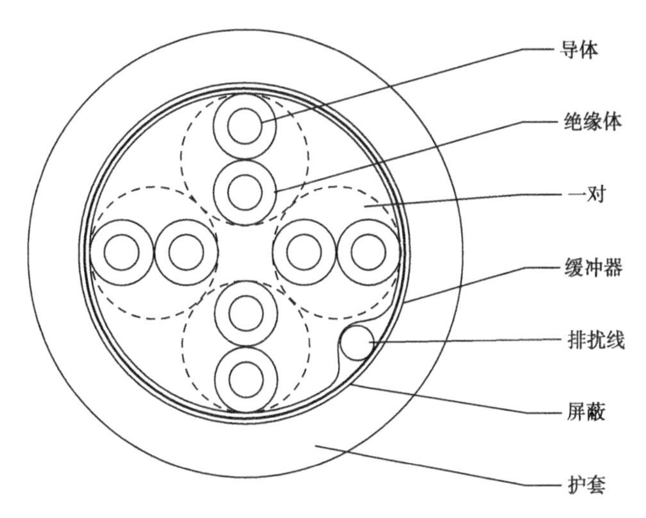

图 4-8 多股芯线的网线结构示意图

图 4-8 中每股芯线（导体）由一对导线组成，每根导线的规格是：AWG24，7/32 裸铜线，直径为 0.024 英寸（0.61mm）；导线的绝缘体由聚烯烃材料制成，厚度为 0.007 英寸（0.18mm），绝缘体总直径为 0.038 英寸（0.97mm）；图 4-8 中的“一对”芯线是由两根互相绝缘的双绞导线组成的，布线呈双绞状可使导线具有最小电磁干扰。

（2）网线的装配。

具有多股芯线的网线从图 4-8 中可以看到，装配时 4 对芯线一起排列在网线中心；在 4 对芯线的外边装有称为缓冲器的材料，这种材料由聚烯烃泡沫带制成，主要是为了在挤压芯线时对导线起缓冲作用；从网线的结构图中可以看到有一个被称为“排扰线”的导线，它是一根 AWG24 结构为 7/32 的铜镀锡导线，装在整个网线的侧面，这根镀锡导线的直径为 0.024 英寸（0.61mm）；在装完以上材料后，网线中的这些芯线还需要进行屏蔽，这种装配有利于网线高速、宽带地传输信号，不受或少受外界电磁波的干扰。这层起电磁屏蔽作用的材料是由铝/聚酯带制成的，内侧面与铝带呈 1/4 交叠缠绕型在网线内层布局；最后，在屏蔽层外面还需要有一个保护层，将整个网线做成一根像多芯电缆似的传输导线。这个最外层护套的颜色是冷灰色，简单地说，这是一根灰色的网线，其直径为 0.24 英寸（6.10mm）。

在网线的护套上一般都印有黑色的标志，说明网线的制造年份、日期等。

（3）网线的颜色代码。

从前面的介绍中我们已知多股芯线的网线由 4 对芯线组成，每对芯线中由两根导线组成，为了方便装配焊接，在剪开网线时，它们都有各自的颜色进行识别，见表 4-9。

表 4-9 多股芯线的网线颜色代码表

芯 线 号	导 体 1	导 体 2
1	白色/蓝色	蓝色

续表

芯线号	导体1	导体2
2	白色/橙色	橙色
3	白色/绿色	绿色
4	白色/棕色	棕色

（4）网线的电特性。

多股芯线网线的电特性见表4-10。

表4-10　多股芯线网线的电特性

频率/MHz	阻抗/Ω	插入损耗/dB	衰减/（dB/100ft）	近端串扰/dB
0.772	—	—	2.2	64
1	100+15/−20	23	2.4	62
4	100+15/−20	23	4.9	53
8	100+15/−20	23	6.9	48
10	100+15/−20	23	7.5	47
16	100+15/−20	23	9.9	44
20	100+15/−20	23	11.1	42
25	100+15/−20	22	12.5	41
31.25	100+15/−20	21	14.1	40
62.5	100+15/−20	18	20.4	35
100	100+15/−20	16	26.4	32

4.5　导线的选用

4.5.1　选用要点

电子电路用电线电缆的选用考虑的方面应有以下几点。

（1）应了解电线电缆的允许电流、电压、绝缘强度等，这些参数必须要高于电路所传输的信号强度，并且在设计时还要留有余量。

（2）要了解并把握电线电缆在电子设备中需要走线的长度，然后考虑它们在这段路径上的衰减量、分布电容、阻抗等对电路所传输的信号质量是否造成影响（信号质量包括幅度、跃变度、相位、延时等），所选电线不能影响系统的正常工作。

（3）电路中所用的电线电缆尺寸及连接器必须与对应的接插件匹配，并能可靠焊接/压接、安装。

（4）线缆的走向布线要适应整机在平台上的固定，以及环境及电磁兼容性的要求。

4.5.2　裸线的选用

裸线大部分用作电线电缆的导电线芯，还有一部分直接用于连接及制作各种零部件。裸圆铜线有两种型号：TY（硬）和 TR（软）。裸圆铝线有三种型号：LY（硬）、LYB（半硬）和 LR（软）。裸镀银圆铜线和 TRX 镀锡圆铜线常用作电子元件的引线，以保证其良好的可焊性。

电子装联中常用的裸线是铜镀银单芯导线，常用直径有 0.4mm、0.5mm、0.6mm、0.8mm、1.0mm、1.5mm、2.0mm。一般直径为 1.0mm、1.5mm、2.0mm 的裸镀银导线大多用于敷设电子设备的单机/机箱中的地线，直径为 0.4mm、0.5mm、0.6mm、0.8mm 的则用于焊接单机/机箱中的短连接线。在装配中要根据焊接端子、电路特性、工艺要求进行选取。

4.5.3　电磁线的选用

电磁线常用于线圈或绕组的制作中。电子工业中主要用的是绝缘圆铜线。按绝缘层的特点和用途，电磁线可分为漆包线和缠绕线。

漆包线有多种型号，其中聚酯漆包线（QZ）具有优良的耐电压击穿性能，机械强度高，抗溶剂特性好，耐温在 130℃以下，广泛用于绕制各种变压器。高频绕组线（QJST）用于高频线圈的绕组中。聚酯自黏性漆包线（QAN）不需要浸渍处理，在一定温度条件下能自行黏合成形，电视机中的行偏转线圈多用这种自黏性漆包线进行绕制。

4.5.4　绝缘电线的选用

绝缘电线又称安装导线。安装导线常用橡胶或聚乙烯、聚氯乙烯、聚四氟乙烯作为绝缘层。电子装联中常用的导线是聚氯乙烯导线、耐高温的聚四氟乙烯（耐 250℃）导线，其芯线大多都用铜镀锡线、铜镀银线，有单股的，还有多股绞合的。单股导线主要用于固定元器件之间的连接；多股绞合线比较柔软，不易折断，使用场合广泛，多用于电子设备中各零部件端子间的电气连接以及制作多芯电缆线束等。另外，电线绝缘层聚氯乙烯、聚四氟乙烯等塑料可制成各种鲜艳的颜色，以便于装配、调试、维修时电特性的识别。

电子装联中常用的安装导线型号有以下几种。

（1）安装线。

ASTVR/ASTVRP/ASTVRS 是纤维丝包聚氯乙烯绝缘的多股芯线。

常用规格有：0.08mm^2、0.12mm^2、0.2mm^2、0.35mm^2、0.5mm^2、0.8mm^2、1.0mm^2、1.2mm^2、1.5mm^2、2.0mm^2 等。

注意：带 P 的表示在外绝缘层上多一层金属编织套。

聚氯乙烯绝缘固定敷设用电线：BV/BVR/BV-90，工作电压在 450/750V 及以下。其中 BVR 系列是单芯导线，多用于低压大电流电路中，它们常用的规格有：1.0mm^2、1.5mm^2、2.5mm^2、3.0mm^2 等。

聚氯乙烯绝缘连接用软线：RV/RV-90/RVB/RVS，工作电压在 450/750V 及以下。

聚氯乙烯绝缘电线电缆和软线：AV/AV-90/AVR/AVR-90/AVRS/AVRB，工作电压在

450/750V 及以下。

聚氯乙烯绝缘屏蔽线：RVP、RVP-105、AVP、AVP-105。

耐热聚氯乙烯绝缘安装线：AVRTP。

耐高温薄膜安装线：AFB、AFBP。

聚四氟乙烯绝缘镀银多股芯线：AF/AFP-200，耐 200℃高温。

聚四氟乙烯绝缘镀银多股芯线：AF/AFP-250 系列，耐 250℃高温。它们常用的规格有：0.08mm^2、0.12mm^2、0.2mm^2、0.35mm^2、0.5mm^2、0.8mm^2、1.0mm^2、1.2mm^2、1.5mm^2、2.0mm^2 等。

聚四氟乙烯绝缘镀银多股芯线型号还有 AF46-200-250V 系列，耐 200℃高温，可用于航天电子设备中。例如，AF46-200-250V-19×0.1/0.16（19 芯，每芯导线直径为 0.1～0.16 mm）。

聚四氟乙烯薄膜缠绕型导线：AFR-250 系列、AFPF 系列、AFB 系列，耐 250℃高温。它们常用的规格有：0.08mm^2、0.1mm^2、0.12mm^2 、0.2mm^2 、0.35mm^2、0.5mm^2、0.8mm^2、1.0mm^2 等。

AFS-250 系列是双绞安装导线，耐 250℃高温，可用于航天电子设备中。它们常用的规格有：2×0.2 mm^2 、2×0.35mm^2 双绞线（2 根 0.35mm^2 的双色线绞合）等。

ARS-100-500V 系列也是双绞导线的型号，可用于航天电子设备中。例如，ARS-100-500V-2-19×0.16（19 芯，每芯导线直径为 0.16mm）。

电子装联中还会用到一些特殊情况下所用的导线，比如，AGG/AGP 型号的硅橡胶绝缘高压安装导线。

另外，进口导线（可用于航空导线）目前常用的型号有：SPEC 55A 系列、44A 系列导线（美国瑞侃公司）；H3832、H3833、H3834、H3843、H3844 系列导线（美国驹达导线公司）。

注：进口导线与国产导线相比其主要特点是，同样截面积的导线其成品的外径要小一些，线体手感要柔和一些，特别在压接连接技术中，由于线体的均匀性，能保证压接工具挡位选择的准确性。

进口导线的具体特点以瑞侃 55 号电线电缆为例说明如下。

- 绝缘层是高分子材料经高能量电子束照射后使其产生交联后制成的。
- 耐温：镀银铜芯线为-65～200℃，短期可达 300℃，镀锡铜芯线为-65～150℃。
- 采用挤压的方式把绝缘层均匀地覆盖在导体的表面。
- 导体抽丝细，柔韧性好。
- 通过美标 MIL-W-22759、MIL-C-27500 认证。

其优点有以下几点。

① 电线绝缘层方面，与其他绝缘材料相比，ETFE 具有柔软、机械强度高（对纵向切入、摩擦抵抗力强）、电气性能好、对化学环境的适应性强、阻燃等优点，这些长处可以使我们在同样性能下，把绝缘层做得很薄（0.10～0.15mm）；绝缘层的均匀性好，均匀地覆盖在导体上；绝缘层的同心度性能好。

② 电线导体方面，与国产导线相比，瑞侃 55 号导线其芯线细而柔软。在相同根数下，可以减轻质量；在相同截面积下，可以增加导线的柔软度及减小线径。

③ 电线电缆的整体性能方面，由于导体和绝缘层性能的优越性，瑞侃 55 号电线电缆直径小、质量轻，加工方便（标记、剥线、挂锡），载流量大。

目前电子装联中常用的 55 号镀锡电线型号规格见表 4-11。

表 4-11　55 号镀锡电线型号规格

美标线规 AWG	标称截面积 /mm²	线径/mm		导体结构	载流量/A	电阻/（Ω/km）
		55A	55PC			
28	0.09	0.69	0.64	7/0.10	4.0	243.0
26	0.15	0.81	0.75	19/0.08	5.5	152.0
24	0.25	0.93	0.88	19/0.10	7.5	89.0
22	0.40	1.09	1.02	19/0.12	10.0	58.1
20	0.60	1.29	1.22	19/0.15	13.0	32.2
18	1.00	1.54	1.48	19/0.20	17.5	20.5
16	1.20	1.75	1.66	19/0.25	20.0	14.1
14	2.00	2.18	2.00	19/0.30	28.0	10.5
12	3.00	2.64	2.52	37/0.32	37.5	6.6
10	5.00	3.25	3.18	37/0.40	53.0	4.1

瑞侃 44 号电线电缆也是电子装联中常用的，它们具有这样的特点：双层绝缘结构；耐温 -65～150℃；耐压 600V、1000V、2500V；通过美军标 MIL-W-81044（电线）、MIL-C-27500（电缆）认证。

瑞侃 44 号电线电缆的优点有：抗化学腐蚀、低温冷弯、质量与 PTFE（聚四氟乙烯）导线相似。

电子装联常用的瑞侃 44 号电线型号规格见表 4-12。

表 4-12　瑞侃 44 号电线型号规格

美标线规 AWG	标称截面积/mm²	线径/mm	导体结构	载流量/A	电阻/（Ω/km）
28	0.09	0.76	7/0.10	4.0	225
26	0.15	0.86	19/0.08	5.5	136
24	0.25	1.02	19/0.10	7.5	86
22	0.40	1.19	19/0.12	10.0	53
20	0.60	1.40	19/0.15	13.0	33
18	1.00	1.65	19/0.20	17.5	21
16	1.20	1.83	19/0.25	20.0	16
14	2.00	2.26	19/0.30	28.0	10
12	3.00	2.74	37/0.32	37.5	6.7
10	5.00	3.28	37/0.40	53.0	4.3

另外，值得一提的是，在电子装联中使用得越来越广泛的一种安装电线型号是 QLA 型,这种导线的参数均优于 AF-250 型导线，并且同样规格线径，绝缘层有更加薄的外皮，这就意味着，同样规格的导线、同样芯数的线束，用 QLA 型导线组合的线束比 AF-250 型的导线更细。这个优点可以使电子设备内的布线“瘦身”。另外，在温度变化的情况下，导线仍然呈现柔软状态。

装联中常用的型号有：QLA10812-20-W、QLA10812-22-U/W、QLA10812-22-W、QLA11112-16-U/W、QLA11112-18-U/W、QLA11112-20-U/W、QLA11112-22-U/W、QLA11112-22-W、

QLA11122-14-BR/W、QLA11122-14-WGR/W、QLA11122-16-BR/W、QLA11122-18-WU/W、QLA11122-20-WU/W、QLA11122-22-WU/W、QLA11132-14-WGR/W、QLA11132-16-WGR/W、QLA11132-18-YUW/W、QLA11132-20-WGR/W、QLA11132-22-WGR/W、QLA11142-14-WGRB/W、QLA11142-14-YGRB/W、QLA11832-22-UWY/W、QLA14122-22-WU/W、QLA14132-22-WGR/W、QLA14822-22-UW/W。

QLA 系列导线的命名如下所示：

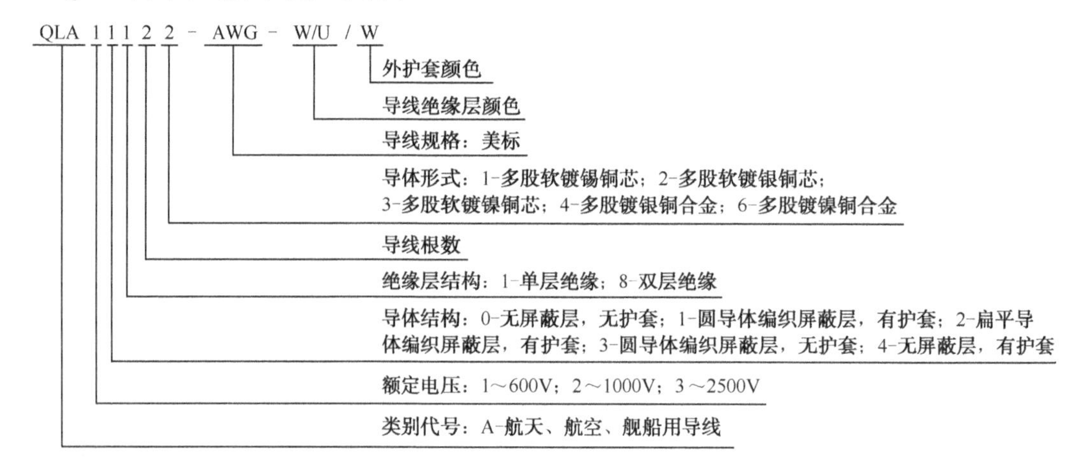

注：命名中的 AWG 在以上电线中都有具体线号。例如，QLA10812-20-W，其导线型号规格中 20 即为 AWG 线号，其余以此类推。

（2）低频电缆及电源电缆。

低频电缆及电源电缆中常用的型号如下：

- AVPV 聚氯乙烯绝缘电缆。
- JVPV 计算机用多对电缆。
- DVY-3-1 型带状电缆。
- RS Specdbloc IDC 带状电缆。
- KYVR　KYVRP-1 聚乙烯绝缘聚氯乙烯护套特软控制电缆。
- JEPJ80/SC 乙丙绝缘交联聚烯烃内套裸铜丝编织铠装舰船用电力电缆。
- KYVRP 聚乙烯绝缘铜膜屏蔽聚氯乙烯护套金属编织屏蔽控制电缆。
- RVVP 铜芯聚氯乙烯绝缘屏蔽聚氯乙烯护套软电缆。
- AVPV 聚氯乙烯绝缘多芯屏蔽安装电缆。

（3）射频同轴电缆。

在电子装联中常用的射频同轴电缆型号如下：

- SFF-50 系列（50 表示特性阻抗为 50Ω，下面相同）实心聚四氟乙烯绝缘射频同轴电缆。
- SYV-50 系列 实心聚乙烯绝缘柔软射频电缆。
- SWY-50 系列 稳定聚乙烯绝缘耐光热聚乙烯护套同轴射频电缆。
- SFT-50 系列 聚四氟乙烯绝缘外导体紫铜半硬同轴电缆。
- SFX 系列 半软电缆。
- Quickfrom 141-50 系列 半刚性电缆。
- SFCJ-50 系列 柔软低损耗电缆。

- SUJ-50 系列 柔软低损耗同轴电缆。
- SDY 型及 SUY 型 聚乙烯（聚四氟乙烯）螺旋绝缘皱纹射频电缆。
- SDY 聚乙烯绳管绝缘同轴射频电缆。

4.5.5 通信电缆线的选用

一般通信用电缆线多为多芯电缆，并且总是成对出现的，对数可多至几百甚至上千。当信号极弱，外来干扰不可忽略时，应选用屏蔽电缆线。

高频电缆分为单芯和双芯两种。双芯电缆又称平行线，电视机接收天线的馈线就是这种平行线。单芯高频电缆又称同轴电缆，其特性阻抗常用的有 50Ω、75Ω、150Ω三种。选用高频电缆时应注意阻抗的匹配关系。

4.5.4 节中“射频同轴电缆”，也可以称为通信电缆，选用时可参考这部分所列的型号。

4.5.6 常用导线的载流量及选用时的注意问题

在电子设备中，当选用线材时，可从以下几个方面进行考虑。

（1）电路条件。

① 工作电压或试验电压，工作允许电流（常温下工作电流值）。导线在电路中工作时的电流要小于允许电流。通常，试验电压应是实际工作电压的 2～3 倍，在高压电路里，常选取电路电压的 1.5～2 倍作为连接导线的实际工作电压，用于交流高压场合的工作电压，又比直流电压高，并且耐压的安全系数随着频率的升高而提高。

② 信号电平和工作频率。当传输信号的电平很低而外来噪声电平较高时，低电平信号容易被噪声所干扰，此时应选用屏蔽导线作为信号的传输线。

③ 导线电阻和绝缘电阻。当导线在电子设备中布线很长时，要考虑导线电阻对电压的影响，应适当加粗导线的截面积；当使用在高压时要考虑它的绝缘电阻值，主要考虑导线在一定的环境下的最大载流量。

④ 额定电压与绝缘性。在考虑额定电压与绝缘性的兼顾时，首先应保证电路的最大电压应低于额定电压，以保证设备的安全性。

⑤ 使用频率与高频特性。导线工作在不同的频率应选用不同的线材。高频工作时应选用同轴电缆线，并且注意同轴电缆馈线的阻抗匹配、电容和衰减等因素。

（2）环境条件。

① 机械强度。所选用的导线在抗拉强度、耐磨损性、挠性和柔软性等方面，必须要适应并满足导线工作环境的机械振动条件。

② 温度特性。

由于环境温度的影响，会使导线的敷层变软或变硬，长期使用会导致变形、开裂，造成短路，因此，选用的线材必须适应环境温度对它的要求。

③ 耐候性和耐药品性。

导线的耐温性、耐密性、防潮性、防霉性和耐药品性等，通常称为耐老化性。一般情况下线材不要与化学物质及日光直接接触。

另外，选用导线时还应考虑其可加工特性，即导线端头的加工性、包扎性、耐焊性和连接方便性等，以及安全性（指导线的耐燃烧性）、经济性（在满足性能要求的前提下，尽量降低导线成本）。

（3）许用电流和安全电流。

导线由于电流流过会产生焦耳热，使温度升高。当裸电线连续流过电流时，温度的升高不仅使表面产生氧化膜，而且引起电线退火，降低拉伸强度，由此决定了电线的最高许用温度。这种在最高许用温度下的电流值，称为许用电流。

导线的许用电流，随绝缘材料的耐热性能及使用环境温度和条件而异。假定相同的导线分别在 80℃和 40℃温度下使用，那么 40℃下的许用电流就可以取得大些。即使环境温度相同，导线截面积大的许用电流自然也大。

导线束布线时，线束内扎的导线根数越多，环境条件越苛刻，许用电流也就越小。电线的许用电流随环境条件而产生的变化，叫作减少率和增加率。

关于许用电流，各电线厂家都有一定的规格值，这些数值虽可采用很多公式进行计算，但通常按实际情况加以确定。

所谓安全电流，是电子设备厂根据布线电压降和使用条件再考虑一定的安全系数，而后取许用电流的 50%或 80%的减少率来设计的电流。

表 4-13 中列出了单根布线的耐热乙烯树脂被敷电线，在环境温度为 75℃、最高许用温度为 105℃时的许用电流。

表 4-13　在环境温度为 75℃时的许用电流

导　体		许用电流		导　体		许用电流	
公称截面 /mm^2	芯线数/芯线直径 /mm	50V 时 /A	660V 时 /A	公称截面 /mm^2	芯线数/芯线直径 /mm	50V 时 /A	660V 时 /A
0.08	7/0.12	3	—	1.25	50/0.18	17	18
0.15	7/0.16	4	5	2.0	37/0.26	22	23
0.2	7/0.20	5.5	6	3.5	45/0.32	—	23
0.3a	12/0.18	7	7.5	5.5	35/0.45	—	45
0.3b	7/0.26	7.5	8.5	8	50/0.45	—	56
0.5	19/0.18	9	10	14	80/0.45	—	79
0.75	30/0.18	12	13	—	—	—	—

通常，配置在金属机架内的线束许用电流的实用减少率，当线束为 2～3 根时为 0.7、当线束为 4～6 根时为 0.5、当线束为 20 根以下时为 0.4。显然，电缆沿机架和面板进行布线时，应有良好的散热条件。

电线的许用电流减少率如图 4-9 所示。

（4）国外导线载流量。

从前面可以看出，在电子设备用导线方面，没有一个单一指标来说明什么规格的导线其电流载荷就是多少，它需要考虑的因素是很多的，然而，在实际工作中，往往电路设计师很想获得一个明确简单的数据，特别是当工艺人员对其设计的电路用导线提出异议时，电路设计师常

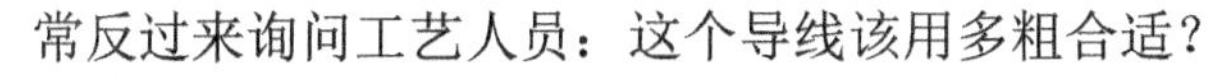

常反过来询问工艺人员：这个导线该用多粗合适？

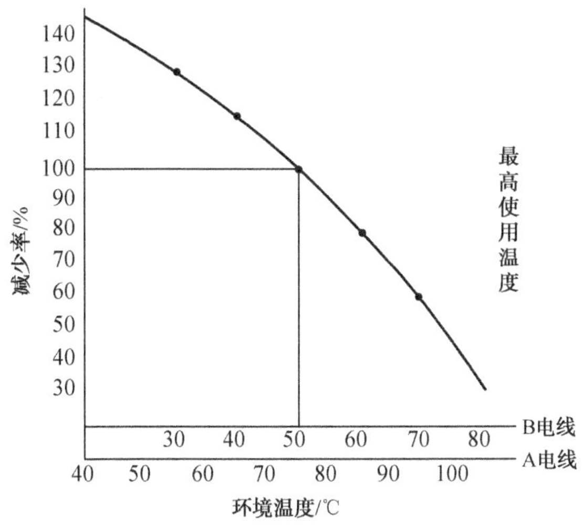

图 4-9　电线的许用电流减少率

因此，电路设计师应该对导线的载流量使用规定、导线工作环境情况、路径长短情况、导线颜色规定等标准进行学习和了解，因为这些数据都必须在设计文件中正确地反映出来。

下面将影响导线载流量的因素、如何计算导线载流量参数等，参照美国军标 MIL-W-5088J 航空军用导线系统的标准介绍一下。

影响导线载流量的因素归纳起来主要有两个大的方面：导线的品质因素；导线所处的周围环境因素。

其中，导线的品质因素包括：导线的系统种类、导线的额定工作温度、导线的系统结构。导线的环境因素包括：导线周围环境温度、导线周围的散热状况、导线所处的高度等。

因此，准确确定导线在某一环境下的最大载流量是一个比较复杂的过程。这里在参照美国军标 MIL-W-5088J 航空军用导线系统的有关技术指标的基础上，根据绝缘材料采用氟塑料系列的导线额定温度范围（−60～+200℃）为例进行计算，参照表 4-14 单根导线在自由空气中载流量随温度升高而减小的变化表、表 4-15 导线线束或电缆的载流量随导线根数的增加而减小的衰减系数表和表 4-16 导线或电缆载流量随导线高度的增加而减小的衰减系数表。

表 4-14　单根导线在自由空气中载流量随温度升高而减小的变化表

截面积/mm²	导线所处的环境温度/℃									
	−50	−30	−10	0	10	20	30	40	50	60
	连续负载最大电流/A									
0.06	8.8	8.5	8.2	8.0	7.8	7.5	7.3	7.1	6.9	6.7
0.08	9.8	9.5	9.1	8.8	8.6	8.5	8.1	7.9	7.7	7.4
0.12	13.0	12.5	12.0	11.5	11.3	11.0	10.7	10.5	10.2	9.9
0.2	17.0	16.5	16.0	15.5	15.0	14.5	14.2	13.8	13.5	13.0
0.35	23.5	22.5	21.5	21.0	20.5	20.0	19.5	19.0	18.5	18.0
0.5	33.0	32.0	31.0	30.0	29.5	28.5	27.7	27.0	26.0	25.5

续表

截面积/mm²	导线所处的环境温度/℃									
	−50	−30	−10	0	10	20	30	40	50	60
	连续负载最大电流/A									
0.75	39.0	37.5	36.0	35.0	34.0	33.0	32.5	31.5	31.0	30.0
1.0	47.0	45.0	43.0	42.0	40.5	39.0	38.0	37.0	36.0	35.0
1.2	53.0	51.0	49.0	47.0	45.0	44.0	43.0	42.0	41.0	39.5
1.5	61.0	59.0	57.0	55.0	53.0	51.0	49.5	48.5	47.0	45.5
2.0	71.0	68.0	66.0	64.0	62.0	60.0	58.5	56.5	55.0	53.0
2.5	84.0	81.0	78.0	76.0	73.0	70.0	68.5	66.5	65.0	62.6
3.0	94.0	90.0	86.0	84.0	81.5	79.0	77.5	75.5	74.0	70.5
4.0	110.0	105.0	100.0	98.0	95.0	92.0	89.5	87.5	85.0	82.5
5.0	125.0	120.0	115.0	110.0	107.0	104.0	101.5	98.5	96.0	93.0
6.0	137.0	132.0	126.0	123.0	119.0	115.0	112.0	109.0	106.0	102.5

截面积/mm²	导线所处的环境温度/℃									
	70	80	90	100	120	140	150	160	170	180
	连续负载最大电流/A									
0.06	6.4	6.2	6.0	5.7	5.0	4.4	4.0	3.6	3.2	2.6
0.08	7.1	6.9	6.6	6.2	5.6	4.9	4.5	4.0	3.5	2.8
0.12	9.5	9.2	8.9	8.5	7.4	6.4	5.8	5.3	4.5	3.7
0.2	12.5	12.0	11.5	11.0	9.8	8.6	7.8	7.0	6.1	5.0
0.35	17.5	16.5	15.8	15.0	13.5	12.0	11.0	9.8	7.1	8.6
0.5	24.5	24.0	22.8	21.5	19.5	17.0	15.5	14.0	12.2	10.2
0.75	28.5	27.5	26.5	25.0	22.5	19.5	17.8	16.8	14.0	11.6
1.0	33.5	32.5	31.0	29.8	27.0	23.0	20.8	18.5	16.2	13.5
1.2	38.5	37.0	35.0	33.0	29.8	25.5	23.0	21.0	18.0	14.7
1.5	43.5	42.0	39.5	37.0	34.0	29.5	27.0	24.0	20.8	17.0
2.0	51.0	49.0	47.0	45.0	40.0	34.5	31.5	28.0	24.0	19.8
2.5	60.5	58.0	55.5	53.0	47.0	40.5	37.0	33.0	28.5	23.0
3.0	66.5	63.0	61.5	60.0	53.0	46.0	42.0	37.0	32.0	26.5
4.0	79.5	77.0	73.5	70.0	62.0	53.5	48.5	43.0	37.0	30.5
5.0	90.0	87.0	83.0	79.0	71.0	61.0	56.0	49.0	42.0	34.5
6.0	99.5	96.0	92.0	88.0	78.0	68.0	62.0	55.0	47.5	39.0

表 4-15　导线线束或电缆的载流量随导线根数的增加而减小的衰减系数表

总电流占总容量的百分比	导线线束或线缆根数										
	2	3	4	5	6	7	8	9	10	11	12
	衰减系数										
20%	0.965	0.940	0.915	0.890	0.870	0.850	0.830	0.815	0.795	0.780	0.770
40%	0.950	0.910	0.875	0.845	0.815	0.790	0.765	0.745	0.725	0.705	0.690
60%	0.940	0.890	0.845	0.805	0.775	0.745	0.715	0.690	0.665	0.645	0.630
80%	0.920	0.860	0.805	0.770	0.735	0.700	0.665	0.635	0.615	0.595	0.575
100%	0.895	0.820	0.775	0.725	0.690	0.655	0.620	0.595	0.570	0.545	0.525

总电流占总容量的百分比	导线线束或线缆根数										
	13	14	15	16	17	18	19	20	21	22	23
	衰减系数										
20%	0.755	0.740	0.725	0.715	0.705	0.695	0.685	0.675	0.665	0.660	0.650
40%	0.675	0.660	0.650	0.635	0.625	0.615	0.605	0.595	0.590	0.580	0.575
60%	0.610	0.595	0.585	0.670	0.560	0.550	0.540	0.530	0.525	0.520	0.510
80%	0.560	0.540	0.525	0.510	0.500	0.490	0.480	0.470	0.460	0.455	0.450
100%	0.505	0.490	0.475	0.465	0.450	0.440	0.430	0.420	0.415	0.405	0.400

总电流占总容量的百分比	导线线束或线缆根数										
	24	25	26	27	28	29	30	31	32	33	34
	衰减系数										
20%	0.645	0.640	0.635	0.630	0.628	0.625	0.622	0.620	0.619	0.618	0.618
40%	0.570	0.565	0.560	0.555	0.550	0.547	0.545	0.543	0.542	0.541	0.540
60%	0.505	0.500	0.495	0.490	0.485	0.483	0.480	0.478	0.475	0.472	0.470
80%	0.445	0.440	0.438	0.435	0.432	0.430	0.428	0.426	0.424	0.423	0.422
100%	0.395	0.390	0.385	0.382	0.379	0.376	0.374	0.372	0.371	0.370	0.369

总电流占总容量的百分比	导线线束或线缆根数				
	35	36	37	38	39
	衰减系数				
20%	0.617	0.617	0.616	0.616	0.615
40%	0.539	0.538	0.537	0.536	0.535
60%	0.468	0.467	0.466	0.465	0.464
80%	0.420	0.419	0.418	0.417	0.416
100%	0.368	0.368	0.367	0.366	0.365

例 1： 14 根 1.0mm^2 导线组成的线束，环境温度为 70℃，在最大 100%载流量下以及在 20%载流量下工作，求每根导线的额定电流和整根线束容许的总电流。

① 从载流量表 4-14 中查出单根 1.0mm^2 导线在 70℃环境温度下额定电流为 33.5A。

② 14 根线束分别在 100%和 20%的电流负载下，所对应的衰减系数为 0.490 和 0.740。在

100%负载下每根导线容许的电流为 33.5A×0.490=16.4A，在 20%负载下每根导线容许的电流为 33.5A×0.740=24.8A。

③ 14 根线束分别在 100%和 20%的电流负载下的总电流为

$$14\times16.4A\times100\%=229.4A$$

$$14\times24.8A\times20\%=69.4A$$

表 4-16　导线或电缆载流量随导线高度的增加而减小的衰减系数表

导线所在的高度/m	衰减系数	导线所在的高度/m	衰减系数
1000	0.975	17 000	0.692
2000	0.945	18 000	0.682
3000	0.917	19 000	0.672
4000	0.890	20 000	0.661
5000	0.865	21 000	0.650
6000	0.845	22 000	0.638
7000	0.825	23 000	0.627
8000	0.805	24 000	0.616
9000	0.790	25 000	0.605
10 000	0.775	26 000	0.593
11 000	0.762	27 000	0.581
12 000	0.750	28 000	0.570
13 000	0.739	29 000	0.560
14 000	0.727	30 000	0.548
15 000	0.715	31 000	0.537
16 000	0.703	32 000	0.525

例 2：14 根 1.0mm^2 导线组成的线束，环境温度为 70℃，高度为 15 000m，线束总电流为所有导线额定电流之和的 80%，求每根导线的额定电流、整根线束总电流。

① 从载流量表 4-14 中查出单根 1.0mm^2 导线在 70℃环境温度下额定电流为 33.5A。

② 14 根导线的线束在 80%的电流负载下，所对应的衰减系数为 0.540，每根导线容许的电流为 33.5A×0.540=18.1A。

③ 导线在高度为 15 000m 时的衰减系数为 0.715，每根导线的额定电流为

$$18.1A\times0.715=12.9A$$

④ 整根线束在 80%负载下的总电流为

$$14\times12.9\times80\%=144.5A$$

鉴于瑞侃 55A 系列/44A 系列导线是目前电子装联中仍然常用的导线，它们在常温常压下各规格的导线其载流量情况见表 4-17。

表 4-17　瑞侃 55A 系列/44A 系列导线常温常压下的载流量

线规	标称截面积/mm^2	导线外径/mm	导体结构	载流量/A	电阻/（Ω/km）	线芯外径/mm
30	0.06	0.69	7/0.08	3.0	384.0	0.22～0.33

续表

线规	标称截面积/mm²	导线外径/mm	导体结构	载流量/A	电阻/（Ω/km）	线芯外径/mm
28	0.09	0.76	7/0.10	4.0	259.0	0.36～0.41
26	0.15	0.86	19/0.08	5.5	141.0	0.46～0.51
24	0.25	1.02	19/0.10	7.5	94.7	0.55～0.62
20	0.60	1.40	19/0.15	13.0	33.2	0.95～1.00
18	1.00	1.65	19/0.20	17.5	21.1	1.20～1.26
14	2.00	2.26	19/0.30	28.0	10.9	1.68～1.78
10	5.00	3.28	37/0.40	53.0	4.20	2.70～2.90
6	13.55	—	133/0.36	105.0	N/A	—

从以上所列各表导线的载流量可以看到，同样规格的线径，所对应的参数不尽相同，关于这个问题是很正常的。各国制线的标准不一样，导线的材料（金属材料、非金属材料）标准也不一样，制造工艺也存在差异，这都有可能导致相同规格（也只能是大体相同）的导线，其载流量产生差异。在使用中更重要的是，计算出的导线载流量还要经过实际导线工作后再来修正，当然如果将前面所介绍的各种因素在计算时充分考虑，再结合经验数据，导线工作规格是不难选择的。

同样规格的导线在压接技术中产生差异，从而带来了压接质量问题。所以同样规格的导线因制造原因会有其载流量发生差异的事情，这一点设计师们应该特别注意，这就是我们平时常说的“工程经验”。

4.6 射频同轴电缆

射频同轴电缆，即电子装联中操作者常常提到的高频电缆。为了与国军标中的叫法一致，应把“高频电缆”规范地称为射频同轴电缆。但是在电磁波频谱划分中又没有“射频”的具体频段，而“高频”是指多大频率呢？关于这个问题在很多资料中都没有直接的答案，下面参照雷达的工作频率来回答这个问题。

按照电磁波的频谱来分，即如图 4-10 所示的频率划分。

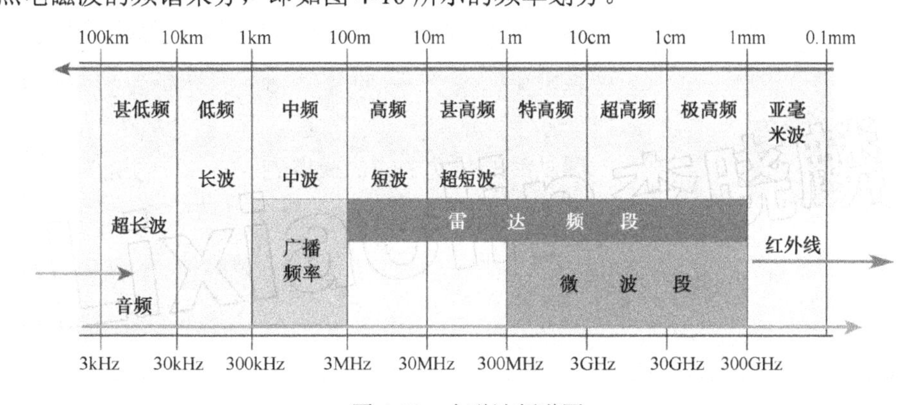

图 4-10　电磁波频谱图

从图 4-10 中我们可以看到，所谓“高频电缆”应该是指工作在 3MHz～300MHz 的电连接器和电缆的组装件，再往高就是微波段的工作频率了，但是电子装联中的很多高频电缆（主要是硬同轴电缆）其实已经工作在微波段了，只是业界仍然习惯将这些工作在微波段的电缆也统称为“高频电缆”罢了，因为没有人把工作在微波频段的电缆称为“微波电缆”。

由于射频同轴电缆及射频电连接器品种繁多，配用难记，对它们的种类、型号、适配关系，设计、工艺人员不易把握。另外，射频同轴电缆组件的装焊，目前在电子装联技术中仍然处在一种合格率极低的状态，主要原因是受到驻波参数、相位要求问题的困扰。所以本节在讲述射频同轴电缆的同时，对射频电缆的种类、型号及其配用和装焊中应注意的问题都一并介绍，方便业内人员工作时参考。

4.6.1 什么是射频同轴电缆

在介绍射频同轴电缆之前，先引入几个关于这方面的术语。

射频电缆组件（RF cable assembly）：由射频同轴电缆导线与射频同轴连接器或同轴接触件装配在一起能独立实现信号传输的组件。

柔性射频电缆组件（flexible RF cable assembly）：由柔性射频同轴电缆导线与射频同轴连接器或同轴接触件装配在一起能独立实现信号传输的组件。

半刚性射频电缆组件（semi-rigid RF cable assembly）：由半刚性射频同轴电缆导线与射频同轴连接器装配在一起能独立实现信号传输的组件。

同轴接触偶（coax contact）：配接同轴射频电缆导线以传输射频信号的插针接触件或插孔接触件，一般包括内导体、介质和外导体几部分。

峰值功率（peak power）：射频电缆或连接器或组件的峰值功率是指其呈现出电压击穿的功率，产品的额定峰值功率值应低于击穿值。

平均功率（average power）：平均功率是指射频产品出现热失效的功率值。产品的额定平均功率值应低于热失效值。

降额因子（derating factor）：由于环境条件变化而导致产品性能下降需考虑的降级参数值。

那么什么是同轴电缆呢？同轴电缆一般是指内圆柱导体与外圆柱导体管同轴地装配而成的均匀传输线，它是一种优良的宽频带传输线。通常两个导体间的介质为空气或聚四氟乙烯材料，它可以做成软同轴电缆、硬同轴电缆和半刚性同轴电缆。

同轴线的传输主模是横电磁（TEM）模，其电磁场分布如图 4-11 所示。

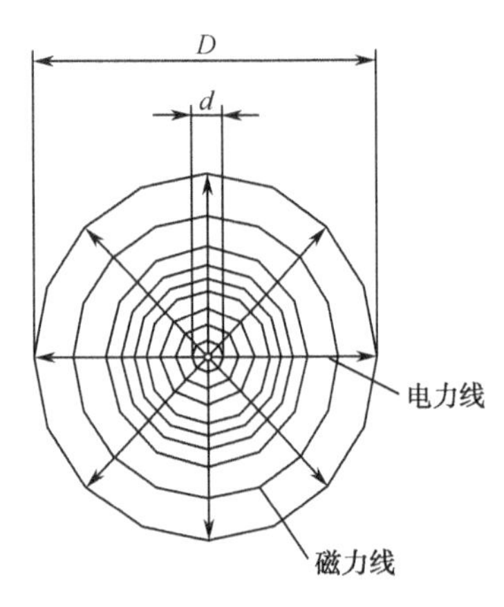

图 4-11 同轴电缆的电磁场分布

4.6.2 射频同轴电缆的几个重要参数

（1）同轴阻抗。

射频同轴电缆的同轴阻抗 Z_0（单位为 Ω）一般由下式进行确定：

$$Z_0=\left(\frac{138}{\sqrt{\varepsilon_r}}\right)\times(\lg D/d)$$

其中，ε_r为同轴电缆介质介电常数；D 为同轴电缆外导体内径，单位为 mm；d 为同轴电缆内导体外径，单位为 mm。

从同轴阻抗的数学表达式中我们可以看出，要保证阻抗不变，必须尽量保证介质没有什么变形，同时还要求电缆同轴度不受到影响。所以装配射频同轴电缆时，只有保证切割时的平齐才能很好地保证其同轴度。因此，切割工具的使用重要性可见一斑。

（2）延迟时间。

同轴电缆的延迟时间 T_{ns}（单位为 s）本身与信号频率是没有关系的，只与电缆介质常数和传输线的长度有关，一般由下式确定：

$$T_{ns}=\frac{3.33}{\sqrt{\varepsilon_r}}$$

（3）屏蔽性能。

射频电缆组件的屏蔽性能主要取决于与射频电缆装配的电连接器的屏蔽性能以及连接点的装配质量；柔性射频电缆组件的屏蔽性能则与屏蔽层的股数、锭数、屏蔽层形式（扁状或圆状，一般扁状屏蔽层性能优于圆状屏蔽层）、与电缆装配的电连接器屏蔽端接的形式等都有关系。

（4）相位稳定性。

相位稳定性一般是指射频电缆在弯曲时相位的变化情况。一般来说，射频电缆弯曲半径越小或弯曲次数越多，相位变化越大。同时传输信号频率、电缆介质形式都会对电缆的相位稳定性产生影响。

（5）插损。

射频电缆的插损是衡量电缆信号传输效率的一个重要指标。同轴电缆的插损是同轴电缆在信号传输时的介质损耗、外导体损耗、内导体损耗之和。

（6）驻波。

驻波通常用电压驻波比（VSWR）来表征。同时驻波也是表征回波损耗的一个物理量。通常装配完后的射频同轴电缆，除其他检查项目外，都要经过驻波指标的测试后才能算交验合格。

4.6.3　射频同轴电缆的结构与分类

（1）同轴电缆的结构。

最常用、最普通的同轴电缆的结构由内导体、介质层、屏蔽层、绝缘层等部分组成，如图 4-12 所示。

随着电子设备工作频率的提高，同轴电缆的结构种类也是多种多样的。比如，有的同轴电缆有两层屏蔽层；介质层的结构有实心型、半空心型、缠绕型、双层缠绕型等；同轴电缆的外绝缘层有的还另增加一层称为铠装的护套。但是，不管结构上怎么设计，同轴电缆的内导体、外导体、护套是最基本的结构，下面谈谈这几个最基本的结构。

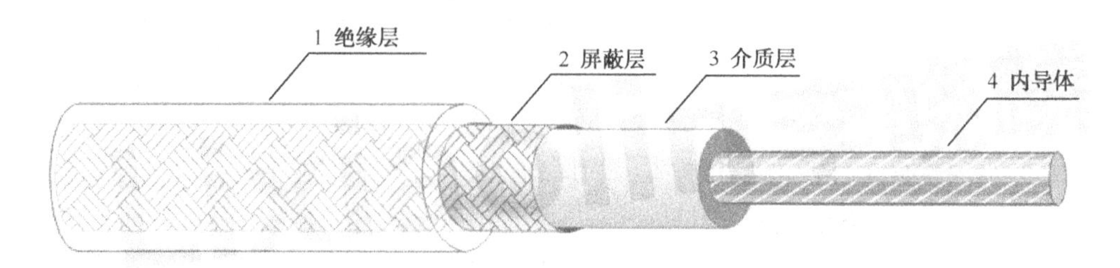

图 4-12 同轴电缆的结构示意图*

① 内导体。凡属于导电性能良好的物体（电阻率低于 $10^{-3}\Omega\cdot cm$）都称为导体。电缆的导体材料主要是铜线和铝线，一般采用多股细线绞合而成，以增加电缆的柔软性。有时为了减小高频集肤效应，也可采用铜管或皱皮铜管作导体材料。

② 外导体。同轴电缆的外导体就是它的屏蔽层，一般用导电或导磁材料制成的套、盒、壳、屏、板等将电磁能限制在一定范围内，使电磁场的能量从屏蔽体的一面传到另一面时受到很大衰减，因而起到防电磁干扰的作用。电线电缆的屏蔽层一般用金属丝缠绕或用细金属丝编织而成，主要材料有铜、钢或铝，也有采用双金属和多层复合屏蔽的。

③ 护套。同轴电缆的护套也就是常说的绝缘层，它主要起机械保护和防潮作用，也可以防止通信电缆漏电和电力电缆放电。

电线电缆绝缘层或导体上面包裹的物质都可以称为护套。护套有金属护套和非金属护套两种。金属护套大多用铝套、皱纹金属套和金属编织套等。非金属护套大多采用橡皮、塑料等绝缘材料。

常用的绝缘材料有塑料、棉纱、纸、绝缘漆、橡皮、无机绝缘材料等。电线电缆的绝缘材料应具有良好的电气性能和一定的机械物理性能。射频电缆的绝缘材料还要求具有较低的介电常数和介质损耗。

低频绝缘材料一般采用聚氯乙烯，射频电缆一般采用聚乙烯、聚苯乙烯、聚四氟乙烯或优质橡胶材料进行绝缘。还有的射频同轴电缆采用半空气绝缘和空气绝缘。

④ 铠装。为了增强电缆的抗拉强度及保护电缆不受机械损伤，在电缆护套外面再加一个保护层，根据电缆型号的不同，有钢带铠装、镀锌扁钢丝或镀锌圆钢丝铠装。这种带铠装的电缆大多用在多芯电缆上，高频同轴电缆很少使用。

（2）射频同轴电缆的分类。

从美国军标和国内电子行业的情况来看，一般把射频同轴电缆分为三类：①半刚性射频电缆；②半柔性射频电缆；③柔性射频电缆。

电子装联中常见的半刚性射频电缆有 SFT-50-2、SFT-50-3 等系列，这两种电缆符合美国军标 MIL-C-17 中的 RG405/402，同时也符合电子工业行业标准 SJ50973“SFT-50-2/3-51 型聚四氟乙烯绝缘半硬同轴电缆详细规范”。

SFT 系列半刚性射频电缆的内导体是单根铜包钢线，直径为 0.51±0.01mm。绝缘体用聚四氟乙烯同心地挤包在内导体上。外导体为无缝紫铜管，其表面不允许有划痕、凹坑等机械损伤，外径为 2.18±0.03mm。

由于 SFT 系列半刚性射频电缆是整体铜管式的，所以操作者也常常将它们称为硬同轴电缆。这种硬同轴电缆的特点是：装焊时驻波容易做小，插损较低。但要使用好它们，还取决于和射频连接器的匹配问题。

电子装联中常见的柔性射频电缆有 SFF 型系列。例如，SFF-50-1.5-1 射频电缆，它类似于美国军标 MIL-C-17 中的 RG316 型射频电缆，同时也符合电子工业行业标准 SJ1563“实心聚四氟乙烯绝缘同轴射频电缆”规范要求。这种射频电缆最外层的材料为聚四氟乙烯绝缘护套，是软型射频电缆。

电子装联中常见的半柔性射频电缆，比如型号为 7-1114-601-18 的射频电缆，这是 Tensolite 公司按企业标准制造的。国内目前没有半柔性射频电缆相关的标准。这种半柔性射频电缆的最外层材料是用铜丝编织而成的网状套，比较密实，在其上面又浸了一层锡。所以这种射频电缆的感觉是介于硬和软之间的，因此业内将它们称为半柔性射频电缆。

7-1114-601-18 型射频电缆线的特点是：装焊时驻波容易做小，插损较大。在不太要求插损，可满足驻波要求的情况下应选用这种电缆。

另外，射频电缆按电气特性又可分为低损耗电缆、温度稳相电缆和大功率电缆等。

电子装联中，常用的射频电缆还有热敏感电缆、低损耗电缆、超低损耗电缆、温度稳相电缆、波纹铜管电缆等。

4.6.4　射频电缆组件的选用考虑

电子设备中大量使用由射频电缆组件装配而成的模块及整机，没有这些射频电缆组件联系电子模块和整机，电子设备就不能完成预定的功能和作用。因此，在对射频电缆组件的选用上，设计师、工艺师都应备好有关的功课。

首先介绍一下射频同轴连接器的相关知识。

射频同轴连接器是使用在频率为 300MHz 以上的一种传输射频信号的连接器，其主要由内导体、绝缘支撑、外导体组成。其中内导体是射频同轴连接器的心脏，在同轴连接器中起着非常重要的作用。因此，在实际加工和装配中，内导体的尺寸及表面质量应严格控制。绝缘支撑对射频同轴连接器的电气性能影响很大，因此绝缘支撑的好坏也至关重要。按照国军标的规定，射频同轴连接器的内导体必须选用弹性较好的铍青铜，外导体可以选用黄铜或不锈钢材料，内导体必须镀金，外导体可以镀金或镀镍，不锈钢则必须表面钝化，介质大多采用聚四氟乙烯材料。

射频同轴连接器的连接形式一般有三种：

① 卡口式——卡口式连接器的连接方式决定其界面配合间隙可以较大，故其使用频率偏低，一般在 4GHz 以下，如 BNC 型号。

② 螺纹式——螺纹式连接器的连接方式决定其界面配合紧密，故其使用频率较高，一般在 10GHz 以上，如 SMA、SSMA、L8、L16、N、TNC 等型号。

③ 推入式——推入式与卡口式连接器的连接方式比较接近，故其使用频率也偏低，一般也在 4GHz 以下，如 SMB、BMA 等型号。

射频同轴连接器的安装形式主要有法兰安装、螺母锁紧安装、印制板焊接安装等。

目前，在电子装联中常用的射频同轴连接器有 SMA、BNC、TNC、N 等型号。

SMA 型连接器采用英制螺纹连接，阻抗为 50Ω，使用频率可以达到 18GHz，电压驻波可以做到 1.05～1.2，插入损耗在 6GHz 时为 0.15dB，适配截面积为 3～5mm^{2}的各种射频电缆导线。

BNC 型是一种卡口式连接器，其具有连接迅速、接触可靠等优点，一般使用在频率低于4GHz 的射频电路系统中，阻抗为 50Ω 和 75Ω，电压驻波比为 1.3，插入损耗在 3GHz 时为 0.2dB。

TNC 型是一种具有螺纹连接机构的中小功率连接器，其具有抗振性强、可靠性高、机械和电气性能优良等特点。TNC 产品为 BNC 产品的螺纹式变形，使用达 11GHz。阻抗为 50Ω 和 75Ω，电压驻波比为 1.3，插入损耗在 6 GHz 时为 0.2dB。

N 型连接器是一种性能非常优越的连接器，其具有抗振性强、可靠性高、频带宽等特点。使用频率达 11GHz。阻抗为 50Ω 和 75Ω，电压驻波比为 1.3，插入损耗在 6 GHz 时为 0.2dB。

还有其他一些射频连接器型号，这里就不一一介绍了，根据产品使用情况，供应商可以提供详细的这方面资料。下面根据装配工艺要求及有关标准要求，罗列了一些选用时考虑的情况，供读者参考。

（1）用于航空电子产品上的射频连接器，均应符合国军标 GJB-681 射频连接器总规范中的有关要求。

（2）如果企业需要自制连接器，自制的连接器必须按照国军标 GJB-681 中相关的要求进行相应试验后方可正式用于电子产品上。

（3）在所有电子设备中使用的射频电缆，必须满足国军标 GJB-973 射频电缆总规范的要求。

（4）在峰值功率和平均功率指标等电气性能满足要求的情况下，对工作在系统级电子设备中的射频电缆组件，应尽量考虑选用柔性射频电缆组件，而不要选用半刚性射频电缆组件。

（5）射频电缆组件的峰值功率和平均功率应根据电子设备工作的环境条件变化进行相应的降额设计使用。

例如，电子设备中常用的 ASTROLAB 公司（目前是美国制作射频同轴电缆的知名公司）生产的射频同轴电缆，若采用微孔和实心聚四氟乙烯介质，其相应的功率温度因子和功率高度因子可参照表 4-18 和表 4-19 进行降额设计。

表 4-18　射频功率温度因子参考表

环境温度/℃	温度因子
25	1
50	0.83
85	0.66
100	0.58
125	0.43
150	0.28
200	0.15
注：此温度因子为只考虑对流而不考虑别的散热措施时的温度因子	

注：表 4-18 来源于 ASTROLAB 公司的《产品手册》。

表 4-19 射频功率高度因子参考表

高度/m	平均功率高度因子	峰值功率高度因子
海平面	1	1
3000	0.9	0.5
6000	0.79	0.2
9000	0.68	0.14
12000	0.58	0.1
15000	0.48	0.08
18000	0.38	0.06
21000	0.29	0.05

注：表 4-19 来源于 ASTROLAB 公司的《产品手册》。

例 3：某设备使用了 ASTROLAB 公司生产的 32055 型射频电缆，该电缆使用环境温度为 50℃，设备工作在海拔 6000m，工作频率为 1～10GHz。此时该射频电缆的平均功率为多少？

① 32055 型射频电缆工作在 10GHz 时的平均功率为 365W（见表 4-20）；

② 50℃时，该生产公司给出的温度降额因子为 0.83（见表 4-18）；

③ 在海拔 6000m 时，该电缆的高度降额因子为 0.79（见表 4-19）；

④ 此时 32055 型射频同轴电缆的平均功率=365×0.83×0.79=139W。

需要注意的是，由于生产厂家的不同，同轴电缆功率高度因子、功率温度因子等参数的计算方法也不同。

例如，CXN3449 型号、CXN3507 型号的射频同轴电缆是由美国 GORE 公司（目前也是美国制作射频同轴电缆的知名公司）生产的。这两种型号的射频电缆，其功率温度因子（F_t）和功率高度因子（F_a）可分别用下面公式 1 和公式 2 进行计算（公式来源于 GORE 公司的《产品手册》）：

$$F_t=1.1989-0.0049\times T \quad \text{（公式 1）}$$

其中，T 为温度值，单位为℃。

$$F_a=1-0.0328\times H \quad \text{（公式 2）}$$

其中，H 为高度，单位为 km。

例 4：某设备使用了 GORE 公司生产的 CXN3507 型射频同轴电缆，其使用环境温度为 50℃，设备工作在海拔 6000m，工作频率为 1～10GHz。此时该射频同轴电缆的平均功率为多少？

① CXN3507 型电缆工作在 10GHz 时平均功率为 160W（见表 4-20）；

② 50℃时，CXN3507 型电缆的温度降额因子

$$F_t=1.1989-0.0049\times 50=0.9539 \quad \text{（见公式 1）}$$

③ 海拔 6000m 时，CXN3507 型电缆的高度降额因子

$$F_a=1-0.0328\times 6=0.8032 \quad \text{（见公式 2）}$$

④ 此时 CXN3507 型射频电缆的平均功率=160×0.9539×0.8032=122W。

（6）系统级射频电缆组件，应根据电子设备使用环境要求选用相应的防护套。

（7）射频电缆组件的平均功率与连接器、电缆在各种环境条件下的平均功率有关，取决于组成电缆组件中两者的最小值。

表 4-20　常用柔性射频电缆主要电气性能一览表

电缆型号	名称	厂家	工作温度/℃	电容量/（pF/m）	外径/mm	最小弯曲半径/mm	特性阻抗/Ω	频率范围/GHz	主要电气性能					
									f=1GHz		f=10GHz		f=18GHz	
									插损/（dB/m）	功率（平均功率/W）	插损/（dB/m）	功率（平均功率/W）	插损/（dB/m）	功率（平均功率/W）
SFF-50-1.5	普通电缆	23 所	−55～200	94	2.5	8	50	DC～0.3	适用于无线电通信频段					
SFF-50-3	普通电缆	23 所	−55～200	94	4.5	8	50	DC～0.3	适用于无线电通信频段					
32081	低损电缆	ASTROLAB	−55～200	98	2.44	7	50	DC～18	0.85	170	2.05	47	3.94	33
32055	低损稳相	ASTROLAB	−55～200	86.2	5.46	25	50	DC～26.5	0.25	1230	0.83	365	1.15	260
32051	低损稳相	ASTROLAB	−55～200	85	7.75	38	50	DC～18	0.17	2220	0.571	645	0.82	460
32071	低损稳相	ASTROLAB	−55～200	86	9.40	50	50	DC～14	0.14	3300	0.335	950	056（14GHz）	850（12GHz）
UFB142A	低损稳相	MICRO-COAX	−65～165	80.4	3.62	12	50	DC～40	0.36	800	1.08	590	1.48	500
UFB205A	低损稳相	MICRO-COAX	−55～165	80.4	5.46	12	50	DC～26.5	0.26	1000	0.92	700	1.05	650
CXN3507	低损稳相	GORE	−65～200	79	3.62	12	50	DC～18	0.38	500	1.21	160	1.66	100
CXN3449	低损稳相	GORE	−65～200	79	5.46	12	50	DC～18	0.24	900	0.78	320	1.06	210

常用进口射频连接器平均功率性能一览表见表 4-21。

表 4-21　常用进口射频连接器平均功率性能一览表

连接器类型	工作频带（最大）GHz	各频点海平面最大平均功率（25°C，单位：W）						
		1GHz	2GHz	4GHz	8GHz	10GHz	12GHz	18GHz
SMA	DC～26.5	580	420	290	200	190	180	150
TNC	DC～12	1600	1200	300	540	490	480	/
ATNC	DC～18	1200	780	550	380	360	340	260
N	DC～18	1800	1400	900	640	580	560	420

（8）为保证可维修性，射频电缆组件应尽量避免直接装配插座（反极性装配连接器如 BMA

类连接器除外），而应尽量选择插头。

（9）当电子设备对射频电缆的连接可靠性要求高，在设备内结构空间允许的情况下，一般应尽量选用螺纹连接结构形式的连接器（如 SMA/TNC/N 等），其次选用盲配式的连接器（如 BMA\OSP\等），注意，尽量不要选用插入式的连接器（如 MCX/SMB 等）。

4.6.5　射频电缆与射频连接器的适配工艺

射频电缆首先应根据其使用频率和电路工作要求来进行选取，这是电路设计师必修的功课，但是在实际应用中很多设计师所选用的射频电缆与“技术要求”中的指标是不相适应的（射频电缆本身的工作频率与所要求的电压驻波系数不相适应）；其次，工艺人员也应该具备这方面的知识（甚至是必要的），否则就不能进行“工艺性审查”的工作，因为没有经过工艺性审查的设计图纸到了生产线上，像这些“不相适应”的问题，会带来诸多其他问题，因此工艺审查是一个工艺人员的日常工作之一。

射频电缆与射频连接器的适配问题是一个比较繁杂的事情，因为配用规格型号很多，电缆头种类也很多，面对诸多生产项目和不同设计师的选型，工艺人员对这些适配问题必须清楚，否则对射频电缆的装配、焊接工艺就会把握不好。本节将这方面的知识总结出来方便读者进行查找。当然，随着射频电缆技术的发展读者应在工作实践中积累更多的经验。

（1）射频电缆的特性和参数。

在电子装联整机/模块的装机中使用得最多、最基本的是 SYV 系列和 SFF 系列射频同轴电缆，下面介绍这两种射频同轴电缆的特性和参数。

常用 SYV 系列实心聚乙烯绝缘射频同轴电缆：使用温度为-40～+70℃，特性参数见表 4-22。

表 4-22　常用 SYV 系列实心聚乙烯绝缘射频同轴电缆特性参数

型　号	内导体根数/直径/mm	标称绝缘外径/mm	标称电缆外径/mm	标称衰减 200MHz /dB/m	标称特性阻抗/Ω	试验电压/kV	计算质量/（kg/km）
SYV-50-1	7/0.09	0.87	1.9	0.873	50	1.0	6.66
SYV-50-2-1	7/0.15	1.50	2.9	0.524		2.0	14.02
SYV-50-2-2	1/0.68	2.2	4.0	0.341		3.0	31.87
SYV-50-3	1/0.90	3.0	5.0	0.264		4.0	41.95
SYV-50-3-42	19/0.18	2.95	4.95	0.558（400MHz）		4.0	38.89
SYV-50-5-1	1/1.37	4.6	7.0	0.181		6.0	76.48
SYV-50-5-2	1/1.37	4.6	7.8	0.181		6.0	107.99
SYV-50-7-1	7/0.76	7.3	10.2	0.137		9.0	157.18
SYV-50-7-2	7/0.76	7.3	11.2	0.137		9.0	222.71
SYV-50-9	7/0.95	9.0	12.4	0.111		11.0	223.70
SYV-50-12	7/1.2	11.5	15.0	0.096		15.0	320.65

续表

型　　号	内导体根数/直径/mm	标称绝缘外径/mm	标称电缆外径/mm	标称衰减200MHz/dB/m	标称特性阻抗/Ω	试验电压/kV	计算质量/（kg/km）
SYV-50-15	7/1.54	15.0	19.0	0.079		19.0	489.90
SYV-50-17	19/1.4	17.3	22.20	0.071		21.0	685.81
SYV-50-23-1	19/1.37	23.0	28.8	0.062		28.0	1102.02
SYV-50-28-1	19/1.65	28.0	34.5	0.059		36.0	1540.63

常用 SFF 系列实心聚四氟乙烯绝缘射频同轴电缆：主要用于无线电通信、广播、各种电子设备中作内外射频信号传输用的同轴电缆。这种同轴电缆是参照电子工业行业标准“SJ1563”而制作的。

实心聚四氟乙烯绝缘射频同轴电缆通常分为两类。

① SFF 型：适用温度为-55～+200℃。

② SFB 型：适用温度为-55～+250℃。

常用 SFF 系列同轴电缆导线的结构数据和主要性能见表 4-23。

表 4-23　常用 SFF 系列同轴电缆导线的结构数据和主要性能

型　　号	内导体根数/直径/mm	标称绝缘外径/mm	标称电缆外径/mm	标称衰减		标称特性阻抗/Ω	试验电压/kV	计算质量/（kg/km）
				/MHz	/（dB/m）			
SFF-50-1	7/0.10	0.87	1.80	200	0.66	50	1.2	7.51
SFF-50-1.5-1	7/0.18	1.5	2.55		0.39		2.0	16.0
SFF50-1.5-2	7/0.18	1.5	3.2		0.39		2.0	28
SFF-50-2-1	1/0.73	2.2	3.30		0.24		3.0	26.3
SFF-50-2-2	1/0.73	2.2	4.0		0.24		3.0	44.4
SFF-50-3-1	1/0.93	3.0	4.50		0.18		4.0	50.4
SFF-50-3-2	1/0.93	3.0	5.5		0.18		4.2	79.4

SFF 型同轴电缆的命名意义如下（以 SFF-50-3-52 为例说明）：

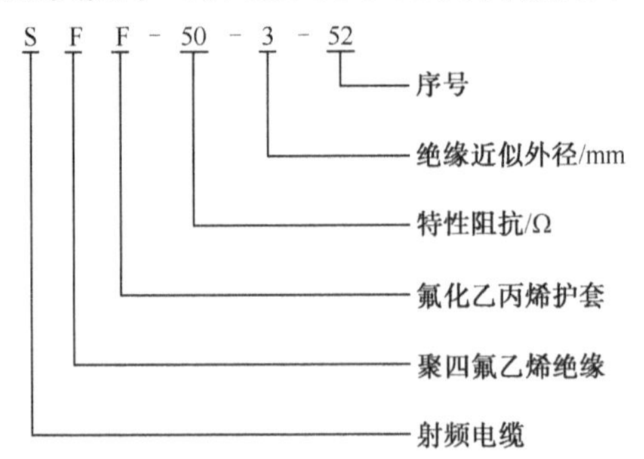

注意：SFF-50-2-52、SFF-50-3、SFF-50-5、SFF-50-6 射频同轴电缆的屏蔽层是镀银铜线双层编织的，如图 4-13 所示。

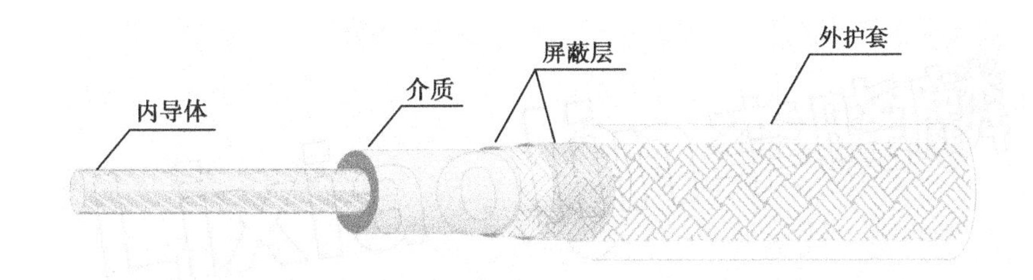

图 4-13 双屏蔽层射频同轴电缆的结构示意图*

SFT 系列半刚性射频同轴电缆主要用于通信、导航、电子对抗、机内连线等。这种电缆的特点是：使用频率高、衰减低、驻波小、屏蔽性能好、可靠性高等。SFT 系列半刚性射频同轴电缆已成系列，有 50Ω、70Ω、75Ω、71Ω、25Ω、16.7Ω、12.5Ω 等不同阻抗的产品。它们的外径从 1.20mm 到 6.0mm，外导体除紫铜外，还可采用不锈钢、镀锡铜管等。

SFT 系列半刚性射频同轴电缆的适用条件如下。

① 工作温度：-55～+125℃。

② 允许最小弯曲半径：不小于 6.3mm （SFT-50-2 为 6.3mm，SFT-50-3 为 8.2mm）。

③ SFT 半刚性射频同轴电缆型号命名（以 SFT-50-2-51 为例）：

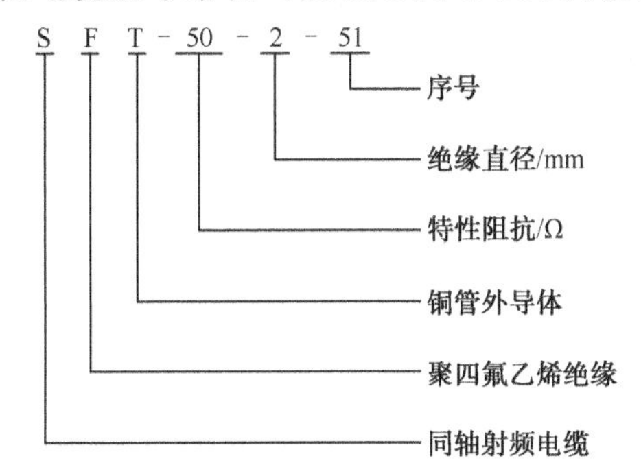

半刚性射频同轴电缆的主要技术指标见表 4-24。

表 4-24 半刚性射频同轴电缆的主要技术指标

电缆型号	外径/mm	最小弯曲半径/mm	电容量/（pF/m）	特性阻抗/Ω	频率范围/GHz	主要电气性能					
						f=1GHz		f=10GHz		f=18GHz	
						插损/（dB/m）	功率（平均功率/W）	插损/（dB/m）	功率（平均功率/W）	插损/（dB/m）	功率（平均功率/W）
SFT-50-2	2.18	6.3	—	50	DC～18	0.72	—	2.48	35	3.48	22
SFT-50-3	3.6	8	—	50	DC～18	0.45	—	1.64	107	2.36	75
35000	3.58	20	25	50	DC～26	0.3	660	0.984	195	1.35	140
36000	6.35	38	25	50	DC～20	0.171	1530	0.571	445	0.787	320
37000	12.7	60	24	50	DC～10.5	0.092	4060	0.335	1130	—	—
RG402	3.58	7	95.1	50	DC～18	0.26	336.2	2.05	94.6	3.3	70
RG405	2.18	3.5	95.1	50	DC～18	0.63	130	3.1	35	4.9	25

SFT 系列半刚性射频同轴电缆的结构示意图如图 4-14 所示。

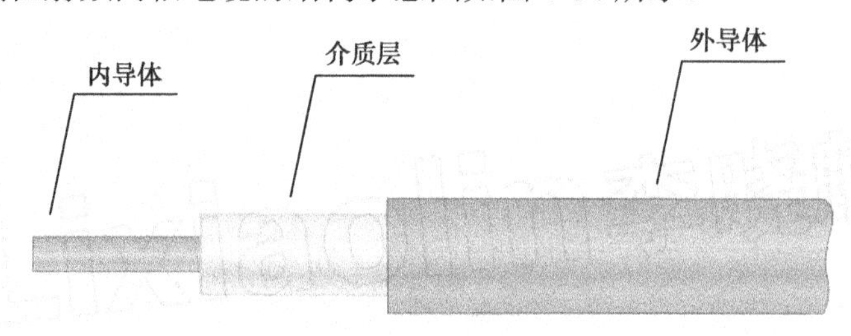

图 4-14　SFT 系列半刚性射频同轴电缆的结构示意图*

从上面射频电缆的特性参数来看，半刚性射频同轴电缆的电性能指标最优，在装配工艺上往往要求一次成形，所以常被用于设备内部高频电信号的互连。柔性射频电缆的电性能参数相对较差，但由于它们安装、使用方便，所以在电子设备的测试、调试领域内应用得非常广泛。半柔性射频电缆的电性能指标介于两者之间，在设备内部和外部均有应用。

（2）射频同轴连接器型号及配用电缆。

射频同轴电缆组件在电子设备上的应用非常广泛，可以说无处不有、无处不在。射频连接器与射频同轴电缆的良好匹配是确保射频同轴电缆的电压驻波比（VSWR）和装配质量的重要因素，所以必须避免射频同轴电缆和射频连接器之间的不匹配使用。

为了方便读者在工作中对射频同轴电缆与射频同轴连接器之间的匹配关系进行查找，现将它们的匹配关系按前面所讲的三种分类用表格形式罗列出来，见表 4-25、表 4-26 和表 4-27。

这里需要说明的是，表中所列出的配用型号是电子装联中常用的，可能还有一些配用情况没有列出，如在使用中发现表格中没有的，可与供应商进行联系。

表 4-25　常用柔性射频电缆及连接器匹配关系表

电缆型号规格	连接器型号规格	备　注
SFF-50-0.5-1	SMB、JZ	很细，主要用于微波部件的连接
SYV-50-1 SFF-50-1	L8-J3 BNC-J(W)2 SMB-J(W)2 L6-J(W)2	普通
SYV-50-2-2	L8-J4/SMA-J4/BNC-J(W)4/L8-J(W/KF)4/TNC-J(W)4 /L12-J(W/KF)4/N/BNC/L16-J5	普通
SYV-50-2-1 SFF-50-1.5-1	BNC-J(W)3/TNC-J(W)3/SMA-J3/ L8-J(W)3/L6-J(W)3/ N-J(W)3	普通
SFF-50-1.5-1	SMA-J3	普通
SFF-50-3-1	SMA-J5/L8-J5	普通
SFF-50-5	TNC-J(W)6A	普通

续表

电缆型号规格	连接器型号规格	备　注
SUJ-50-5.6 SUR-50-5.6-1 SUJ-50-7-5	L16	低损耗
SFCJ-50-5-51	L16	低损耗
SFCF46-50-6.5-1	L16	低损耗
32081	29094-32-81（SMA）	普通
32055	29200-35（SMA）	低损耗、稳相
32051	29080-32-51-ALT3（N） 29081P-32-51（N） 29094-32-51-ALT（SMA）	低损耗、稳相
32071	29602-32-71(N) 29608-32-71(SC)	低损耗、稳相
UFB142A	29602-37(N) 29608-37(SC)	低损耗、稳相
UFB205A	29602-37（N） 29608-37（SC）	甚低损耗、稳相
CXN3507	29602-37(N) 29608-37(SC)	甚低损耗、稳相
CXN3449	29602-37（N） 29608-37（SC）	甚低损耗、稳相

表 4-26　常用半刚性射频电缆及连接器匹配关系表

电缆型号规格	连接器型号规格	备　注
SFT-50-2	SMA-JB2	普通
SFT-50-3	SMA-JB3/N-JB3	普通
SFT-50-3A	SMA（外径为 3.6mm）	介质为缠绕型，可用于延迟线的绕制
3500T	SMA（3.6mm 电缆头）	热敏感射频电缆，可用于延迟线的绕制
RG402	SMA-JB3/N-JB3	普通（进口线，即国内的 SFT-50-2）
RG405	SMA-JB2	普通（进口线，即国内的 SFT-50-3）
35000	29877-35(ATNC)	低损耗、稳相
36000	29080-36(N)	低损耗、稳相
37000	29602-37(N) 29608-37(SC)	低损耗、稳相

表 4-27　常用半柔性射频电缆及连接器匹配关系表

电缆型号规格	连接器型号规格	备　注
7-1-1114-601-18	N 型头、SMA 头（外径为 2.2、3.6mm）、L8、L16	低损耗
7-1-1114-602-18	SMAJB3/N-JB3	低损耗

4.6.6　射频电缆组件弯曲半径要求

射频同轴电缆与射频连接器装配焊接好后，应按照射频同轴电缆导线的最小弯曲半径进行放置，不能随便弯曲，更不能将其折叠放置。

射频电缆组件的弯曲半径，一般以生产厂家或相关标准对射频电缆导线的弯曲半径进行要求。射频电缆导线的线径粗细不同，弯曲半径就不同，下面把常用柔性射频同轴电缆最小弯曲半径以表格形式列出，见表 4-28。

表 4-28　常用柔性射频同轴电缆最小弯曲半径表

电缆型号规格	外径/mm	最小弯曲半径/mm
SFF-50-1.5	2.5	8
SFF-50-2	3.3	6.3
SFF-50-3	3.6	8
32081	2.44	7
32055	5.46	25
32051	7.75	38
32071	9.40	50
UFB142A	3.62	12
UFB205A	5.46	12
CXN3507	3.62	12
CXN3449	5.46	12

半刚性射频同轴电缆，装配时应按实际需要和空间弯曲成形，弯曲半径不得小于电缆规定的最小弯曲半径，见表 4-29。弯曲时所使用的工具应注意避免损伤射频同轴电缆导线的表面质量。

表 4-29　常用半刚性射频同轴电缆最小弯曲半径表

电缆型号规格	外径/mm	最小弯曲半径/mm
SFT-50-2	2.18	6.35
SFT-50-3	3.6	8
SFT-50-5.2	7.8	10.5
RG402（SPECTRUM 公司）	3.58	7

续表

电缆型号规格	外径/mm	最小弯曲半径/mm
RG405（SPECTRUM 公司）	2.18	3.5
35000（ASTROLAB 公司）	3.58	20
36000（ASTROLAB 公司）	6.35	38
37000（ASTROLAB 公司）	12.7	60

注：最小弯曲半径只限于弯曲 1 次。

4.6.7　电子装联中同轴电缆的装配注意事项

在电子装联技术中大量使用的射频同轴电缆组件，除设计上应按照以上适配关系来选择考虑外，在装配焊接时还需要注意很多工艺上的技术问题。其实，业界内的工艺技术人员和操作者在装配焊接射频同轴电缆方面或多或少地都具有一定的经验和“诀窍”，通过分享这些经验和“诀窍”，使射频同轴电缆组件这个“一次合格率”较低的产品，不再困惑工艺技术人员和操作者。下面介绍射频同轴电缆组件的一些影响装配工艺的工程问题及解决途径。

（1）影响射频同轴电缆电压驻波比的因素。

射频同轴传输线中一个重要的参数就是电压驻波比，而在电子装联射频同轴电缆时，这也是一个装配、焊接合格与否的重要指标。

传输线上各点的电压和电流一般由入射波和反射波叠加而成，在线上形成驻波。沿线各点的电压和电流其振幅不同，以$\lambda/2$ 周期变化，有波峰与波谷。理论上定义传输线上相邻的波峰点和波谷点上的电压振幅之比为电压驻波比，即 VSWR，简称 SWR。

同轴电缆导线装配出来后往往需要进行电压驻波比的测量，合格了才能用于电路的使用，不合格则淘汰或重新装配。一般来说，射频同轴电缆的外观检查是无用的，必须用网络分析仪测试电气指标，合格后才能交付产品。因此，电压驻波比是一个说明装配质量如何的重要指标，工艺人员和操作者都应对影响这个指标的相关因素进行了解。

影响射频同轴电缆电压驻波比的因素很多，同轴电缆导线本身的质量，比如芯线的同心度、介质层的均匀性、高频接插件的材料、结构形状、电缆布线的长度、人为装焊技术水平的差异等，这些因素都会直接影响电压驻波比参数。但是，在线缆型号、接插件确定的情况下，装焊工艺就应在尽量保证和提高同轴电缆的电压驻波比参数上下功夫。

首先，在操作者的加工手段上应尽量提供同轴电缆切剥工具或设备（应尽量避免使用刀片切剥），保证所要求的装配尺寸精度，使内/外导体、介质层、护套的端面整齐，以避免或抑制因结构不均匀（切割不均匀带来的结构问题）等原因，而使同轴电缆在工作时存在高次型波（相速随频率而变的“色散性波”），使传输的能量发生额外的衰减，破坏同轴电缆的宽频特性并引起传输信号的失真。因此，需要在加工时确切保证同轴电缆内导体的同心度。要保证同心度就必须对同轴电缆的各装配尺寸的切割问题，特别是圆周界端面上的平、齐问题要准确保证。这是装配高频同轴电缆时影响驻波参数的主要关键技术。

（2）“头”与“线”的匹配问题。

在 4.6.5 节中已将电子装联中常用的射频电缆与射频连接器的适配关系用表格形式罗列出，

即什么型号的电缆导线配用什么型号的连接器（电缆头），这是保证装配质量必须遵守的。

其次，装配时还需注意，严禁用柔性射频电缆导线来配接半刚性射频连接器；或用半刚性电缆导线来配接柔性射频连接器。

（3）半刚性射频同轴电缆组件外导体处的焊点开裂问题。

半刚性射频同轴电缆组件在电子模块中与电缆座的连接情况如图 4-15 所示。

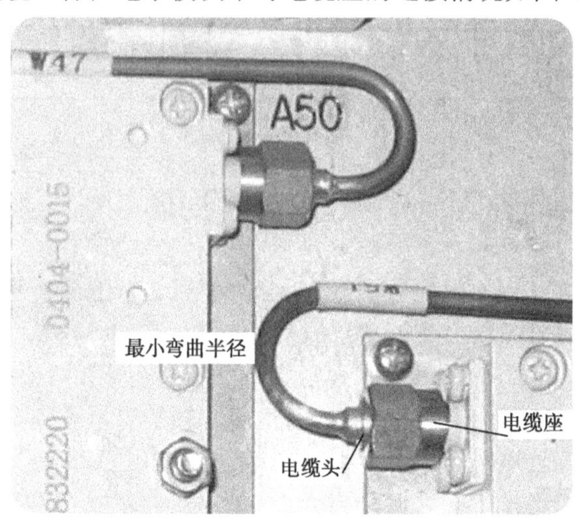

图 4-15　半刚性射频同轴电缆组件在电子模块中与电缆座的连接情况

在半刚性射频同轴电缆的插头与插座的连接问题上，一定要注意：安装距离如果不准确，哪怕稍有一点误差，都极易造成电缆外导体焊接处的开裂！

这个问题在整机、系统级联调中时有发生，还往往被认为是焊接问题。因为半刚性射频同轴电缆实际上是硬电缆，在“头”与“座”的连接上只要有一点误差，弯曲整形不是正好到位时（硬同轴电缆的内导体作插针与电缆座上的内导体小孔对接），可以人为地将硬同轴电缆拖曳一下来对准电缆座中的插孔，将“头”和“座”连接起来，然后再将高频电缆头的外螺套拧紧，这种操作只有当事人才知道，其他人根本看不出来。这种连接问题会随着电子设备工作时间的推移和在外力（振动所致）的作用下暴露出来，所显露的特征往往就是射频同轴电缆组件外导体处的焊点开裂，如图 4-16 中所示。

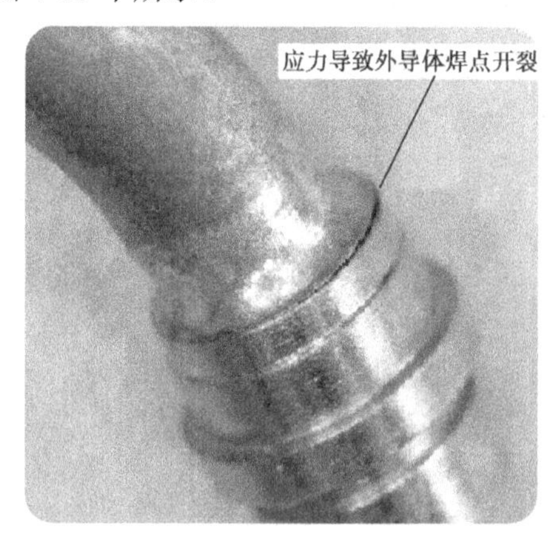

图 4-16　半刚性射频同轴电缆组件焊点开裂实物图*

如果射频同轴电缆装机时的整形不到位，在“头”与“座”的连接上一定会存在应力，这种应力其实是一种潜在的应力，即表面上是看不出来的。因此，对于这种故障人们往往容易将其认为是焊接问题，通过图 4-16 可以看到，这个焊点开裂的射频同轴电缆组件的焊接，应该说焊接润湿是非常好的，焊料量也把握得很到位，从焊点光泽度也可以看出焊接温度是正确的，可是为什么焊点会开裂呢？这就是前面谈到的装配、整形过程中的问题，即由于射频同轴电缆组件的内导体与电缆座孔芯没有对位，存在偏差、整形不到位所导致焊点开裂。

所以，在装配、焊接半刚性同轴电缆时必须要求插头与插座的完美连接，不允许一丝一毫的应力存在。如果整形不到位，虽然表面看上去电缆连接得不错（实际上安装距离不精确，是人为对准插接的），但随着时间的推移、外力的作用，这些半刚性同轴电缆的特性参数就会发生变化，在应力实在平衡不了的情况下焊点就会开裂，使得电子设备性能下降或直接产生故障无法工作。

为了防止焊点开裂，半刚性同轴电缆组件的插头与插座之间的连接路径、安装距离必须符合工艺要求，稍有一点不符合要求，都会使它们之间存在潜在应力，一旦外在条件成熟，应力就会发生，最终造成的后果就是焊点开裂。

在高频整机和微波单元电路模块中，半刚性射频同轴电缆就像普通机箱中的导线束一样，在整机中弯来弯去、忽高忽低地与各组件或微波器件上的高频电缆座孔芯连接，它们的这种连接和布局如图 4-17 所示。

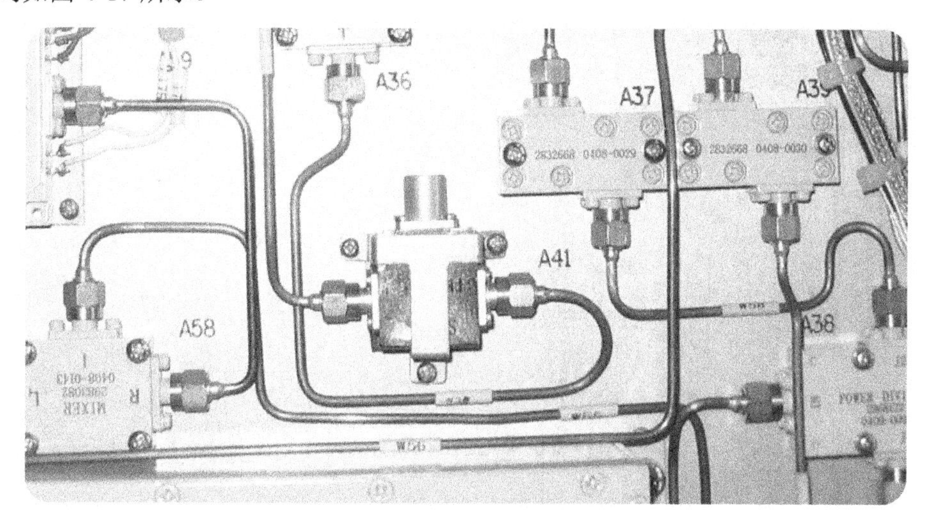

图 4-17　半刚性射频同轴电缆在整机/模块中的布线情形图

由于机壳的机械加工总是有精度误差的（正公差或负公差），因此安装在整机/模块中的各种电气组件、微波器件的位置精确度自然也会产生误差；另外，在每一个组件上高频电缆座（安装在图 4-17 中各器件的侧板上）的安装位置，同样也会产生机械加工误差（批次的不同多少也会存在一点误差），这样，组件上的电缆座孔位自然就会随着这些安装误差的累积而存在位移，因此，同样的产品、同样的组件上面的高频电缆座，其孔芯的相对尺寸必然会产生差异。如果将每一根半刚性射频同轴电缆 1∶1 地表示在图纸上，让操作者按图施工，然后再安装到机箱的高频电缆座上，那么按图施工的半刚性射频同轴电缆大多会发生上面所述的情形，导致“头”与“座”不能精确对位。这种预先制作的半刚性射频同轴电缆组件，最终会带来焊点开裂的危险。所以这种本应“按图施工”的操作，在半刚性射频同轴电缆的装焊中始终难以实行。

这就是为什么半刚性射频同轴电缆目前在很多电子公司、工厂和研究所，必须采取在机械加工完成后、装好电子组件和微波器件的机箱/模块中，用“配装”的电子装联方式进行操作的原因。即操作者一边量电缆的路径、高低尺寸，一边对电缆进行剪裁、弯曲的装配焊接操作方式。

如何改变半刚性射频同轴电缆组件的这种装配方式，使之满足质量和可靠性要求，还需要业界专家共同来探讨这个问题。

（4）射频同轴电缆组件路径设置问题。

射频同轴电缆组件随着整机/模块（含微波模块分机）工作频率的增高，使用越来越多、越来越广泛。在设置它们的路径时往往受到结构空间的限制，因此在操作上必须力争组件安装的占有空间最小，但是弯曲同轴电缆时又必须符合其最小弯曲半径要求。所以射频同轴电缆组件路径设置问题不仅是电子装联工艺的事情，也是电路设计、结构设计的事情。

组件装配好后一般都需要与电子设备中的高频电缆座进行插接，在插接安装时，它们的路径如何，关系到一个射频同轴电缆组件的参数稳定、工作寿命问题。因此，半刚性射频同轴电缆组件安装空间的结构设计、走线合理与否也是影响装配至关重要的因素。

在设置射频同轴电缆组件的路径时，必须首先满足 4.6.6 节中各表所列出的各射频同轴电缆型号的最小弯曲半径，其次要考虑尽量走捷径、短布线。

为了避免上面所述的半刚性射频同轴电缆外导体的焊点产生开裂故障，除目前采取的“配装”方式外，还应该对这种电缆在机箱/模块中的安装距离、路径、插座端面距机箱/模块壁的距离进行工艺规定。

插座端面距机箱/模块壁的距离，如图 4-18 中“L”所示。

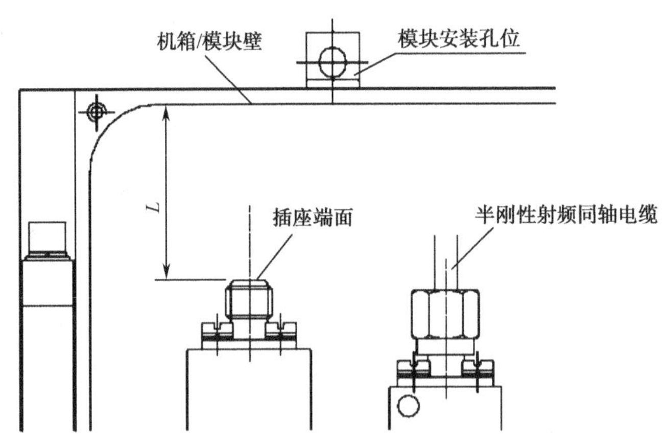

图 4-18　半刚性射频同轴电缆组件安装空间结构示意图

插座端面距机箱/模块壁的距离“L”规定为：

L=射频连接器插头尺寸+射频同轴电缆最小弯曲尺寸

一旦整机/模块中的电子部件结构布局确定，半刚性射频同轴电缆组件的最优路径就可以确定了。这种确定最好能以工艺文件的形式加以明确，组装出来的整机/模块才能不以操作者的不同而不同。

在拟定半刚性射频同轴电缆组件、柔性射频同轴电缆组件路径的工艺文件时，应满足和考虑以下要求（注意，由于是配装，这些工艺要求只能是原则要求、关键部位把关，但是不能没有工艺要求）：

① 刚性、柔性电缆组件其插头端引出到需弯曲的最小距离，应为射频连接器的长度尺寸再加上所配电缆的最小弯曲半径值；

② 柔性电缆组件路径设置时应避开有尖锐棱角的地方，并尽量远离发热器件和机箱/模块中的高温区；

③ 安装中的所有刚性、柔性电缆组件其弯曲半径必须大于等于组件所配的电缆最小弯曲半径要求值；

④ 尽量减少和避免半刚性射频同轴电缆组件路径中的相互跨越而带来的多次弯曲；

⑤ 无论刚性、柔性电缆组件其插头端面距机壳的最小安装距离，必须保证并满足如图 4-18 所示的“L”值；

⑥ 合理制备半刚性射频同轴电缆整形所需的工具及工装，不允许徒手对半刚性射频同轴电缆直接进行弯曲。

表 4-30 是常用的几种半刚性射频同轴电缆组件最小安装距离要求，供读者参考。还有很多型号的组件没有列出，读者可以根据以上工艺要求，自行计算。

表 4-30　常用半刚性射频同轴电缆组件最小安装距离

电缆线型号	连接器型号		
	SMA	N（SC）、L	ATNC
	长度		
SFT-50-2/RG405	14mm	—	—
SFT-50-3/RG402	18mm	26mm	26mm
35000	26mm	37mm	37mm
36000	—	50mm	50mm
37000	—	80mm	—

注：表中的“长度”即最小安装距离。

在半刚性射频同轴电缆的实际装机中，常常会遇到由于设计、结构的可制造性问题，使得这些电缆的安装距离不能满足工艺要求，但是操作者又不了解这些安装距离的要求，常常会自行进行强行弯曲，导致不满足工艺要求的问题发生。因此，在半刚性射频同轴电缆组件的装配操作中，一定要制订较为详细的、可操作的、满足质量要求的工艺规范或工艺细则。

另外，对于一些不可制造性问题，即使某一批次产品检验合格，但一定要请设计师到现场，并告诉他们下批次应如何处理（如调整模块的摆放位置、转动高频电缆座的方向以适应与电缆组件的方便对接等）。

（5）装配前射频同轴电缆的处理问题。

为了保证半刚性射频同轴电缆装配后其电参数不发生变化，常常需要在整形、焊接前进行预处理，如果不处理拿来就整形焊接，往往在焊接后的一段时间（也许几天），半刚性射频同轴电缆的参数会发生变化。最为明显的变化是介质层会产生“缩头”现象。这种“缩头”的现象如图 4-19 所示。

图 4-19（a）为正常的介质状况，图 4-19（b）为介质“缩头”现象，见图中箭头所示部分。

（a）装配后正常的介质状况

（b）介质发生了“缩头”现象

图 4-19　半刚性射频同轴电缆装配后的实物图*

在美国国家航空航天局标准 NASA-STD8739.4 中对半刚性射频同轴电缆的预处理工艺也提出了相关要求，即“在半刚性同轴电缆准备应用在高频连接中时，应通过热循环进行预处理。对于线路较长的柔性同轴电缆也可采用这种方法”（此标准是 2008 年 7 月 25 日颁布的第四次修改版）。

对半刚性射频同轴电缆在具体装配前的预处理工艺，各电子公司、研究所具体工艺过程均存在一定差异。下面介绍这种预处理工艺方法，供读者参考。

装焊前应按下述过程对半刚性射频同轴电缆进行去应力处理：

① 将电缆两个端头的外导体剥出 5mm 左右，放入温度存储箱；

② 将温度存储箱的温度从室温 25℃升至 100℃（如果是 7-1114 或 35000 型号的同轴电缆，应为 125℃），升温时间为 1h，保温 1.5h；

③ 将温度存储箱的温度从 100℃降至 25℃，降温时间为 1h，然后保温 1.5h；

④ 将温度存储箱的温度从 25℃降至−30℃，降温时间为 1h，然后保温 1.5h；

⑤ 将温度存储箱的温度从−30℃升至 25℃，升温时间为 1h，然后保温 1.5h；

⑥ 检查电缆两端头，将露出的介质切割掉。

对以上工艺操作方法，按①～⑥，重复做三个循环。

对做完三个循环的射频同轴电缆，还应将其在 60℃温度存储箱内保温 4h。从温度存储箱中取出后在室温中放置 24h 后才能使用。

这里需要说明的是，上面这种工艺方法是参照欧洲某企业的《半刚性电缆热稳定试验规范》标准进行的。读者可以根据这个标准，在工艺实践中按照自己的产品需求情况进行调整或修改。

另外，该标准规定了铜外导体的上限温度为 100℃，铜镀锡外导体温度上限为 125℃。在制定试验方案时应注意限制温度，以免损坏同轴电缆导线。

（6）关于影响半刚性射频同轴电缆组件的相位问题。

在前面我们提到射频同轴电缆组件由于相位参数要求，使得在装焊时工作效率、一次性合格率极低的问题。下面介绍在电子装联中影响射频同轴电缆组件稳相的因素及需要考虑的方面。

在射频同轴电缆与射频连接器的配用关系表中，读者已看到，在“备注”栏中有的注明该电缆是“稳相”，这就是说，对相位稳定有要求时，应选用这种同轴电缆。一般来说，具有稳相特性的同轴电缆，其结构与常规实心介质层的电缆（如 SYV-50 型、SFF-50 型、SFT-50 型）是不一样的，往往它们的介质层是绕包或发泡结构形式的。这种具有绕包或发泡结构形式的介质层，使得同轴电缆的电介质参数在高、低温变化的工作环境下，能保持电参数的稳定。

在业内对有相位要求的射频同轴电缆组件的装配，往往需要反反复复地试装几次，才能满足设计在相位上的要求。因此，一般在操作上将同轴电缆特意地比要求长度剪裁得稍长一些，然后一点一点地进行修剪、装配、焊接、测试，最终使其参数符合要求。这就是效率极其低下和一次性合格率极低的原因。

下面举一个例子来说明关于射频同轴电缆有相位要求时，工艺上的一些做法，供读者参考。

举例：两根 CXN3507 射频同轴电缆组件，需要工作在 2～18GHz，相位一致性要求偏差不超过 5°，使用矢量网络分析仪测试基准电缆 W1 相位为 0°，另一根电缆 W2 相位为-23°。请问 W2 如何与 W1 保持相位一致？

可以通过以下操作来使两根射频同轴电缆的相位满足设计要求。

CXN3507 电缆在 18GHz 时 1mm 物理长度对应的电长度为 25.2°（该值为经验数据，不同型号的电缆在各频点对应的电长度均不相同，即使是同一公司、同一型号的电缆的不同批次产品在相同频点上对应的电长度也会有细微差异，需要长期经验的积累和总结）。

将电缆 W2 的电长度由-23°调整到-5°即可满足设计要求，因此电缆 W2 需要切割的物理长度为 L（mm）=需要调整的相位差/1mm 物理长度对应的电长度，即 L=-23°-（-5°）/25.2°=-0.71mm。修配电缆 W2 时切忌直接修剪 0.71mm 物理长度，建议先修剪 0.4～0.5mm 后对电缆相位进行测试，根据测试结果对电缆再次进行修配直至满足设计要求（-5°～+5°）。这样分次修配电缆可有效地避免电缆报废，因为电缆介质的不均匀性会改变电缆物理长度与电长度的对应关系，这种不均匀性带来的后果有时是严重的，直接修配 0.71mm 后电缆相位有可能会变为+6°，该电缆组件可能会报废。

相位一致性电缆组件装配工艺流程如图 4-20 所示。

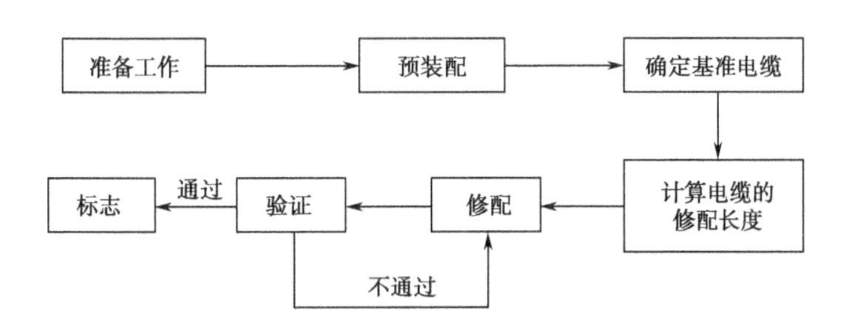

图 4-20　相位一致性电缆组件装配工艺流程

这个流程供读者参考，产品要求不一样、射频同轴电缆型号不一样，也许流程就有所变化。总之，根据实际需要来进行制订。

4.7 舰船用特种电缆

4.7.1 特种电缆简介

由于海洋性气候的特殊情况，一般电子产品用导线或电缆不一定能符合海洋气候的特殊性，盐雾和潮湿是海洋性气候的主要特点。盐雾加上潮湿，就很容易长霉菌，因此，对需要工作在海洋性气候状态下的电子设备中所用材料，必须应有“三防”技术要求（防盐雾、防潮湿、防霉菌）。特种电缆就是根据“三防”要求而生产的电缆。

舰船用特种电缆有特种控制电缆、特种电源电缆、特种通信电缆等，这里介绍的产品都是贯彻国家军用舰船标准再参照美国有关 MIL 军用标准进行生产的，具有很好的质量和可靠性。

特种控制电缆适用于舰船上的电力、照明、控制系统及仪器仪表的控制线路；特种电源电缆适用于舰船上的动力、控制系统的能量传输；特种通信电缆适用于舰船上的计算机局域网（LAN）、综合数字网（ISDN）和数字通信系统等场合。

这些特种控制电缆和特种电源电缆都采用氟材料绝缘作护套，因为氟材料具有优异的电气绝缘性能和足够好的耐高低温性能，它们可在-65～+250℃环境下长期使用，且具有很高的耐热冲击韧性、耐潮湿、耐高低温卷绕及高阻燃性。另外，还具有抗开裂性能，化学性能稳定，具有耐酸、碱、油及其他溶剂侵蚀和优异的热老化性能，能防盐雾、防湿热和防霉菌，适用于舰船、河海船舶及海上石油平台等水上极为苛刻环境下的系统线路使用。特种通信电缆采用聚烯烃材料绝缘作护套和多叠屏蔽结构，除具有低烟无卤和阻燃的特性外，还具有通信电缆优异的特性，即分布电容小、特性阻抗稳定（100±15Ω）、衰减小、近端串音小、回波损耗大及耐低温弯曲等性能，达到超 5 类电缆性能。

这些特种电缆的绝缘电阻在温度为 20℃时，控制电缆不小于 10^3MΩ/km，电源电缆不小于 10^2MΩ/km，通信电缆不小于 10^3MΩ/km。

这些舰船用电缆的使用条件如下。

① 工作温度：控制电缆和电源电缆是-65～+200℃或-65～+250℃两种。

② 额定电压：控制电缆为 450V/750V 及以下（交流）；电源电缆为 0.6V/1kV 及以下（交流）。

③ 最小弯曲半径：控制电缆及通信电缆是不小于成品电缆外径的 8 倍；电源电缆是不小于成品电缆外径的 12 倍。

4.7.2 特种电缆型号选用

适宜于舰船用的电缆型号有很多，其基本结构形式大同小异，这里以全信公司生产的电缆型号来说明特种电缆的结构形式。

例如，型号为 $JKTFH_3$/QX、$JKTFH_9$/QX、$JKTFH_3R$/QX、$JKTFH_9R$/QX 系列的特种电缆其结构形式如图 4-21 所示。

JTFH$_3$/QX、JTFH$_9$/QX、JTFH$_3$R/QX、JTFH$_9$R/QX 系列的特种电缆其结构形式如图 4-22 所示。

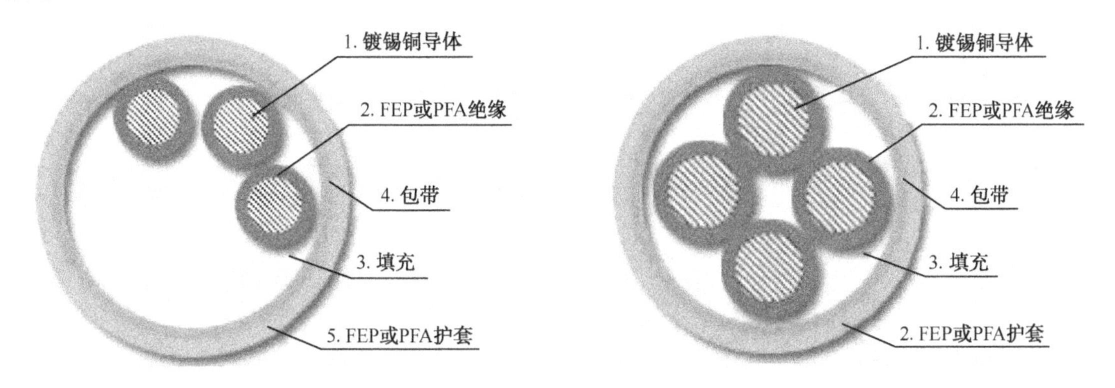

图 4-21　特种电缆结构形式 1　　图 4-22　特种电缆结构形式 2

JTF2H$_3$-8/QX、JTF2H$_9$-8/QX、JTF2H$_3$-8R/QX、JTF2H$_9$-8R/QX 系列的特种电缆其结构形式如图 4-23 所示。

JHQYJPA86/SC 系列特种电缆的结构形式如图 4-24 所示。

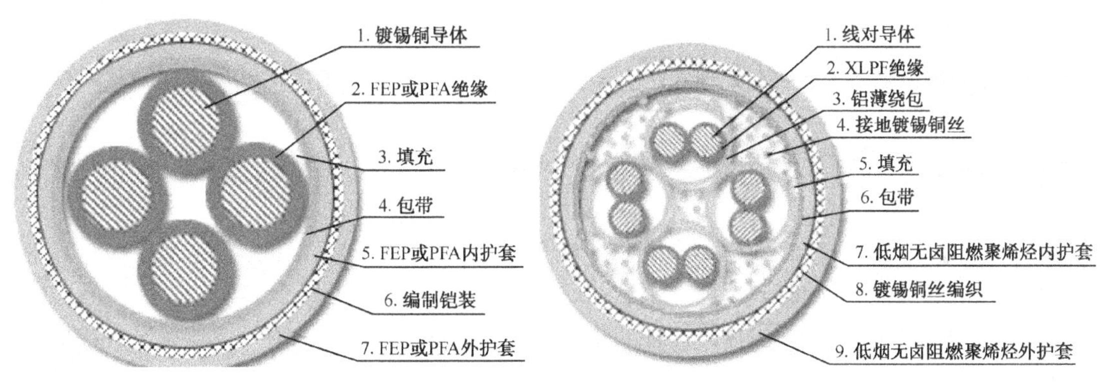

图 4-23　特种电缆结构形式 3　　图 4-24　特种电缆结构形式 4

具有“三防”特性的电缆型号还有很多，以上四种只是代表性的例，读者可根据电子产品的实际情况，与供应商讨论满足产品指标的详细要求。

Chapter 5

第5章 电子装联用绝缘材料

电子装联技术中使用绝缘材料的地方很多，那么什么是绝缘材料呢？对具有高电阻率，能够隔离相邻导体或防止导体间发生接触的材料可称为绝缘材料。绝缘材料应具有较高的绝缘电阻和耐压强度，还应具有较好的耐热性、耐潮湿性和较高的机械强度以及加工、操作方便等特点。

5.1 绝缘材料的分类

常用绝缘材料按其化学性质的不同可分为：有机绝缘材料、无机绝缘材料、混合绝缘材料三种。

有机绝缘材料有：树脂、虫胶、橡胶、棉纱、纸、麻、蚕丝、人造丝等。

无机绝缘材料有：云母、石棉、大理石、陶瓷、玻璃、硫黄等。

混合绝缘材料是由以上两种材料经加工后制成的各种成形绝缘材料，比如用作各种电器的绝缘底座、外壳等。

有机绝缘材料的特点是密度小、柔软、易加工，但耐热性不高，化学稳定性差，容易老化。而无机材料则恰恰相反。

5.2 常用绝缘材料

绝缘材料在电子装联技术中有着广泛的应用，随着材料科学的飞速发展，相信以后还会有更多、更好的绝缘材料应用于电子工业中。

5.2.1 绝缘材料的应用

绝缘材料在电子装联技术中的主要应用表现在以下四个方面。

（1）介质材料：常用作电容器中的介质、射频电缆导线中的介质，它们都要求其介电常数大、介质损耗小。

（2）装置和结构材料：要求其具有高的机械强度，对高频应用的材料（如同轴电缆）还要求介质损耗和介电常数小，以减少损耗和分布电容。主要用作开关、接线柱、线圈骨架、导线束固定装置、印制电路板及一些机械结构件，如框架、齿轮等。

（3）浸渍、灌封材料：要求有良好的电性能以及黏度小、化学稳定性高、吸水性小、阻燃性好、无毒等。主要用作变压器、线圈、高压电路整体灌封等。

（4）涂覆材料：要求有良好的附着性，比如元器件、零部件的加固，有“三防”要求的电子产品，机箱/机壳的外表面涂覆等。

5.2.2 绝缘材料正确选用指南

对绝缘材料的使用应根据产品的电气性能以及工作条件和环境条件的要求，正确合理地选用。表 5-1 给出了目前电子装联中一些常用到的绝缘材料，供读者在选用时参考。

表 5-1 常用电子装联绝缘材料汇表

名　称	型　号	特性与用途
黑（白）色塑料网套	EBS ϕ10（mm）、ϕ15（mm）、ϕ30（mm）等	穿套导线束、保护线束；可用于线束需来回折弯的地方和部位
导热硅脂	DRZ-1	用于需散热的器件，在底部涂抹
双面绝缘胶带	T404	高压元器件、零部件的粘贴；高压单元电路中敷设底板、侧板之用
各种灌注、胶黏材料	E-51 环氧树脂、GD-401 单组分室温硫化硅橡胶、GN-521 中温硫化硅凝胶、R-622 硅橡胶、S101 硅橡胶、RT3145 弹性硅橡胶、AV138 双组分胶等	高压模块电路、电连接器插头/座防潮灌注； 单元电路模块中零部件、元器件、细线束等的加固减振
常用热缩管	ATUM-3/4-0-4FT（进口） DW3-1/2 等（国产替代型号）	各种焊接端子的绝缘保护；高、低频电缆的头部保护；电缆线束的保护套等
内壁带胶热缩管	ATUM-9/3-0-STK（进口）等 内径：8～30mm	高频电缆头与配用线缆处的热缩和密封，对电缆头常需取卸和室外工作时作保护用
热缩管	DR-25	各种焊接端子的绝缘保护；高、低频电缆的头部保护；可对整根多芯电缆进行穿套等
屏蔽热缩套管		热缩套管内带一层金属织布套，防止电磁干扰
热缩标记管	TMS-SCE–3/4-4-2.0（进口） KSO——国产替代型号	3/4 表示收缩前直径为 3/4in，4 表示颜色为黄色，2.0 表示标准包装为 2in 长 1 个； KSO：黄色 125℃、600V，包装为长卷型； 规格：1/2in，1/4in，3/4in，3/8in，1/8in
热缩标记保护管	RT-375-3/4-X-SP（进口） （国产替代型号是：KT）	3/4 表示收缩前直径为 3/4in，X 表示颜色为透明，SP 表示标准包装为 2in 长 1 个

续表

名　称	型　号	特性与用途
白 PVC 套管	φ2～φ30（mm）	穿套导线束、加套焊接端子、印标记号、包裹需绝缘的器件或电子装联部位的绝缘等
聚四氟乙烯套管 聚四氟乙烯薄膜	φ1～φ10（mm） 各种尺寸	各种焊接端子的绝缘保护、需绝缘裸线的加套保护；细线束的缠绕保护、各种电子装联绝缘保护等
聚乙烯氯磺化套管	φ4～φ50（mm）	多芯电缆穿套线束、导线标志、线束绝缘等
防雨胶布套管	φ6～φ50（mm）等	作为多芯电缆线束的外护套
塑料螺旋套管	各种带宽尺寸	线束的收拢归整，特别应用于活动部位的线束

注：1in（英寸）=2.54mm。

在电子工业上绝缘材料的品种还有很多，表 5-1 中只是罗列了电子装联上最常用、最普通的绝缘材料，需要说明的是，表中绝缘材料的名称后面所列举的型号规格只是一个代表，该名称下面还有未列出的许多型号，在此不再一一列出。

5.3 常用绝缘材料的使用图解

下面用图片形式给出表 5-1 中一些绝缘材料在电子装联中的几种最常用的使用情况，通过这些绝缘材料的使用图解，读者可从中获得这些绝缘材料在实际电子装联中的一些使用方法，读者也可根据这些图解所示绝缘材料的使用情况，针对所装配的产品需求，进行有针对性地选用。

5.3.1 PVC 聚氯乙烯绝缘材料的应用

白色的 PVC 绝缘套管常常应用于整机装配中各电子器件的引出端子绝缘及线号标志，以及整机、电缆中导线束的保护等。这里提醒大家：如果作为多芯电缆线束的外护套，PVC 绝缘套管由于没有收缩性，不易穿套长于 1m 的多芯电缆，并且这种材料在寒冷的季节会变硬，对多芯电缆的弯曲不利，长期使用、较长的多芯电缆不应选用这种套管作为线束外护套。

图 5-1（a）图是 PVC 绝缘材料作为整机中导线线号标志应用的实物图；图 5-1（b）图是 PVC 绝缘套管作为多芯电缆外护套时的示意图。

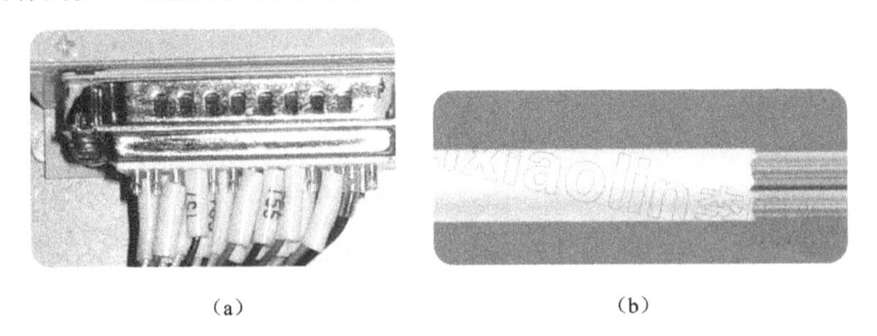

（a）　　（b）

图 5-1　白色 PVC 绝缘套管应用实例

5.3.2 聚乙烯氯磺化套管的应用

聚乙烯氯磺化套管是一种橡胶制品，质地较柔软，其型号从细到粗都有，图 5-2 是聚乙烯氯磺化套管穿套的多芯电缆线束实物图，图中套在单根导线上作为标志的套管也是聚乙烯氯磺化套管。这种材料有很好的“三防”性能，并且长期暴露在沙漠高温环境下不会产生质变或因寒冷而变硬，用标记笔书写在其上的标志也不褪色。

这种绝缘材料广泛用于整机装配、电缆端头的标记套管、单根导线的绝缘和标志、导电端子的绝缘套管、整根多芯电缆穿套保护、电连接器后附件尾件的衬垫等，是电子装联值得推荐使用的一种绝缘材料。

聚乙烯氯磺化套管作为多芯电缆标志使用的情形如图 5-2 和图 5-3 所示。

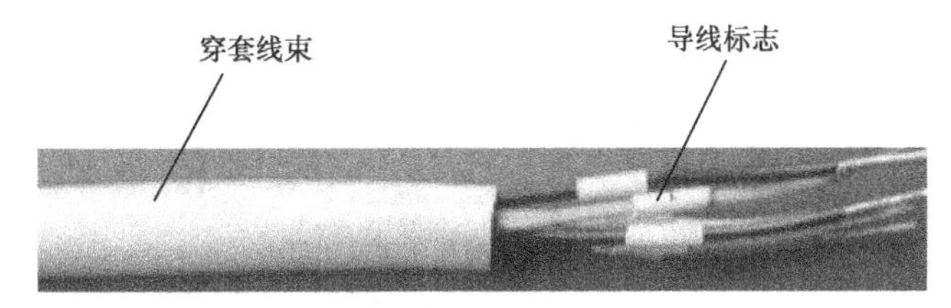

图 5-2　聚乙烯氯磺化套管应用实物图*

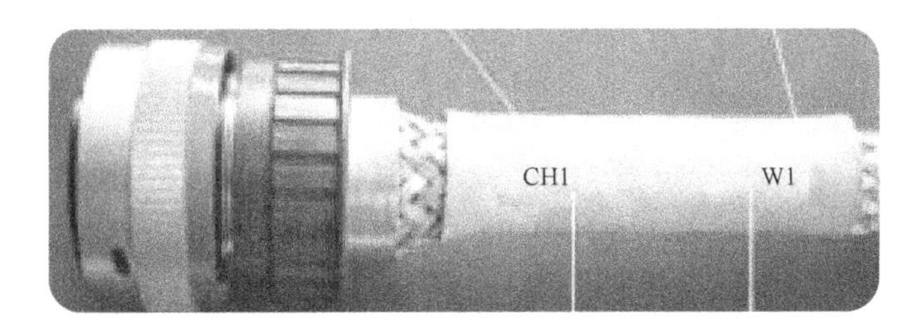

图 5-3　聚乙烯氯磺化套管的标志应用实物图*

5.3.3 防雨布绝缘材料的应用

防雨布绝缘材料在电子装联中一般是作为套管使用的，它是在一种称为“帆布”的材料外面涂覆了一层胶状物，然后制成的管状物品。由于类似布状材料，所以防雨布绝缘材料具有一定的柔软性，穿套线束时也有一些伸缩性，但它不能防霉菌，并且防盐雾的性能也不是太好，如果电子设备有“三防”性能要求时，最好不要选用这种套管，一般的电子设备可以使用。

防雨布套管多使用在多芯电缆的线束保护方面，其实物图如图 5-4 所示。

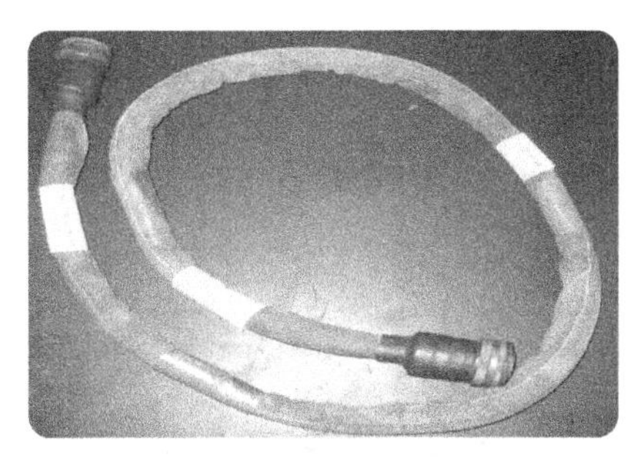

图 5-4　防雨布绝缘材料作为多芯电缆的外护套图

5.3.4 尼龙绝缘材料的应用

电子装联中常用的尼龙绝缘材料一般是以编织网套形式使用的，其型号有 PSP 或 PSVO，它们是由聚酯纤维材料编织而成的网套，具有较好的伸缩性，对线束的穿套比较容易。另外，还可以根据需要选取具有防静电功能的材料制成的尼龙编织网套。一些进口的仪器中多带有这种套管做的测试电缆。

尼龙编织网套是作为多芯电缆线束保护套管的常用材料之一，它不耐高温，在使用这种材料时要注意防拉挂。如果电缆线束需在尼龙网套上再加套热缩套管（实际中有这种做法），在对热缩套管加热时，一定要注意尼龙网套材料的温度承受要求。所以应根据加工情况采取保护措施，避免损坏网套。图 5-5 是用尼龙编织网套作外护套的多芯电缆。

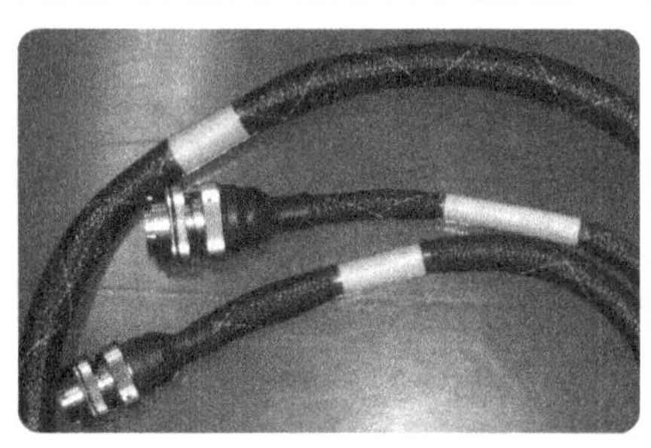

图 5-5　外护套采用尼龙网套的多芯电缆

5.3.5 热缩绝缘材料

热缩绝缘材料是今天电子装联中使用最广泛、最不能缺少的一种绝缘材料。这种绝缘材料的制品有很多型号，在本章 5.4 节中有专门介绍，这里作为套管的使用简单加以介绍。

热缩绝缘套管有不同的热缩比，收缩后有不同的软硬度之分。首先，选用时工艺上需要考虑热缩套管收缩后的硬度问题及其对电子产品使用的影响问题；其次，应根据电子产品的使用环境要求选取不同材料制成的热缩套管并注意它们不同的收缩温度；最后，在使用热缩套管时，应有配套的相应工具，并制订相应的加工工艺进行规范的操作。

在多芯电缆的制作中，热缩套管有广泛的应用。例如，电缆线束在需要分叉的部位的保护、需防水的露天电缆、电连接器尾部与线束的固定、电连接器焊接端子的绝缘和保护、作为整根电缆外护套的应用等，这些应用如图 5-6～图 5-9 所示。

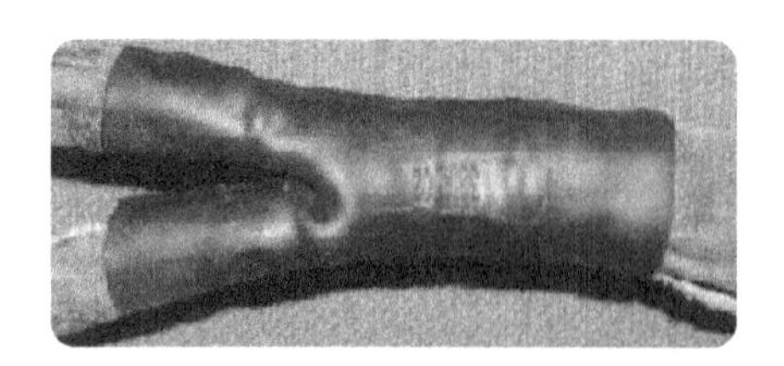

图 5-6　热缩套管在电缆分叉处的使用*

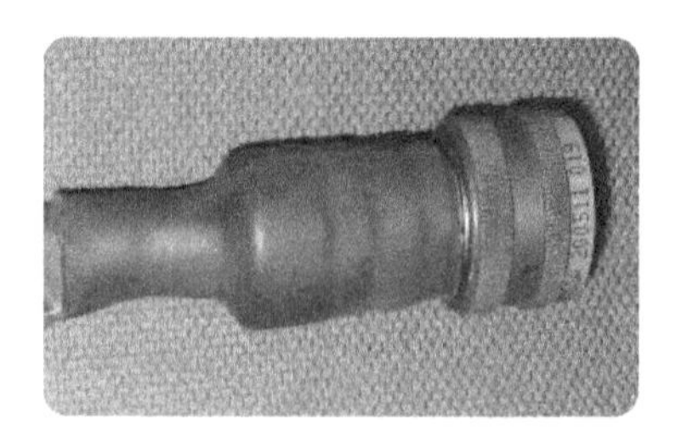

图 5-7　电连接器尾部与线束的固定*

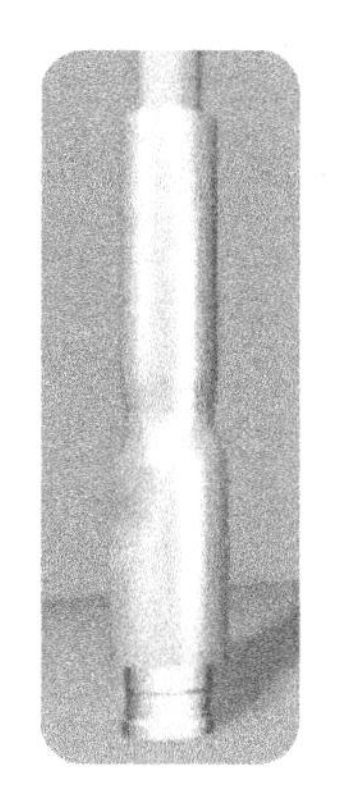

图 5-8　电连接器焊接端子的绝缘和保护*

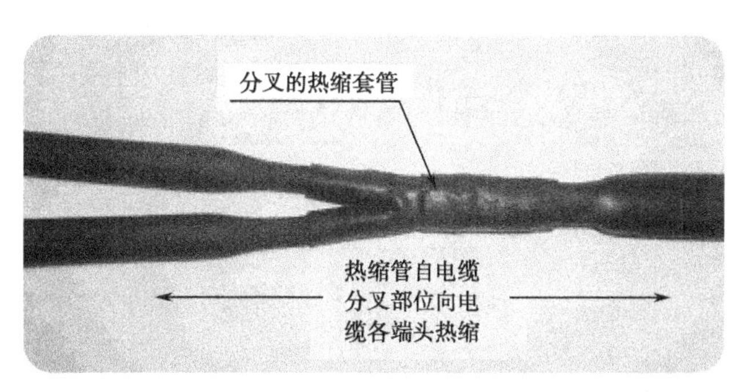

图 5-9　热缩套管作为整根电缆外护套的使用*

5.3.6　塑料螺旋套管的应用

塑料螺旋套管在电子装联领域的主要应用是对导线束的缠绕、收拢归整，如图 5-10 所示。这种活动的套管可以随意在任何具有线束的机箱、机柜或有布线的地方进行布设。可以将螺旋套管的间距拉开，也可以将螺旋扎带对碰在一起形成典型的管状，如图 5-10 所示的两种情形。这种活动的套管特别适合布设在活动部位的线束上（方便线束来回弯曲不受阻），比如，电子机箱面板、侧板上器件与底座间需要连线，而且这个面板或侧板需要打开、合拢；电子机柜中需要翻开的柜顶（上面布设各种电连接器插座）、需要来回开关的前门、后门上零部件与柜内电子器件的连接布线等。

螺旋套管的带宽尺寸有多种，以适应不同粗细的导线束。一般来说，带宽尺寸大的套管，组合后的套管内径大；带宽尺寸小的，组合后的套管内径就小。

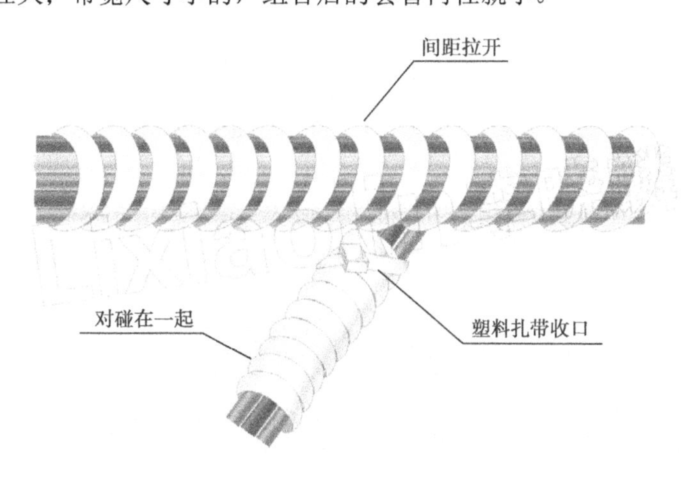

图 5-10　塑料螺旋套管的应用*

5.3.7　各种塑料薄膜绝缘材料的应用

塑料薄膜在电子装联中的应用也是非常多的，常用的塑料薄膜有好几种，比如，聚四氟乙烯薄膜（这种材料可以耐高温）、普通塑料胶带、PVC 薄膜等。

由于塑料薄膜制造材料的添加成分不一样，使得这些薄膜的使用温度、耐环境条件不一样。因此，设计人员、工艺人员在选购使用这些材料时应对供应商进行了解，把握基本参数后再应用在电子产品上。塑料薄膜绝缘材料的应用情形如图 5-11 和图 5-12 所示。

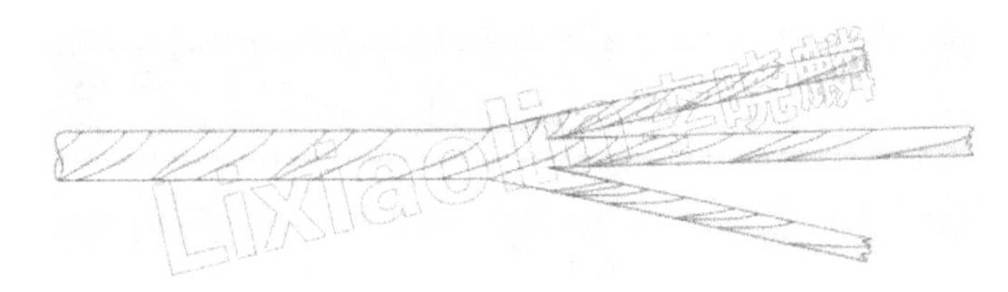

图 5-11　塑料薄膜对导线束的缠绕应用示意图*

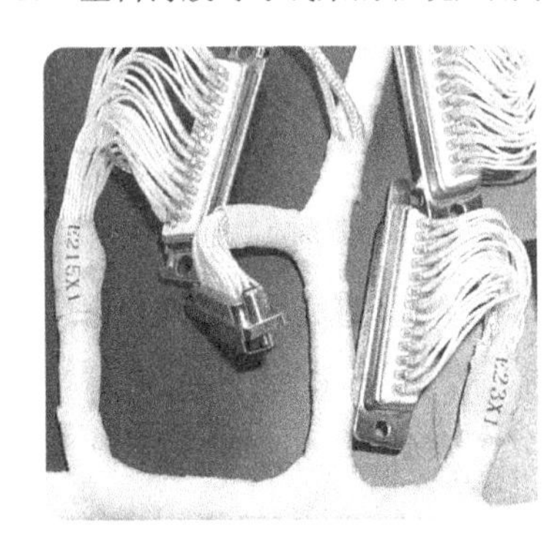

图 5-12　聚四氟乙烯薄膜缠绕线束实物图*

5.3.8　塑料绑扎扣/带的应用

塑料绑扎扣/带主要用于电子产品中导线束的扎制、捆绑。在使用绑扎扣时，注意不要将扎线扣拉得很紧，使线束下陷；扎线扣的扣头不能留得太长。关于这种材料的正确使用和要求，在《多芯电缆装焊工艺与技术》中有很详细的介绍，这里只是简单加以介绍。

使用塑料绑扎扣/带时，一般要求扎线扣或扎线带不会移动；捆扎的线束不扭曲；扎线扣尾端切割后长度不大于 1mm，切割面要求平整，不能斜剪切，即一边高一边低，正确的使用方法如图 5-13 所示。

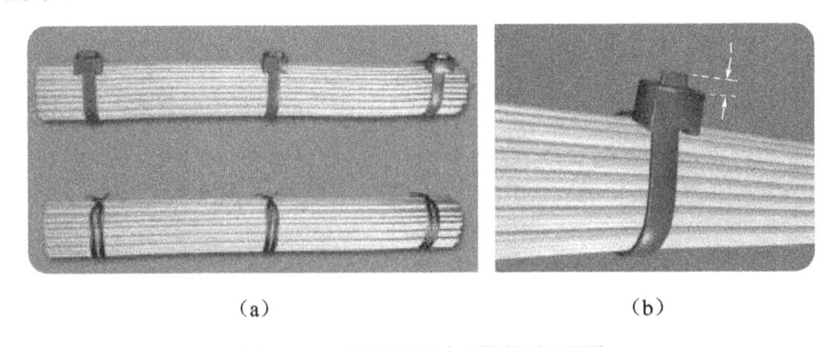

（a）　　（b）

图 5-13　塑料绑扎扣/带的应用图

在用这些塑料绑扎扣/带材料捆绑导线束时，不能因线扣或线带导致导线束存在明显的凹陷，这种凹陷如图 5-14 所示。

图 5-14　塑料绑扎扣/带导致线束凹陷示意图

5.3.9　绝缘胶的应用

绝缘胶在电子装联中的应用非常广泛，其型号有很多，在使用时一定要根据电子产品的工作环境和条件进行选取。特别地，在用胶固定元器件时，应是在不得已的情况下使用这种化学物品。因为无论什么胶随着时间的流逝，总会发生变化，并且胶对使用环境也是有要求的。因此，如果能采用物理方法进行电子产品零部件的固定，尽量采用物理方法。

图 5-15～图 5-19 为胶黏材料在电子装联中的应用情况。

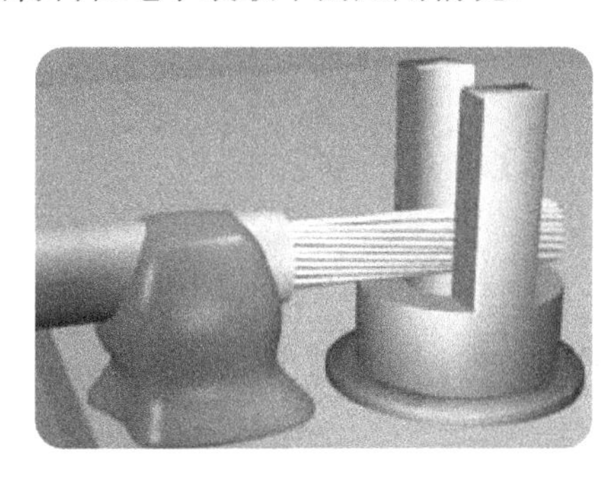

图 5-15　在 PCB 上对双分叉端子焊接导线的固定*

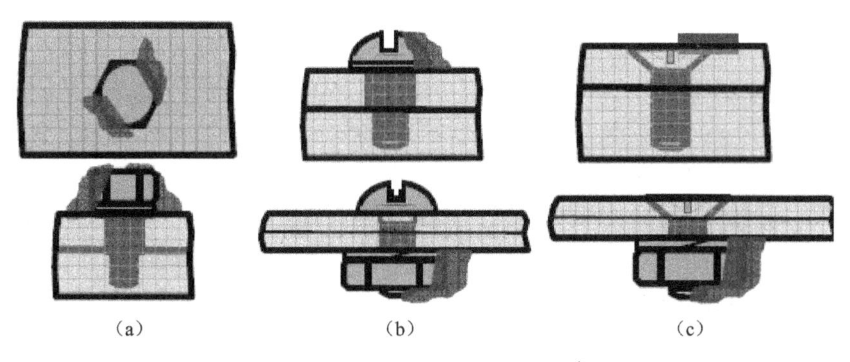

（a）　（b）　（c）

图 5-16　用胶固定各种紧固件*

（a）

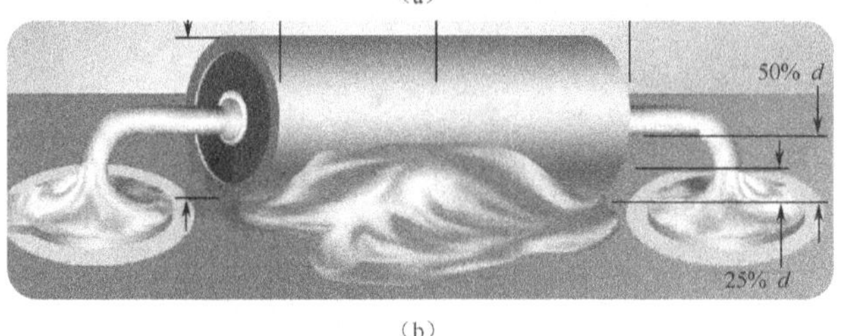

（b）

图 5-17　PCB 上元器件的防振与减振*

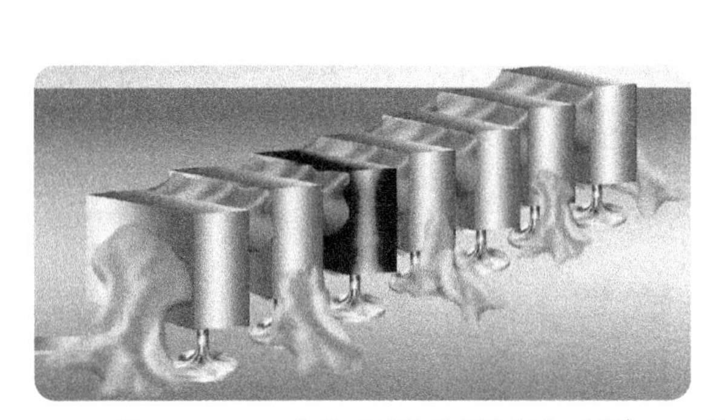

图 5-18　PCB 上排列元器件的防振与减振*

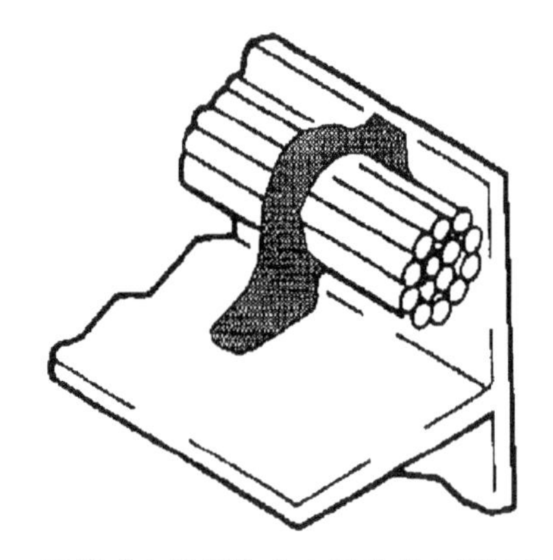

图 5-19　机箱或电路模块中少量线束在侧板上的固定

5.4　热缩材料及选用指南

5.4.1　热缩材料基本概述

热缩材料是一种当被加热到变形温度时，会恢复到原来尺寸和形状的记忆材料；制成热缩套管的材料在过热时是不会熔化和流动的；热缩材料做成的套管在长度方向上变化较少，但具有很大的扩张率。

在电子装联技术中，这种热缩材料被广泛地使用，绝大部分是作为管材使用。比如整机、模块单元中各种焊接端子的绝缘/机械保护、高/低频电缆的端头加固/外护套、电连接器线束的穿套、导线/零部件的标志、标志的保护等。可以说，电子设备中热缩套管的使用随处可见。

面对电子产品中如此广泛使用的热缩材料，怎样才能分门别类、恰到好处地使用各种不同型号的热缩材料呢？设计、工艺人员面对产品的需求应有不一样的选择，这样才能将热缩材料合理地用到应该使用的地方，只有这样才能达到电子产品选用热缩材料的目的。

如何做到热缩套管的选用正确、心中有数呢？这就需要了解一些关于热缩材料的知识。

5.4.2　热缩材料的主要应用

在电子装联中热缩材料的应用主要体现在以下一些方面：

- 各种焊接端子的绝缘保护；
- 接触件和线缆之间的密封、绝缘和应力消除；
- 线缆中电子元器件的密封、绝缘保护；
- 电缆和接插件之间的密封、应力消除；
- 电缆线束的机械耐磨、耐油、密封、防盐雾保护；
- 电缆标记的机械、防水、密封保护。

5.4.3　热缩套管的分类

热缩套管分为以下几种。

① 薄壁热缩套管。

在薄壁热缩套管中有单层热缩套管和双层热缩套管之分。

单层热缩套管有：聚烯烃柔软型和聚烯烃半硬型。它们使用的材料常有：氟聚合物（柔软和半硬）；弹性物（柔软和弹性）；低卤素或无卤聚合物。

双层热缩套管有：内封/可熔化内壁；密封/涂胶内壁（柔软和半硬）。

② 中厚壁热缩套管。

③ 厚壁热缩套管。

④ 波纹热缩套管。

⑤ 端帽用热缩套管。

5.4.4　热缩套管的包装及颜色识别

（1）热缩套管的包装形式。

热缩套管根据其应用、产品尺寸的不同，其包装形式是不一样的。下面举例说明它们的包装形式。

例如，NT-FR-1/2-0-SP，这种产品的包装形式表示如下：

SP——表示热缩管成连续卷轴状包装；

FSP——表示热缩管成连续压扁卷轴状包装；

STK——表示 4 英尺单根包装。

热缩套管的尺寸标注一般是以热缩套管在收缩前的内径尺寸进行标注的。

（2）热缩套管的颜色识别。

热缩套管的颜色常常以编码的形式来进行标志，它们的标志颜色如下：

0—黑色；1—棕色；2—红色；2L—粉色；3—橘黄色；4—黄色；45—黄/绿色；5—绿色；6—蓝色；7—紫色；8—灰色；9—白色；X（CL）—透明无色。

5.4.5 常用热缩管的应用和选型

根据目前电子装联中常用的热缩套管，本节进行了以下一些分类。

（1）用于各种接触件/接触耦合线缆之间的密封、绝缘和应力消除方面的热缩套管常用的型号规格有：Versafit、MIL-LT、RNF-100、 RNF-3000、ES-1000。它们的使用情形如图 5-20 所示。

图 5-20　密封、绝缘和应力消除方面的应用*

① Versafit 型热缩套管。

Versafit 型热缩套管的性能及参数如下。

▲ 温度范围。

开始收缩温度：70℃；

完全收缩温度：90℃；

连续工作温度：-55～125℃。

▲ 制造标准。

类型：Versafit；

瑞侃标准：RT-1136 Issue 8；

UL：E35586 VW-1；

CSA：LR-31929 OFT。

▲ Versafit 型热缩套管的热缩比为 2∶1，收缩情形如图 5-21 所示。

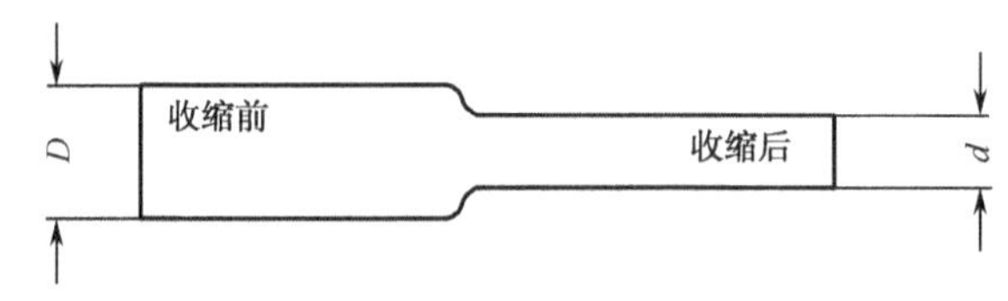

D—收缩前内径；d—收缩后内径

图 5-21　Versafit 型热缩套管的收缩情形

▲ 尺寸选择：见表 5-2。

表 5-2　Versafit 型热缩套管尺寸表　　单位/mm

型　号	收缩前内径 D	收缩后内径 d	线束外径范围	型　号	收缩前内径 D	收缩后内径 d	线束外径范围
VERSAFIT-3/64	1.2	0.6	0.67～0.96	VERSAFIT-1/2	12.7	6.4	7.1～10.2
VERSAFIT-1/16	1.6	0.8	0.9～1.3	VERSAFIT-3/4	19.1	10.5	10.5～15.3
VERSAFIT-3/32	2.4	1.2	1.3～1.9	VERSAFIT-1	25.4	12.7	14.1～20.3
VERSAFIT-1/8	3.2	1.6	1.8～2.6	VERSAFIT-1-1/4	33.4	15.9	21.2～30.5
VERSAFIT-3/16	4.8	2.4	2.6～3.8	VERSAFIT-1-1/2	39.8	19.1	28.2～37
VERSAFIT-1/4	6.4	3.2	3.5～5.1	VERSAFIT-2	52.8	25.4	37～46
VERSAFIT-3/8	9.5	4.8	5.3～7.6	VERSAFIT-4	104.14	52.7	56.4～81.3

② MIL-LT 型热缩套管。

MIL-LT 型热缩套管的性能及参数如下。

▲ 温度范围。

收缩温度：90℃；

工作温度：−55～135℃。

▲ 制造标准。

类型：MIL-LT；

瑞侃标准：RT-1171；

军标：MIL-l-23053.Cl. 1 和 MIL-l-23053.Cl. 3；

MIL-R-46846. Type V。

▲ MIL-LT 型热缩套管的热缩比为 2∶1，收缩情形如图 5-22 所示。

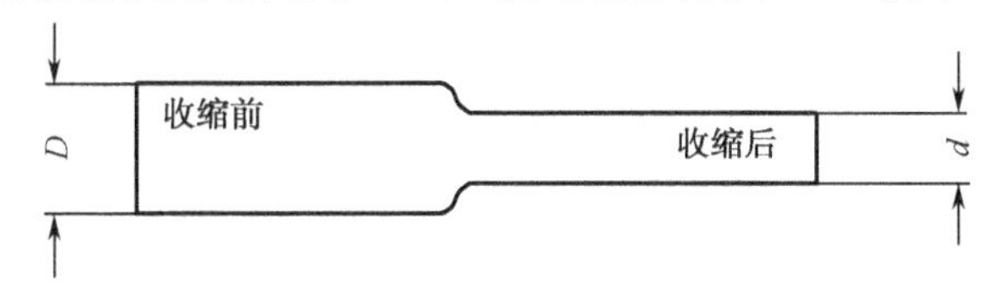

D—收缩前内径；d—收缩后内径

图 5-22　MIL-LT 型热缩套管的收缩情形

▲ 尺寸选择：见表 5-3。

表 5-3　MIL-LT 型热缩套管尺寸表　　单位/mm

型　号	收缩前内径 D	收缩后内径 d	线束外径范围	型　号	收缩前内径 D	收缩后内径 d	线束外径范围
MIL-LT-3/64	1.17	0.58	0.67～0.96	MIL-LT-1/2	12.70	6.35	7.1～10.2
MIL-LT-1/16	1.60	0.79	0.9～1.3	MIL-LT-3/4	19.05	9.50	10.5～15.3
MIL-LT-3/32	2.36	1.17	1.3～1.9	MIL-LT-1	25.40	12.70	14.1～20.3
MIL-LT-1/8	3.17	1.57	1.8～2.6	MIL-LT-1-1/2	38.10	19.05	28.2～37
MIL-LT-3/16	4.74	2.36	2.6～3.8	MIL-LT-2	50.80	25.40	37～46
MIL-LT-1/4	6.35	3.17	3.5～5.1	MIL-LT-3	76.20	38.10	40～75
MIL-LT-3/8	9.50	4.74	5.3～7.6	MIL-LT-4	101.60	50.80	56.4～81.3

③ RNF-100 型热缩套管。

RNF-100 型热缩套管的性能及参数如下。

▲ 温度范围。

开始收缩温度：95℃；

完全收缩温度：121℃；

连续工作温度：-55～135℃。

▲ 制造标准。

类型：RNF-100（1 型）；

瑞侃标准：RT-350 Type 1；

军标：MIL-l-23053/5 Cl.1；

UL：E35586-600V-125℃。

类型：RNF-100（2 型）；

瑞侃标准：RT-350 Type 2；

军标：MIL-1-23053/5 Cl.2。

▲ RNF-100 型热缩套管的热缩比为 2 : 1，收缩情形如图 5-23 所示。

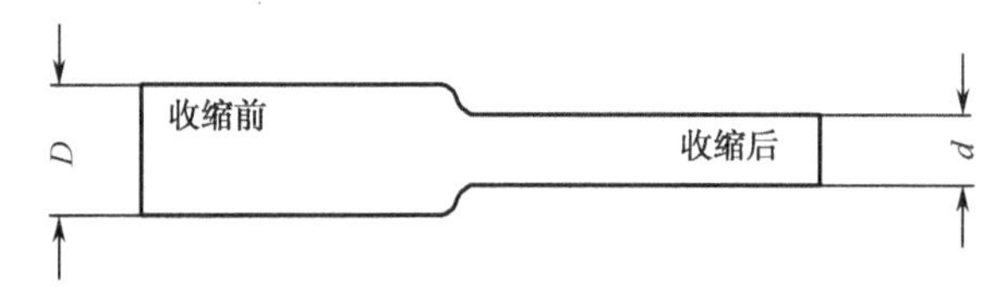

D—收缩前内径；d—收缩后内径

图 5-23 RNF-100 型热缩套管的收缩情形

▲ 尺寸选择：见表 5-4。

表 5-4 RNF-100 型热缩套管尺寸选择表　　单位/mm

型　号	收缩前内径 D	收缩后内径 d	线束外径范围	型　号	收缩前内径 D	收缩后内径 d	线束外径范围
RNF-100-3/64	1.2	0.6	0.67～0.96	RNF-100-3/4	19.1	10.5	10.5～15.3
RNF-100-1/16	1.6	0.8	0.9～1.3	RNF-100-1	25.4	12.7	14.1～20.3
RNF-100-3/32	2.4	1.2	1.3～1.9	RNF-100-1-1/4	33.8	15.9	18～28
RNF-100-1/8	3.2	1.6	1.8～2.6	RNF-100-1-1/2	39.8	19.1	28.2～37
RNF-100-3/16	4.8	2.4	2.6～3.8	RNF-100-2	52.8	25.4	37～46
RNF-100-1/4	6.4	3.2	3.5～5.1	RNF-100-3	78.49	38.1	40～75
RNF-100-3/8	9.5	4.8	5.3～7.6	RNF-100-4	104.14	52.7	56.4～81.3
RNF-100-1/2	12.7	6.4	7.1～10.2	RNF-100-5	127	63.5	65～115

④ RNF-3000 型热缩套管。

RNF-3000 型热缩套管的性能及参数如下。

▲ 温度范围。

开始收缩温度：80℃；

完全收缩温度：120℃；

连续工作温度：-55～135℃。

▲ 制造标准。

类型：RNF-3000；

UL：E35586-600V-125℃；

CSA：LR31921-600V-125℃；

瑞侃标准：RW-2053。

▲ RNF-3000 型热缩套管的热缩比为 3∶1，收缩情形如图 5-24 所示。

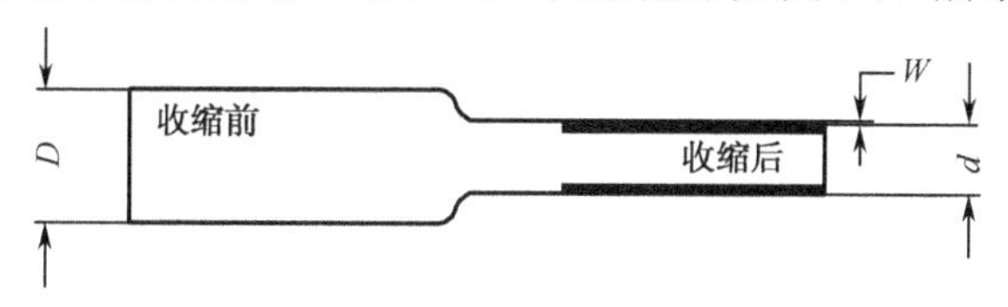

D—收缩前内径；d—收缩后内径；W—收缩后总壁厚

图 5-24　RNF-3000 型热缩套管的收缩情形

▲ 尺寸选择：见表 5-5。

表 5-5　RNF-3000 型热缩套管尺寸表　　单位/mm

收缩前内径 D	收缩后内径 d	收缩后总壁厚 W
1.5	0.5	0.45±0.1
3	1	0.55±0.1
6	2	0.65±0.1
9	3	0.75±0.12
12	4	0.75±0.12
18	6	0.85±0.12
24	8	1.00±0.18
39	13	1.15±0.2

⑤ ES-1000 型热缩套管。

ES-1000 型热缩套管的性能及参数如下。

▲ 温度范围。

开始收缩温度：110℃；

完全收缩温度：135℃；

连续工作温度：-40～130℃。

▲ 制造标准。

类型：ES-1000；

UL：E85381-600V-125℃；

瑞侃标准：RW-3014。

▲ ES-1000 型热缩套管的热缩比为 3∶1。

▲ 尺寸选择：见表 5-6。

表 5-6 ES-1000 型热缩套管尺寸表 单位/mm

型　号	收缩前内径 D	收缩后内径 d	收缩后总壁厚 W	护套壁厚	收缩后热熔胶厚 W_1
ES1000-NO.1	5.27	1.27	1.20	0.64	0.56
ES1000-NO.2	7.44	1.65	1.52	0.76	1.02
ES1000-NO.3	10.85	2.41	1.91	0.89	1.02
ES1000-NO.4	17.78	4.45	2.41	1.04	1.37

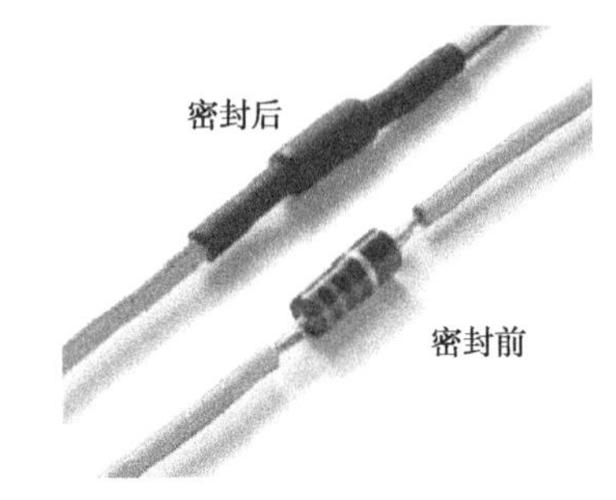

图 5-25 热缩套管密封元器件前后情形图*

（2）用于线缆中电子元器件的密封、绝缘保护的热缩套管常用的型号规格有：TAT-125、ES-2000、ATUM。

这些热缩套管的热缩比为 2∶1，它们是一种内壁为热熔胶的薄壁柔软型热缩套管，因此对电子装联中需要密封的元器件、线缆的端头推荐选用这样的热缩套管。

图 5-25 是这种热缩套管的一种应用情况。

① TAT-125 型热缩套管。

▲ 温度范围。

开始收缩温度：95℃；

完全收缩温度：121℃；

连续工作温度：−55～110℃。

▲ 制造标准。

类型：TAT-125（1 型）、TAT-125（2 型）；

瑞侃标准：TAT-125 SCD TAT-125 SCD；

军标：MIL-1-23053/4 Cl.2；

UL：E85381。

▲ TAT-125 型热缩套管的热缩比为 2∶1，收缩情形如图 5-26 所示。

D—收缩前内径；d—收缩后内径；W—收缩后总壁厚；W_1—收缩后热熔胶厚

图 5-26 TAT-125 型热缩套管的收缩情形

▲ 尺寸选择：见表 5-7。

表 5-7　TAT-125 型热缩套管尺寸表　　单位/mm

收缩前内径 D	收缩后内径 d	收缩后总壁厚 W	收缩后热熔胶厚 W_1
3.2	1.6	0.69	0.23
4.8	2.4	0.71	0.25
6.4	3.2	0.74	0.13
9.5	4.8	0.74	0.13
12.7	6.4	0.76	0.15
19.1	9.5	0.89	0.15
25.4	12.7	1.07	0.20
38.1	19.1	1.19	0.28

② ES-2000 型热缩套管。

▲ 温度范围。

开始收缩温度：110℃；

完全收缩温度：135℃；

连续工作温度：-40～130℃。

▲ 制造标准。

类型：ES-2000；

UL：E85381；

瑞侃标准：RW-3015。

▲ ES-2000 型热缩套管的热缩比为 4∶1。

▲ 尺寸选择：见表 5-8。

表 5-8　ES-2000 型热缩套管尺寸表　　单位/mm

型　号	收缩前内径 D	收缩后内径 d	收缩后总壁厚 W	护套壁厚	收缩后热熔胶厚 W_1
ES2000-NO.1	5.27	1.27	1.20	0.64	0.56
ES2000-NO.2	7.44	1.65	1.52	0.76	0.76
ES2000-NO.3	10.85	2.41	1.91	0.89	1.02
ES2000-NO.	17.78	4.45	2.41	1.04	1.37

③ ATUM 型热缩套管。

ATUM 型热收缩套管是电子装联中大家较为熟悉的、使用得最广泛的一种热缩套管。该热缩套管符合美国军标 MIL-1-23053/4 Cl 3 的制造标准，具有良好的物理、化学及电学性能。ATUM 型热收缩套管的内壁采用热熔胶形式，可将防潮密封、绝缘和机械保护一次性完成，热熔胶与塑料、橡胶、金属均有很好的连接性能，如 PVC、聚乙烯、尼龙、铅和钢铁。它有两种热缩比：3:1 和 4:1，这种高热缩比的套管，能对电连接器插头根部提供有效的保护。

▲ 温度范围。

最低收缩温度：121℃；

连续工作温度：-55～110℃。

▲ 制造标准。

瑞侃标准：RK-6025（黑），RK-6024（透明和其他颜色）；

军标：MIL-1-23053/4 Cl.3（黑）；

UL：E85381（黑）；

VDE：0341/Pt 9012（3∶1 透明）；

VG：95343（3∶1 透明）。

▲ ATUM 型热缩套管的热缩比为 3∶1 和 4∶1，收缩情形如图 5-27 所示。

D—收缩前内径；d—收缩后内径；W—收缩后总壁厚；W_1—收缩后热熔胶厚

图 5-27　ATUM 型热缩套管的收缩情形

▲ 尺寸选择：热缩比为 3∶1 的尺寸见表 5-9；热缩比为 4∶1 的尺寸见表 5-10。

表 5-9　3∶1 ATUM 型热缩套管尺寸表　　单位/mm

收缩前内径 D	收缩后内径 d	收缩后总壁厚 W	收缩后热熔胶厚 W_1
3	1	1.00±0.28	0.50
6	2	1.00±0.28	0.50
9	3	1.40±0.28	0.61
12	4	1.78±0.38	0.76
19	6	2.25±0.55	0.76
24	8	2.54±0.55	1.00
40	13	2.54±0.55	1.00

表 5-10　4∶1 ATUM 型热缩套管尺寸表　　单位/mm

收缩前内径 D	收缩后内径 d	收缩后总壁厚 W	收缩后热熔胶厚 W_1
4	1	1.00±0.28	0.50
8	2	1.00±0.28	0.50
12	3	1.40±0.28	0.61
16	4	1.78±0.38	0.76
24	6	2.25±0.55	0.76
32	8	2.54±0.55	1.00
52	13	2.54±0.55	1.00

▲ ATUM 型热缩套管订购资料举例：

颜　　色	黑
尺　　寸	选择收缩后能紧贴于物体表面上的最大尺寸
标准包装	4 英尺（121.9cm）/根
订货例子	标定产品名称、尺寸规格和颜色，例如，ATUM-8/2-0

说明：由于 ATUM 热缩套管是美国瑞侃公司的产品，使用成本较为昂贵。随着应用的增多，我国已有国产替代产品出现，并且也很好用。目前，ATUM 热缩套管的国产替代产品型号有：DW3（3∶1）、DW4（4∶1）等系列的热缩套管，由广州凯恒公司生产。

（3）用于多芯电缆和接插件之间密封、应力消除的热缩套管。

常用的型号规格有：ATUM、ES-2000、RP-4800，它们的热缩比为 4∶1，其中 ATUM 和 ES-2000 型号前面已进行了介绍。

RP-4800 型热缩套管的性能及参数如下。

▲ 温度范围。

开始收缩温度：95℃；

完全收缩温度：121℃；

连续工作温度：−55～135℃。

▲ 制造标准。

类型：RP-4800；

瑞侃标准：RT-1122；

军标：MIL-1-23053/5 Cl.1。

▲ RP-4800 型热缩套管的热缩比为 4∶1。

▲ 尺寸选择：见表 5-11。

表 5-11　RP-4800 型热缩套管尺寸表　　单位/mm

型　　号	收缩前内径 D	收缩后内径 d	收缩后总壁厚 W
NO.1	25.40	6.99	1.14±0.18
NO.2	50.80	13.97	1.14±0.18
NO.3	76.20	20.57	1.14±0.18
NO.4	101.60	26.67	1.14±0.18
NO.5	25.40	11.74	1.14±0.18
NO.6	60.33	17.27	1.14±0.18
NO.7	76.20	21.34	1.14±0.18
NO.8	95.25	23.62	1.14±0.18
NO.9	114.30	36.83	1.14±0.18
NO.10	38.10	9.53	1.14±0.18
NO.11	1.05	4.57	1.14±0.18

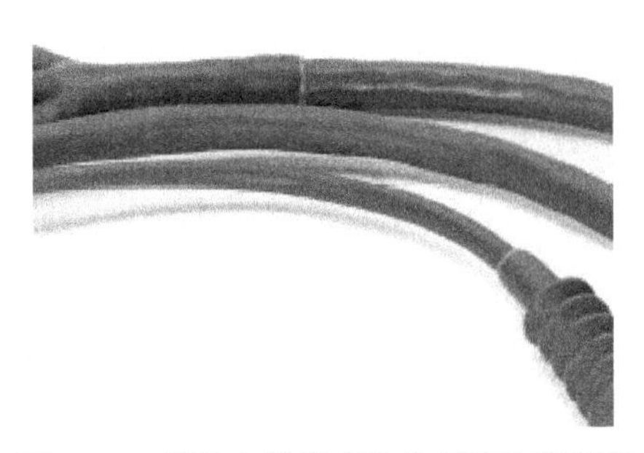

图 5-28　整根电缆线束外护套用热缩套管实物图

（4）用于整根多芯电缆线束外护套的机械耐磨、耐油、密封、防盐雾保护等方面的热缩套管。

常用的型号规格有：NT-FR（极低温），热缩比为 1.75∶1；DR-25（耐油液腐蚀），热缩比为 2∶1。它们的外形如图 5-28 所示。

① NT-FR 型热缩套管。

NT-FR 型热缩套管的性能及参数如下。

▲ 温度范围。

开始收缩温度：90℃；

完全收缩温度：135℃；

连续工作温度：−70～121℃。

▲ 制造标准。

类型：NT；

瑞侃标准：RT-510；

军标：MIL-1-23053/1、MIL-R-46846；

UL：224。

▲ 尺寸选择：见表 5-12。

表 5-12　NT-FR 型热缩套管尺寸表　　单位/mm

收缩前内径 D	收缩后内径 d	收缩后总壁厚 W
3.2	1.6	0.66±0.2
4.8	2.6	0.84±0.25
6.4	3.6	0.88±0.25
9.5	5.5	1.02±0.25
12.7	7.3	1.21±0.38
15.9	9.1	1.32±0.38
19.1	10.9	1.44±0.38
22.2	12.7	1.65±0.38
25.4	14.5	1.77±0.5
31.8	18.1	2.20±0.5
38.1	21.8	2.41±0.5
44.5	25.4	2.71±0.5
50.8	29.0	2.79±0.5
76.2	43.5	3.18±0.5
101.6	58.9	3.55±0.5

② DR-25 型热缩套管。

DR-25 型热缩套管是一种由辐照交联橡胶材料制成的热缩套管，以适应长期耐热和耐化学液体的场合，同时能抵抗柴油燃料、液压油和润滑油等油液的腐蚀，并且抗摩擦、阻燃和耐高温，特别适合用作地面车辆电缆的护套和线束的保护。

DR-25 型热缩套管是电子装联中常用的一种热缩套管。DR-25 型热缩套管的性能及参数如下。

▲ 温度范围。

完全收缩温度：175℃；

连续工作温度：-75～135℃。

▲ 制造标准。

类型：DR-25；

瑞侃标准：RT-1116；

军标：MIL-DTL-23053/16。

▲ DR-25 型热缩套管的热缩比为 2 : 1，收缩情形如图 5-29 所示。

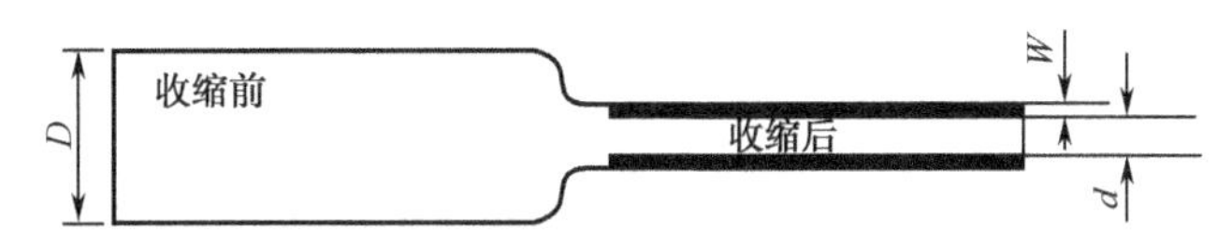

D—收缩前内径；*d*—收缩后内径；*W*—收缩后总壁厚

图 5-29　DR-25 型热缩套管的收缩情形

▲ 尺寸选择：见表 5-13。

表 5-13　DR-25 型热缩套管尺寸表

单位/mm

收缩前内径 *D*	收缩后内径 *d*	收缩后总壁厚 *W*
3.2	1.6	0.76
4.8	2.4	0.84
6.4	3.2	0.89
9.5	4.8	1.02
12.7	6.4	1.22
19.0	9.5	1.45
25.4	12.7	1.78
38.0	19.0	2.41
51.0	25.4	2.79
76.2	38.0	3.18

DR-25 型热缩套管的物理性能见表 5-14。

表 5-14　DR-25 型热缩套管的物理性能

试　　验	试 验 方 法	试 验 要 求
热老化	ISO188（160℃，168h）	抗张强度：8MPa（最小） 极限伸长：200%（最小）
柔软性（2%正割）	ASTM8828	50MPa（最大）

续表

试　验	试验方法	试验要求
介电强度	IEC243	8MV/m（最小）
燃烧性	ASTM D2671（程序A）	1/2规格：15s（最大）
耐油性	不同温度下24h，70℃柴油、70℃液压油、100℃润滑油	抗张强度：10MPa（最小） 极限伸长：300%（最小）

为方便业内人员对DR-25型热缩套管的采购，订货资料见表5-15。

表5-15　DR-25型热缩套管的订货资料

每卷长度/m	质量/（g/m）	订货代号
50	7	DR-25-1/8-0
50	12	DR-25-3/16-0
50	15	DR-25-1/4-0
50	25	DR-25-3/8-0
30	39	DR-25-1/2-0
30	68	DR-25-3/4-0
30	111	DR-25-1-0
15	223	DR-25-1 1/2-0
22	341	DR-25-2-0
15	571	DR-25-3-0

（5）耐高温热缩套管——Viton。

Viton热缩套管由辐照交联氟橡胶精制而成，在电子装联界中也是应用非常广泛的一种热缩套管。

Viton热缩套管有三种类型：Viton E厚壁套管；Viton HW薄壁套管；Viton TW管壁更薄的热缩套管。

以上三种类型的热缩套管都具有抗各类液体的性能，其耐温可达到200℃。

Viton热缩套管的优点：

- 有较高的耐摩擦和抗冲击性；
- 在较高温度下抗各类燃料、润滑油、酸和溶剂；
- 低温下能保持柔软，并且不会开裂。

▲ 温度范围。

开始收缩温度：100℃；

完全收缩温度：175℃；

连续工作温度：−40～200℃。

▲ 制造标准。

类型：Viton；

瑞侃标准：RT-1146；

军标：MIL-DTL-23053/13。

▲ Viton 型热缩套管的热缩比为 2 : 1，其热缩情形如图 5-30 所示。

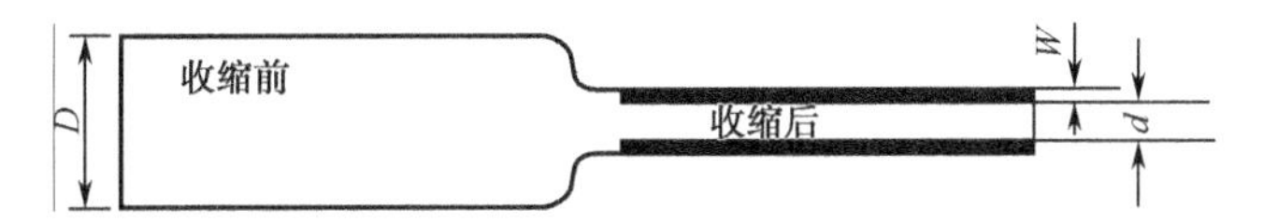

D—收缩前内径；d—收缩后内径；W—收缩后总壁厚

图 5-30　Viton 型热缩套管的收缩情形

▲ 尺寸选择：见表 5-16。

表 5-16　Viton 型热缩套管尺寸表　　单位/mm

收缩前内径 D	收缩后内径 d	收缩后总壁厚 W		
		Viton E	Viton HW	Viton TW
3.2	1.6	0.76	—	0.76
4.8	2.4	0.84	—	0.89
6.4	3.2	0.89	0.76	0.89
9.5	4.8	1.02	0.89	0.89
12.7	6.4	1.22	1.09	0.89
15.9	7.9	—	1.19	1.07
19.1	9.5	1.45	1.32	1.07
22.2	11.1	—	1.53	1.25
25.4	12.7	1.78	1.65	1.25
31.8	15.9	—	1.78	1.40
38.1	19.1	2.41	1.91	1.40
50.8	25.4	2.79	2.79	1.65

耐高温热缩套管 Viton 的订购信息：
颜色：标准颜色，黑；
尺寸：选择收缩后能紧贴于物体表面上的最大尺寸：
标准包装：卷装；
订货例子：标定产品名称、尺寸规格和颜色，例如，Viton 1/4-0。
（6）用于电缆标记的机械、防水、密封保护等方面的热缩套管。
常用规格型号有：
高透明热缩套管——RT-375；
半透明热缩套管——RNF-100-X-X-SP；
高温透明热缩套管——Kynar；
热缩标志套管——TMS-SCE。
这些热缩套管如图 5-31 所示。
下面以 RT-375、TMS-SCE 两种型号热缩套管为代表进行介绍。
① RT-375 是一种高阻燃、薄壁、透明度极好的热缩套管。
RT-375 由经过改良的含氟聚合物制成，具有化学性能稳定和耐高温特性。由于其壁很薄，

所以具有极好的柔软性。

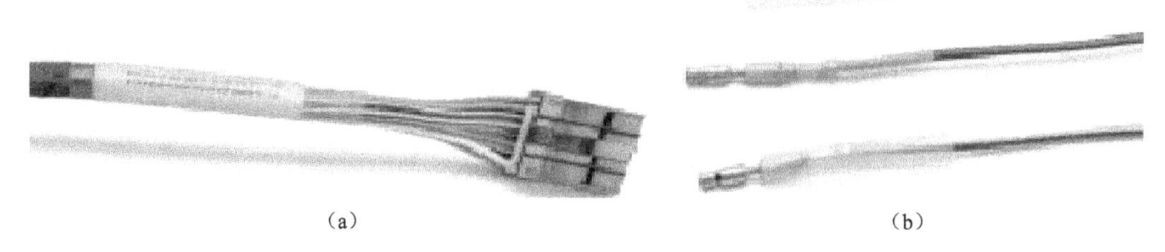

（a）　　　　（b）

图 5-31　用于电缆标记的机械、防水、密封保护的热缩套管*

应用范围包括：电线电缆标记的防磨保护；电线电缆的成束和捆扎，以防止机械磨损和化学侵蚀，同时可对被覆盖物实行检验；电子元件的保护，同时又能透过热缩套管清晰地辨认这些元器件。

RT-375 符合 UL VW-1 的阻燃标准。

▲ 温度范围。

开始收缩温度：125℃；

完全收缩温度：150℃；

连续工作温度：−55～150℃。

▲ 制造标准。

类型：RT-375；

瑞侃标准：RW-3017；

军标：MIL-1-23053/18。

▲ RT-375 型热缩套管的热缩比为 2∶1，其热缩情形如图 5-32 所示。

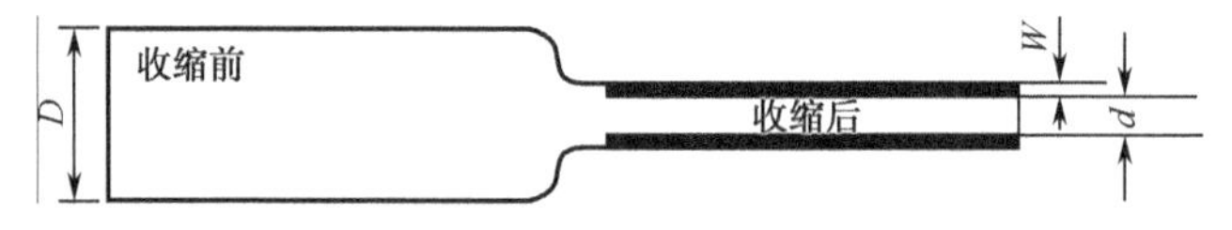

D—收缩前内径；*d*—收缩后内径；*W*—收缩后总壁厚

图 5-32　RT-375 型热缩套管的热缩情形

▲ 尺寸选择：见表 5-17。

表 5-17　RT-375 型热收缩套管尺寸表　　单位/mm

收缩前内径 *D*	收缩后内径 *d*	收缩后总壁厚 *W*
1.2	0.6	0.25±0.05
1.6	0.8	0.25±0.05
2.4	1.2	0.25±0.05
3.2	1.6	0.25±0.05
4.8	2.4	0.25±0.05
6.4	3.2	0.30±0.08
9.5	4.8	0.30±0.08
12.7	6.4	0.30±0.08

续表

收缩前内径 D	收缩后内径 d	收缩后总壁厚 W
19.1	9.5	0.43±0.08
25.4	12.7	0.48±0.12

RT-375 热缩套管的订购信息：
颜色：透明；
尺寸：选择收缩后能紧贴于物体表面上的最大尺寸；
标准包装：4 英尺（约 1229mm）/根和卷装；
非标准包装：提供非标准尺寸的产品；
订货例子：标定产品名称、尺寸规格和颜色，例如，RT-375　1/4-0。
RT-375 型热缩套管的物理特性参数表见表 5-18。

表 5-18　RT-375 型热收缩套管的物理特性参数表

特　性	单　位	要　求	测 试 方 法
外形尺寸	mm	见表 5-17	ASTM D 2671
纵向变化	%	+0，−10	ASTM D 2671
抗张强度	MPa	24.1（最小）	ASTM D 2671
同心度	%	70（最小）	MIL-1-23053/18
极限伸长	%	300（最大）	ASTM D 2671
切割模量	MPa	172（最大）	ASTM D 2671
密度	g/cm^3	1.85（最大）	ASTM D 2671
低温柔软性 55℃，4h		无裂痕	MIL-1-23053/18
热老化 250℃，4h		无裂痕，无滴液，无流动	ASTM D 2671
耐热性能 225℃，336h			ASTM D 2671
透明稳定性 200℃，24h		通过管壁能看清标志	MIL-1-23053
绝缘强度	V/mm	15 760（最小）	ASTM D 2671
电阻率	Ω • cm	10^{11}（最小）	ASTM D 2671

RT-375 型热缩套管的化学特性参数见表 5-19。

表 5-19　RT-375 热缩套管的化学特性参数表

特　性	要　求	测 试 方 法
铜镜腐蚀：160℃，16h	无腐蚀	ASTM D2671 Procedure A
铜接触腐蚀：160℃，16h	铜上无斑点，不发黑	ASTM D2671 Procedure B
阻燃性	1 分钟内自动熄灭	ASTM D2671 Procedure C
防霉	0	ASTM G21
吸水性：23℃，24h	最大 0.5	ASTM D2671

② 热缩标志套管 TMS-SCE，也是电子装联中用得较多的一种热缩标志套管，即可将需要标志的代码、标记预先打在热缩套管上。

TMS-SCE 热缩标志套管是为了满足各种导线、线缆的高可靠性要求而设计的。制造规范符合 MIL-1-23053/5 1 级，同时也满足非热缩时的永久标志，符合 MIL-M-81531 标准。所做的标志能耐−55～135℃的工作环境，热缩比为 3∶1。

TMS-SCE 热缩标志套管的包装有 250 片/盒，也有大容量 5000 片/包。可用打印机配合计算机进行自动打印。

▲ 尺寸选择：见表 5-20。

表 5-20　TMS-SCE 热缩标志套管尺寸参数表　单位/in

牌　号	最小扩展内径	标志后尺寸	推荐使用范围	标准包装片数
TMS-SCE-1/8	0.125	0.042	0.044～0.105	250
TMS-SCE-3/16	0.187	0.62	0.069～0.160	250
TMS-SCE-1/4	0.250	0.083	0.091～0.215	250
TMS-SCE-3/8	0.375	0.125	0.137～0.320	250
TMS-SCE-1/2	0.500	0.166	0.183～0.425	250
TMS-SCE-3/4	0.750	0.250	0.275～0.640	250
TMS-SCE-1	1.00	0.333	0.366～0.850	250
TMS-SCE-1/$\frac{1}{2}$	1.50	0.750	0.825～1.30	250

注：1in（英寸）=25.4mm，余同。

TMS-SCE 热缩标志套管信息如下：

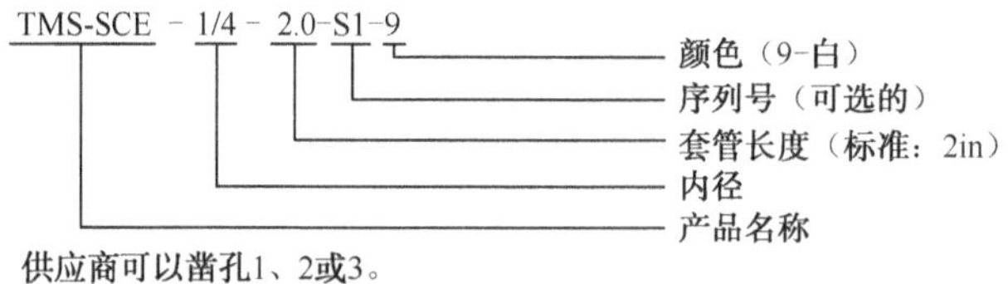

（7）用于地下防潮、防腐的电缆密封（或船舶工业）热缩套管。

常用规格型号有：ZHS、XFFR、SFR、SRFR、ZHTM、SST 等，它们的热收缩比为 3∶1。用于地下防潮、防腐、电缆密封等的热缩套管如图 5-33 所示。

图 5-33　用于地下防潮、防腐、电缆密封等的热缩套管

这些套管在燃烧过程中放出的有毒、酸性气体最少，符合 MIL-C-24640 和 MIL-C-24643 电缆外护套要求，具有防潮、防霉、防腐蚀等作用。

▲ 温度范围。

开始收缩温度：70℃；

完全收缩温度：121℃；

连续工作温度：−30～105℃。

▲ 制造标准。

类型：ZHS；

瑞侃标准：RW 2016、RW 2020、RW 6017。

▲ ZHS、XFFR、SFR、SRFR、ZHTM、SST 型热缩套管的热缩比为 3 : 1。

▲ 尺寸选择：见表 5-21。

表 5-21　尺寸表

单位/mm

收缩前内径 *D*	收缩后内径 *d*	完全收缩后（壁厚）
7.62	2.54	1.52
10.16	3.81	1.52
19.05	5.59	2.03
27.94	9.52	2.67
38.10	12.70	3.05
50.80	19.05	3.05
76.20	31.75	3.94

（8）用于医疗级的热缩套管。

常用规格有：MT 1000、MT 2000、MT 3000、MT 5000。

▲ 温度范围。

开始收缩温度：155℃；

完全收缩温度：175℃；

连续工作温度：−55～175℃。

▲ 制造标准

类型：MT 1000 USP Ⅵ类；

MT 1000A　USP Ⅵ类材料。

主要文件号：MAF-444、MAF-798。

瑞侃标准：MT 1000　SCD；

MT 1000A　SCD。

▲ MT 1000、MT 2000、MT 3000、MT 5000 型热缩套管的热缩比为 2 : 1。

▲ 尺寸选择：见表 5-22。

表 5-22　尺寸表

单位/mm

收缩前内径 D	收缩后内径 D	收缩后壁厚 W
1.6	0.8	0.25±0.05
2.4	1.2	0.25±0.05
3.2	1.6	0.25±0.05
4.7	2.4	0.25±0.05
6.4	3.2	0.33±0.05
9.5	4.7	0.33±0.05
12.7	6.4	0.33±0.05
19.1	9.5	0.43±0.08
25.4	12.7	0.48±0.08

（9）用于电缆端子密封保护的热缩套管。

这种帽子式的热缩套管，一头是封闭的，另一头是开口的，它们常用于一些电缆的端子在没有端接时的密封保护，也可用于导线束中备用导线端头的保护等，其常用的型号有：TC 型端帽、PD 型端帽、ES 型端帽。

TC 型端帽的颜面：TC4001，白色；TC4003，红色；TC4005，灰色。

TC 型端帽的结构如图 5-34 所示。

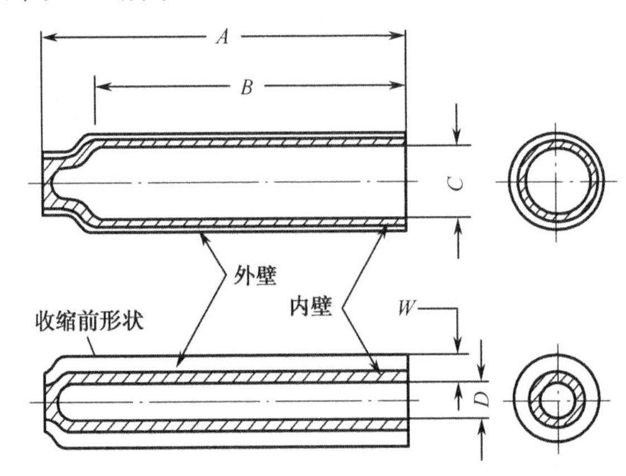

图 5-34　TC 型端帽的结构图

▲ 尺寸选择：见表 5-23。

表 5-23　TC 型端帽热缩套管尺寸表

单位/in

总长 A	帽外长 B	最大内径 C	最小内径 D	壁厚 W
0.875	0.500	0.125	0.023	0.048
1.000	0.600	0.187	0.060	0.062
1.125	0.600	0.250	0.080	0.078
1.250	0.725	0.375	0.090	0.082
1.500	0.850	0.500	0.090	0.100

PD 型端帽热缩套管，也叫半硬聚烯烃热缩套管。

▲ 尺寸选择：见表 5-24。

表 5-24　PD 型端帽热缩套管尺寸表　　单位/in

总长 *A*	帽外长 *B*	最大内径 *C*	最小内径 *D*	壁厚 *W*
0.875	0.500	0.125	0.023	0.048
1.000	0.600	0.187	0.060	0.062
1.125	0.600	0.250	0.080	0.078
1.250	0.725	0.375	0.090	0.082
1.500	0.850	0.500	0.090	0.100

PD 型端帽的颜色：黑色。

PD 型端帽的材料：半硬聚烯烃 M-70。

5.4.6　热缩套管应用小结

① 用于接触件和线缆之间的密封、绝缘和应力消除的热缩套管型号有：Versafit、MIL-LT、RNF-100。

② 用于整根电缆线束外的机械耐磨、耐油、密封、防盐雾保护的热缩套管型号有：

极低温——NT-FR、DR-25（耐油液腐蚀）；

极高温——Vtion；

常温——MIL-LT、NT-FR、Versafit、RNF-100。

③ 用于线缆中的电子元器件的密封、绝缘保护的热缩套管型号有：ATUM 系列。

④ 用于电缆标记的机械、防水、密封保护的热缩套管型号有：

高透明热缩套管——RT-375；

半透明热缩套管——RNF-100；

高温透明热缩套管——RW-175（Kynar）。

5.4.7　热缩套管应用工艺流程

（1）手工操作。

裁剪选定的热缩套管为段状，裁剪尺寸由所需热缩电子元器件、零部件尺寸决定，一般两端应超出被覆盖长度 20～30mm。

将热缩套管对称地套在元器件、零部件上，用热风枪对准热缩套管，并将热风枪的温度挡调到工艺规定的位置，正式热缩前热风枪应预热 20 分钟左右，然后由一端开始依次加热热缩套管直至其完全收缩。这种操作方法的示意图如图 5-35 所示（也可从中部向两端加热）；当热缩套管受热不再变形且收缩均匀时，方可停止加热。

注意：热缩套管受热不再变形也是判定完全收缩的依据。

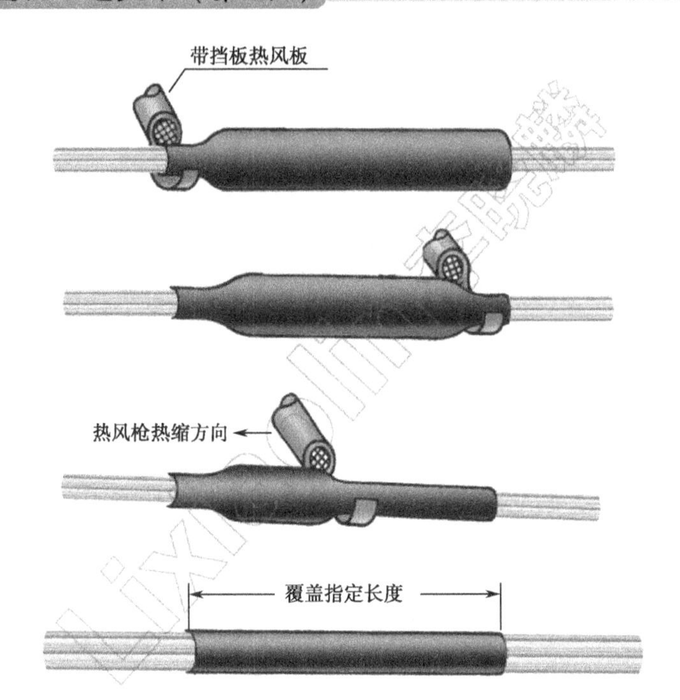

图 5-35　手工操作的示意图*

检查：热缩完成后操作者应进行目视检查，主要观察热缩套管收缩后有没有裂纹、有没有不完全收缩现象、热缩套管内的热熔胶（如选定带胶热缩套管）是否充分流动并从两端均匀溢出等。

为方便读者选购热风枪，这里将常用的型号列出，见表 5-25。需要注意的是，热风枪很多是不带反射罩的，如需要应向供应商特别提出，并且反射罩的尺寸需要用户根据产品的大小、规格来进行选择。

表 5-25　热风枪型号表

<table>
<tr><th>热缩套管直径/mm</th><th>反射罩型号</th><th>热风枪型号</th><th>反射罩型号</th><th>热风枪型号</th></tr>
<tr><td><6</td><td>PR-13</td><td rowspan="5">CV-1983</td><td rowspan="2">HL1802E070618</td><td rowspan="5">HG3000SLE</td></tr>
<tr><td>6～12</td><td>PR-13-C</td></tr>
<tr><td>6～25</td><td>PR-12</td><td>HL1802E070519</td></tr>
<tr><td>25～35</td><td>PR-24</td><td rowspan="2"></td></tr>
<tr><td>35～60</td><td>PR-24A</td></tr>
</table>

使用热缩套管的操作实例如图 5-36 和图 5-37 所示。

（2）自动化操作。

由于多芯电缆的外护套上广泛使用热缩套管，有的整根多芯电缆的外套都需要穿套热缩套管，这时再使用热风枪类型的加热工具，操作起来就很不方便，往往需要至少两人共同加热收缩套管，收缩质量难以保证。

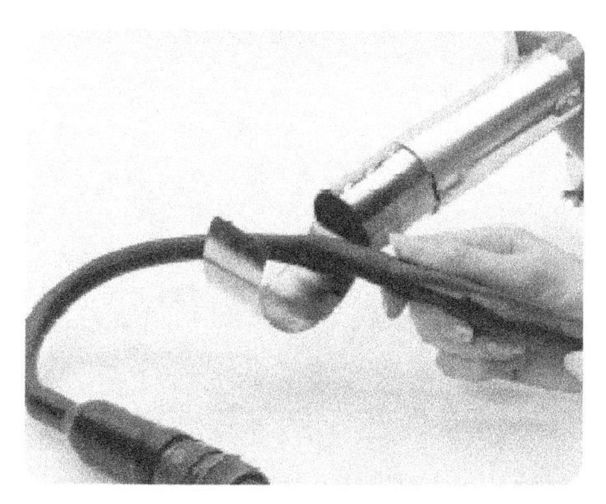

图 5-36　热风枪装上反射罩进行热缩套管的加工*

图 5-37　常规热风枪热缩连接器导线上的热缩套管*

对整根多芯电缆外护套采用的是热缩套管时，这里提供两种解决办法。

（1）上再流炉。

用焊接 PCB 的再流炉对整根多芯电缆外护套使用的热缩套管进行热收缩。工艺人员一定要与操作者一起进行再流炉参数的调整，直到被收缩的套管既均匀，又不产生过热、欠热现象，并且在加热过程中还要保证多芯电缆的电连接器、内部导线的绝缘层处于安全状态。

在调试再流炉参数时，应当根据所使用热缩套管的最低收缩温度来调整炉子的参数，然后再往高调整温度。一种产品调整好后，应做好记录，并加以命名保存。

（2）上热缩床。

这种工艺方法必须借助专用设备完成。目前拥有这种设备的是中国北方车辆研究所（电缆制作与器件检测中心）。

使用热缩床对多芯电缆热缩套管外护套进行热缩，其工作效率和质量保证是最好的。如果产品的数量大，可以考虑使用热缩床进行热缩套管的加热收缩。使用热缩床对多芯电缆热缩套管进行加热收缩，可以同时对多根电缆进行操作，把需要热收缩的电缆放在热缩床上，经过一个加热的行程就够了，并且是连续的操作，就像再流炉连续焊接 PCB 一样，在质量和效率上都有优势。

Chapter 6

第6章

手工焊接技术

在电子装联技术中，软钎焊接技术是核心，而手工焊接又是最不可缺少的一种操作，无论是大批量产品、小批量产品、研制产品；无论是全自动生产线还是半自动生产线，都需要人工的干预。因此，在整机工艺中手工焊接技术是工艺人员、电子装联操作人员最基本的一门功课。

在整个电子产品的装联过程中，“软钎焊”的权重可达 60%以上，它对电子产品的整体质量和可靠性有着特殊的意义。美国是世界上能够发射卫星的国家之一。2014 年，因存在焊接问题，美国海军下一代卫星通信息系统第 3 颗卫星的完工时间被推迟。由此可见，要想完美无缺地进行千万个焊点的焊接，难度是相当大的。

6.1 金属连接的几种方法

焊点的连接就是两种金属间的连接，焊接技术是电子装联的基础，无论元器件、PCB 组装板、整机或模块都是电子电路不可缺少的，也是构成电子设备最基础的单元，它们在电子设备中的可靠连接、稳定工作，关系到整个电子设备或系统的寿命。怎样将这些电子零部件按照电路设计图可靠地连接到规定的地方呢？这涉及两种金属间的焊接，而两种金属间的焊接一般有下面几种方法和形式。

6.1.1 熔焊

熔焊的温度高于 450℃，是一种硬钎焊，往往需要将两块铁板或钢板在很大面积上进行连接。这种金属间的焊接在建筑、造船工业上用得最多、最广泛，熔焊的示意图如图 6-1 所示。

图 6-1　熔焊的示意图

6.1.2　丝焊

丝焊多用在微波电路和集成电路芯片制造的封装技术中，它是一种固态键合技术，可以完成电路片与芯片、腔体之间的电连接。丝焊通过加热、加压、超声等能量使金属丝与金属接触面产生塑性形变，金属间原始交界的原子相互扩散，产生分子（原子）间作用力。

由于丝焊工艺具有高可靠性、高品质、工艺成熟、操作简单、成本低廉等优点，被广泛应用于微波电子封装领域。在世界半导体元器件行业中，90%采用丝压焊接技术。丝焊技术的方式有球焊、锲焊、激光焊、微间隙焊等。丝焊是不用焊料的，两种金属直接相互连接。丝焊技术的操作示意图及采用丝焊技术的 IC 芯片实物图如图 6-2 所示。

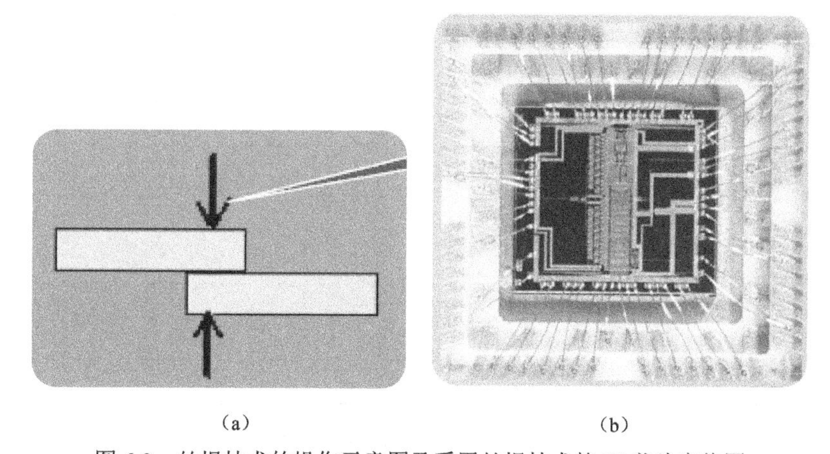

（a）　　（b）

图 6-2　丝焊技术的操作示意图及采用丝焊技术的 IC 芯片实物图

6.1.3　软钎焊

软钎焊接是需要借助焊料使两种金属进行连接的技术，焊料在两个端接面熔化，使这两种金属之间形成一个新的金属化合层，使之永久连接在一起，而两种金属基体本身不能相互溶解，软钎焊接示意图及实物图如图 6-3 所示。

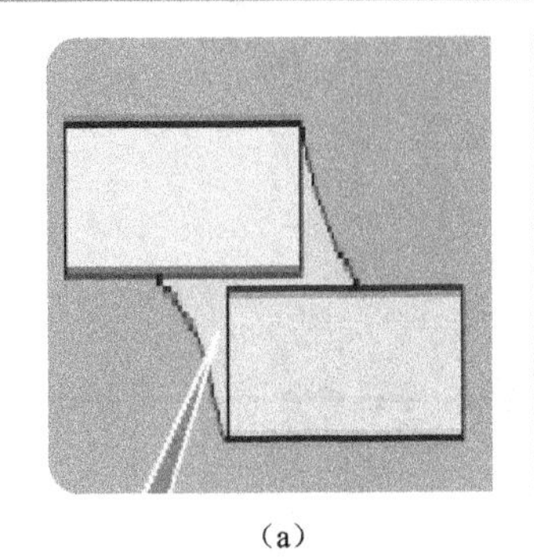

（a）　　　　（b）

图 6-3　软钎焊接示意图及实物图*

以上是几种连接两种金属的方法和形式，而电子装联技术中所使用的方法通常是第三种，即软钎焊接。

连接两种金属（导线、元器件引脚或引出端与被连接的金属端子）的方法有多种，为什么电子装联技术要选择软钎焊接呢？下面就谈谈这个问题。

6.1.4　电路元器件连接采用软钎焊接的必要性

电路元器件的连接方法除采用软钎焊接外，还有绕接、压接、黏结等，见表 6-1。

但是为什么电路元器件、零部件的电连接要从表 6-1 所列的 9 种方法中选择软钎焊接呢？通过本节的学习就不难回答这个问题了。

表 6-1　两种金属物体连接方法

1	焊接：电弧焊、点焊、气焊
2	钎焊：硬钎焊、软钎焊（锡焊）
3	压接、压焊：热压接、冷压接、超声波压焊
4	铆接
5	螺钉紧固
6	镶嵌
7	绕接
8	黏结（黏结剂、导电胶固定）
9	化学连接

从表 6-1 中可以看到，要把两种金属连接在一起有很多种方法，但作为电路元器件的连接，这种连接需要考虑哪些因素呢？首先分析一下焊接的目的。

焊接的目的不外乎有以下两个方面：

（1）良好的电气导通；

（2）持久的机械连接。

为了实现焊接的这两个目的，对元器件的焊接质量就必须提出要求，表 6-2 列出了电子元器件焊接质量的三个基本技术要素。

表 6-2　元器件焊接质量的三个基本技术要素

1	能通过电信号
2	机械强度要达到要求
3	不随时间的变化而老化

元器件的焊接在满足这三个基本技术要素的情况下，另外还有一些采用软钎焊接的理由，见表 6-3。

表 6-3　元器件的焊接采用软钎焊接的理由

1	导电性好
2	可得到足够的机械强度
3	助焊剂残渣可以不清洗，不影响使用
4	可一次焊接多个点
5	像铁和铜那样，两种金属可连接起来
6	焊锡来源多，价格便宜
7	焊接设备简单
8	短时间就能培养出熟练的操作人员
9	操作温度低、简单
10	不会出现大的灾害

从上面三个表中可以看到软钎焊接的优越性是其他金属连接方法无法取代的。

焊接技术已经历了一千多年的历史。虽然这种焊接技术使用久远，但是仍然需要注意：软钎焊接有许多不稳定的因素，影响一个焊点的因素有很多，因此，缺乏质量上的一致性。要使成千上万个焊点都是优良焊点，工作时不会发生问题，都是高可靠性焊点，这不是一件容易做到的事。焊接是一个技巧性很强的工作，特别是手工焊接技术。所以要把控好这门技术，必须掌握一些关于软钎焊接的必要理论知识。

6.2 软钎焊接机理

首先我们了解一下焊接的过程。焊接过程是金属表面、助焊剂、熔融焊料和空气等相互之间作用的复杂过程。

从物理学看其作用是：润湿、黏度、毛细管现象、热传导、扩散、溶解。

从化学看其作用是：助焊剂分解、氧化、还原。

再从冶金学看其作用是：合金、合金层、金相、老化等现象。

当焊料被加热到熔点以上时，焊接金属表面在助焊剂的活化作用下，对金属表面的氧化层和污物起到清洗作用，同时使金属表面获得足够的激活能。这时熔融的焊料在经过助焊剂净化的金属表面上进行浸润、扩散、溶解、冶金结合，在焊料和被焊接金属表面之间生成金属间结合层（也叫焊缝），冷却后焊料凝固形成焊点。关于焊点的结合机理主要有润湿理论、扩散理论、溶解理论以及冶金结合理论等。实际上都是在讲一个问题，即两种金属间的结合层问题。只是从不同的角度来看待、分析同一个问题，使学习者能更全面、更客观地把控这个问题。从形成合金层的多方面来看同一个焊点，可以让我们了解一个焊点的形成会受到多方面因素的影响，这使我们在工作中处理焊接故障、分析问题时的思路更宽，自然更容易解决问题。

下面就从焊接过程的多个角度来解读其内在机理。

6.2.1 润湿理论与润湿条件

润湿是液体在固体表面漫流的一种物理现象。在软钎焊接中，润湿就是液态焊料和被焊基体金属表面之间发生相互作用，即熔融焊料在基体金属表面扩散形成完整均匀的覆盖层，也就是使金属表面上的焊锡充分地摊开，与金属表面融为一体，这样的过程叫作“润湿”。

因此，当熔融的焊料在金属表面留下连续的、持久的膜层时，我们就认为该表面被润湿了。焊料能润湿金属表面是由于原子之间的吸引力。焊接时焊点的形成取决于焊料和基体金属结合面间的润湿作用，也正是熔融焊料的物理润湿过程形成了结合界面。因此，在软钎焊接的焊点形成过程中，润湿机理具有特别重要的意义，它揭示了焊点的原子结构和产生连接强度的原因。

（1）润湿力。

我们先看看在平坦水平金属表面上的一滴液态状焊料的情况，在润湿过程中它具有如图 6-4 所示的热动力平衡状态。

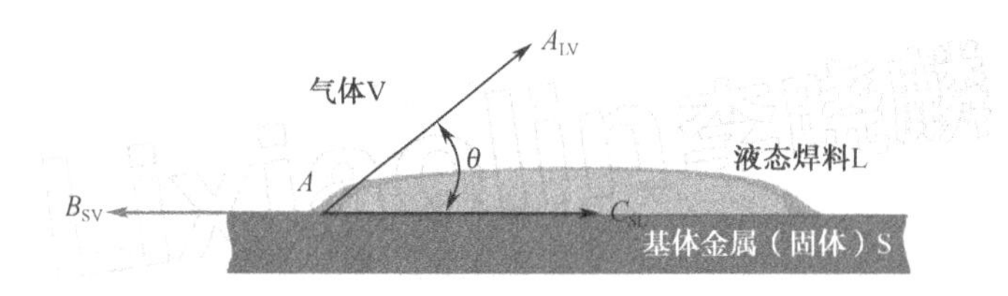

图 6-4　润湿过程中热动力平衡状态示意图

图 6-4 所示为由基体金属（固体）S、液态焊料 L、助焊剂（焊料上一层薄橘黄色的东西）或气体 V 组成的三元系统。如果基体金属表面是理想的干净表面，并且不会产生新的氧化现象或被其他环境侵蚀现象，在不进一步扩散和化学反应的热动力完全平衡条件下，该系统具有三态相交的边界，如图 6-4 中的 A 点，三相之间以某一确定的角度（θ）相交。

B_{SV}：基体金属（固体）和气体之间的界面张力，它能使液态焊料在固体金属表面上漫流，这个张力即漫延力或润湿力。

C_{SL}：液态焊料和基体金属之间的界面张力（界面能量）。

A_{LV}：液态焊料与助焊剂或气体之间的界面张力。它的作用方向和液态焊料曲面相切，是使液态焊料表面面积趋向最小的作用力（表面张力）。在无其他作用力的情况下，液态焊料的表面张力能使其缩成球形。但重力以及液体与其周围介质间的界面张力通常和该表面张力的作用相反，因此通常液滴并不呈球形。

B_{SV} 和 C_{SL} 两者的作用力方向都是沿着固体表面的，但它们的作用方向相反，见图中的箭头方向。

图 6-4 中的 A 点处于向量平衡的情况，这时，三个力实际上使系统达到平衡状态。从图中可得

$$B_{SV} = C_{SL} + A_{LV}\cos\theta$$

设润湿力为 W_a（固体金属和熔融焊料的附着力），其近似值可用下式表示，即

$$W_a = B_{SV} + A_{LV} - C_{SL}$$

将 B_{SV} 代入上式中可得

$$W_a = C_{SL} + A_{LV}\cos\theta + A_{LV} - C_{SL}$$

$$W_a = A_{LV}（1+\cos\theta）$$

这就是润湿力的关系式，从这个公式可以看到：润湿角θ越小，润湿力越大。

因此，润湿角为我们提供了焊接过程中润湿情况的附加信息。

（2）焊接的润湿条件。

形成良好可靠焊接的第一个条件就是润湿。那么产生润湿需要具备什么条件呢？下面就是润湿所要求的两个基本条件：

① 焊料与母材之间有良好的亲和力，能互相溶解。

② 焊料与母材之间表面清洁，无氧化物和其他污染物。

焊接过程中两个基体金属用焊料连接在一起时，由于焊料分别和两种基体金属连接在一起，因而形成了两个连接界面，从而建立了金属的连续性。当焊料与被焊金属有氧化层和其他污染物时，就会妨碍金属原子自由接近，不能产生润湿作用，这是形成虚焊的原因之一。因此每个焊点至少有两个这样的连接界面，图 6-5 说明了这种连接界面的示意情况。

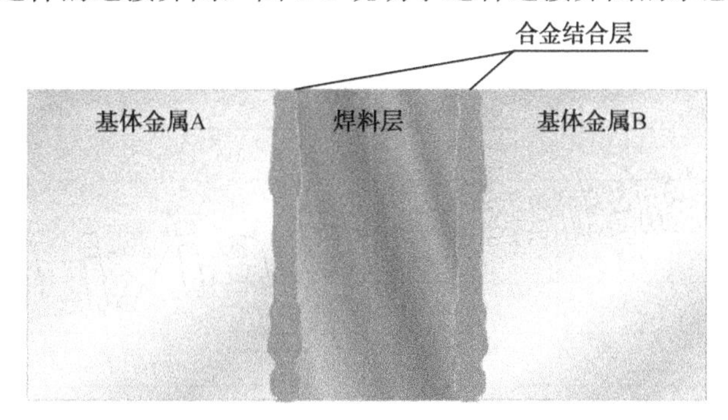

图 6-5 用焊料连接起来的两种基体金属

6.2.2 润湿角及其评定

（1）润湿角定义及标准。

润湿角是指金属表面和熔融焊料交界面，熔融焊料表面交点处的切线和金属表面间的夹角，用θ表示，如图 6-6 所示。

用润湿角来目视判断焊点的好坏是很直观且实用可行的方法，运用这种方法可评定润湿的程度。

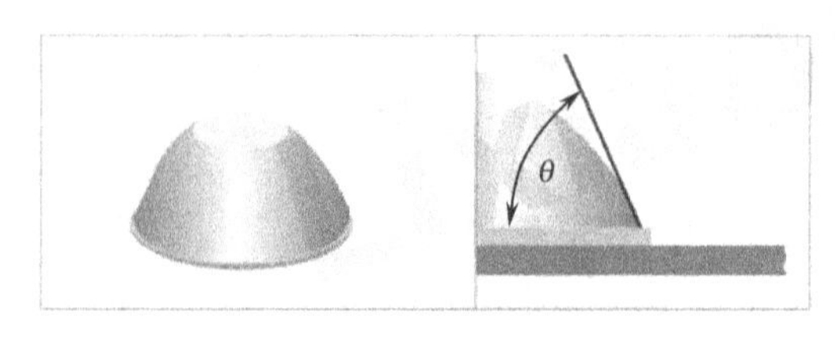

图 6-6　焊点润湿角定义图

① 当$\theta \geqslant 90°$。

在这种情况下，表明液态焊料和固态基体金属表面之间缺乏润湿亲和力，液态焊料根本就不润湿基体金属的表面，而只是在基体金属表面上凝固，其凝固形状取决于各种力（表面张力和重力等）的作用结果。

② 当 $90° > \theta > 75°$。

润湿角在这种情况下表征了一种临界润湿状况，在软钎焊接中，一般来说，这种润湿程度是不允许的，它说明焊点“胖”了。除非根据焊接经验为满足某一特点要求而人为规定。

③ 当$\theta < 75°$。

这是软钎焊接的一种良好润湿情况，如果焊接质量要求极高，润湿角θ就应<30°。具有洁净表面的铜和锡-铅共晶合金焊料之间的接触角大约为20°，就像前面图6-4中的“*A*”点。

对润湿角的评定在一些行业中都有标准，比如 SJ20385-93 对润湿角就进行了评定，见表 6-4。

表 6-4　焊点润湿角评定表

润　湿　角	润湿条件判别
$0° < \theta \leqslant 30°$	优良
$30° < \theta \leqslant 40°$	好
$40° < \theta \leqslant 55°$	可接收
$55° < \theta \leqslant 70°$	不良
$\theta > 70°$	差，不能接收

注：这是 Sn63/Pb37 锡-铅共晶焊料的评定要求。

从表 6-4 中我们可以看到，软钎焊接的焊点不是说除了好就是坏，还可以是“好”“可接收”“不良”等情况，如果不能把控这点，将优良的焊点（润湿角小的焊点）进行返修，就会造成得不偿失的效果。实际上许多电子设备和电子产品中，即使同一种接线端子所呈现出的焊点都是有差异的，这些差异是允许存在的，但从焊接可靠性来说，必须能够正确判定它们。

如何把控一个焊点的优良、好、可接受、不良或差呢？以往的资料或上面的这个评定中都把润湿角作为判定依据。但在实际操作中任何地方都没有测量润湿角θ的仪器，那么如何将这些量化的润湿角与千差万别的焊点相联系呢？下面结合一些实物照片进行介绍。

（2）焊点润湿角评定。

① 优良焊点的评定。

焊料应润湿全部焊接部位的表面，并围绕焊点四周形成焊缝，$0° < \theta \leqslant 30°$，这种润湿角的焊点就意味着焊料较少。在润湿的情况下，焊料就像我们做菜时需要浇上一层薄薄的调味汁

一样，下面的东西透过薄汁仍然能可见。这就是我们业内常说的“露骨”，露什么？就是透过这层薄的焊料，能够看见被焊接端子的外貌形状。图 6-7 和图 6-8 所示就是这样的焊点，这就是优良焊点的形状，其润湿角θ满足 0°< θ≤30° 。

图 6-7　优良焊点 1

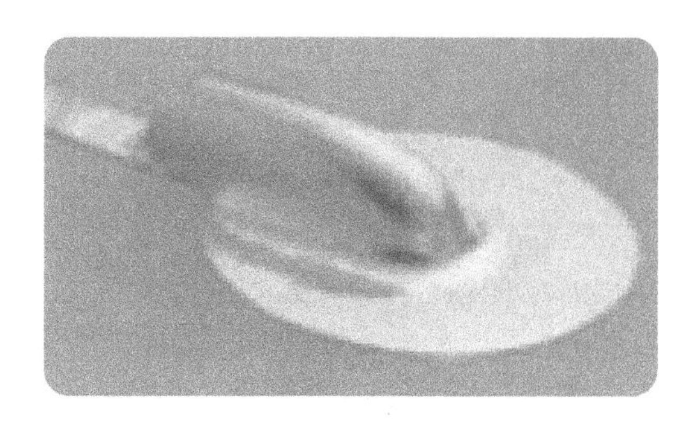

图 6-8　优良焊点 2

② 良好焊点的评定。

图 6-9 所示为良好焊点的外形，其润湿角比起图 6-7 和图 6-8 来说，就明显地稍大了一些，30°< θ≤40° ，焊料均匀、连续、有光泽。

③ 可接收焊点的评定。

焊点的润湿角为 40°< θ≤55° 时，按照标准是可接收的焊点，具有这种润湿角的焊点的外形如图 6-10 所示。与图 6-9 比较，读者不难发现，图 6-10 中焊点的外貌“胖”了一些，就是说图 6-10 中焊点的焊料比起图 6-9 来说，稍多了一点。

图 6-9　良好焊点实物图

图 6-10　可接收焊点实物图

这里需要说明一下的是：在实际情况中润湿角 40° < θ≤55° 的焊点是非常多的，特别是自动化装配焊接后的焊点，基本上都是这种情况。

自动化生产后的焊点在 0° < θ≤30° 范围内是不多的，因为要考虑到不同端子、不同元器件引脚粗细的差异。所以，在焊接工艺上必须满足大多数被焊接端子的需要。但是在标准的判定上具有这种润湿角的焊点不是优良焊点。焊点润湿角在 40° < θ≤55° 范围内的焊点，首先必须具有优良的润湿性，焊料稍多一些，只要满足“露骨”的工艺要求，仍然是可以接收的。因为表 6-4 是一个军用标准，可以接收并不是意味着“不合格”。对于这点，我们的工艺人员、操作者，特别是电子装联检验人员应该把控好。

④ 不良焊点的评定。

如果润湿角为 55° < θ≤70° ，如图 6-11 所示，标准规定这样的焊点属于不良焊点。这种焊点的特点是：焊料多了。在后面 6.3 节焊接可靠性问题分析中，我们会看到焊料多了会对焊点产生的影响。

图 6-11 给出的润湿角在 55° < θ≤70° 范围内。借此需要指出的是，在无铅焊接中，这种润湿角的焊点就是合格的。

⑤ 不能接收焊点的评定。

对于润湿角θ>70° 时，标准中就判定为不能接收的焊点，也就是说，是一种不合格焊点。图 6-12 所示的不合格焊点其润湿角实际上已经是大于或等于 90° 了，这种焊点无论润湿与否、焊料连续与否、有光泽与否，都应判定为不合格。

图 6-11 不良焊点实物图

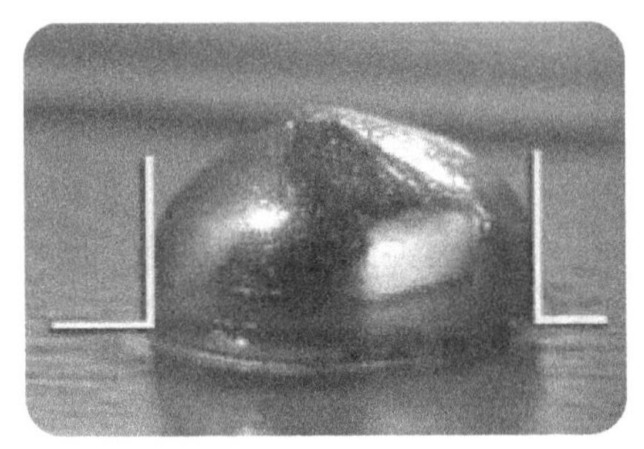

图 6-12 不合格焊点实物图

结合润湿角的判定，这里需要强调的是：在印制电路板通孔插装焊接和表面贴装焊接中，类似润湿角θ≥90° ，以及 90° > θ>75° 的情况时有发生；同时，在电子装联工人和检验人员中存在一种错误认识，认为 90° > θ >75° 是焊点“饱满”，而 15° < θ <30° 则是锡量太少。但恰恰是当润湿角θ≥90° 和 90° > θ>75° 时，不但焊接强度降低，还存在“液态焊料和基体金属表面之间缺乏润湿亲和力”，潜伏着“虚焊”的危险性。为什么？在后面的焊接可靠性中将会介绍。

6.2.3 软钎焊中表面张力的作用

表面张力是物理学中的一个概念，即在不同相共同存在的体系中，由于相界面分子与体相内分子之间作用力不同，导致相界面总是趋于最小的现象。

正是因为有了这种现象，软钎焊的液态焊料，在被焊接的表面都有自动缩成最小的趋势。而优良焊点的形成又要求润湿角尽量地小，即希望液态焊料尽可能地摊开来，这就是表面张力与润湿力之间的矛盾关系。

（1）表面张力与润湿力。

物理学中的这个表面张力与润湿力的方向相反，是不利于润湿的，而熔融焊料在金属表面润湿的程度除与液态焊料和被焊表面清洁程度有关外，还与液态焊料表面存在的张力有关。这是物质的本性，是不能根本消除的，但我们可以改变它、利用它。

例如，在再流焊接中，当焊膏达到熔融温度时，在前面图 6-4 中讲到的三元系统平衡的表面张力作用下，在被焊膏暂时黏在焊盘上的元器件会产生“自定位效应”（self alignment），自动地与焊盘位置相贴近（在焊盘设计和元器件符合标准的情况下）。利用表面张力的这种物理现象使得再流焊工艺对焊接设备的贴装精度要求比较宽松了，这样比较容易实现自动化与高速化。当然，如果表面张力不平衡，焊接后就会出现元件位置偏移、桥接、吊桥等焊接缺陷。

（2）表面张力与黏度。

软钎焊的熔融合金黏度与表面张力是焊料的重要性能。优良的焊料熔融时应具有低的黏度和表面张力，以增加熔融时的流动性以及与被焊金属之间的润湿性。锡-铅合金的黏度和表面张力与合金的成分是密切相关的，那么具体它们之间的定量关系如何？表 6-5 将锡-铅合金配比与表面张力及黏度的关系列出来，以供读者选用焊料时参考。

表 6-5　锡-铅合金配比与表面张力及黏度关系表

配比/Wt%		表面张力	黏度
锡（Sn）	铅（Pb）	/（N/cm）	/（MPa·s）
20	80	4.67×10^{-3}	2.72
30	70	4.7×10^{-3}	2.45
50	50	4.76×10^{-3}	2.19
63	37	4.9×10^{-3}	1.97
80	20	5.14×10^{-3}	1.92

注：这是在 280℃时测试的。

（3）降低表面张力和黏度的措施。

表面张力是一种物理现象，对软钎焊接的润湿性是不利的，因此在焊接中我们应当想办法降低表面张力的作用及焊料的黏度。下面是几个具体的措施。

① 适当提高焊接温度可以降低焊料黏度和表面张力的作用。升高温度可以增加熔融焊料内分子的距离，减小焊料内分子对表面分子的吸引力。温度与焊料黏度的关系示意图，如图 6-13 所示。

需要注意的是，温度不能过高，过高时被焊接端子中的基体金属向焊料中的溶解速度会增大；其次，焊料和基体金属的氧化会加剧；在过高的温度下助焊剂的作用就急剧劣化。

最合适的软钎焊接温度应比所使用的焊料的熔点温度高 40～60℃。对共晶成分的锡-铅合金焊料来说，温度宜选用 223～243℃。

② 适当地调整焊料合金比例。锡的表面张力很大，适当增加铅的比例可以降低表面张力。锡-铅合金的比例在 63Sn/37Pb 时，其表面张力就明显地减小了。从图 6-14 中可以看到，当铅的比例在 37%左右时其表面张力就明显地减小，但再减小下去时，表面张力就趋于一个恒定值了。

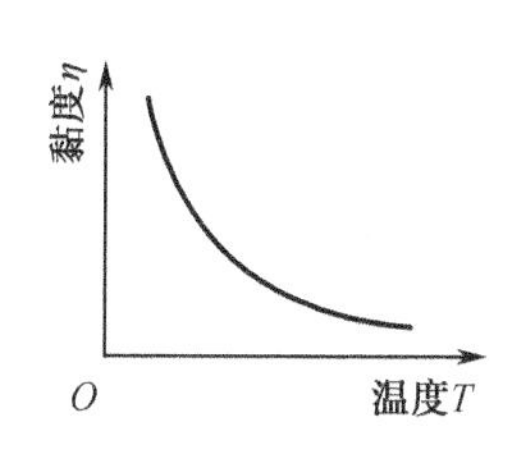

图 6-13　温度与焊料黏度的关系示意图曲线

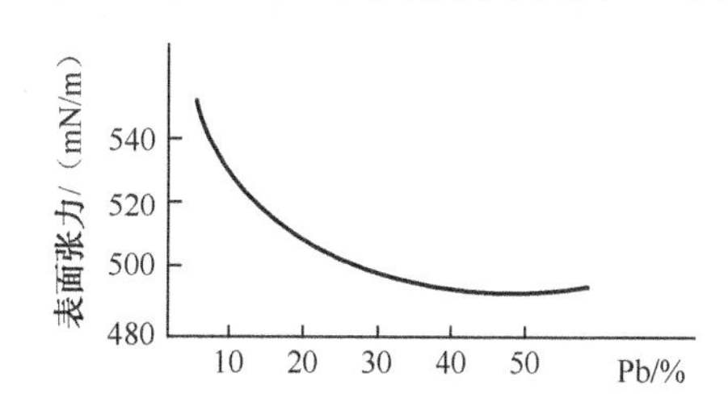

图 6-14　铅的比例变化时与表面张力的关系图曲线

所以，装联技术中长期、普遍使用共晶焊料中铅的比例为37%，从尽量小的表面张力来说，这也是选择的理由之一。

③ 在焊料中增加活性剂能有效地降低表面张力，还可以去掉焊料的表面氧化层。

④ 改善焊接时的环境也可以抑制表面张力。比如，焊接时采用氮气保护可以减少高温氧化，这样就提高了润湿性。因为我们前面讲过，润湿性与表面张力是相互矛盾的，提高了润湿性也就等于降低了表面张力。因此，焊接环境的改变也是一种降低表面张力的措施。目前市面上提供的再流焊接炉，大多都有氮气保护装置，就是为了提高焊接时的润湿性。

6.2.4 软钎焊中毛细管的作用

毛细管现象是液体在狭窄间隙中流动时表现出来的特性。

下面以一个试验来说明这种特性：将一个干净的细管子（平行的两块金属板也可以）插入液体中，这时管子的内侧与外侧的液面高度有所不同，如果液体能够润湿管子，这时内侧的液面将高于外侧的液面，如果液体不能润湿管子，管子内侧的液面将低于外侧的液面。毛细管现象如图6-15所示。

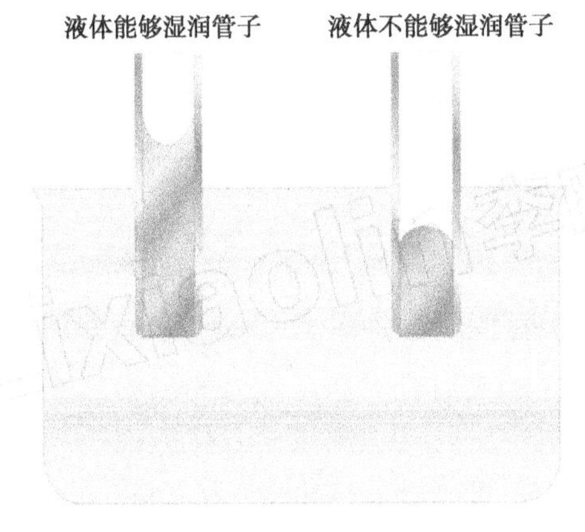

图6-15　毛细管现象示意图*

（1）毛细管特性在焊接中的作用。

在熔融焊料中也存在毛细管现象，这种现象对软钎焊接是有利的，毛细管特性在焊接中的作用如下：

① 在软钎焊接过程中，我们要得到优良焊点，就需要液态焊料能够充分流入两个焊件的所有缝隙中，有了毛细管特性，这一愿望就可以实现；

② 在插装元器件的波峰焊接、手工焊接情况下，当间隙适当时，毛细管作用能够促进元器件孔的“透锡”；

③ 在表面组装元器件的再流焊接中，毛细管作用能够促进元器件焊端的底部与PCB焊盘表面之间液态焊料的流动；

④ 液态焊料在粗糙的金属表面也存在毛细管现象，这有利于液态焊料沿着凹凸不平的金属表面铺展、浸润。

（2）液体在毛细管中的上升高度。

从上面试验我们已经看到液体在干净的毛细管中有内侧高于外侧的现象，这是一种物理现象，对软钎焊接是非常有利的，如何更好地利用这种现象呢？

通过研究，液体在毛细管中的上升高度可以用下式表达：

$$h = \frac{2\sigma}{\rho g r}$$

式中　h——毛细管中液柱的高度（mm）；

σ——液体（焊料）的表面张力（N）；

ρ——液体（焊料）的密度（g/cm^3）；

g——重力加速度（m/s^2）；

r——毛细管半径（mm）。

从上面这个数学公式中可以看出液体在毛细管中上升高度的规律：

① 与表面张力成正比；

② 与液体的密度成反比；

③ 与毛细管粗细有关。

6.2.5　冶金结合理论

软钎焊接的机理还可以从金属间冶金结合的情况来进行分析。

冶金结合，简单点说，就是金属间扩散、溶解的结果。

从金属原子的扩散理论来讲，常温下金属原子以结晶排列，原子间作用力平衡，保持晶格间的形状和稳定，这种情况如图 6-16 中“原晶格型”所示；当升温金属与金属接触时，界面上晶格紊乱，导致部分原子从一个晶格点阵到另一个晶格点阵，熔融锡-铅焊料中的原子置换了铜箔及元件引线中的金属格子，如图 6-16 中“置换型”所示（黑色球替代了红色球）；熔融锡-铅焊料中原子浸入铜箔及元件引线的金属格子内，如图 6-16 中“浸润型”所示（黑色球浸入原晶格中），这就是说金属间原子进行了相互扩散。

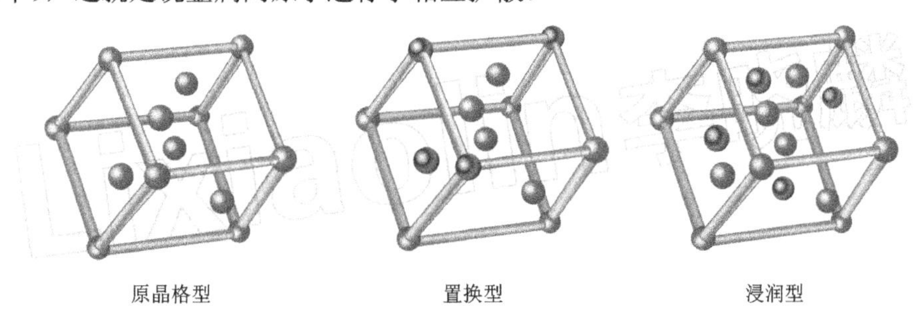

图 6-16　金属间原子扩散类型示意图*

但是，扩散是有条件的，首先，要求相互扩散的两种金属表面清洁，无氧化层或其他杂质，这样两块金属的原子间才会发生引力。这也是焊接前，工艺上要求被焊物一定要满足清洁、干净的原因之一。其次，要求在一定的温度下金属的分子具有动能，可以移动产生扩散。

从金属原子的溶解理论来讲：被焊接金属母材表面的铜分子，被熔融的液态焊料所溶解或溶蚀。

我们以 63Sn/37Pb 共晶焊料为例来看最后冷却凝固形成焊点的结合层情况。共晶的熔点是 183℃，在 210～250℃的温度下焊接时，焊料中的锡和铜生成合金，经过金相断面分析，金属间生成的合金层其成分是：在焊料侧生成 Cu_6Sn_5，在基体金属侧生成 Cu_3Sn。图 6-17 说明了这个问题，下面的铜就是被焊接的母材，上面的铜就是元器件的引脚（或表面元件的焊接端极）、焊接导线等，中间是焊料，在焊料与铜材间有一层合金层，就是金属间结合层。任何一个焊点都有两个这样的合金层，这点可参见图 6-5。

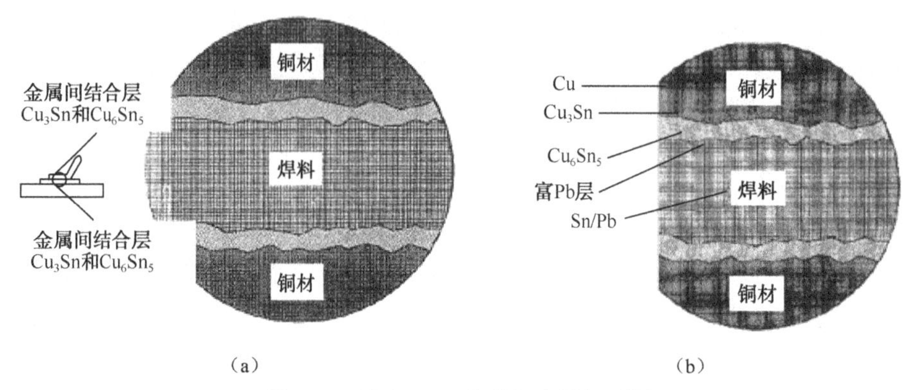

图 6-17　放大 1000 倍的焊点横切面图

6.3 焊接可靠性问题分析

手工焊接和自动化焊接一样，最终追求的是焊点可靠性。前面我们了解了焊料及其性能、焊接原理，有了这些基础知识后，再来看焊点的可靠性与哪些因素有关。

6.3.1 焊缝的金相组织问题

焊缝是软钎焊接中的一个技术术语，简单地说，它是两个被焊接体由焊料填满相互接触后的所有缝隙。一个焊点的焊缝金相组织结构将直接影响着焊点强度和连接可靠性。所以在实际装配焊接中，当自身分析不了焊接缺陷时，就必须借助于专门机构进行焊缝金相组织结构的分析，根据金属间化合物的成分来确认焊接中时间、温度、杂质等问题。所以，从这个角度来看，认识焊缝金相组织是有意义的。

（1）焊点中存在的几种焊缝组织结构。

① 固溶体焊缝组织。

一般来说，固溶体组织具有良好的强度和塑性，有利于焊点的性能。固溶体是元素之间在固态下相互溶解而形成的一种合金相。也就是说，合金的组成元素以一种元素的原子变为另一种元素空间点阵的一部分的方式互溶所形成的一种合金相。固溶体不同于金属间化合物，在晶格内，不同原子呈现规则的化学排列时称为化合物，而原子排列完全不规则时称为固溶体。

② 共晶体焊缝组织。

在共晶体焊缝组织中，一个是焊料本身含有的大量共晶体组织，即不同熔点的两相（锡和铅）组成的混合物，这种共晶组分冷却后形成细晶粒混合结构；另一个是焊料与固体母材形成的共晶体。两种共晶体都是焊缝组织的成分。

③ 金属间化合物焊缝组织。

前面我们已经分析了一个焊点在冷凝后所形成的两个界面，界面中析出金属间化合物。除了扩散、溶解可以形成化合物，由母材和焊料在一定温度和时间的作用下也可以生成金属间化合物。

如果焊缝中的化合物过多，对焊点的性能就不利了。因为金属间化合物比较脆，与基板材料、焊盘、元器件焊端之间的热膨胀系数差异较大，容易使焊点产生龟裂造成电路失效。

（2）从扩散过程分析焊缝组织。

我们以 63Sn/37Pb 共晶焊料与铜表面的焊接为例来说明这个问题。

焊接时当温度达到 210～230℃时，Sn 向 Cu 表面扩散，而 Pb 是不扩散的。共晶焊料熔融的初期生成的 Sn-Cu 合金为：Cu_6Sn_5（也称为η相），其中 Cu 的质量百分比约为 40%。

随着温度升高和时间的延长，Cu 原子溶解到 Cu_6Sn_5 中，局部结构就转变为 Cu_3Sn（也称为ε相），Cu 含量由 40%增加到 66%。当温度继续升高和时间进一步延长时，Sn/Pb 焊料中的 Sn 不断向 Cu 表面扩散，这时在焊料一侧只留下 Pb，形成富 Pb 层。Cu_6Sn_5 和富 Pb 层之间的界面结合力非常脆弱，当受到温度、振动等冲击时，就会在焊接界面处发生裂纹。这种焊缝结构的变化情况如图 6-18 所示。

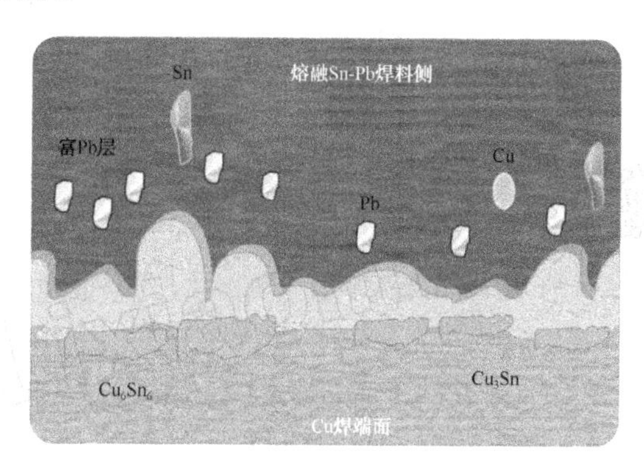

图 6-18　焊缝结构的变化情况

图 6-18 中尽量模拟了几种金属原子（Sn、Pb、Cu）在温度、时间的作用下产生反应的情况，可以看到焊缝中的反应是非平衡的，并且几种反应往往在焊缝中同时发生；焊缝形成的主要结构有固溶体、共晶体、金属间化合物。

焊缝组织结构照片如图 6-19 所示，箭头所指是 Cu_3Sn。

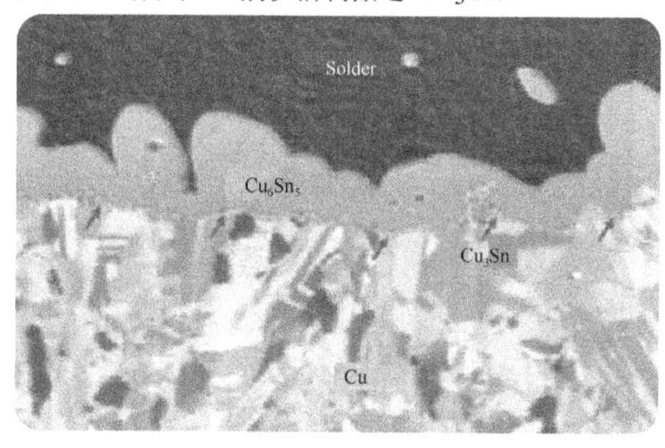

图 6-19　焊缝组织结构照片

所以，通过分析焊点的焊缝组织我们知道了要想获得牢固焊点的根本因素。无论是手工焊接还是设备焊接，温度和时间都不能太长，避免形成富 Pb 层的情况发生，所以焊接要有严格的工艺控制，特别是手工焊接，温度和时间由操作者个人掌控，如果不按工艺规定操作，虽然焊点照样可以通电，电路指标参数照样可以通过，但随着时间的推移，外界条件一旦恶劣，焊点产生裂纹的故障就不可避免了。

（3）焊缝组织中金属结构成分比较。

前面的分析使我们了解了焊缝组织在焊接时金属原子间所产生的化合物情况，为了更好地记忆，表 6-6 将焊缝的 Cu_6Sn_5 和 Cu_3Sn 金属间化合物的一些特点性质进行了比较。

表 6-6　Cu_6Sn_5 与 Cu_3Sn 金属间化合物比较表

名　称	分子式	形　成	位　置	颜　色	结晶形态	性　质
η相	Cu_6Sn_5	焊料润湿到 Cu 时立即生成	Sn 与 Cu 之间的界面	白色	截面为六边形实心和中空管状，还有一定量五边形、三角形、较细的圆形状，在焊料与 Cu 界处有扇状、珊瑚状	良性
ε相	Cu_3Sn	温度高、焊接时间长引起	Cu 与 Cu_6Sn_5 之间	灰色	骨针状	恶劣，强度差，脆性

6.3.2　金属间结合层的厚度问题

一个良好焊点，金属间结合层的界面在显微金相组织下所呈现的主要应是铜锡合金薄层。这个薄层厚度又是多少呢？

前面提到在用锡-铅合金焊料对铜基体焊接时，在熔融焊料与基体金属的界面上，由于扩散作用，从焊料方面看，仅有 Sn 参与了反应，Pb 没有参与化合物反应，并从基体金属内部扩散。相反，从基体金属方面看，基体金属与焊料之间的反应是基体金属在液态焊料一侧的溶蚀，并扩散到焊料中去。这种在界面上以原子量的比例按化学方式结合起来的金属间化合物靠近焊料一侧形成了 Cu_6Sn_5（η相），而靠近铜的一侧形成了 Cu_3Sn（ε相），当温度超过 300℃时，还有其他相，如 $Cu_{31}Sn_8$（γ相）以及不明合金产生。根据这些情况，国内试验报告认为：合金的厚度为 1.3～3.5μm 时比较合适。

金属间结合层最佳厚度示意图如图 6-20 所示。

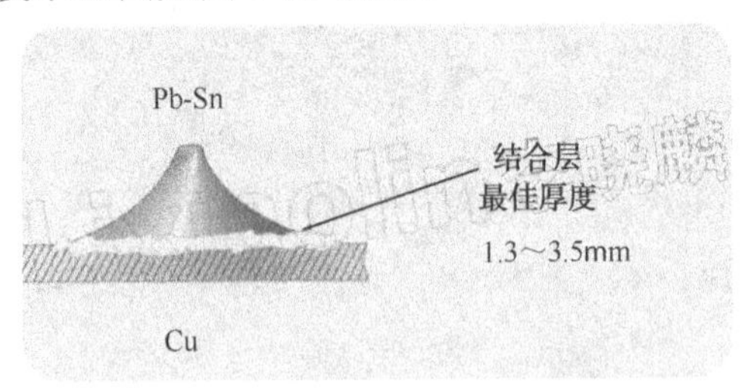

图 6-20　金属间结合层最佳厚度示意图*

但如果厚了或薄了对焊点强度有哪些影响？专家认为：

- 结合层厚度为 0.5μm 时，焊点抗拉强度最佳；
- 结合层厚度为 0.5～4μm 时，焊点的抗拉强度可以接受；
- 当厚度小于 0.5μm 时，由于金属间合金层太薄，几乎没有强度；
- 当厚度大于 4μm 时，由于金属间合金层太厚，使连接处失去弹性。

金属间结合层太厚使结构疏松、发脆、强度变小，因而在外界作用下极易使焊点产生龟裂，如图 6-21 所示。

图 6-21　焊料太厚造成龟裂的实物图*

另外，金属间结合层的质量与厚度也和一些因素有关系，比如：

- 焊料的合金成分和氧化程度。特别是焊膏，要求其合金组分尽量达到共晶或接近共晶；含氧量小于 0.5%，最好控制在 80×10^{-6} 以下。
- 助焊剂质量的要求，应能满足净化表面，提高润湿性。
- 被焊接金属表面的氧化程度必须满足焊接工艺要求。因为只有在净化的表面，才能发生扩散反应。
- 把控正确的焊接温度和焊接时间。

操作上焊接时间和焊接温度的矛盾，常常是装联技术中不易把控的事情，因此对合金层厚度的形成也是有很大影响的。

焊接热量是温度和时间的函数，它们的关系如下：

- 焊点和元件受热的热量随温度和时间的增加而增加。
- 金属间结合层的厚度与焊接温度和时间成正比。
- 共晶焊料在 183℃以上开始熔化，当没有达到 210～230℃时在 Cu 和 Sn 之间扩散、溶解，这时是不能生成足够的金属间结合层的。只有在 220℃维持 2s 左右的条件下才能生成良性的结合层。但焊接温度更高、时间更长时，扩散就加速，生成过多的恶劣金属间结合层，使得焊点变成脆性而多孔。

因此，必须运用焊接理论来控制温度和时间的关系，才能获得一个可靠的焊点。

6.3.3　焊点的焊料量问题

关于焊点上焊料量的多少问题，在装联技术中很多人，不仅是操作者，也包括不少质检人员、工艺人员、电路设计人员都认为，焊点上的焊料量宁多勿少，多了强度好。实际上这是一种错误的观念。

大量的研究试验结论表明：软钎焊接的结合强度不取决于焊接部位焊料量的多少，焊料量对单元面积的强度影响不大。

我们通过前面对焊缝组织结构的分析，其实已经看出了一个焊点如果焊料多了会造成什么影响。为了使读者更好地把控一个优良焊点的焊料量，这里以美国波音飞机公司的一个贴装圆形截面引线的焊料量定性规定为例进行介绍。

在图6-22中，过引线外圆周上的A（或B）点，以引线半径r画一圆弧与接触角为15°的射线相切。该曲线下部的焊料量直接影响焊接强度，而位于该曲线上部的焊料量对强度几乎没有什么影响。当曲线半径r增大，失去凹弧并与接触角为45°的一边完全重叠时，一旦超过直线其强度测试值的误差就变得很大，平均抗拉强度也比最高值低。

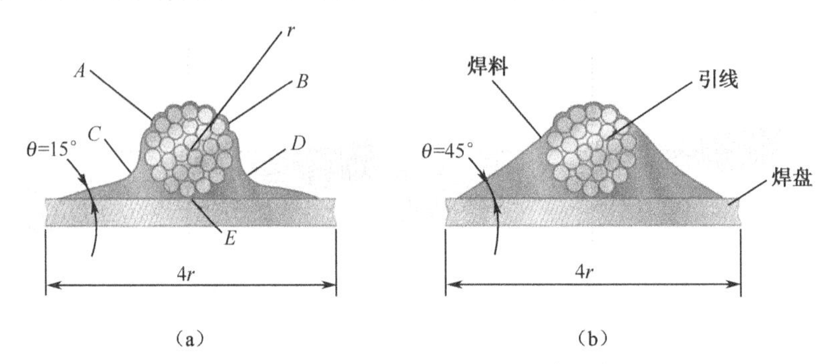

图6-22　焊点焊料量的最小和最大限度示意图

根据图6-22美国波音飞机公司的规定是：

A—*B*段：应以最小的焊料覆盖在引线上；

*C*段：呈凹状的平滑外貌；

*D*段：包括焊盘、引线和焊料在内的整体要求无多余物；

*E*段：在此点引线、焊盘和焊料必须完全融合在一起，且引线要求紧贴在焊盘上。

上面是对贴装在PCB焊盘上的圆形截面引线焊料量大小的工艺要求，其实所有的优良焊点几乎都具有这样的特性。因此我们完全可以借鉴这个规定对软钎焊的所有焊点按此标准进行操作。

6.4 手工焊接常规要求

在电子装联中手工焊接是最基本的一项操作，看似简单，其中所蕴藏的知识通过前面的学习，我们已经知道是很不简单的。这就是为什么电子设备中成千上万个焊点极难做到百分之百的优良焊点、良好焊点的原因。而要焊好每一个焊点，我们还必须通过以下的学习来进一步把控焊接工艺。

6.4.1 焊接质量概念

（1）质量的定义。

在ISO 9000:2000质量管理体系中对质量的定义是：质量是一组固有特性满足要求的程度。

固有特性是指事物本来就有的，尤其是永久性的特性。比如事物的功能、安全性、维修性、可靠性、交货期等特性。

质量程度，在软钎焊接中，就是我们前面所论及的润湿角大小问题。这些润湿角“大与小”针对用户要求的不同，其满足程度就不同。

世界上的所有事物，都有哲学的道理在其中，只有充分（或有意识）将事物通过哲学的方式加以理解、认识，我们才能对事物把控好。

软钎焊中有很多相互矛盾的因素，比如润湿和表面张力的矛盾、温度和时间的矛盾等，我们不能只追求一面而不顾及另一面的影响。任何情况下，我们只能去寻求矛盾的平衡，而不是消灭矛盾，这就是用哲理来领悟焊接质量的真谛。

（2）焊点的质量要求。

在常规情况下，我们不可能通过分析合金层结合的情况来检查焊点的质量，更多的是对焊点的外观表面提出要求。只要满足这些外观要求，质量就能保证了。

一个合格焊点的外观应整洁，焊料平滑、均匀，无气孔、拉尖、挂锡、锐边、虚焊、漏焊、焊剂残渣及夹杂物等非晶态；要求有连续良好的润湿表面，并且锡量要适中并略显露导线轮廓；焊点与相邻端子及导电体焊料之间不应出现拉丝、桥接等。

良好焊点的外观示意图如图 6-23 所示，这是多股导线与被焊端子的横切面图。

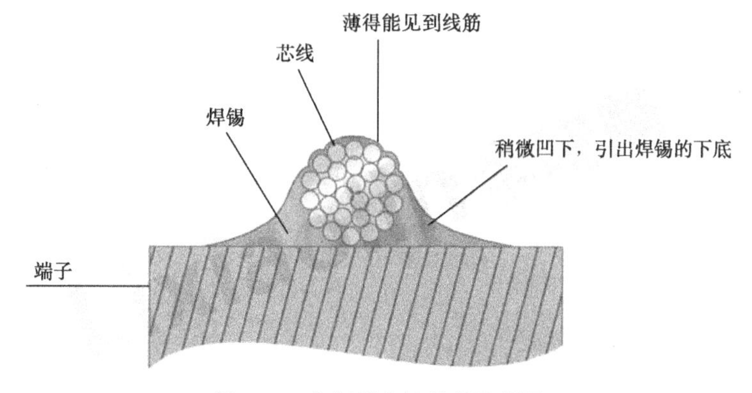

图 6-23　良好焊点的外观示意图

需要说明的是，当存在下列情况时焊点呈暗灰色是允许的：

- 焊点焊接采用的不是 Sn63/Pb37 焊料；
- 焊接端子为镀金镀银件；
- 焊点冷却速度缓慢（如热容量大的焊接端子），需重复焊接的焊点，但不应有过热、过冷或受扰动的焊点。

6.4.2　焊接质量的外观把控

本节选择了一些焊点外观质量实例，没有选择 PCB 上焊点的好与差、可接收、不合格等，因为 PCB 介绍得较多，大家都已熟悉。下面介绍的一些焊接情况，一般来说，不易很好地把控它们的焊接外观，同样的东西，可能会因操作者的经验不同而结果不一样。

（1）润湿及焊缝的外观把控。

焊料应润湿全部焊接部位的表面，并围绕焊点四周形成焊缝，如图 6-24 所示。

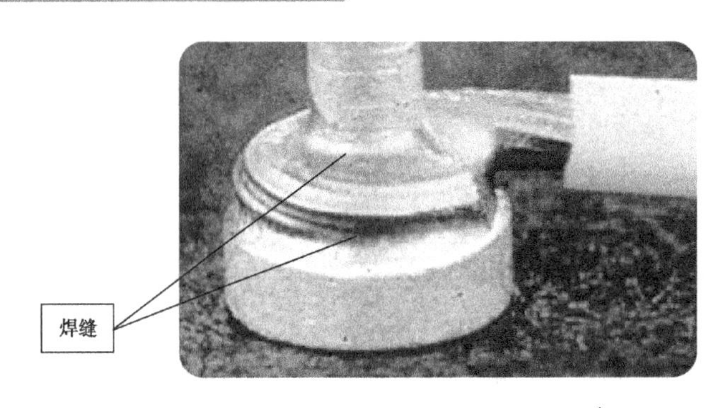

图 6-24　柱状端子良好焊点的外观实物图*

（2）焊料覆盖面的外观把控。

焊点的焊料量应少，焊料量以能覆盖全部焊接部位且润湿为准；焊点中的导线轮廓及焊接部位应能清晰可辨。图 6-25 是良好焊点的实物图，图中用一根导线在同方向上将屏蔽导线的屏蔽层引出，可以看出焊接导线的焊点与屏蔽层润湿非常良好，引出导线的多股芯线和屏蔽层的编织轮廓透过薄锡都十分清晰，焊料虽少但不失牢固可靠，焊点光滑连续、有光泽，所有剥出部分的屏蔽层均有薄锡均匀覆盖且润湿良好。

为了更好地说明焊接外观质量问题，将同样东西进行比较。图 6-26 具有和图 6-25 同样的焊接情形，焊点的焊料润湿良好，但焊料显得多了一些，焊点中导线轮廓和屏蔽层编织轮廓完全被焊料包围了，被焊接导线轮廓不能辨认。这样的焊点不能算是优良焊点，但可以接受。

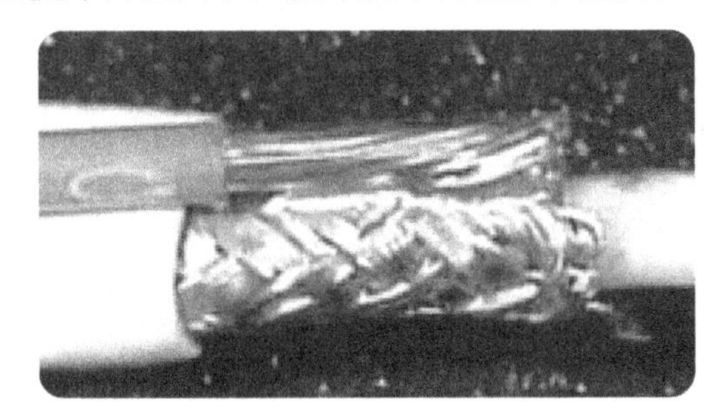

图 6-25　导线和屏蔽编织层焊料覆盖情形实物图*

图 6-26　润湿但焊料稍多*

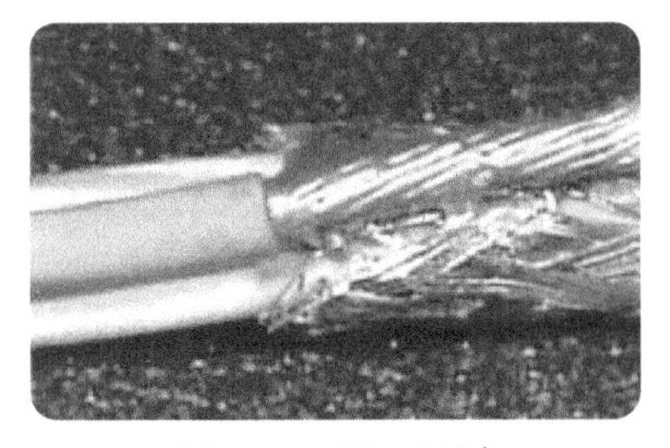

图 6-27　不润湿焊点*

像图 6-27 这样的焊点，就是典型的不润湿焊点，焊接导线的芯线有明显的不润湿部位，被焊接屏蔽导线的编织层不仅编织套散乱也不润湿，而焊料没有连续性，即焊点不合格。

（3）焊料浸润的把控。

对焊接前需要预处理的一些导线、引脚、端子等，其焊料浸润质量的把控，以图 6-28 所示的同轴电缆内导体为例进行说明：图 6-28（a）焊料润湿且能看见芯线原绞合状态，通过焊料所呈现的光泽，说明焊接温度把控得好，焊料量适中。

两幅同样的图比较后，不难看到图 6-28（b）虽然润湿，但很明显由于焊接温度稍高，把控得不太好，造成焊点光泽没有图 6-28（a）好，且焊料量稍多。

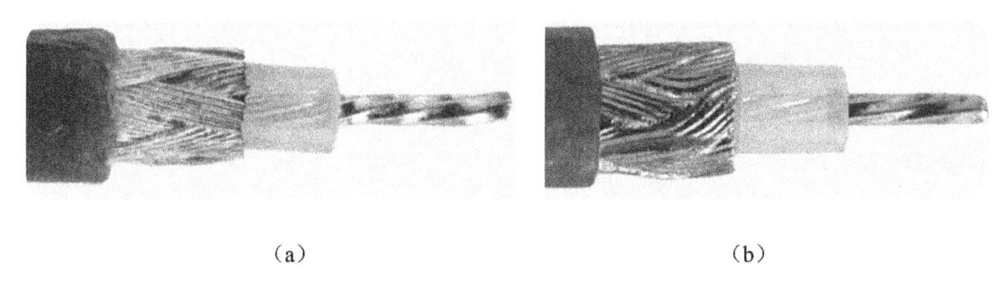

（a）　　　　（b）

图 6-28　焊接前预处理的浸润实物图

（4）焊点凝固后的把控。

共晶焊料从室温升到熔点 183℃，体积会增大 1.2%，而从 183℃降到室温，体积会收缩 4%，因此锡-铅焊料焊点冷却后有缩小的现象。

对于这点很多人没有意识到，但在要求精细焊接的一些地方（如天线的焊接、高频电缆的焊接、小型微波器件端子的焊接等），对这类焊接质量问题就要有所认识并把控好焊料量。图 6-29 是高频电缆插针的焊接，小孔中的焊料与同轴导线相焊接。焊接时几乎不用另加任何焊料，因为焊接前需要像图 6-28 那样进行预沾锡，插针是镀金件，极易沾锡，烙铁上稍多一点锡就沾到小孔四周了。图 6-29（a）焊点润湿有光泽，凝固前焊料应该是与被焊接件端面齐平的，由于焊料凝固后的收缩现象，所以在端面焊料稍有下凹，但这正是需要的焊点。与图 6-29（b）比较，由于烙铁带了锡进行焊接，或同轴电缆芯线预沾锡时焊料多了，造成焊料溢出，且焊接时间较长，致使绝缘介质外边沿呈微喇叭状。

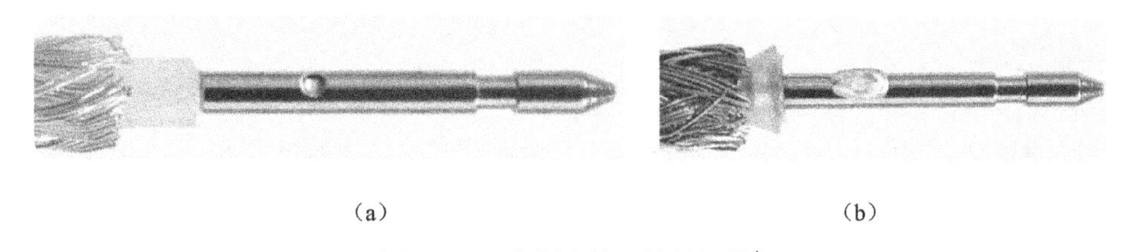

（a）　　　　（b）

图 6-29　高频电缆插针的焊接*

6.4.3　手工焊接温度和时间的设定

由于手工焊接的灵活性，它可以应对几乎所有软钎焊的地方，如 PCB 上的焊接、整机中各种端子的焊接、高低频电缆的焊接、微波模块器件的焊接等。要应对这么多且热容量不同的被焊端，其焊接温度和时间的确定不可能通过简单的限定来决定。手工焊接同其他焊接工艺一样，必须正确地控制焊接温度，这对保证焊点的质量是非常关键的。如果对一个焊接状态不能把控，可以对焊点金属间合金层的厚度和形态进行检测，就能确定施加在焊点上的焊接热量是否合适。因为金属间化合物层的厚度可以说明焊料与被焊接端之间是否发生了良好的金属反应。

为了保证焊点有良好的机械连接，就必须控制金属间化合物层的厚度。金属间化合物层的增长速度取决于焊接温度和焊接时间。焊接温度太高、焊接时间太长会使金属间化合物层变厚，这会使焊点太脆；而金属间化合物层太薄，则说明焊接温度不足，可导致冷焊点。因此，手工焊接时应把控下面几点。

（1）行业标准中焊接温度和时间的规定。

我们首先关注一下有关标准对焊接温度和时间的规定。

在电子行业军用标准 SJ/T10188-91 中规定：

印制电路板组装件的实际焊接条件如下。

- 多点一次焊的典型焊接条件应是：温度为 250℃，时间为 2～5s;
- 烙铁焊接的极限条件应是：温度为 400℃，时间为 1s。

在 SJ20353-93 标准中，对元器件、焊片、导线浸锡的温度和时间的要求见表 6-7。

表 6-7　元器件、焊片、导线浸锡的温度和时间的要求

浸锡方法	浸锡温度/℃	浸锡时间/s
恒温锡锅	260～280	≤2
超声波浸锡机	240～260	1～2

在航天行业标准 QJ201A-99 中规定：

焊料温度为 232±5℃，允许焊接时间小于 3s。

在 QJ3011-98 标准中规定：

手工焊接温度一般应设定在 260～300℃，焊接时间一般不大于 3s，对热敏元器件、片状元器件不超过 2s，若在规定时间内未完成焊接，应待焊点冷却后再复焊，非修复性复焊不得超过 2 次。

通过这些标准我们可以看到，焊接温度和焊接时间在这些标准中的规定都不一样，但这些要求和规定应该说都是正确的，无论对于什么样的被焊接端子形式，这些标准所给出的温度范围都能满足焊接要求。

（2）适当的温度并均匀加热。

手工焊接的温度和时间的确定只是焊接的一个首要条件，在具体操作上还必须把控适当的温度和均匀的加热问题。

例如，在 PCB 的焊接中，需要考虑一些受热的相关因素，如印制电路板、印制导线和焊盘、元器件等所能承受的最高温度，然后再针对被焊接的元器件所需热容量，确定一个合适的焊接温度和时间。

手工焊接中往往有一种做法，为了提高焊接效率而将焊接温度提高，这样其实影响了合金层的最佳形成效果，温度太高操作中容易手忙脚乱，质量下降，反倒使焊接效率降低。过高的焊接温度对焊锡的状态和助焊剂的分解都是不利的，对于印制电路板，会导致焊盘剥落。

因此，应按被焊接端子的大小、焊接温度的条件，确定一个较为准确的焊接温度和焊接时间。如表 6-8 所列的条件，焊接温度应控制在 230～250℃，一般情况下手工焊接的最高温度不要超过 280℃，并且应使烙铁处于最佳的加热状态下。需要注意的是：这里所说的焊接温度是指烙铁头的温度，而非焊接设置温度。

表 6-8　决定焊接温度的条件

焊锡状态	220℃以下	扩散不足，焊不上
	220～250℃	抗拉强度大、生成金属化合物
助焊剂（松香）	210℃以上	开始分解
印制电路板	260℃以上	焊盘有剥落的危险

（3）合适的时间。

同温度条件一样，加热的时间也是重要的因素之一。从理论上讲，扩散是由温度和时间来决定的。但在手工焊接时，应使温度保持一定，根据润湿状态来决定时间。自动焊接也同样，必须优先决定焊接时间。

手工焊接的时间是烙铁对焊点加热过程中进行物理和化学变化所需的时间。包括焊料熔化所需时间、被焊接件达到焊接温度所需时间、助焊剂发挥作用所需时间以及焊料和被焊金属间形成合金所需时间。上述所需时间基本上是同时进行的，应在较短时间内完成，一般需要 2～3s。

焊接时间和焊接温度密切相关。在焊接温度确定后，焊接时间应根据被焊金属的润湿状态及使用的助焊剂的助焊性能等来决定。既要保证焊接质量，更不能因过热而损伤导线、元器件等焊接件。

手工焊接应使用含 R 型（纯树脂基助焊剂）或 RMA 型（中等活性树脂基助焊剂）焊剂芯的丝状焊料，焊点大选取粗一点的焊丝，焊点小选取细一点的焊丝。这样在焊接时间上就更容易控制，否则一个大焊点用很细的焊丝，在烙铁加热过程中需要不断地送焊丝，焊接时间就不好控制，焊接后的焊点质量肯定不是最佳的，这种现象在生产线上经常见到。

6.4.4　焊接条件的保障

除确定焊接温度和焊接时间外，在焊接条件上也应予以保障。手工焊接的工艺上有哪些焊接条件需要保障呢？

（1）不同的焊接对象应选用不同瓦数的电烙铁进行焊接，以保证焊接质量。

① 焊接大功率晶体管、继电器、电感、变压器、阻流圈、开关、指示灯时，宜采用 45～75W 电烙铁，焊接时间一般不超过 3s。

② 焊接一般插装组件时，宜采用防静电智能电烙铁，焊接温度控制在 250±5℃，焊接时间一般不超过 3s。

（2）随时保持烙铁头干净。

在每焊接一个焊点前，应清除烙铁头上的氧化物及污物，这样有助于助焊剂充分发挥作用，并且也可提高熔融焊料的流动性。

（3）适当的助焊剂用量。

在对一般焊接端子的焊接中，特别是 PCB 元器件的焊接，是不用另外再加助焊剂的，焊锡丝里的助焊剂就足够了。但是，焊接大一点的焊接端子时，往往需要再涂覆助焊剂。这种情况下的助焊剂用量应适当控制，同时要考虑焊后的清洗工艺及要求。

（4）多个焊点的情况。

对于两个或两个以上的焊点（工艺上规定一个焊接端一般是不能超过三根引线的），此时不能一根导线一根导线地焊接，所有焊点要力求一次焊成，先将几根导线（或引线）整形好，绞紧后再施焊，焊料对引线和焊接物呈完全湿润状态，它们之间没有明显的分界线，若未焊上，应待其自然冷却后才能复焊。

6.4.5 手工焊接要点

很多操作者尽管干了好多年电子装联工作，但对焊接操作的要点未必了解。只有掌握理解了这些要点，才能成功焊接出优良焊点。

手工焊接的基本过程是：

① 准备。

在准备阶段应有一个干净的烙铁头，而能够做到这点的要求是：

- 最好在每个焊点焊接前都对烙铁头进行清洁。
- 烙铁头前端因助焊剂污染，易引起焦黑残渣，妨碍烙铁头前端的热传导。
- 每天使用前应用清洁剂将海绵清洗干净，沾在海绵上的焊料附在烙铁头上，会导致助焊剂不足，同时海绵上的残渣也会造成烙铁头二次污染。
- 烙铁头的温度超过松香熔化温度后插入松香中，使其表面涂覆一薄层松香；或在电烙铁刚刚能够熔化焊料的温度下将烙铁头涂覆一层薄锡焊料，然后再开始进行正常焊接。

② 电烙铁加热焊点。

- 焊件通过与烙铁头接触获得所需要的热量。
- 烙铁头应同时最大限度地接触需要互相连接的两个焊件（比如对于 PCB，就是器件引脚与焊盘），烙铁头一般倾斜 45°，应避免只与一个焊件接触或接触面积太小的现象，如图 6-30 所示。

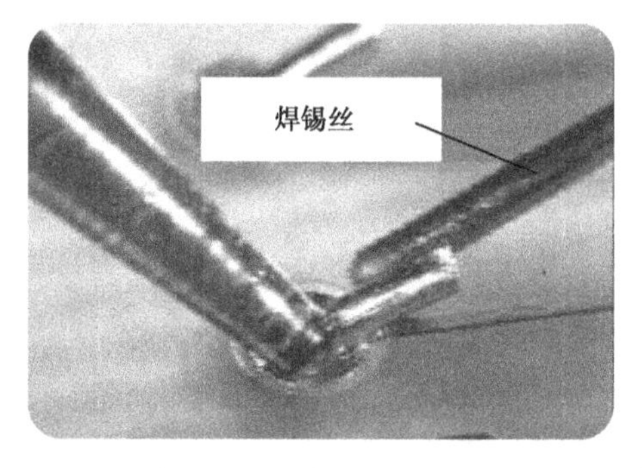

图 6-30　烙铁头最大限度地同时接触引脚与焊盘*

注意：这一步只是加热需要焊接的两种金属受热件。

③ 添加焊料。

- 此时应注意送入焊锡丝的时机：原则上是在焊件温度达到焊锡丝熔融温度时，立即送上焊锡丝。
- 送焊锡丝的方向是有讲究的，焊锡丝应最先接触在烙铁头的对侧（最远的位置），因为熔融的焊料具有向温度高的方向流动的特性。在对侧加焊料是因为焊接点最低温度能够熔化焊料，其他部位会很快流到烙铁头接触的位置，焊料不足时，焊锡丝再往烙铁头两侧滑动一下，这样可保证焊点四周同时均匀地布满焊料，如图 6-31 所示。

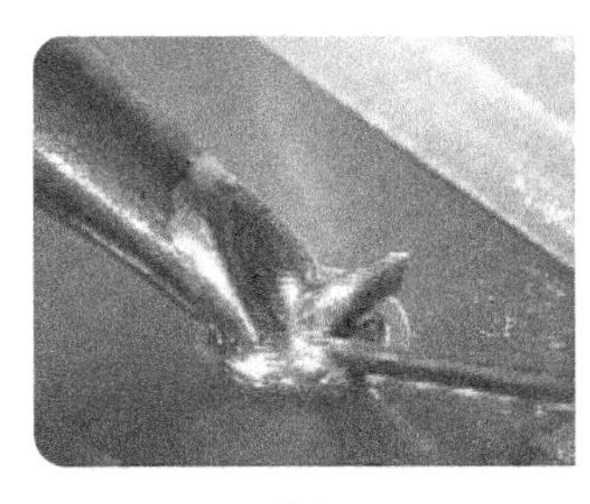

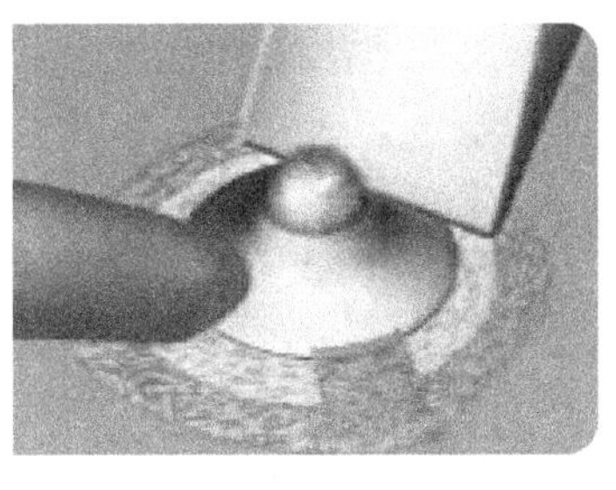

（a）　　　　　　　　　　（b）

图 6-31　焊接中送焊锡丝的方向*

通过图 6-31 中（a）图我们可以看到，在快焊接完毕的时候，焊点上方还有一些烟雾，这是助焊剂的作用，说明焊接过程中温度及焊接进程都掌握得十分得当。通过图 6-31 中（b）图我们可以看到，焊锡丝放在烙铁头的对面，距加热点最远。

④ 焊接。

- 在焊接过程中，需要把控焊料量。焊料量应确保润湿角在 15°～45°，以保证焊料覆盖住连接部位并形成半弓状向下凹的焊点形状，如图 6-32 所示。
- 焊盘大、引脚粗就要适当增加焊料，此时把控送焊锡丝和焊接的时间即可，焊完后的焊点应是润湿圆滑、焊料连续、有光泽且能看清工件的轮廓。
- 烙铁头与焊件接触时应施以适当压力，以对焊件表面不造成损伤为原则。

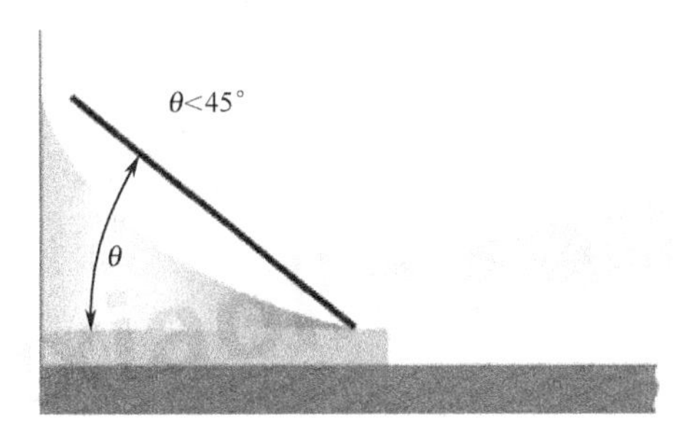

图 6-32　焊料与润湿角的正确要求示意图

⑤ 焊接时的错误动作。

若供给的焊锡丝直接放到烙铁头上，这时焊锡丝会很快熔化并覆盖到烙铁头接触点的焊接处，工件其他部位可能此时还未达到焊接温度（烙铁头没有接触到，温度肯定低于烙铁头处），并且此时焊料首先在烙铁头处熔化，由于温度高，助焊剂差不多全部被分解挥发，还没有在引脚和焊盘上充分清除氧化层，它已经失去了应有的作用，这样容易造成虚焊，不仅影响焊接质量，还污染了操作环境。

通过图 6-33（a）实物图和图（b）示意图，我们可以看到焊锡丝在烙铁头上的烟雾很大，说明助焊剂挥发得很快，而此时引脚和焊盘还几乎没有焊料，没有了助焊剂的焊料流动变得很差。

图 6-34 则向我们展示了错误操作而不润湿的情况，当然这是引脚和焊盘都有严重氧化层的一种情况（也可以说，由于烙铁头加热、焊锡丝放置错误，导致引脚和焊盘过度加热而氧化），但它说明无论在烙铁头上加多少焊料，焊料就是不流动，完全不润湿。

⑥ 冷却。

焊点冷却的过程首先应取决于焊锡丝和烙铁头的拿开时机和方向。

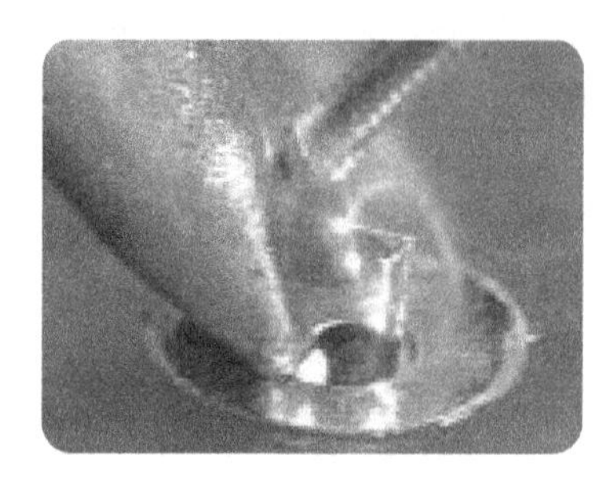

（a）实物图

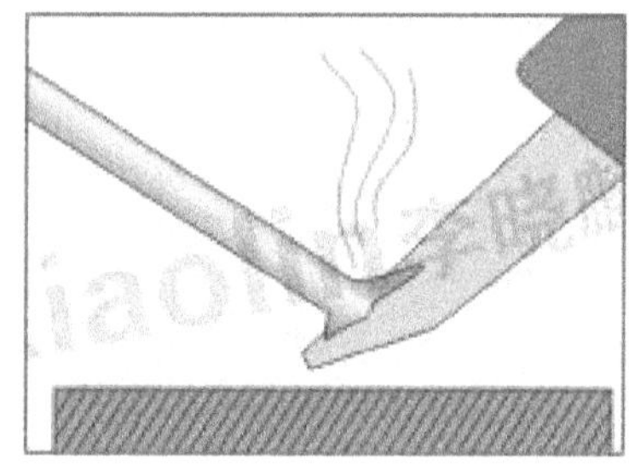

（b）示意图

图 6-33　焊接动作错误实物图及示意图*

- 焊锡丝拿开的时机需把控好，动作要快，注意一定要比电烙铁先拿开，如图 6-35 所示。
- 焊料已充分润湿焊接部位，而助焊剂尚未完全挥发，形成光亮的焊点后立即拿开烙铁头。若焊点表面无光泽、粗糙、有毛刺，说明拿开时间晚了。
- 拿开动作要迅速，要沿焊点的切线方向拉出，或沿引线的轴向拉出，在即将拿开时又快速地向回带一下，然后快速拿开，这样冷却后的焊点表面就不会产生毛刺或拉尖。

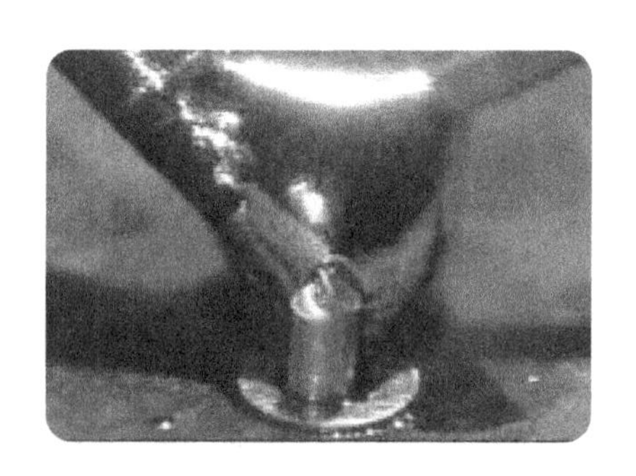

图 6-34　错误操作而不润湿的实物图*

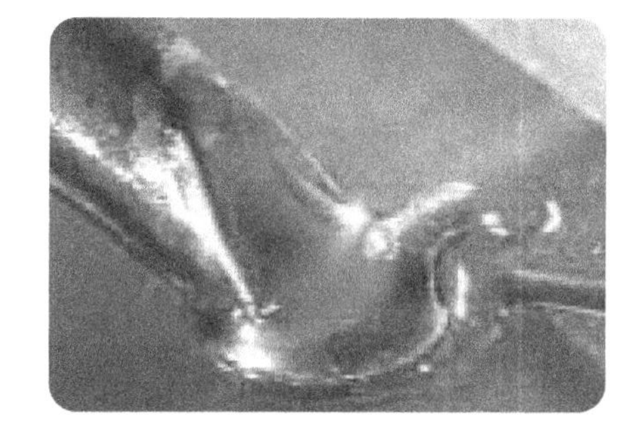

图 6-35　焊锡丝和烙铁头的正确拿开方向实物图*

- 在移开电烙铁的瞬间，是良好合金层形成的最关键时刻，所以被焊接件必须一动不动地维持原状态。有操作经验的人员都有体会，这时人们是“大气都不能出”的（即憋住气），期间手要牢牢地握住工件，让其停留 2～3s，这是手工焊接自然冷却的要点，需要记住的是：千万不要用嘴吹还未凝固的焊点。

总结手工焊接的要点：焊接时间一定要根据电烙铁的温度和热容量、工件的热容量等差异进行适当的调节，对各焊点来说其焊接时间是不完全一样的。在只有数秒的时间内，操作者必须掌握焊接件在“什么时间”、“什么位置”、以“什么顺序”、加“多少焊料”，而且还要很快地判断焊接质量是否良好。整个操作过程反应动作要快，心中要不断地筹划着，掌握好焊料的多少，一旦焊料适量，就要迅速地移开焊料、撤走烙铁，使焊点成为理想的最终形态。

6.4.6　焊接中多余物控制的有效措施

为了方便读者查找方便，先介绍下列有关电子产品多余物控制方面的标准：

- 国军标 GJB5296—2004　电子产品多余物控制要求。
- 航天行业标准 QJ2850—1996　航天产品多余物预防和控制。

- 航天行业标准 QJ3024—1998　弹簧星仪器活动多余物检验方法。
- 航天行业标准 QJ2689—1994　电子元器件中多余物的 X 射线照相检验方法。
- 航空工业标准 HB7128—1994　多余物控制要求。
- 航天行业标准 QJ897—1985　控制产品多余物通用规范。

随着电子产品的微小化，电子装联工艺中必须要求控制多余物，越是质量要求高的产品，对这个要求越是迫切。对多余物的控制看似一个非技术问题，但在装配焊接中，控制起来却不是容易的“小事”。否则就不会有这么多专门对多余物进行控制的标准了。

（1）多余物的定义。

凡是产品上存在与设计文件、工艺文件和标准文件规定以外的、由外部进入，内部产生与产品规定状态无关的一切物质，均称为多余物。

（2）按多余物的性质分类。

按多余物的性质分为宏观多余物、微观多余物和随机多余物。

- 宏观多余物——正常人视力所能看到的一切多余物。
- 微观多余物——标准视力所看不到的需借助放大镜、显微镜或“X”光机看到的一切多余物。
- 随机多余物——产品在交付时并无多余物，但随时间老化，使用状态和环境条件的变化，物理、化学等因素作用而产生的多余物。

（3）按多余物的危害性分类。

按多余物的危害性分为致命多余物、严重多余物和一般多余物。

- 致命多余物——能使产品丧失主要功能，造成致命故障，使其失效，导致设备运行失败的多余物。
- 严重多余物——能使产品某些性能降低造成局部故障，有一定危害影响的多余物。
- 一般多余物——指不影响产品性能，在一般情况下也不会造成致命或严重故障的多余物。

（4）对设计的要求。

很多时候设计师不会在图纸上对多余物的控制问题提出要求，因此工艺人员在审查图纸时，一定要注意对这个问题是否有要求，然后才能进行具体的规划落实。

根据产品特点和性能要求，在设计文件中应规定重点控制部位，规定对产品生产、装配、维修等场地的特殊要求及对多余物的控制措施，规定必要的检查和特殊的检查要求。所以，对多余物的预防和控制应是设计与工艺评审的内容之一。

另外，对材料、紧固件、表面涂覆、相对运动的部件、结构布局、产品的运输条件和使用环境等，设计师也应提出控制要求。

（5）生产现场中多余物的预防和控制。

生产现场中多余物的预防和控制可以从以下方面考虑。

- 设计图纸的会签是否有要求。
- 装配间的布局是否有利于多余物的预防和控制。
- 工艺文件编制（如机柜、机箱的装联）时，应选用合理的工具、仪器及设备（如留屑钳、放大镜、吸锡器、吸尘器、清洗机等），规定多余物检验工序，规定所有必要的检查点。更改工艺或制订返修工艺时，应确保不导致产生多余物，如无法避免，应有控制措施。
- 关键工序和关键部位的要求。

- 焊接过程中的要求。
- 工作台面的整洁。
- 装配现场一般不允许再进行机械加工的规定。
- 减少产品拆装次数。
- 装配对连接器插头座的要求。
- 组件、模块、整机防护喷涂时的保护。
- 装配后无法再进行检查的部位实行双岗制。
- 返修过程中多余物的预防和控制要求。
- 进入装配间暂时无法装焊的零部件处理。
- 所有人员工作服的要求。
- 离线作业的试验现场、调试现场等的控制要求。

6.5 手工焊接工具的选取和焊接技巧

电烙铁是手工焊接的主要工具，虽然现代电子产品的发展已经采用了各种先进的自动化焊接设备，但仍旧不能完全取代电烙铁，它仍是电子产品生产中最基本、最有用的焊接工具。选择合适的电烙铁，以及合适的烙铁头形状，同时正确地使用它们，是保证焊接质量的基础。

6.5.1 焊接工具

由于用途、结构的不同，有各式各样的电烙铁。从加热方式分，有自热式（包括外热式和内热式）、感应式、气体燃烧式等。从功能分，有单用式、两用式、调温式等。还有智能电烙铁，其功率可随被焊面积的大小而自动调节输出。目前电烙铁的种类和品牌很多，下面主要介绍几种最常用的电烙铁。

（1）外热式电烙铁。

外热式电烙铁由烙铁芯、烙铁头和附件等组成。烙铁芯用电阻丝缠绕在圆筒形的云母材料上制成，插入烙铁芯的烙铁头是用传热性能较好的紫铜按所需形状加工制成的。可通过改变烙铁头的长短、形状来控制焊接温度，使用起来非常方便。这是早些年电子装联中普遍使用的电烙铁（现在仍有许多企业在继续使用）。

（2）内热式电烙铁。

内热式电烙铁是由加热电阻丝缠绕在瓷管上制成的烙铁芯，安装在烙铁头内而制成的一种电烙铁。这种内热式电烙铁的热效率高、发热快、体积小、耗电省，是目前手工焊接中广泛使用的较为理想的焊接工具。其外形如图 6-36 所示。

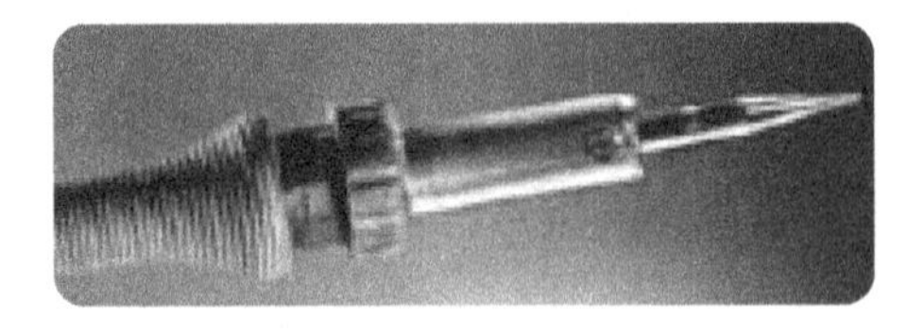

图 6-36　内热式电烙铁的外形

（3）智能电烙铁。

智能电烙铁就是被业界称为“傻瓜”的电烙铁，如 METCAL 品牌，由美国 OK 电子公司制造，国内有相关代理商。

我们知道普通的电烙铁其加热功率是固定的，而 METCAL 电烙铁是一种温度恒定、功率随被焊接端子或被焊接面积大小而自动快速调整的智能电烙铁。

在常规焊接中，对不同的焊点负载所需要的热量是不同的，每一个焊点应当有恰当的焊接温度，但即使确切知道烙铁头有多高的热量，也不可能知道每一个焊点具体需要多少热量，也不可能每焊一个焊点去测量一下（没有这方面的仪器），那么如何控制传递到焊点上的热量呢？传统的电烙铁技术在这方面受到了限制（焊点的热量需求一般是依靠操作者的经验来控制的）。

这种 METCAL 电烙铁的发热体包括两个部分：一个电流源，一个发热元件。发热体本身具有检测及保持预先确定温度的能力。其基本工作原理是：发热元件的设计取决于两种不同金属的电特性及冶金特性，其中一种是高导电体，另一种是阻抗相对较高的磁性材料。当元件通过一个低频交流电流时，电流将很自然地通过整个导体截面。但是，当交流电流的频率增加时，一个有用的物理现象就会出现：电流开始越来越被限制从而流向器件的表面。这种被称为“集肤效应”的现象使大部分电流通过高阻抗的磁性材料层，使之迅速发热。当外层达到特定的温度时（由预先确定的元素决定，所以 METCAL 电烙铁有三种恒定温度的烙铁头供用户选择），另外一个物理现象又发生了：磁性材料层失去了磁性。这个被称为磁性材料的“居里点”温度，使“集肤效应”减弱，因此，迫使电流转向通过高电导率的核心部分。由于内核低阻抗路径和电流流通的大截面区域使相对于电流的整个阻抗显著降低，并且电源提供了一个持续的电流，致使全部功率损耗随着阻抗的降低而成比例地降低。根据给定的“居里点”选择材料可以做出能够通过自我调节来保持特定温度的器件。其结果是这种电烙铁不需要校对，并且会动态地随被加热负载的变化（也是我们常说的不同的焊接端子）做出响应，这就是该电烙铁的智能所在。

如果选定了烙铁头（该品牌有三种固定温度），温度就可以选定了，对器件的安全性，有着其他的电烙铁不可替代的优越性。另外，操作中当焊接不同的端子时（或不同的元器件），或需要换某种几何形状的烙铁头时，其操作非常简单，不需要特殊工具，也不需要断电，在电烙铁靠近手柄处的部位直接用手拔烙铁头即可（发热效能集中在烙铁头上，杆上基本不热），所换的新烙铁头对准缺口一插就好了，只需几秒钟。换好的烙铁头在一二十秒内就能达到焊接温度，不需操作者等候，如果在 30 分种内不使用电烙铁，它将会自动关闭电源，对节约能源、延长电烙铁寿命都有好处。METCAL 电烙铁的外形如图 6-37 所示。

图 6-37 METCAL 电烙铁的外形

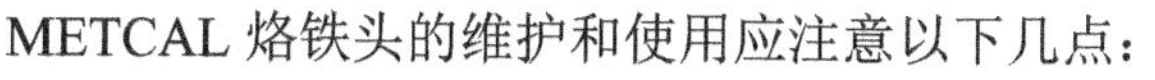

METCAL 烙铁头的维护和使用应注意以下几点：

① 每天使用完电烙铁，应先用海绵把烙铁头清理干净，再将烙铁头沾一下锡。这样焊锡将烙铁头与空气隔绝，可避免烙铁头的氧化，防止烙铁头出现不沾锡。

② 尽量使用低温烙铁头。因为烙铁头温度越高，越容易氧化。在室温下基本不氧化，如果是初次选用 METCAL 烙铁头，应尽量不选用最高温度系列的烙铁头，除非确实需要。

③ 尽量不使用免清洗焊料，因为免清洗焊料含有的酸会腐蚀烙铁头。

④ 正确选用助焊剂。助焊剂的主要目的是去除被焊接物和烙铁头上的氧化物，使得焊接更牢固，但它对烙铁头也有损伤，尤其是活性度较高的助焊剂。所以，一般应选用活性度适中的助焊剂，如 RMA 型助焊剂。

⑤ 如果持续 5 分钟以上不使用电烙铁，可关闭电源，这样可以延长烙铁头的寿命。因为 METCAL 电烙铁升温极快，完全不必担心升温慢对焊接的影响，尽管这种电烙铁有 30 分钟不使用时自动关闭电源的动能。

⑥ 应选用专门清洗烙铁头的海绵。某些海绵受热时会产生损坏烙铁头的腐蚀性物质。含有金属颗粒的不干净海绵，或含硫的海绵会损坏烙铁头。海绵脏了应及时更换，否则脏海绵中的金属颗粒等会磨损烙铁头。

⑦ 更换烙铁头之前，应把主机电源关掉。确认更换的新烙铁头与手柄接触良好后，再打开电源。

⑧ 更换烙铁头时，应使用电烙铁上随配的橡胶带拔烙铁头，不要用钳子等其他工具拔，否则容易损伤烙铁头。

METCAL 智能电烙铁的使用还有一些注意事项，购买时供应商会有一些书面资料，这里就不再赘述了。

6.5.2 手工焊接工具的选用

电烙铁的种类及规格是很多的，而在实际工作中被焊工件的大小又有所不同，因而合理地选择电烙铁的功率和种类，对提高焊接的质量和效率有直接的关系。如果被焊件较大，电烙铁功率较小，则焊接温度过低，焊料熔化较慢，焊剂不能挥发，焊点不光滑、不牢固，这样势必容易造成焊接强度及外观质量的不合格，甚至焊料不能熔化而使焊接无法进行。如果电烙铁的功率太大，则使过多的热量传送到被焊工件上面，使焊点过热，造成元器件的损坏，或致使 PCB 的铜箔脱落，焊料在焊接面上流动过快而无法控制。以下是电烙铁的选用指南供读者参考。

（1）必须满足焊接所需的热量，并在使用过程中能保持一定的温度，电烙铁不能随环境温度的变化而发生变化；

（2）要求温度上升快、热效率高、温度控制精确（刻度盘指示温度与实际烙铁头的温差应小）；

（3）电绝缘性好、外壳接地良好、对元器件不会造成静电感应；

（4）质量轻，使用方便，结构牢固，工作寿命长，维修方便；

（5）应根据被焊接端子的形状、大小选择合适的烙铁头。

电子装联中使用得最多、最普遍的电烙铁形状是锥形和凿形，如图 6-38 所示。

选用电烙铁时在整体上考虑以上要求后，还应对电烙铁的使用场合进行考虑，可参考表 6-9 进行选择。

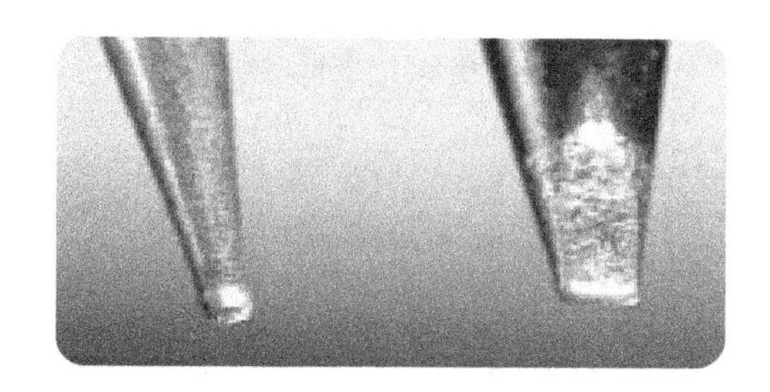

图 6-38　锥形和凿形烙铁头*

表 6-9　电烙铁使用场合参考表

焊件及工作性质	烙铁头温度（室温 220V 电压）/℃	电烙铁的选用
常规印制电路板组件焊接	250±20	20W 内热式，30W 外热式，防静电调温式
集成电路	250～300	20W 内热式，恒温式，防静电调温式
焊片、电位器、2～8W 电阻、大功率晶体管等	300～400	35～50W 内热式，调温式，50～75W 外热式
8W 以上大电阻、2A 以上导线、较大元器件	300～450	100W 内热式，150～200W 外热式
大面积接地或金属板等	400～500	200W 或 300W 以上外热式或火焰锡焊
维修、调试一般电子产品	250±20	20W 内热式，恒温式，感应式，储能式，两用式

注意：此表中温度是指烙铁头的温度，这个值与焊接温度是有差异的。实际使用时，要根据被焊接情况灵活应用。

应注意的是，不要认为电烙铁功率越小，越不会烫坏元器件。

例如，焊接一个普通三极管，因为电烙铁功率较小，它同元件接触后导致热量供应不足，而焊点达不到焊接温度而不得不延长烙铁头停留时间，这样热量将传到整个三极管上并很快使管芯温度达到可能被损坏的程度。相反，用较大功率的电烙铁可很快使焊点局部达到焊接温度，还没有等到热量传递到管芯内部时已完成了外引线的焊接，这样就不会使整个元器件承受长时间的高温，因而不易损坏元器件。这种热损伤器件的例子在生产线上时有发生，还常常找不到原因，最后通过解剖器件才发现管芯内引线过度受热而被损伤。

6.5.3　判断烙铁头温度的简易方法

在手工焊接过程中，我们不太可能时时用点温计去检测烙铁头的温度，温控电烙铁设置的指示温度就是焊接温度，这是一个错误的概念。

一般来讲，设置温度是刻度盘上的指示温度，它与实际测量烙铁头的温度是有差异的。不同品牌的电烙铁，这个差异还很大。当然，设置温度与实测温度之间的差异越小越好，差异越小则说明电烙铁的热效率越好。无论什么品牌的电烙铁，操作中被焊接件的温度是处在一个动态状态下的，如果操作者可以通过随时观察烙铁头热量来粗略把控焊接温度的话，焊接就非常容易操控了。为了避免操作中很多不必要的热损伤风险，表 6-10 给出了一个简单可行的方便判断烙铁头温度的方法。如果结合这个方法用心体会，用不了多长时间，操作者就可以掌握这种方法，对于焊接工作，随时调节并选择合适的焊接温度，从而提高工作效率，保证焊接质量。

表 6-10　观察法估计烙铁头温度

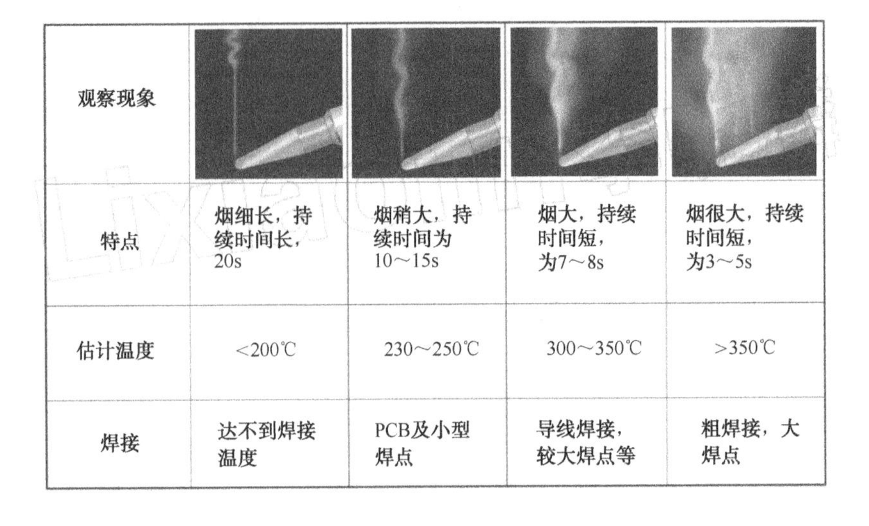

观察现象				
特点	烟细长，持续时间长，20s	烟稍大，持续时间为10～15s	烟大，持续时间短，为7～8s	烟很大，持续时间短，为3～5s
估计温度	<200℃	230～250℃	300～350℃	>350℃
焊接	达不到焊接温度	PCB及小型焊点	导线焊接，较大焊点等	粗焊接，大焊点

6.5.4　电烙铁的使用常识

（1）电烙铁接地要求。

在焊接具有静电敏感器件的印制电路板组装件之前，操作人员在做好静电防护措施外，还必须对电烙铁的接地进行严格的控制。对电烙铁外壳接地装置需进行定期检查，这是一个日常的工艺工作，一定要持之以恒地做好这件事。

（2）新电烙铁使用前处理。

对外热式电烙铁而言，一把新电烙铁不能拿来就用，必须先对烙铁头进行处理后才能正常使用。要用锉刀将新烙铁头按需要锉成一定形状（一般新烙铁头是不能用的），然后接上电源，当热量可以熔化松香焊剂（固体的）时，要立刻将烙铁头涂满焊剂，等温度继续上升松香冒烟时再试试是否可以熔化焊锡丝，一旦可以熔化焊锡丝应立即将整个烙铁头涂满焊锡，此时可让焊锡流淌下来一点，如动作不够快表面会生成难以镀锡的氧化层。内热式电烙铁的头是经过电镀的，这种有镀层的烙铁头，是不需要进行修锉或打磨的，因为这个镀层是保护烙铁头不受腐蚀的。但新内热式电烙铁也应和外热式电烙铁一样要求涂助焊剂、涂焊锡。烙铁头的处理如图 6-39 所示。

图 6-39　烙铁头的处理*

这种具有镀层的烙铁头其几何形状有很多种，可以根据需要选用。只是新电烙铁需要检查接地装置后才能使用。

（3）烙铁头长度的调整。

外热式电烙铁的头可以根据焊接需要，比如选定一把 40W 的电烙铁后，一般能满足所有电子产品的焊接工作，但面对印制电路板上小元器件（集成电路、晶体管等），烙铁头的温度就高了一点，如果长时间不连续操作焊接，烙铁头的温度就会更高，这时如果没有其他小功率的电烙铁，就可将 40W 的电烙铁的烙铁头长度进行适当地调整，往外抽出来一些，其温度就会下降一点，进而达到控制烙铁头温度的目的。这是一个非常有效的方法。

（4）避免“烧死”。

如果电烙铁没有自动断电的功能，不宜长时间处于通电不用状态，因为这样容易使电烙铁芯加速氧化甚至烧断，同时也会使烙铁头因长时间加热而氧化，甚至被“烧死”，即烙铁头不再“吃锡”。

一般烙铁头经长时间使用后，也会发生氧化而不沾锡的现象，这就是“烧死”现象，也称为不“吃锡”，这时就需要重新更换烙铁头了。如是外热式电烙铁，当出现不“吃锡”的情况时，断电、冷却后再用细砂纸或小什锦锉将烙铁头重新打磨或锉出新茬，然后重新镀焊锡就可继续使用了。

为延长烙铁头的使用寿命，必须注意以下几点：

- 经常用湿布、浸水海绵（注意不能以拧出水为佳）擦拭烙铁头，以随时保持烙铁头能够良好挂锡，并可防止残留助焊剂对烙铁头的腐蚀。
- 在焊接操作中，应采用松香或弱酸性助焊剂，严禁使用酸性助焊剂。
- 焊接完毕时，烙铁头上的残留焊锡应继续保留，以防止再次加热时出现氧化层。
- 如长时间暂时不用电烙铁，应将电烙铁的电源断电，以延长电烙铁的使用寿命。很多操作者不注意这点，工艺人员在生产线上应多加以提醒。

6.5.5　电烙铁使用技巧

对于焊接来说，由于存在诸多不稳定因素，所以会出现质量一致性较差的问题，手工焊接更是这样。这里所说的技巧，就是指熟练地使用工具或设备的技巧。电烙铁的使用技巧其实就是一个灵活性的问题，操作时间长了，焊接的端子多了，技巧自然就能掌握了，当然这中间还有一个“悟性”。但只要操作者在实践中善于积累经验，用“心”和用“脑”干活，而不是简单地用手、用眼干活，反复练习，“悟性”来得就更快。下面对电烙铁的一些使用技巧进行介绍。

（1）关注电烙铁的热量传输速度。

你每天使用的电烙铁，是否知道它的热量传输速度及热恢复特性如何？特别当你需要频繁使用电烙铁时，这是焊接技术的关键：热量传输速度越快，对焊料、助焊剂来说，越能更好地进行焊接，并同时清除氧化物和洁净工件。

那么良好电烙铁的热恢复特性怎样？当烙铁头接触焊接件时，热量就被被焊金属吸走，烙铁头的温度就急剧下降。被焊金属和烙铁头之间有接触热阻，因此有一定的温度差，所以不会降到被焊金属的温度以下，而是高于被焊金属的温度。经过一定时间，随着持续加热，温度再度恢复，直到最适合的温度完成焊接。当电烙铁离开焊接件时，烙铁头又恢复到标准的设定温度。这个恢复时间应该越短越好。

图 6-40 所示为电烙铁的热恢复特性曲线。

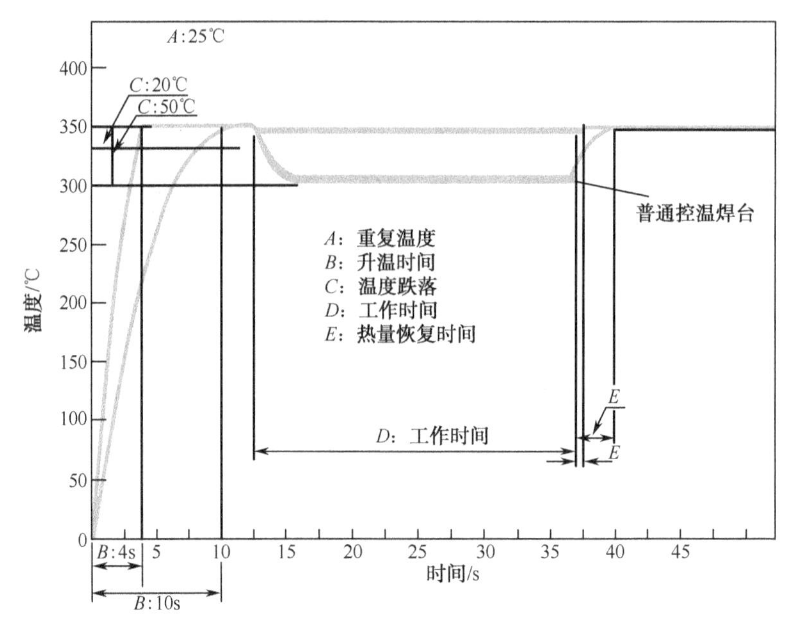

图 6-40　电烙铁的热恢复特性曲线

（2）施加适当的压力。

为了使烙铁头热量迅速传递给被焊接处，除使烙铁头与被焊接件正确接触外，还应施加一定的压力，使烙铁头与被焊接件接触更加紧密，热量能迅速传递，并利于焊料在被焊金属间扩散，形成合金层。需要注意的是施加的压力要适当，太大的压力容易造成印制电路板焊盘受热过量而起翘、整机模块中的被焊端子变形。

严禁在使用电烙铁的过程中甩锡。

（3）烙铁头的几何尺寸选取。

选择合适的烙铁头，对成功的焊接非常重要。烙铁头的几何形状对于优良的热量传输是关键。如果选择不当，电烙铁的热传输速度再好也是“英雄无用武之地”。生产线上很多操作者“一把电烙铁干到底”“一种烙铁头干到死”。也就是说，他们无论焊接什么样的端子，是不会考虑电烙铁的使用功率，更不会去选择烙铁头的几何形状的。

目前市面上的烙铁头几何形状较多，应按不同的焊接对象来选用（提醒：什么品牌的电烙铁，选择什么品牌的烙铁头，品牌不一样烙铁头是不能互换的）。

烙铁头太小则热容量小，焊接时温度下降得就快，需要恢复温度的时间就长。扁平的、钝的烙铁头要比细的、尖的烙铁头传递更多的热量，在能够方便焊接的同时，要尽可能地选择大的烙铁头，这样可以以更低的温度传递更多的热量，同时也可以延长烙铁头的使用寿命。

下面介绍一些常用的烙铁头几何形状及它们的使用场合。需要说明的是，下面介绍的烙铁头所标注尺寸是一些常规使用的，根据生产厂家不一样，使用要求不一样，在尺寸上可能会有变化，但在烙铁头的形状上，几乎是一样的。

图 6-41 所示为四种尺寸的 30° 凿形烙铁头，这几种烙铁头在手工焊接和电子装联技术中的使用范围是非常广泛的，常常是首选烙铁头。它们适用于中到小的焊点，特别是图 6-41（d）烙铁头，更适用于多种焊接情况。这几种烙铁头既可以用于通孔元器件的焊接，又可以用于表面

组装元器件的焊接。

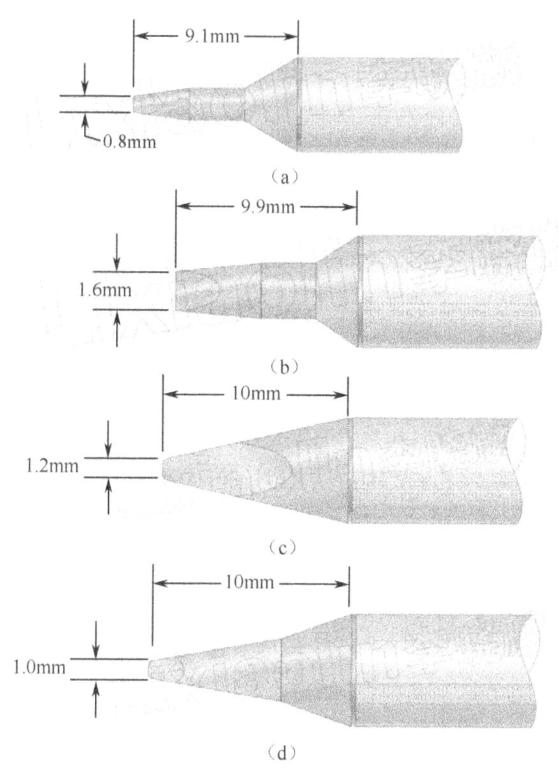

图 6-41　30° 凿形烙铁头示意图

图 6-42 所示的是两种大、小凿形长体多用途烙铁头，它们常常应用在难以接触到的通孔焊点的焊接中。

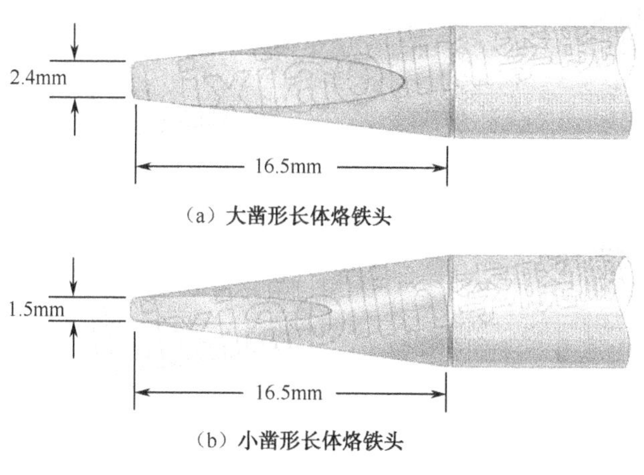

（a）大凿形长体烙铁头

（b）小凿形长体烙铁头

图 6-42　凿形长体烙铁头示意图

圆锥形的烙铁头，如图 6-43 所示，一般适用于表面元器件的组装或较细焊点的焊接，不太适用于普通插装元器件的焊接。

尖锥形烙铁头，如图 6-44 所示，比较适用于对长度有要求的小焊点、表面组装元器件或细引脚（导线）的焊接。图 6-44（b）的尖锥形烙铁头应用焊接的范围非常广泛。

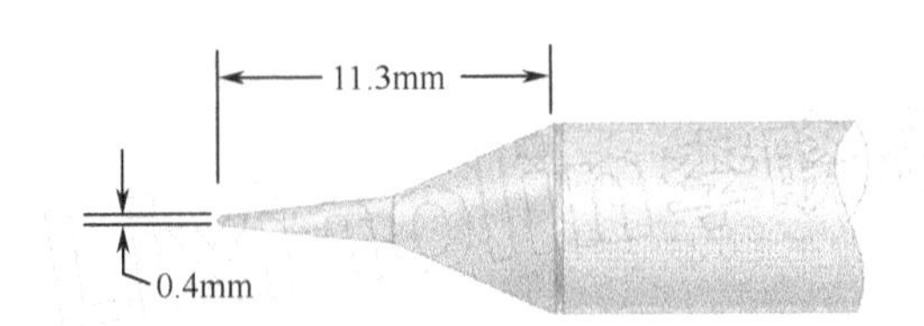

图 6-43　圆锥形烙铁头示意图

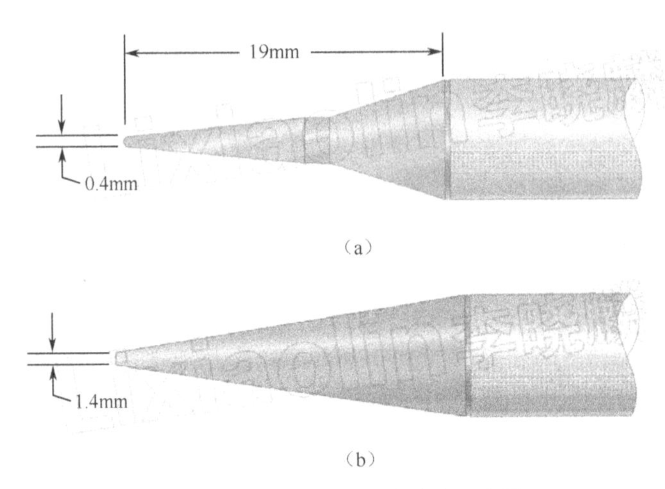

（a）

（b）

图 6-44　两种尖锥形烙铁头示意图

如图 6-45 所示，大马蹄形烙铁头比较适用于精密引脚间距的拖曳焊接（关于拖曳焊接，后面有介绍），既可用于欧翼形引脚的焊接，又可用于“J”形引脚的焊接。小马蹄形烙铁头也适用于精密引脚间距的拖曳焊接，既可用于超紧密欧翼形引脚的焊接，又可用于“J”形引脚的焊接。

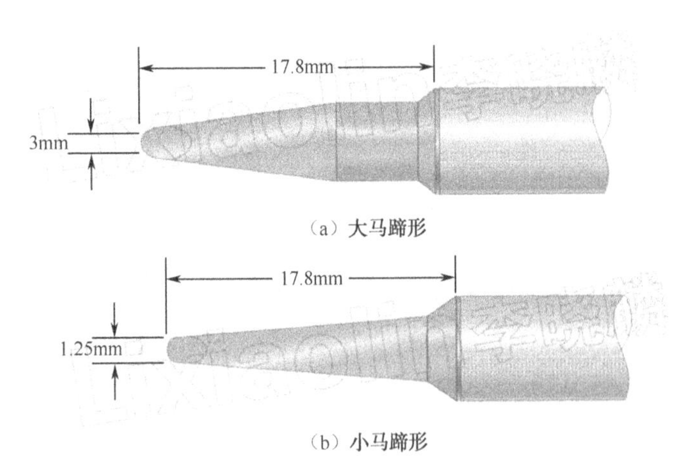

（a）大马蹄形

（b）小马蹄形

图 6-45　大、小马蹄形烙铁头示意图

如图 6-46 所示，60°小马蹄形烙铁头适用于元器件紧密引脚情况下点到点的焊接。

图 6-47 的烙铁头是被弯曲的一种类型，它适用于表面组装中进行焊点返修和点到点的焊接。烙铁头部的宽度及身长还有一些尺寸，根据工作的实际需要，可以进行选择。

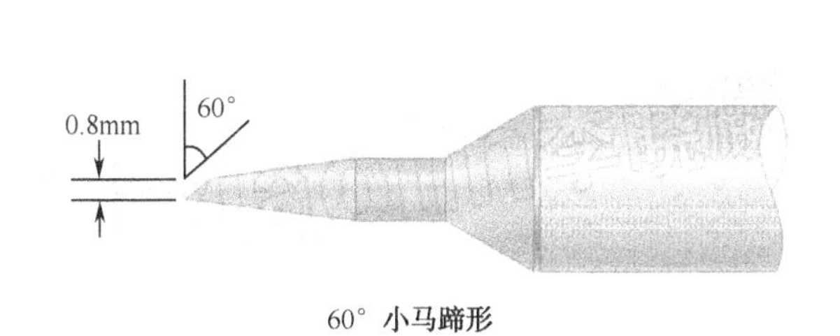

图 6-46　60° 小马蹄形烙铁头示意图

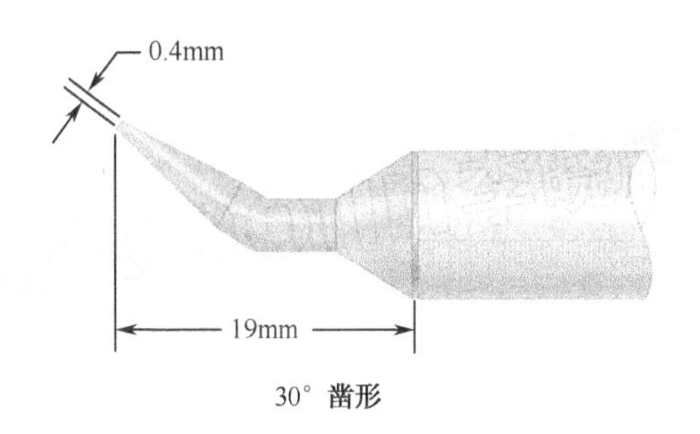

图 6-47　30° 凿形打弯烙铁头示意图

上面介绍的烙铁头是电子装联手工焊接中使用较多、比较典型的烙铁头，在实际操作中如何正确选用烙铁头的几何尺寸呢？以 PCB 焊盘焊接为例简单说一下。

焊接 PCB 焊盘上的元器件，一般都使用 30° 的凿形头，常用宽度有 1.6mm、1.5mm、1.2mm 等；锥形头的常用宽度有 1.4mm、0.4mm 等，如图 6-48 所示。

这两种形状的烙铁头其宽窄、大小又怎样选取呢？这里给出一个原则：以焊盘大小、引脚粗细进行选取，即烙铁头的宽度尺寸应与焊盘相近，如图 6-49 所示。

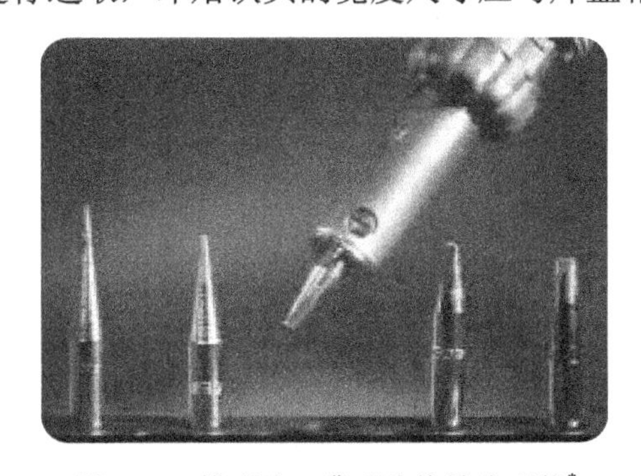

图 6-48　锥形头、凿形头烙铁头形状*

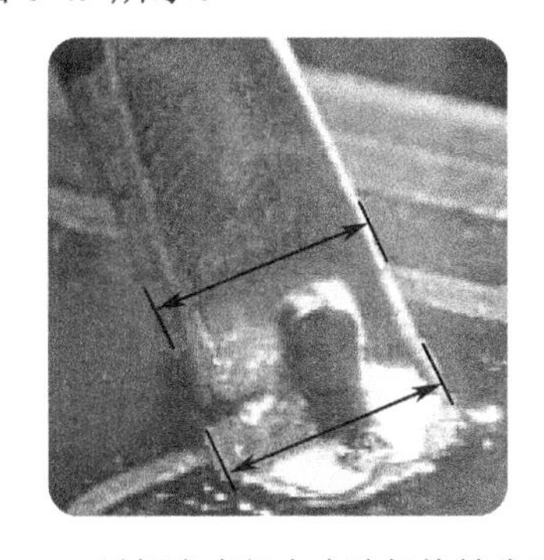

图 6-49　以焊盘直径大小选择烙铁头尺寸*

一个优良的焊点不是随意就能做到的，不能急于求成，除掌握正确的电烙铁的握法、焊锡丝的拿法外，还应当掌握正确的焊接步骤，即三步法和五步法。

（4）焊接三步法。

① 准备：电烙铁和焊锡丝靠近处于随时可以焊接状态，同时确认焊接位置。

② 放上电烙铁和焊锡丝：同时放上电烙铁和焊锡丝，熔化适量的焊料。

③ 拿开电烙铁和焊锡丝：当焊料的扩展范围到达要求时，拿开电烙铁和焊锡丝。此时注意拿开焊锡丝的时机不得迟于电烙铁。

焊接三步法示意图如图 6-50 所示，一般用于小焊接端子的焊接，例如，PCB 上的绝大部分元器件焊接都是使用这种方法焊接的。

（5）焊接五步法。

① 准备：电烙铁和焊锡丝靠近处于随时可以焊接状态，同时确认焊接位置。

② 放上电烙铁：电烙铁头放在被焊接件上进行加热。

③ 熔化焊锡丝：焊锡丝放在被焊接件上，熔化适量的焊料。

④ 拿开焊锡丝：熔化适量的焊料后，迅速拿开焊锡丝。

⑤ 拿开电烙铁：焊料的扩展范围达到要求后，拿开电烙铁，此时注意拿开电烙铁的速度和方向。

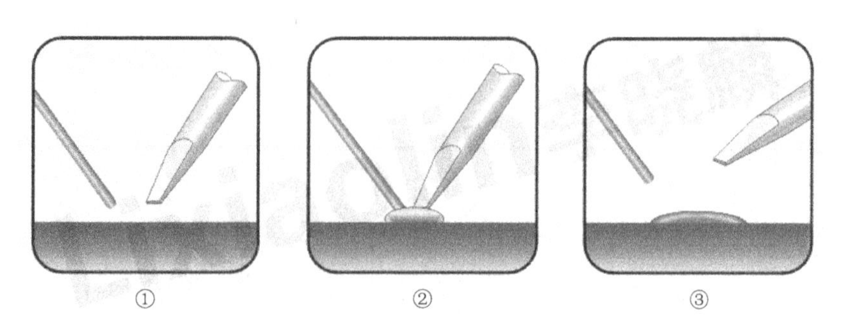

图 6-50 焊接三步法示意图

焊接五步法示意图如图 6-51 所示。

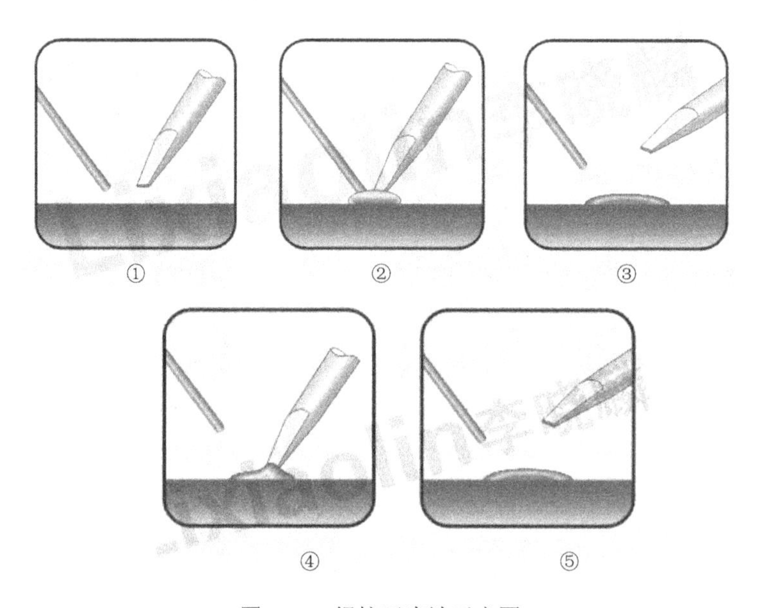

图 6-51 焊接五步法示意图

焊接五步法与我们前面所说的“手工焊接要点”基本是一样的。

焊接三步法和五步法是焊接的基本步骤。从两种焊接方法的示意图中可以看到，五步法只是多了步骤②和步骤④。实际上这两种焊接方法的操作都可以使用。不过，有一点需要指出：对热容量大的工件，要严格遵守五步操作法；对热容量小的工件，可以按三步操作法，加快节奏。

（6）电烙铁的拿开方向及焊锡量的把控技巧。

如果想要控制焊锡量或吸除多余的焊锡，要领就是掌握好烙铁头的拿开方向。下面介绍五种控制好焊锡量的方法，这也是用好烙铁头的技巧所在。

① 沿焊盘与电烙铁的轴向 45°角拿开电烙铁，这样不会使焊点形成拉尖。在印制电路板组件的焊接中往往采用这种手法，如图 6-52 所示。

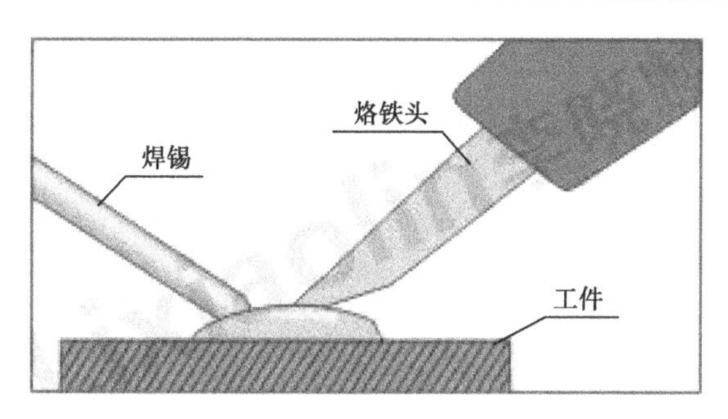

图 6-52　45° 角拿开电烙铁示意图

② 如果将电烙铁沿上方拿开，操作上应从下直接向上提拉，这样可以使焊点饱满。一些高压电路焊接点往往需要这样操作，不需要加很多焊料，这样操作就可获得较满意的焊点。因为高压电路为防止产生电弧，工艺上要求所有的高压焊点不能“露骨”，焊点需要圆润一些、稍微饱满一些。这时就需要采用这种焊接方法，如图 6-53 所示。

③ 如果在水平方向撤离电烙铁，可使焊料挂在烙铁头上，这样反复几次操作就可清除被焊端子的一些焊料。在没有返修手段时可用这种方法，如图 6-54 所示。

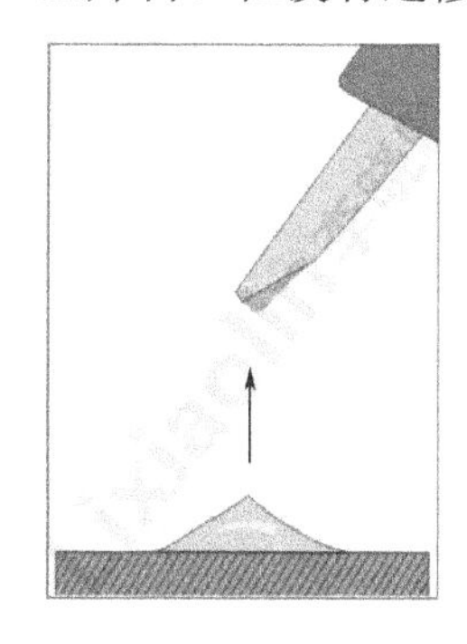

图 6-53　使焊点饱满时拿开电烙铁示意图

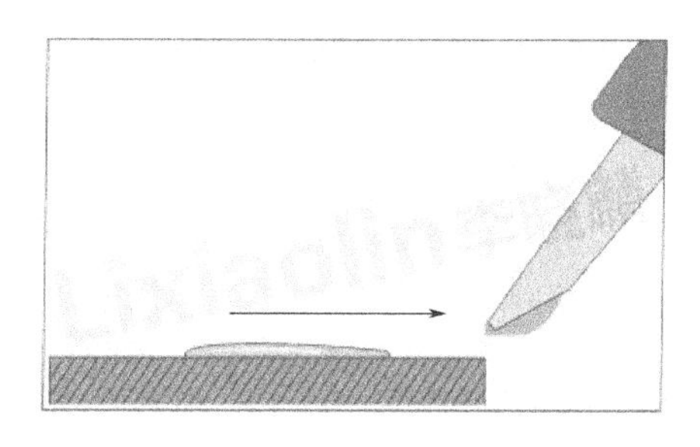

图 6-54　烙铁头上多带焊锡时拿开电烙铁示意图

④ 如果垂直向下拿开电烙铁，烙铁头上吸除的焊锡比水平方向拿开时还要多。只是操作上需要将工件立起来，印制电路板还是比较容易立起来的。这种方法往往使用在 PCB 的返修工作中。

垂直向下拿开电烙铁示意图如图 6-55 所示。

⑤ 如果垂直向上拿开电烙铁，这时可使烙铁头上几乎不挂锡，如图 6-56 所示。这种操作方法一般来说应该避免。因为在一些大型的电子设备焊接中，有的焊接端子如果垂直焊接（例如，电子机柜两侧边上的接地带地线的焊接），很难控制焊点上的焊料量，熔融焊料在焊接时间内是向下流动的，这种焊接方式电烙铁无法带锡，这时就必须将设备平放后再实施焊接。

（7）电烙铁运送功能的利弊。

从前面已经看到，烙铁头不仅可以加热工件，还能用它来控制焊锡量或吸除焊锡，这就是电烙铁具有的运送功能，但这种功能有利有弊。前面介绍的是有利的方面，弊端即在常规焊接时烙铁头切不可作为运送焊锡的工具来使用。因为现在用的焊料为焊锡丝，其内带有助焊剂，如果在两种金属件相互接触焊接前助焊剂一旦分解，焊锡就会氧化。没有助焊剂参与的焊接，无论表面可焊性如何都不可能是一个润湿的焊点。因为焊锡是随助焊剂的扩展而漫流的，要想得到理想的润湿状态，必须保证焊点上有足量的助焊剂。关于这点，请操作者和工艺人员一定要明白。因为在生产线上为数不少的操作者在焊接操作时有个坏毛病：用电烙铁去沾焊料（运载焊料），然后再进行焊接。特别是当另一只手没空时（需要扶住被焊接件），这种操作常常发生。

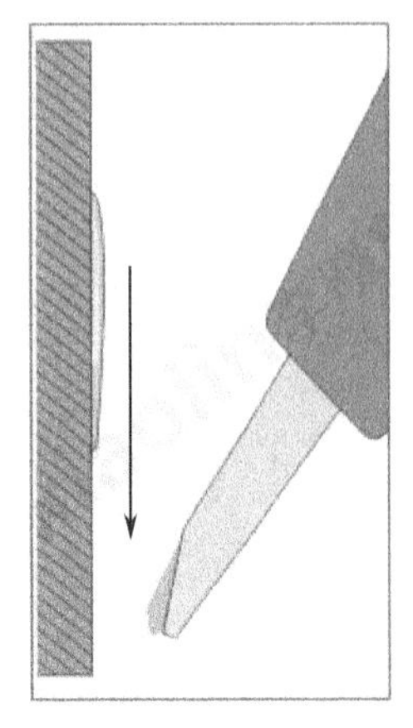

图 6-55　垂直向下拿开电烙铁示意图

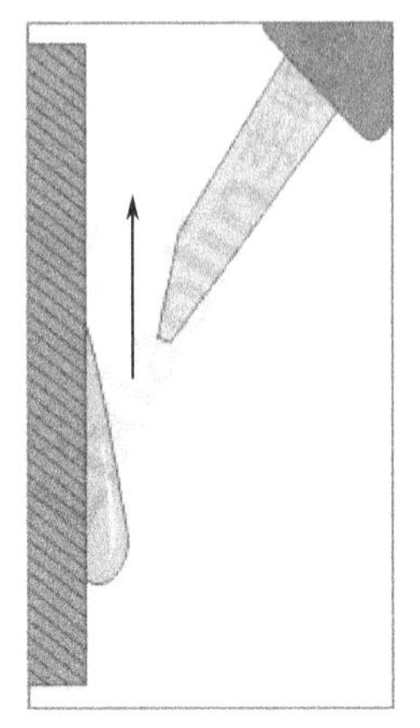

图 6-56　垂直向上拿开电烙铁示意图

（8）拖曳焊接。

当焊接细间距、密集型端子时，比如 QFP 器件、“J” 形引脚器件，应采取拖曳焊接的方式以提高效率。可以用如图 6-57 所示的马蹄形烙铁头进行拖曳焊接。

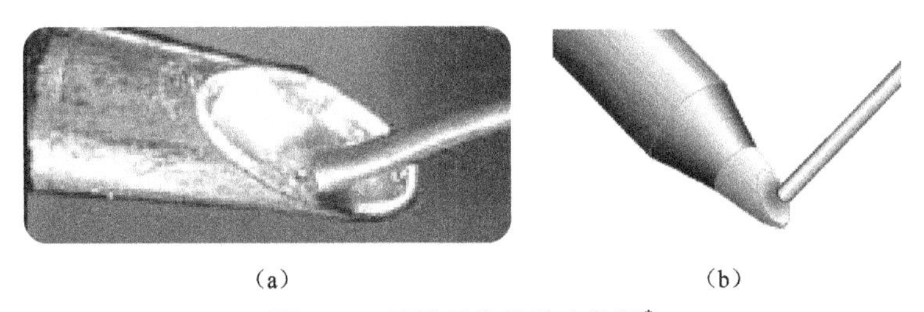

（a）　（b）

图 6-57　马蹄形烙铁头实物图*

事先在焊盘上手工涂一条焊膏，再贴器件，然后用马蹄形烙铁头进行拖曳焊接。由于表面张力和毛细管作用，熔融状态下的焊料会趋于焊盘，因此不会产生桥接。马蹄形烙铁头内先装上焊料，在焊膏中助焊剂的作用下更有利于热传导和锡的流动，这就是人们常说的“锡桥”作用。这种操作方式如图 6-58 所示。

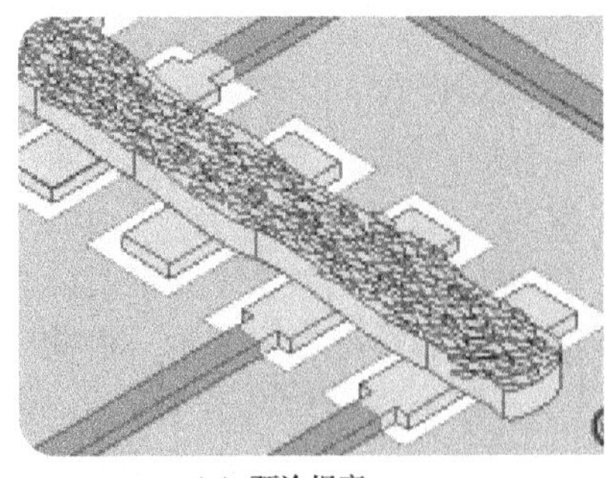

（a）预涂焊膏

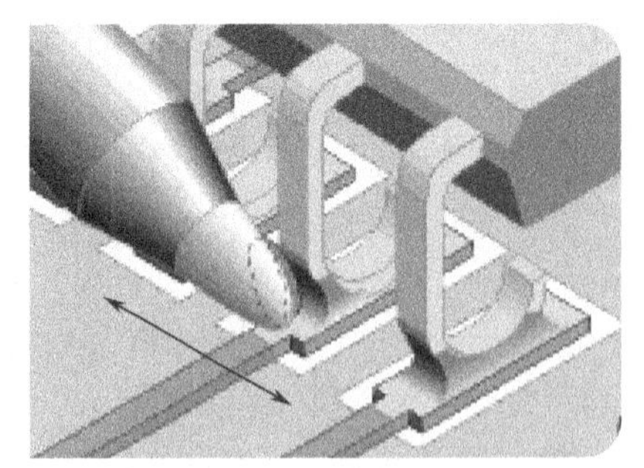

（b）“J” 形引脚焊接示范

图 6-58　拖曳焊接示意图*

6.6 焊接工艺及要求

6.6.1 电子装联中常见的焊接端子

在无线电整机的装焊中，安装和焊接是设备制造的一个主要过程，而手工焊接是装配技术中的主要手段之一。整机的最终可靠性、寿命直接依赖于焊接技术。电子设备发生故障的原因除元器件本身和制造工艺出现的缺陷造成早期失效外，其余故障基本上都是由低劣的虚焊、假焊、焊接不当等造成的。

因此，我们不仅要规范操作，还应具有质量意识。下面介绍几种手工焊接的端子及对它们的焊接工艺要求。

在电子设备的整机中，各种器件、零件、部件的焊接端其形状一般有以下几种。

（1）孔状端子。

孔状的焊片形式，有单向焊片、双向焊片；整机中一些插座上有孔的接线柱，有片状圆形、方形等（如各种型号的 PCB 插座、空心铆钉、变压器的引出端、保险丝座等）。孔状端子的外形如图 6-59 所示。

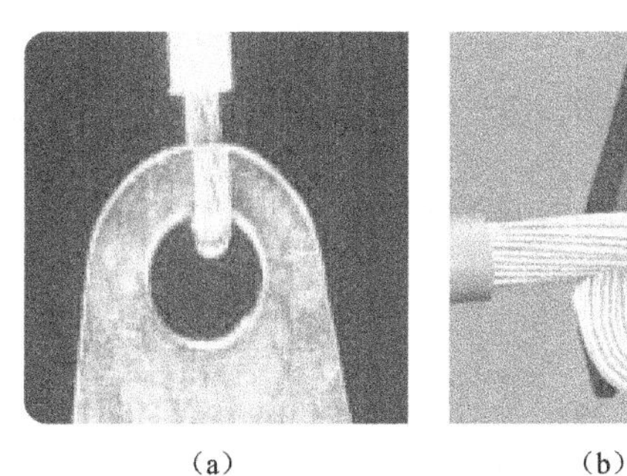

（a）　　（b）

图 6-59　孔状端子的外形*

（2）钩状端子。

顾名思义，这是一种弯钩形式的焊接端子，与孔状端子相比只是少一个半圆而已。因此，严格地讲它们同属一种焊接形式。钩状端子的外形如图 6-60 所示。

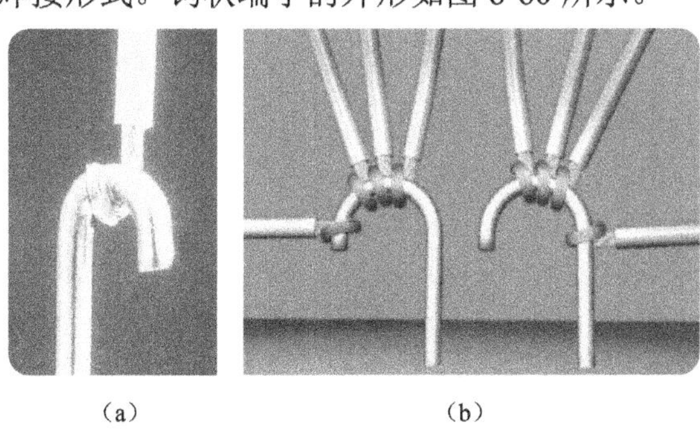

（a）　　（b）

图 6-60　钩状端子的外形

（3）柱状端子。

柱状端子一般为无孔方柱和圆柱两种形式，如继电器、琴键开关、电位器、大功率晶体管、各种微波器件的引出端等，都是柱状形式。图 6-61 所示就是微波器件和整机中常用插座的柱状端子的外形。

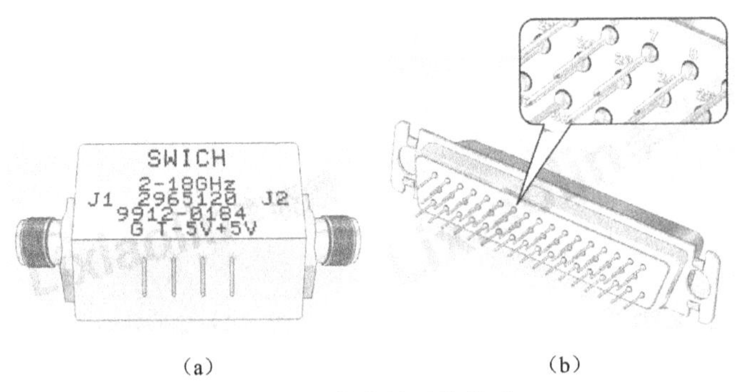

（a）　　（b）

图 6-61　柱状端子的外形

（4）杯状端子。

杯状端子有两种形式，一种是最早的焊接型电连接器（比如 X 型、Q 型电连接器）中的接触偶，它们是“半杯”状；另一种是目前整机中常使用的矩形插座连接端子，它们一半是圆形一半是杯形，即连接端子的下半部分是空心圆柱形，上半部分是杯状形。在电子装联上把这两种形式的连接端子统称为杯状端子。

两种形式的杯状端子的外形如图 6-62 所示。

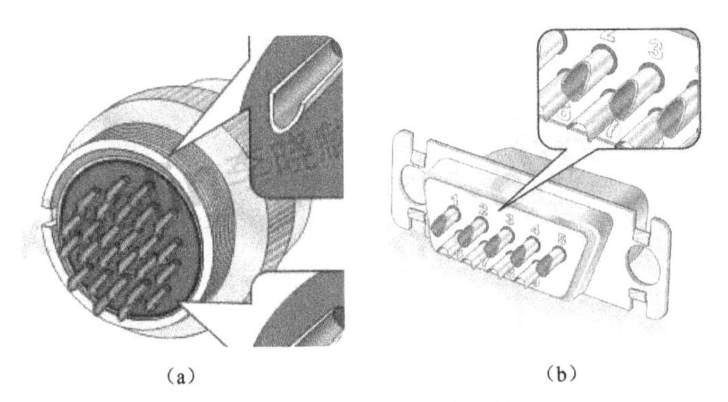

（a）　　（b）

图 6-62　两种形式的杯状端子的外形

（5）塔状端子。

一般有底的柱状形式可称为“塔”，因此装联工艺上就把图 6-63 中的这种有底有顶的柱状形式的焊接端子称为塔状端子。

（6）双分叉端子。

在电子设备中，还有一种形式的焊接端子，它有一个带通孔的圆形底座，在其上分成两个方柱形的立柱，如图 6-64 所示。因此，将它称为双分叉端子。在 PCB 的装配焊接中，这种端子使用较多。

图 6-63　塔状端子的外形

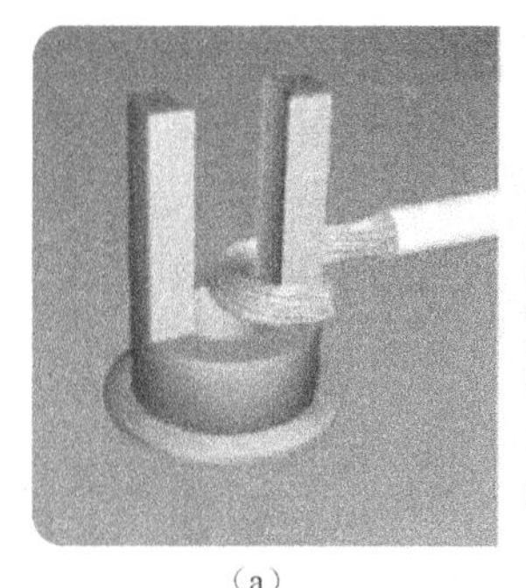

（a）　（b）

图 6-64　双分叉端子的外形

6.6.2　端子的焊接要求及处理工艺

前面我们提到，焊接不当也是电子产品产生质量问题的原因之一（不管焊点多润湿）。所谓焊接不当，就是焊接端子没有采取正确的焊接方式而造成的。什么样的端子应该采取什么样的焊接方式，这在电子装联技术中是有规定的，没有按照规定的方式进行焊接就属于焊接不当。焊接不当的焊点往往没有足够的机械强度，在一定的恶劣条件下就会出问题，造成电子设备故障。

下面对以上各种焊接端子的正确焊接方式和工艺要求进行介绍。

（1）孔状端子的焊接工艺要求。

孔状端子一律要求采用钩焊，并且导线的芯线应紧绕端子，与端子连接部位不能出现空位。需要注意的是：钩好后导线的引出方向一般是顺着孔端方向的，并要求孔的两面都“吃”锡，然后根据导线束的走向再进行转向。

孔状端子在焊接前，按上面要求进行处理，那么导线的芯线剥离后是否需要预镀锡呢？因为软钎焊接一般要求在被焊接的两种金属面预镀锡，才能保证焊接的可靠性。但是，在这种情况下，焊接前必须将芯线紧密地钩在孔内，要求连接部位没有空隙，如果将芯线预镀锡，在与焊接端子的孔进行连接时，多股芯线的导线力度就加强，受到挤压后的“退路”没有了，势必与孔不能全面地紧密连接，留下空隙，施焊时就只能用更多的焊料将这些空隙填满，造成焊点过大，很难做到“应见到引线轮廓”。焊料多了，反倒使焊接强度下降，这是我们前面专门讲过的。没有预沾锡的芯线就可以很容易地与钩状端子紧密缠绕，因此，在焊接前芯线不能预沾锡，如图 6-65 所示。

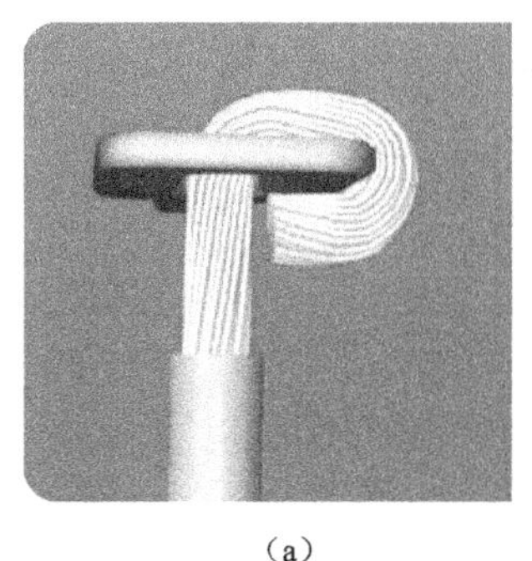

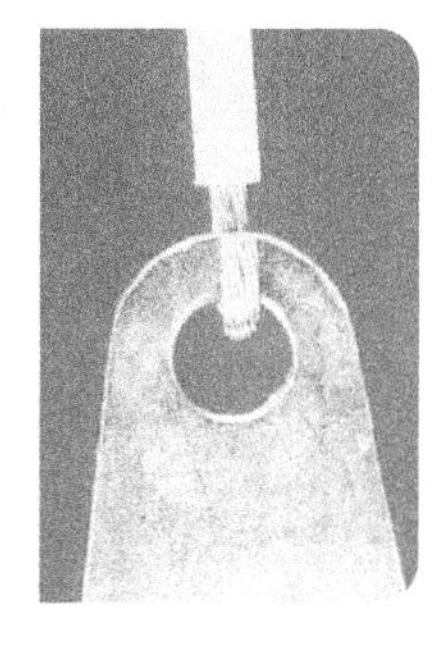

（a）　（b）

图 6-65　钩状端子的缠绕示意图

另外，对于导线的芯线在与钩状端子缠绕后距绝缘层的距离，在工艺上最好做出规定。一般情况下，这个距离应是导线直径的一倍，即图6-66中“C”与“D”距离一样。

孔状端子两面“吃锡”的示意图如图 6-67 所示，图中示出的是乒乓开关上的孔状端子短连线的焊接情况，从放大图中我们可以看到两面焊锡的情况。

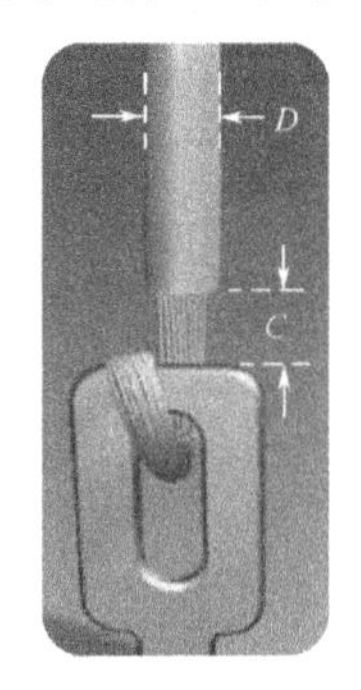

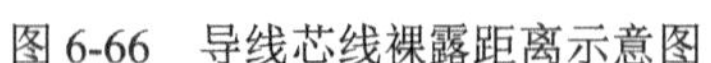

图6-66　导线芯线裸露距离示意图　　　　图6-67　孔状端子两面“吃锡”的示意图

另外，孔状端子不允许的做法：芯线没有钩紧焊接端子，或芯线钩了但绕端子不到位，如图6-68所示。

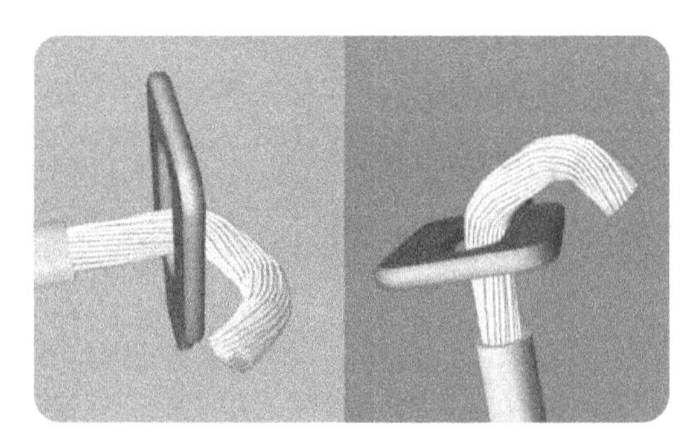

图6-68　钩状端子与芯线不合格的缠绕示意图

在整机装焊中，矩形插座上的孔状端子当需要短连接时，可采取连续穿焊的做法进行焊接，不需要一个一个地进行单独缠绕，但一定要使端子的两个接触部位都有焊料，焊料形态如图6-69所示。短连接的导线一般可选用镀银裸导线，这种连续穿焊的操作如图6-69所示。

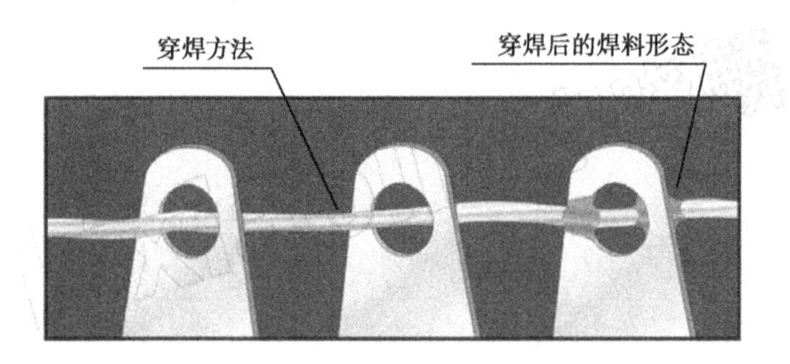

图6-69　用镀银导线连续穿焊孔状端子示意图

以上操作也可以图 6-70 所示的那样，靠孔底部进行连续穿焊。但是我个人不推荐这种焊接方法。因为每个人手工焊接的操作技能是有差异的，焊接的时候对焊料把控得稍微不好，难免会产生焊料流到端子底部的塑料基座上。有的插座的塑料不耐高温容易引起变形，严重时会导致插座报废。如果按照图 6-69 所示焊接，焊接时焊料流动的距离就比图 6-70 要长 3～5mm，正是有了这 3～5mm（大约就是这个长度）的距离，就可避免焊料不会流到塑料底座上。

下面给出几个单向焊片上孔状端子与导线钩焊后，导线的方向问题处理情况（要求根据整机内导线束出线情况进行方向的选择），如图 6-71 所示。一个孔状端子焊接两根导线时可按如图 6-71 所示处理。

图 6-70　靠孔底部连续穿焊示意图

注意：必须在焊接前将导线形状整形好，不允许焊接后再弯曲形状！

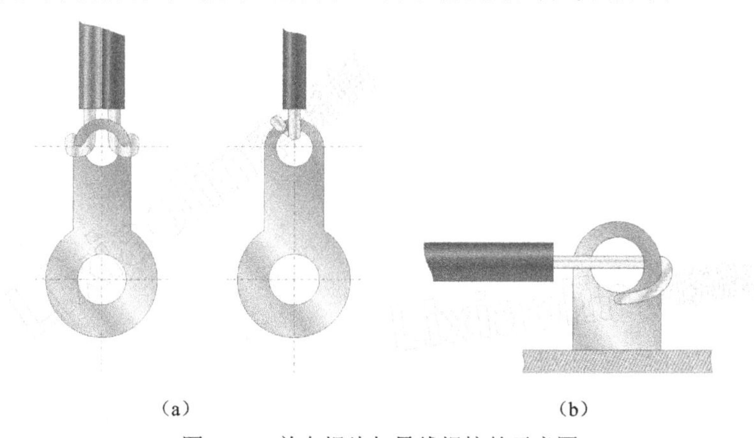

（a）　（b）

图 6-71　单向焊片与导线焊接的示意图

特别说明：在整机装焊中，有不少插座上的焊接端子都是孔状焊片形式，但它们的孔往往都很小，一般情况下只能焊接一根 0.2mm^2 或 0.35mm^2 的导线，如果导线规格再大一点就穿不过去了，不能实现钩焊要求。这种情况应该允许特殊处理：对孔状端子进行搭焊。

注意：电子装联中一般是不允许采用搭焊的！特别是有高可靠性要求的电子产品。

搭焊：指无孔焊片形式的接线柱采取的一种焊接方式。

因焊接的导线太粗或端子太密不能实现钩焊、绕焊和穿焊时，允许采用搭焊。采取搭焊必须有条件，即工艺上一定要给出搭焊长度“*L*”的要求，如图 6-72（导线与导线的搭焊）所示，应根据产品情况加套长度适中的热缩管，将搭焊部分加固。一般整机中插座上的孔状端子焊接后是套标记套管，可以是热缩标记套管，也可以是普通套管，视产品要求来决定。

整机上插座的搭焊长度要求，原则上是该插座焊片长度的 2/3。焊接时注意焊料尽量不要流到焊片根部，即流到插座绝缘材料上，最多流到焊片根部但没接触插座绝缘体，这种搭焊方式如图 6-73 所示。

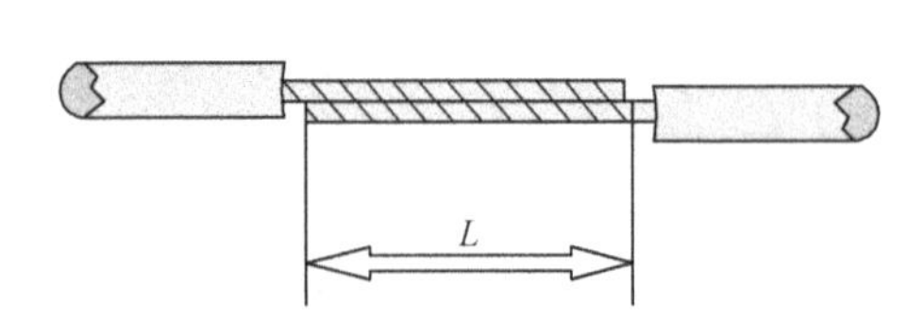

图 6-72　搭焊长度要求

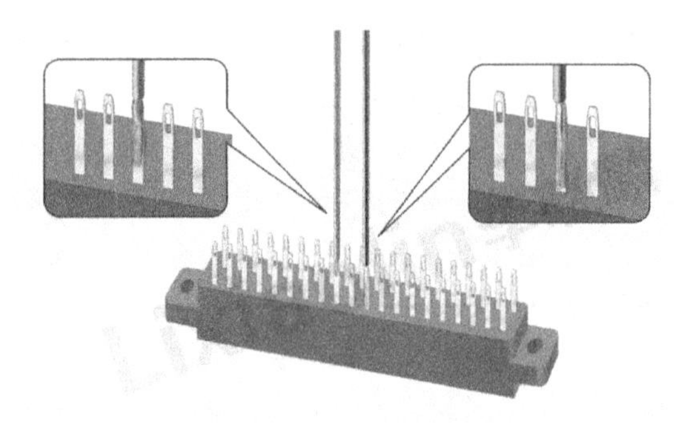

图 6-73　整机中插座上焊片的搭焊示意图

（2）钩状端子的焊接工艺要求。

钩状端子在焊接要求上基本与孔状端子是一样的，因此工艺上的一些操作要求可参考孔状端子的做法，只是在焊接部位上导线一定要钩在钩状端子的正中部位，并且要求导线与端子的缠绕至少应满足 270°。一般情况下，特别是细导线（如规格在 0.2mm^2 以下）应该缠绕一圈或一圈半。

图 6-74 中给出了钩状端子焊接前导线缠绕示意图。这里需要说明的是：一般情况下，只能钩焊三根导线，不能超过三根（如果是规格 0.5mm^2 以上的导线，不允许三根）。

钩状端子与导线焊接前如果不需要进行缠绕（有的稍粗一点的导线，比如规格 0.5mm^2 以上），只是大于 270° 相互钩住，这时导线的芯线剥离后应进行预涂锡，如图 6-75 所示。

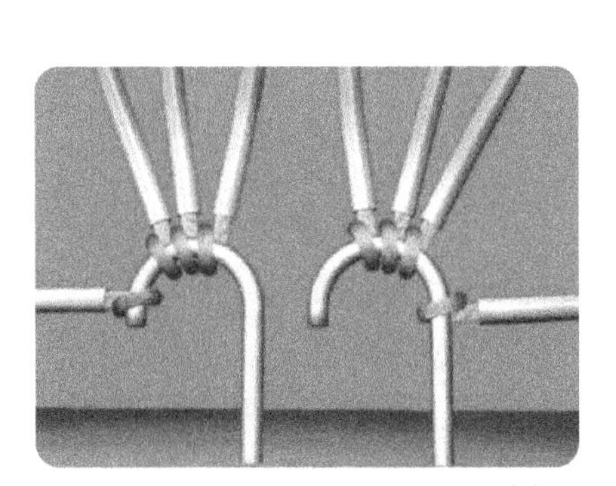

图 6-74　钩状端子焊接前导线缠绕示意图

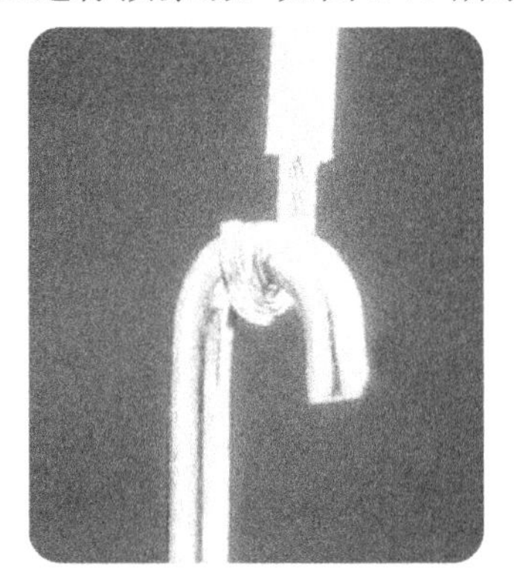

图 6-75　钩状端子缠绕实物图

下面一些情况是钩状端子不合格的连接方式：导线与端子的连接不在要求的部位、导线没有与端子钩紧、导线与端子的缠绕小于 270°、弯曲处没有交叠、弯钩末端到导线绝缘皮间没有间距等，这些情况都是不合格的。其中一些不合格的情形如图 6-76 所示。

（3）柱状端子的焊接工艺要求。

柱状端子的焊接工艺要求如下：

- 导线在端子上要求缠绕一圈或一圈半；
- 焊料要求 100%地充满柱形的四周；
- 焊料爬升高度至少要大于导线直径的 75%；
- 焊料润湿端子和导线，并呈羽毛状似的有个平坦、光滑的外表；
- 在焊接点上可清晰见到导线轮廓；

● 焊点没有针孔、气孔等焊接缺陷。

柱状端子正确焊接效果示意图如图 6-77 所示。

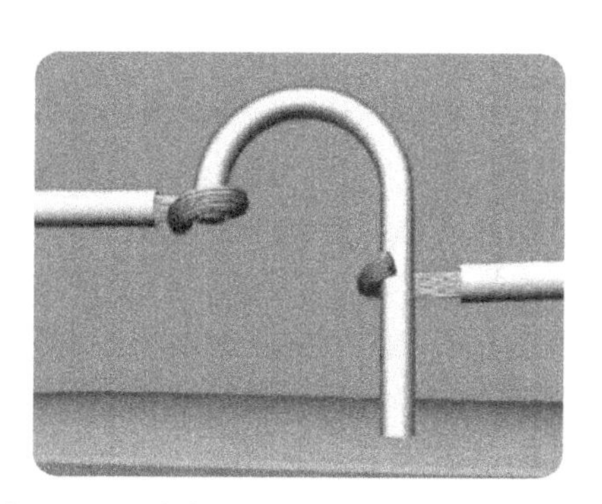

图 6-76 导线在钩状端子上缠绕不合格示意图

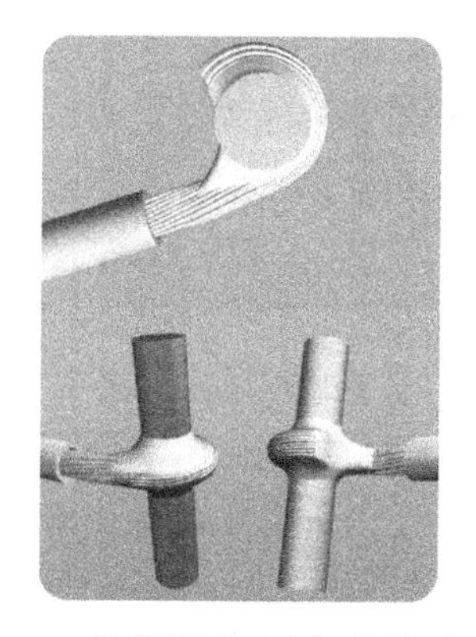

图 6-77 柱状端子正确焊接效果示意图

导线与柱状端子焊接时同样也有一个焊接后导线的走向问题。为了防止焊接后导线与端子间存在应力，在焊接前应根据导线需要的走向，在与端子缠绕时确定导线走向，焊接后不再将导线强行弯曲，这样就完全没有应力存在了。图 6-78 所示就是前面介绍的微波器件上的柱状端子引脚，导线与引脚缠绕一圈半后事先确定走向，然后再进行焊接。

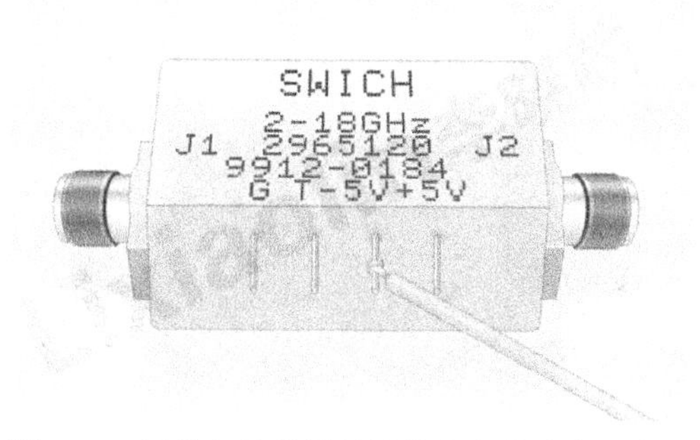

图 6-78 导线与柱状端子缠绕方向的确定示意图

下面给出柱状端子不合格的焊接情况。

图 6-79 中的剖视图示出了焊料的爬升高度，如（b）图中白线“1”的高度，约大于导线直径“*D*”的 25%但小于 50%。如果焊料爬升高度小于导线直径“*D*”的 25%，应该视为不合格的焊接。柱状端子焊料的爬升高度如图 6-79（b）图中白线“2”所示的高度比较适宜。

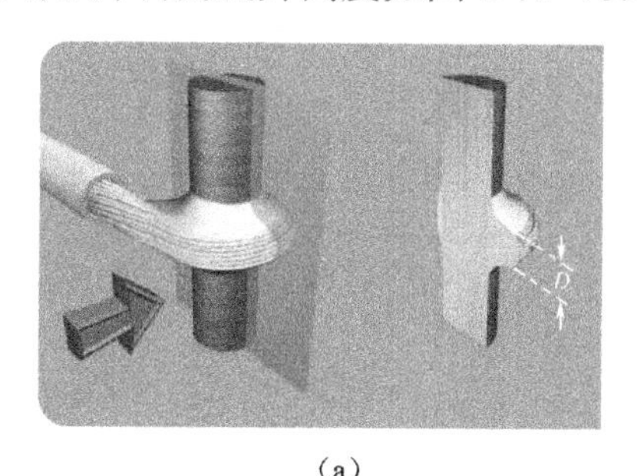

（a）

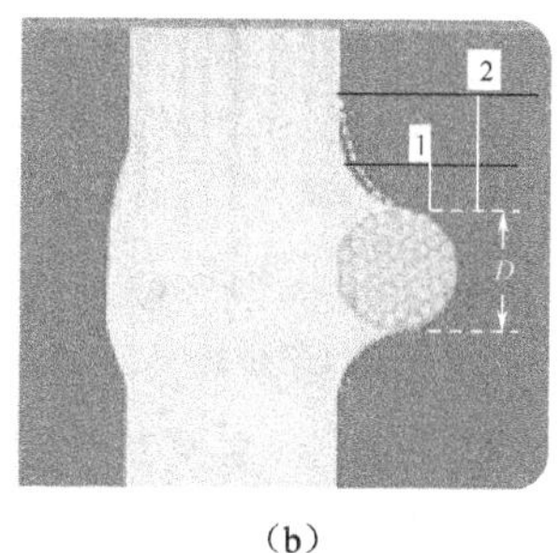

（b）

图 6-79 柱状端子焊料的爬升高度

导线和端子之间的焊料如有明显的不润湿也是不合格的，如图 6-80 所示，图中芯线与绝缘皮的间隙已看不见了，尽管焊料已漫过绝缘皮，但焊料在芯线的表面不是连续、光滑的，由于不润湿，焊料流动性较差，就会堆积在绝缘皮上。

（4）杯状端子的焊接工艺要求。

这种焊接端子大多是多芯电缆的座，它们在整机中一般装配在箱体的侧板或后面板上。还有一种插座如 DC-37P/S（P 是座，S 是头）、DD-50P、DB-25P、PDS-180J-10801-26 等型号的焊接端子都是杯状端子形式。

对于杯状端子的焊接工艺要求是：焊接前一定要对这些端子进行预沾锡，锡量要适当，千万不能多；导线绝缘皮与端子外口的间隙应根据导线规格型号、焊接后端子保护要求等条件来确定（不一定都要求留间隙）；装焊时一定要将芯线插到端子的底部后再实施焊接，焊料量不允许多，更不能溢出杯外。杯状端子的预沾锡合格与否判定示意图如图 6-81 所示。杯状端子焊接前插到底与焊接后焊料量示意图如图 6-82 所示。

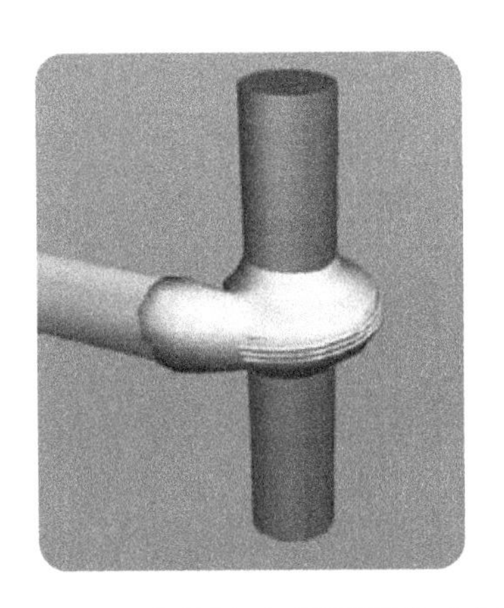

图 6-80　柱状端子不润湿焊接示意图

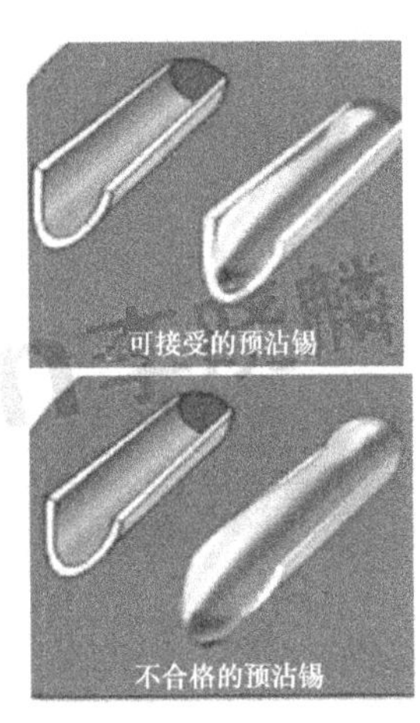

图 6-81　杯状端子的预沾锡合格与否判定示意图*

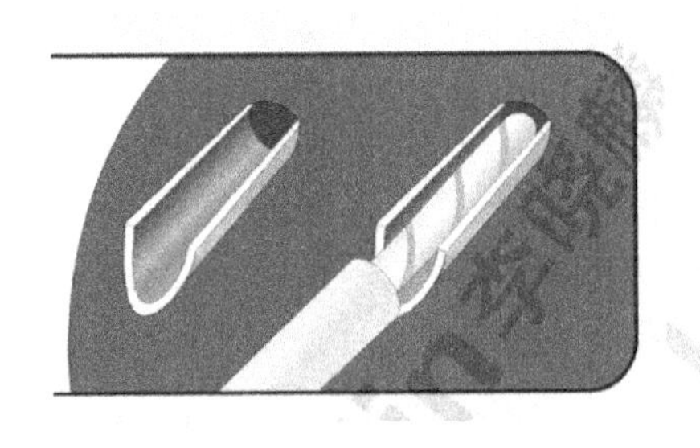

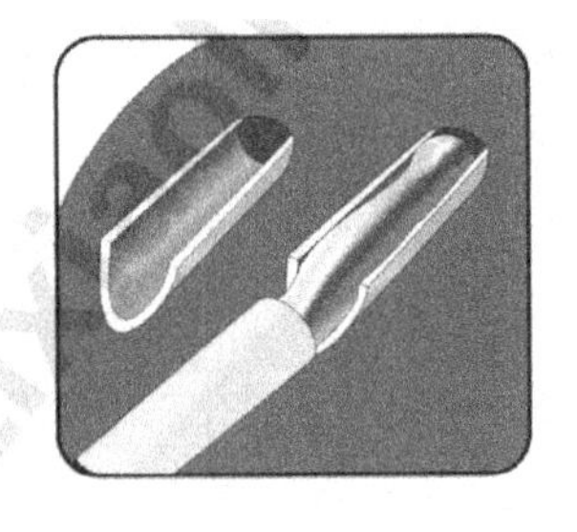

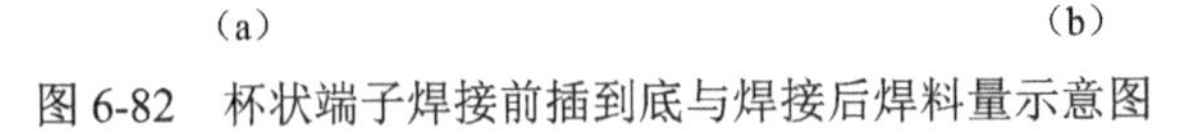

（a）　（b）

图 6-82　杯状端子焊接前插到底与焊接后焊料量示意图

如果机箱中使用如图 6-83 所示的短杯状端子焊接 AF-250 系列导线，推荐采用不留绝缘层间隙的焊接方法（绝缘层可伸进杯口 0.5～1mm）。

当杯状端子上需要焊接 2～3 根芯线时，应先将 2～3 根芯线拧合在一起，预镀锡后，垂直插到杯底，且焊料要适量，不能溢出，如图 6-84 所示。

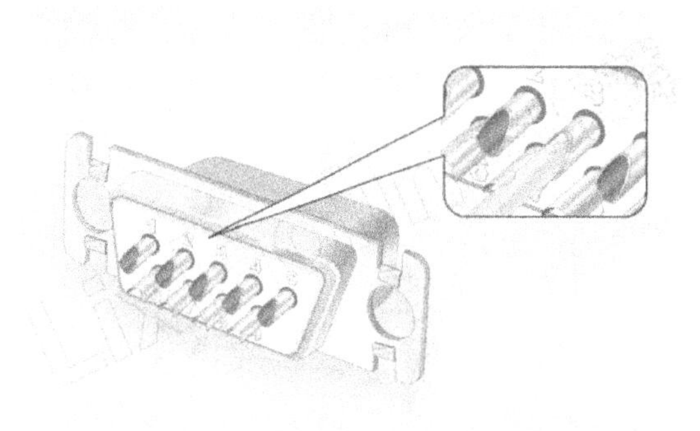

图 6-83　短杯状端子焊接示意图

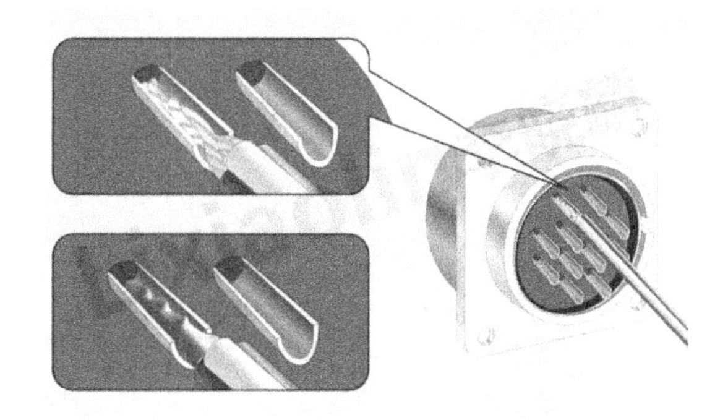

图 6-84　杯状端子焊接 2～3 根导线时的示意图

杯状端子加套套管要求：绝缘套管一定要套在端子的外面，并且要套到端子底部，套管长度是导线直径的 4 倍，或高出端子 3～5mm，如图 6-85 所示。

杯状端子不合格的焊接情况：导线没有插到端子的底部或斜插下去，如图 6-86 所示。

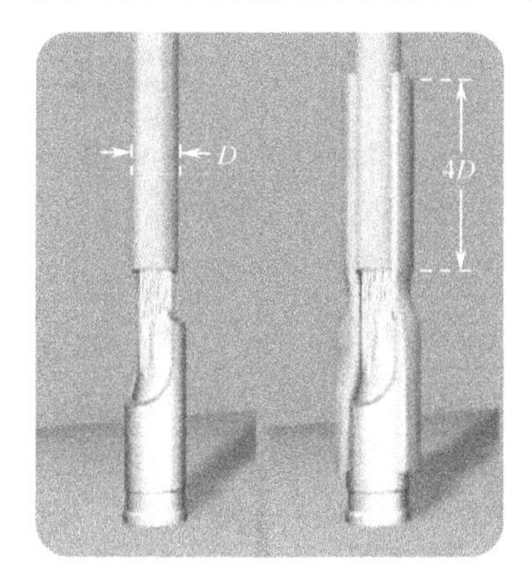

图 6-85　杯状端子加套套管要求示意图

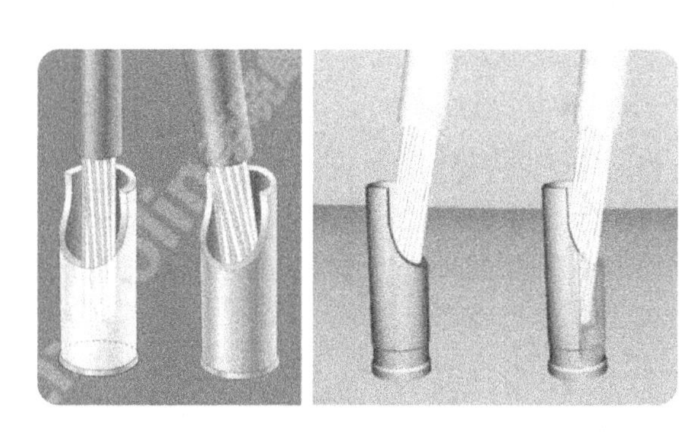

图 6-86　杯状端子不合格焊接示意图

套管不合格的情况：套管粗细不合适、套管长度不合适，如图 6-87 所示。

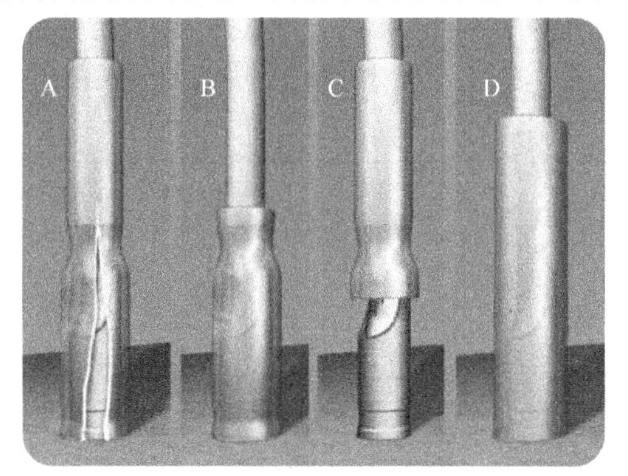

A—套管太细；B—套管太短；C—没有套住端子；C—套管太粗

图 6-87　杯状端子的套管不合格示意图

手工焊接杯状端子时其焊点的质量可靠性非常重要，所以这里特别给出合格与否的判定标准，这些标准也可参见《多芯电缆装焊工艺与技术》。杯状端子在焊接时，原则上要求一个焊端只能装焊一根导线，不能超出三根导线，且导线总直径不能大于端子直径；端子上焊点的焊料要适量，且焊点一定呈润湿状。杯状端子不能超出三根导线装配示意图如图 6-88 所示。杯状端子焊接合格与否示意图如图 6-89 所示。

图 6-88　杯状端子不能超出三根导线装配示意图

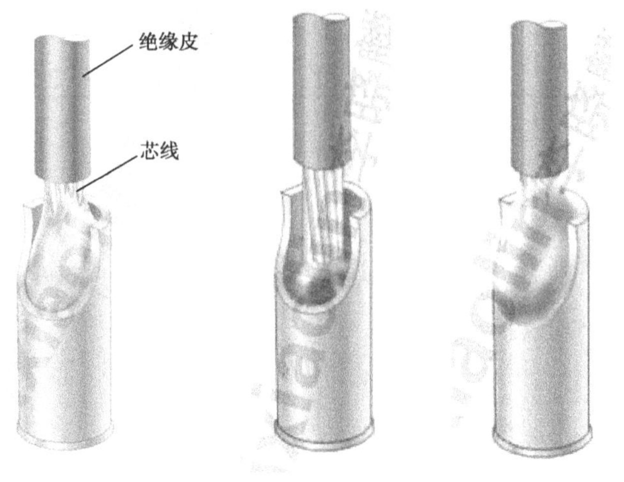

（a）合格　（b）不合格：不润湿且锡太少　（c）不合格：锡太多

图 6-89　杯状端子焊接合格与否示意图*

（5）塔状端子的焊接工艺要求。

塔状端子把底部和顶部去掉，就是一个柱形，所以这种端子和柱状端子有着基本相同的焊接工艺要求：钩焊或绕焊。

导线与端子的缠绕至少有 270° 的接触；焊料在导线和端子上的所有点都圆润、光滑，并且引线轮廓可略见；塔状端子上的焊接导线根数，不能超越塔的高度，不允许重叠缠绕；钩紧后再进行焊接，如图 6-90 所示。

（a）　（b）

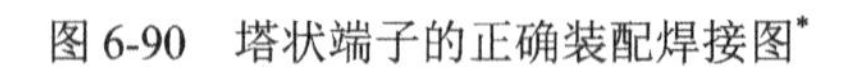

图 6-90　塔状端子的正确装配焊接图*

塔状端子在装焊时需要强调一点的是：如果有多根导线或一根导线，应先在端子的底部布线，然后再往上布线。一般顶部只能焊接一根导线。

塔状端子不合格焊接主要有以下情形。

● 芯线距导线绝缘层间隙太长，导线稍有移动容易散股，甚至折断，如图 6-91 所示。

● 芯线缠绕时重叠或缠绕小于 180°，如图 6-92 所示。

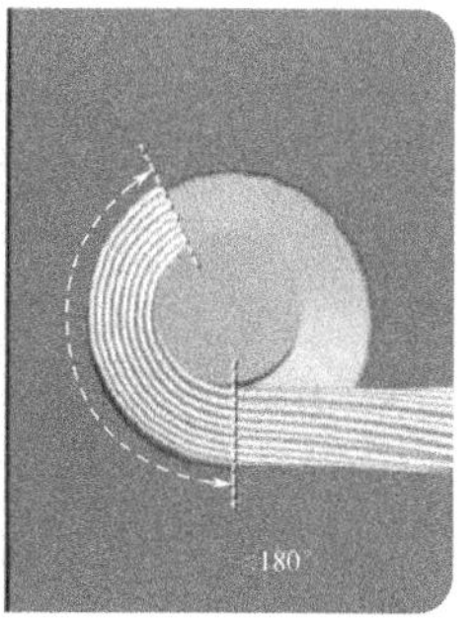

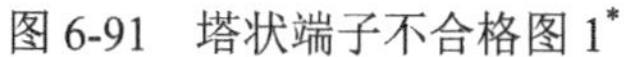

图 6-91　塔状端子不合格图 1*

图 6-92　塔状端子不合格图 2*

● 焊料分布少于导线和端子界面四周 75%，润湿差，如图 6-93 所示。

（6）双分叉端子的焊接工艺要求。

导线通过双分叉的槽并要与叉柱至少一个拐角紧密接触；配置的导线不能超过叉柱的顶部，一般以底部开始缠绕布线；导线的尾端可以延伸超出端子的底部，但要考虑端子的附近有无其他元器件、零部件，要保证与它们维持最小的电气间隙。双分叉端子正确缠绕示意图如图 6-94 所示。

图 6-93　不合格的塔状端子焊接图*

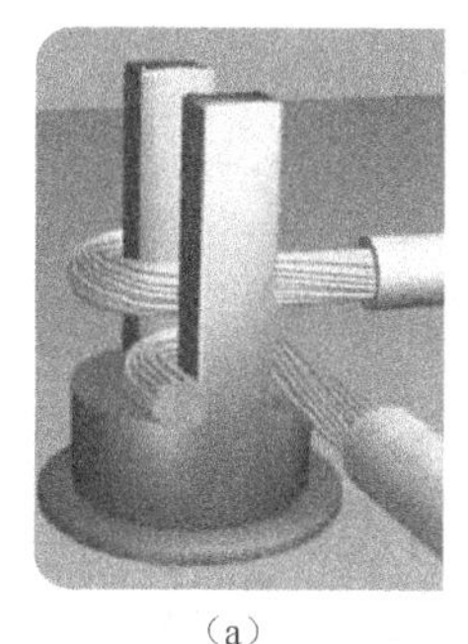

（a）

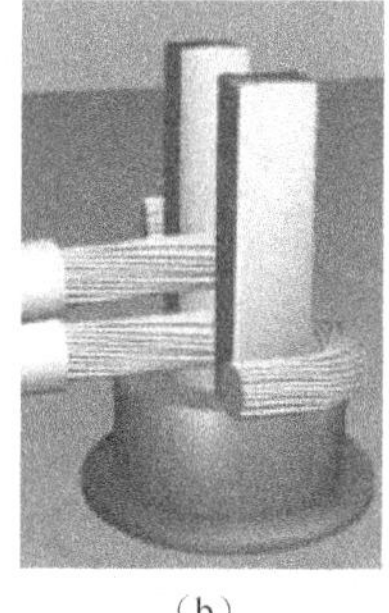

（b）

（c）

图 6-94　双分叉端子正确缠绕示意图

如果导线需要贯通双分叉端子，则装焊要求是：导线的绝缘层不能插进端子；导线末端要靠紧分叉端子的底部且与拐角紧密接触；焊接时应使焊料流透端子，如图 6-95 所示。

双分叉端子的另一种焊接处理：在要求不严格的产品中，导线与双分叉端子可以采用搭焊方法。但其要求是：搭焊长度与端子底部直径相等；焊料应与端子润湿并与两棱边接触。这种装配的情形如图 6-96 所示。

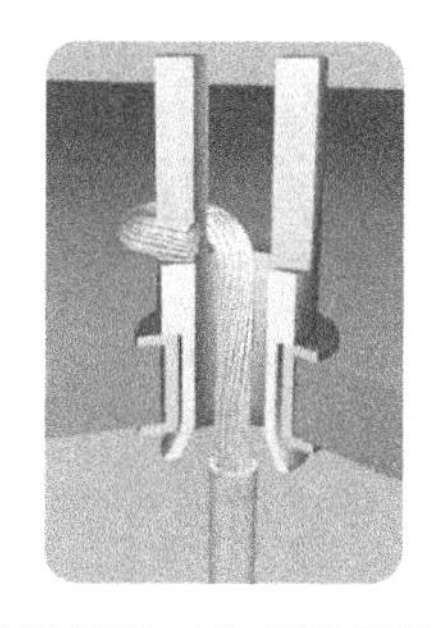

图 6-95　导线贯通双分叉端子装配示意图*

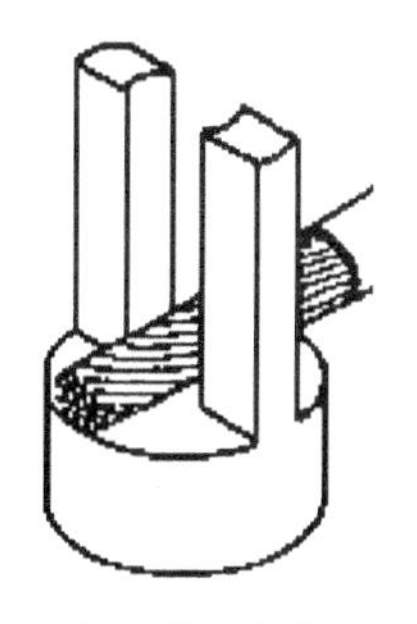

图 6-96　双分叉端子的搭焊情形示意图

双分叉端子不合格的装配情况有：导线超出叉柱的顶部；芯线没有贴紧端子的底部布线；芯线伸出长度违反了最小的电气间隙要求。不合格的双分叉端子缠绕示意图如图 6-97 所示。

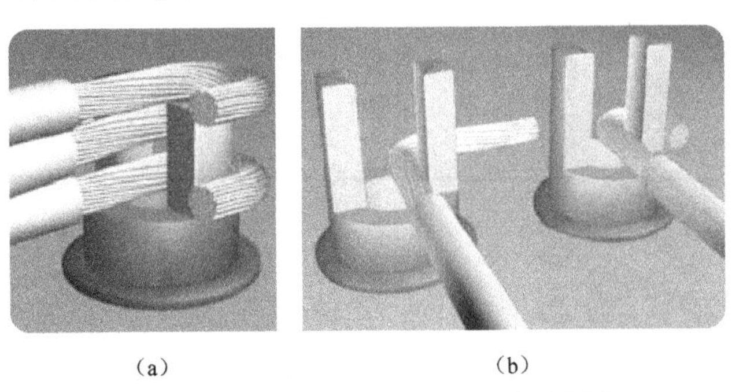

（a）　　　　　　（b）

图 6-97　不合格的双分叉端子缠绕示意图

双分叉端子的焊接处理工艺要求：除常规焊接外，如遇导线过细，可以采取填充芯线的办法进行加粗以适应端子的焊接，这样能提高焊接可靠性。填充时可以将芯线双折，也可以另裁剪适宜的芯线进行填充，最终焊接要求应满足双分叉端子的两个叉柱必须与芯线相靠，如图 6-98 所示。

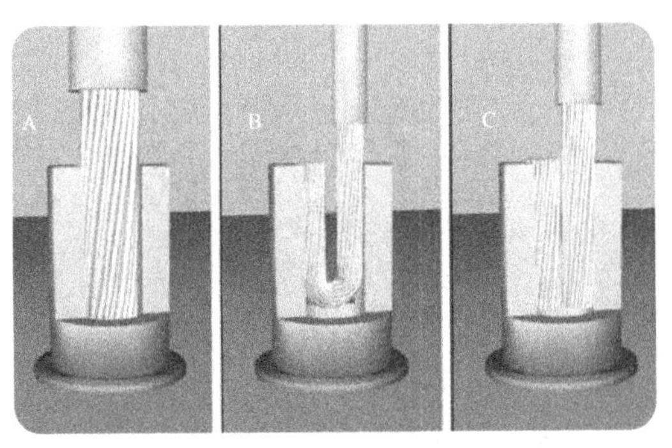

图 6-98　端子焊接前芯线处理示意图

焊接时双分叉端子的焊料量需要把控好，一般情况下不要将焊料漫到顶部，可以齐平（焊点冷却后有一个下凹），至少要求占叉柱高度的 2/3 或以上，如图 6-99 中“A”所示那样。另外，需要注意的一点是：芯线焊接前应预沾锡。这样焊接时焊料就可以充分润湿端子，锡容易在短时间内流透并与叉柱的两边都同时润湿。

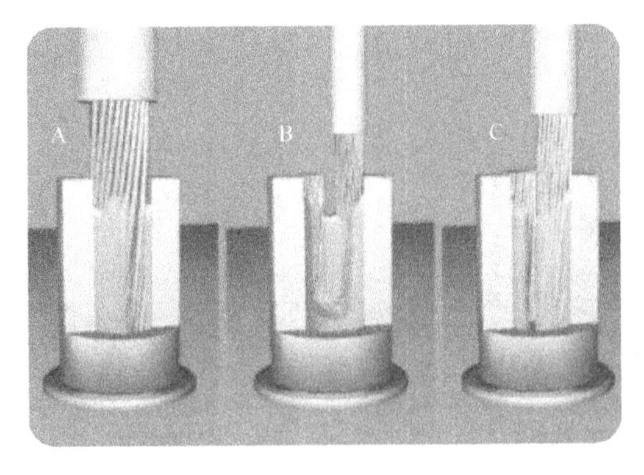

图 6-99　双分叉端子焊接示意图

双分叉端子不合格焊接情形：焊料过少、端子不润湿，如图 6-100 所示。

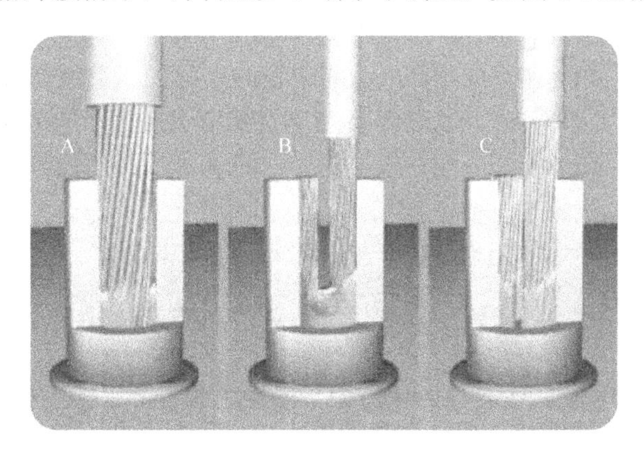

图 6-100　双分叉端子不合格焊接示意图

焊接双分叉端子的一种特殊处理工艺方法：如果几个双分叉端子上有相同的电特性，这时可以采取用裸镀银短连接导线连续焊接处理的工艺方法进行焊接。要求在叉柱的一个接触端缠绕一圈后再与另一个叉柱以同样方法连接，如图 6-101 所示。

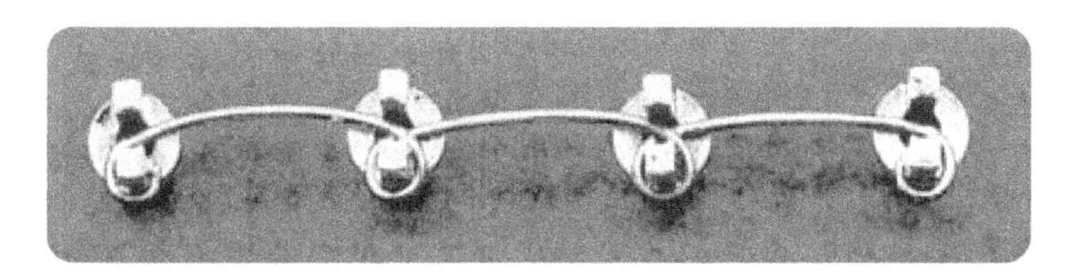

图 6-101　双分叉端子连续缠绕处理方式

前面所讲的焊接端子大多在整机中出现，手工焊接中不可避免地还要涉及印制电路板组件中焊盘端子的焊接。关于这个问题在《印制电路组件装焊工艺与技术》中有大量详细的介绍，这里不再赘述。

6.6.3　保证端子上焊点可靠性的相关问题及处理

通过前面的学习我们明白了一个优良焊点形成的机理，以及各种焊接端子应该采取的正确焊接方式。那么保证一个优良焊点的可靠性还需要其他措施吗？这就是本节要回答的问题，即导线与端子焊接前必须消除应力。

在整机装配焊接中不仅需要努力焊接出优良焊点，还要保证这些焊点能完成设计师赋予它们的预期可靠性与工作寿命。就像一朵美丽的花儿，如果四周什么东西也没有，单独绽放，其耐看力就极低，如果配上绿叶那看上去就不一样了。这是我们的生活常识，同样焊点也是这样，特别是在整机中的焊点，单独的焊点无论将它焊得多么优良，如果与这个焊点的相关质量因素没有处理好，那么再好也将失去其“耐看力”。关于这一点也是电子装联技术中较难把控的问题，因为质量因素无法一成不变地写入“工艺细则”或“工艺卡”，只有掌握了整机中与焊点可靠性相关的因素才能使整机的质量水平切实落到实处，才能将装联技术把控得游刃有余。

整机装联技术中，除了掌握焊接技术外，与焊点可靠性相关的主要问题是：如何处理好绑扎线束中引出导线到焊接端子间存在的应力。

整机中的焊接端子按照工艺要求的规定完成焊接后，其焊接导线与线束之间就有了两个制约点（端子是不动的，导线束是固定的），这两个制约点间的距离就是导线的自由伸缩长度，在这个长度中的任何一点上都存在应力。焊接前伸缩长度留多少？这个原则如何把控？这是一个靠经验操作的问题，因为每一根导线与焊接端子在机箱中所处的结构位置及线束出线位置都是不一样的，恰到好处地把控 2～3mm 的长度差异，不是一件易事，并且还要考虑留出导线的走向、弯曲形态。原则上要求这两点间的长短、形状应足以防止由于外力或环境因素变化时对导线和焊点产生有害应力。即端子上焊点的导线应有应力消除的余量，长了或短了都不行，必须保证抗拉应力和剪切应力降到最低程度。

如何把控这个自由伸缩的长度？怎样判断什么形状能消除两个制约点间的应力？特别是当它们处在动态环境下时才释放出原来潜在的应力，在静止时如何分析这个动态因素呢？

例 1：矩形插座在整机中使用率是最高的，导线在插座上处理的好坏关系到每一个焊点的寿命，处理不好在应力作用下拉断了，焊点再优良也失去了其功能。

正确：所有的导线均匀地弯曲到焊接端子内，朝向随导线束的方向一致排列，如图 6-102 所示。

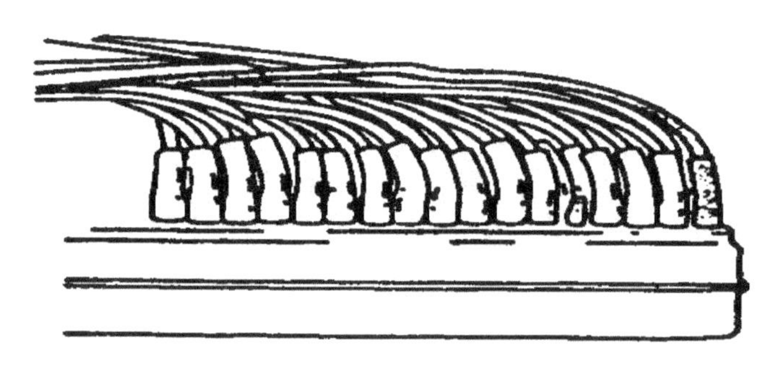

图 6-102　矩形插座导线焊接后正确的引出处理示意图

错误：导线排列不均匀，最右边的导线没有伸缩余量，拉紧了些，致使套在端子上的套管发生了偏移，整根导线上存在应力，在外力的作用下，这个应力会直接传递到焊点，使该焊点受到振动，如图 6-103 所示。

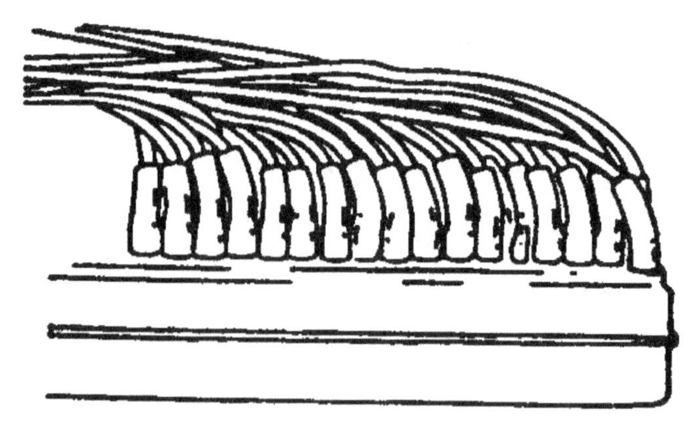

图 6-103　矩形插座导线焊接后不正确的引出处理示意图

例 2： 例 1 是焊接好的导线从插座内引出后的正确与否情形，那么引出后该怎样理线呢？一个插座内的导线如何长短不一地引出？处理完这些问题后，线束关键的第一扎扣位置如何确定？这些都直接关系到焊点的可靠性。图 6-104 所示为正确处理的线束图。

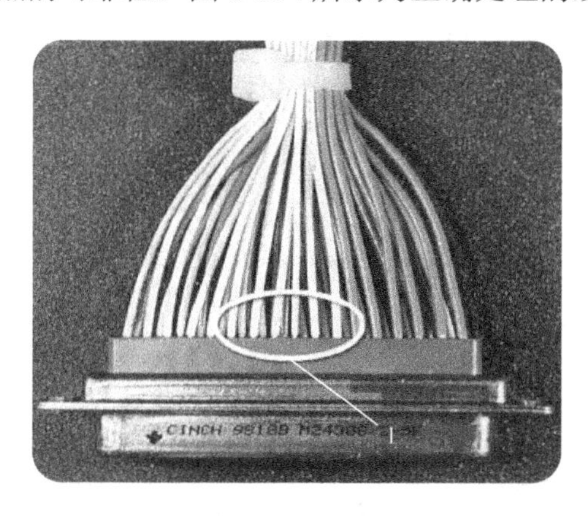

图 6-104　正确处理的线束图

从图 6-104 中可以看到，所有导线从连接端子引出后必须有一段顺着导线垂直方向再继续向上“顺势”而行的距离，特别是插座两边的导线更是这样。因此，我们不难发现处于插座中间的导线到扎线扣的距离，相对于插座两边到扎线扣的距离要短一些，而插座两边的导线必须有更大一点的弯曲弧度才能到达扎线扣。而这个第一扎线扣距插座的最小长度需要满足插座上最边上的导线具有一定的弯曲弧度后的长度。这个长度工艺上是无法“定死”的，必须根据导线束的粗细、导线束的走向、插座本身的几何结构形状等因素来决定，所以工艺上只能按照上述所说的要求进行定性的规定。不过工艺人员可以到生产线上按照具体情况根据这个原则结合实例进行示范操作。

图 6-105 是可以接受的处理线束图。

生产线上由于整机的装焊基本上都是手工操作的，在许多细节问题的处理上，不可能一模一样，但都可以大体归为三种情况，即优良、可以接受、不合格。

图 6-105　可以接受的处理线束图

“可以接受”就是说，虽然做得不是最好，但不好的地方无论从表征现象和今后产品随环境变化都不会由此引发质量问题，那么这种“不好”就是可以接受的。

从图 6-105 中可以看出，导线的处理没有图 6-104 那么好看，如导线不整齐、插座右边导线没有很好地顺着导线垂直方向再继续向上“顺势”而行，而是显得稍有点紧，但到扎线扣位置这段距离上，导线所承受的应力应该说不至于使导线折断。和图 6-106 相比较来看，我们就不难看出为什么图 6-105 是可以接受的，而图 6-106 是不合格的，必须进行重新返工。

图 6-106　不合格的处理线束图

不合格的线束绑扎完全不符合我们上面所说的要求，从图 6-106 中看到“A”这根导线，随时都可能被其他生产环节中的操作所“挂断”；再看导线“B”从端子上直接被 90° 折弯，完全不满足“垂直”“顺势”的工艺要求；“C”为插座边上的导线，直接被扎线扣拉得很紧，当导线束处在一个剧烈振动的环境下时，首先被折断的可能就是这些导线，它们没有一点伸缩的余地，整个线段上充满了应力，一旦在外力作用下很容易被折断，并且往往会在芯线的末端焊点处折断，应力传递到此没有了绝缘层的保护，端子又硬，所以前面提到它是一个“制约点”，导线很容易在该点处折断，应力无法传递被制约住了。由于“力”的作用，“D”处导线将端子（这是一个压接端子）从插座内拔出来了。通过分析这几处导线状况，可以看出它们都是“致命”性的，当然是不合格的，而不是可以接受的，因此必须重新制作。

例 3：矩形插座向上布线只要合理选择第一扎线扣的位置后，就可以将导线束整体一次扎制，如果矩形插座上的线束需要像图 6-107 那样转向，就不能一次性扎制线束了。这是一个很多操作者都不容易把控得很好的问题。

我们来分析一下如图 6-107 所示的矩形插座上没有应力存在的线束转向处理方法。这是一种分部绑扎方法，即将一束导线在短距离内分成若干部分进行扎制。

首先必须确定导线束转向后的高度问题，其次仍然需要满足“垂直”“顺势”的工艺要求，然后再进行合理地分部扎制。这个例子的关键就在于“合理分部扎制”，这也是无法用工艺文件来进行规定的问题。

从图 6-107 中看到，端子焊接完成后我们应该首先从右边，即插座的边上开始进行分部，扎制前必须根据情况确定选择扎多少根导线较为合适，然后让导线从插座根部顺势、向上一个“自由伸长”一定的距离后再进行第一节的绑扎。在图 6-107 中第一节的线束又分成了两支，这样处理不仅仅是为了好看，最主要是分散了应力，避免应力集中出现。分好了第一节线束再进行后面的几个线束分部绑扎，最后一个完整的矩形插座转向分部扎制的线束就做好了，整个线束看上去就比较顺眼，没有应力存在，如图 6-107 所示。

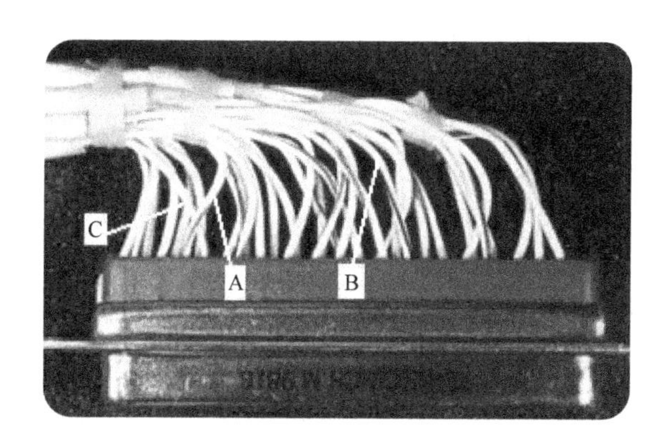

图6-107　矩形插座上导线束优良处理图

从图6-107中我们不难看到，如果将“A”导线分到最后一个线束中去（最左边）；“B”导线再往上抬高一点（顺势向上一点），使导线到插座根部呈垂直状；“C”导线稍微被拉紧了点，应将它从扎带中放出来一点（2～3mm），这样处理后，这束导线就比较完美了。当然，很多时候我们只有绑扎好了后才发现“某根导线”应放在哪里较好。这时我们可以将扎带剪掉（不全剪掉），按照意愿重新分配，使之更合理。

图6-108所示为线束可以接受的处理图。和图6-107进行比较，整把线束整理得还是比较好的，但是它没有像图6-107所示那样进行分部绑扎，只在线束的最后打了一个结，前面弯曲得较好，静态情况下，没有问题，动态情况下，就要看后面这把线束的固定点如何了。如果固定得好，在发生振动时（连接点最大的威胁就是振动），不会出现问题；如果固定得不好，这种处理就需要再加工一下，否则不能接受。

图中画圈标“1”的地方显示该处的导线有些紧，在不需要松开绑扎带的情况下可以将它们按上面所提到的工艺要求重新整理一下。标记“2”是三根经过转接处理后再到插座内的导线（关于导线的转接工艺及方法，参见《多芯电缆装焊工艺与技术》一书）。

矩形插座上不合格的分部绑扎线束情形，如图6-109所示。

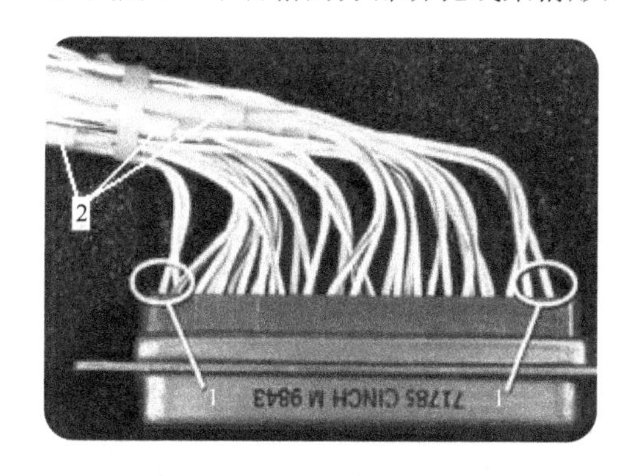

图6-108　线束可以接受的处理图

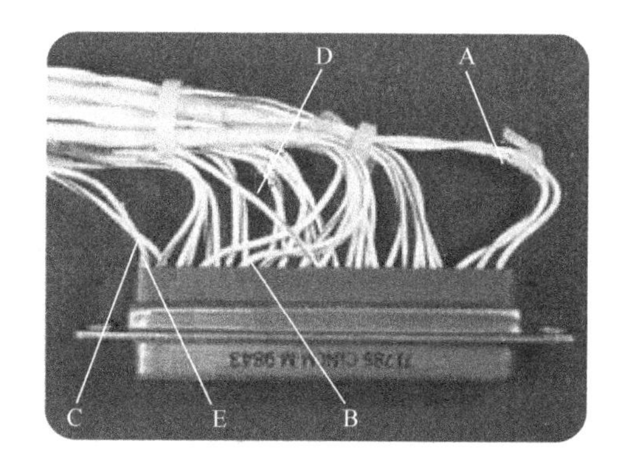

图6-109　线束不合格的情况

图6-109虽然进行了分部绑扎，但它是不合格的，我们先从“A”处分析，在第一绑扎带上分线，这和图6-107是一样的，但“A”处的这三根导线，因为留长了些，所以造成它们往前挤，从插座出来本应垂直向上的导线被挤倒了，这一挤使伸缩长度上的应力转嫁到了插座端子上的连接点；“B”处三根导线也是留得稍微长了一点，和“A”处的分析一样。

我们再看看“C”处，由于应力太大，一根导线将压接端子拉出插座，一根导线处于紧绷状态；“D”处导线分配不当，应该将其归到后面一股绑扎带上，这样就不至于使它处于紧绷状态。导线的这种紧绷状态导致高度的应力，极具破坏力；“E”处的导线留长了点，应和“C”处的两根导线合成一股后与所有导线绑扎成一束。这些不合理的导线处置方式，只要外界环境稍有变化都会给插座上端子的连接点造成故障，因此，它们是不合格的。

例 4：焊接端子上导线弯曲大小与应力的消除。

在整机装焊中无论什么样的端子，焊接完成后导线必须有一个弯曲弧度，以避免应力的存在，但是这个弧度的把控就是一个非常灵活的问题，图 6-110 是端子焊接后导线弯曲弧度把控得较好的情形。

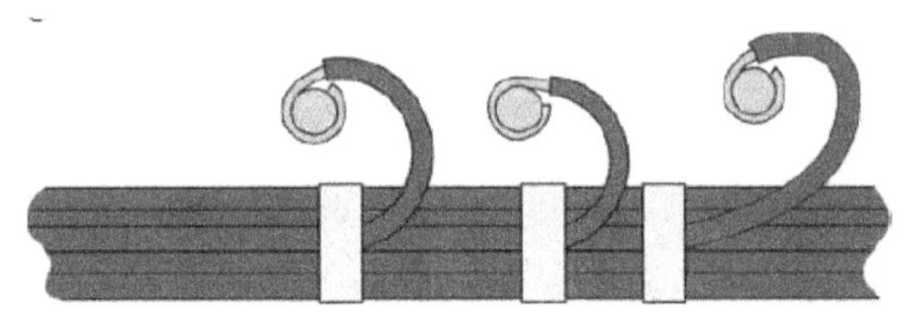

图 6-110　导线弯曲弧度把控得较好的情形

对比来看，如果弯曲不好，如图 6-111 所示，这种情形应该视为不合格处理。线扣处与焊接端子处两个制约点间的导线呈严重的紧绷状态，当然也就存在应力，这种绑扎线束和弯曲弧度必须重新返工。

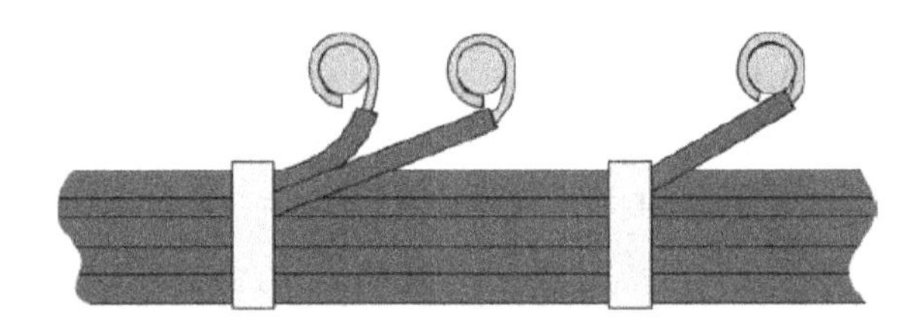

图 6-111　导线弯曲弧度不合格的情形

例 5：我们再来看看一种引线连接存在应力的实际情况。图 6-112（a）是一个模块单元电路，在盒体侧壁上安装一个高频电缆插座，插座的内导体与盒体内 PCB 上的器件引脚直接搭焊（这是错误的），且焊料过多。这种连接法，当模块受到振动时，高频插座上的内导体由于有四个螺钉紧固于盒体上，且内导体比器件引脚粗，不易产生故障，但是器件上这根引脚处于一种悬空状态，它会把振动时受到的应力传递到这根引脚的根部，最终会造成连接点或引脚根部断裂。

如果采取可靠性设计，应该有两种方法：第一，器件引脚像旁边另一个引脚一样，与 PCB 焊盘连接；第二，高频插座的内导体焊接一根软导线与 PCB 焊盘连接，这两个连接点间由印制导线导通，完成可靠性焊接。

前面介绍的两种方法需要在电路设计时就要考虑到，如果到了生产线上，面对这样的现状（没有连接焊盘），生产周期不允许将产品重做，那么工艺师和操作者又该如何解决这样的问题呢？这里推荐采取的工艺方法是：在这两个连接端子间加一根软导线进行过渡连接。即导线一端接器件引脚，另一端接内导体。在接法上一定要讲究，并且消除这两点间连接线上存在的应力，同时对软导线一定要进行合适的形状整形，处理结果如图 6-112（b）所示。

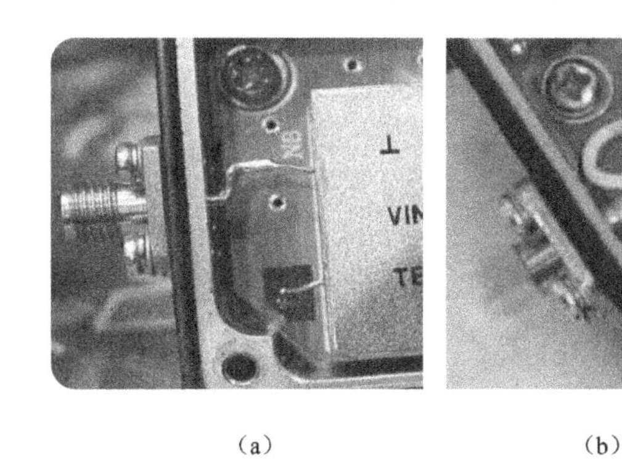

（a）　　　　（b）

图 6-112　错误焊接与改进后的焊接实物图*

例 6：套管对导线与端子的影响。

如图 6-113 所示，套管正确套住端子并提供导线绝缘支撑，消除了应力，防止了导线在端口处弯曲变形，保障了焊点与导线连接处的可靠性。

图 6-114 是同样情况的一种不合格处理方法。套管在导线与端子的延长段弯曲，致使本应垂直向上的长度段存在了应力，如有外在拉力，这种应力会传递到焊点及连接处，使焊点可靠性受到威胁。因此，这种套管的套法是不合格的。

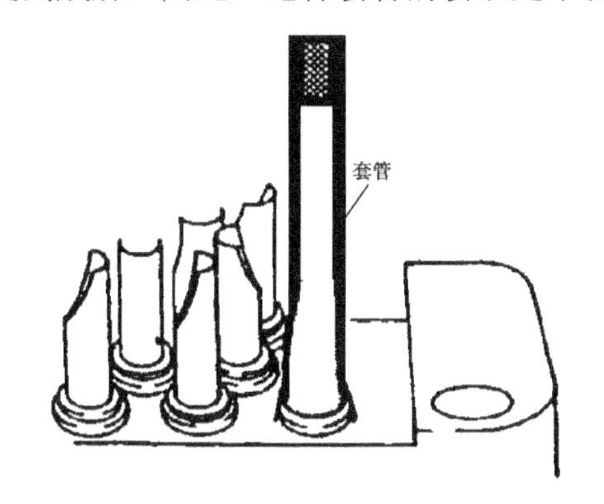

图 6-113　插座上套管的正确处理示意图

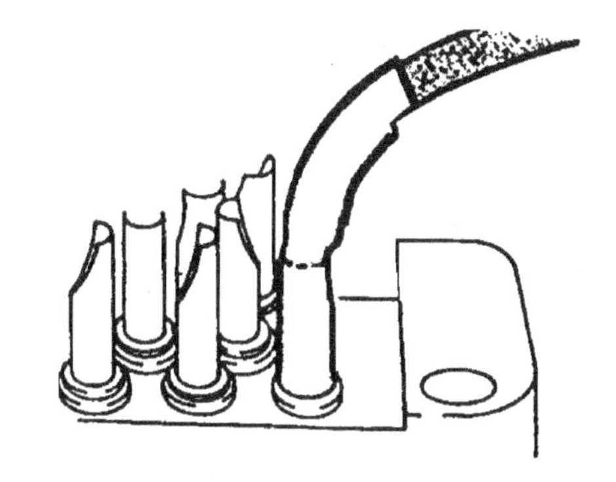

图 6-114　插座上套管的不正确处理示意图

在整机装焊中类似以上端子上导线的应力处理问题还很多，读者理解了其中的道理就可以举一反三。

6.6.4　高压单元电路的手工焊接工艺

整机装焊中，对高压单元电路的焊接应该有一个专门的培训。因为高压电路中所有元器件、零部件的焊接端子的焊接要求与我们前面介绍的是不一样的。前面要求焊接的形态在润湿的情况下呈“露骨”形状，并且略见整个引线轮廓，焊料量要偏少。高压电路的焊接中的要求是：焊点要求润湿，焊料量应连续、光滑且饱满一点，基本上不要求“露骨”焊等。这些都是原则上的定性要求，在实践中还应结合千差万别的具体情况来把控这些工艺要求。下面介绍一些关于高压电路焊接的工艺要求供读者参考。

（1）根据高压值的不同来确定元器件间的相互距离，一般来说应尽可能大，以免产生打火或电弧。

（2）元件引脚的导线要弯成圆弧形，不允许弯成直角或锐角，以免尖端放电。

（3）采用相应的耐高压导线和耐高压套管对高压引出的端子进行处理。

（4）所有高压部分的焊点要尽量圆滑，绝不允许出现拉尖或毛刺。

（5）焊接端子在施焊前，必须清除干净导线上的标志胶布（包括一些器件、部件上临时粘贴的标记）。特别是高压单元需要进行绝缘灌封。因为各种胶黏剂会在灌封工艺中产生毒化现象：不固化，导致电路加电时打火。

6.6.5 高温单元电路的焊接工艺

对于电子装联整机中的高温单元电路有以下一些要求。

（1）在焊接导线或布设线束时，不允许贴靠发热器件，如电源变压器、大功率管、散热片、大瓦数的电阻等。

（2）对于怕热的一些器件，应尽可能地远离发热器件和热敏元件，以免温升过高而引起参数变化造成电路指标不稳甚至损坏元器件。

（3）大功率电阻的安装要离板面有一定的间隔，不允许贴板安装。

（4）在装配焊接中如果无法避免与发热器件相邻或接触，应采取一些有效的隔热措施后，再实施装焊。

6.6.6 高频单元电路的焊接工艺

目前，由于材料科学的高速发展，使电子设备呈小型化、轻型化、高度集成化，因此，单独存在的高频单元电路越来越少，在一些老产品、民用产品中还保留了一些，比如视放盒、高频盒，一般情况下它们都是整体镀银件。对于这样的电子产品，在手工焊接时需要注意以下操作原则：

（1）对于镀银件，要戴白细纱手套进行操作，以免汗渍、腐蚀，使镀银层发黑。

（2）元件与导线的相互连线应尽量短，一般为直拉装焊，且焊料量要偏少。

（3）采用镀银裸线做短连线时，线径应比一般单元的短接线线径要粗些，以减少高频损耗。

（4）对于高频件的端子焊接，尽量少采用绝缘套管。如果在外界环境下不可能产生碰撞或接触引起短路的话，尽量不加套套管，以免产生介质损耗。

6.6.7 微波器件/模块的焊接工艺

（1）微波基础知识。

微波是指信号波长很短的电磁波，它是电磁波谱中的一部分。其信号可以用它的频率来划分，通常所说的微波频率为1～30GHz。

1GHz=10^9Hz；1kHz=10^3Hz；1MHz=10^6Hz。

真空中频率与波长的关系是：

$$c=\lambda f$$

其中，c 为光速，$c=3\times10^8$m/s；λ为波长，单位是 m；f 为频率，单位是 Hz。

在微波器件的装配焊接中，通常不直接称呼多少频率的器件，而是使用以下一些波段名称来简单称呼器件或模块。

L 波段：1～2GHz；

S 波段：2～4GHz；

C 波段：4～8GHz；

X 波段：8～12.4GHz；

Ku 波段：12.4～18GHz；

K 波段：18～26.5GHz；

Ka 波段：26.5～40GHz。

（2）微波器件（模块）装焊的常规要求。

① 建议装焊前必须将带盒体电路板放入恒温电烘箱中，缓慢加热至 75±5℃，预热 30min 方可焊接。

② 当焊接陶瓷基片时，应将陶瓷基片置于加热板上预热，温度为 75±5℃。

③ 所有焊点必须采用控温防静电烙铁焊接，一般焊接温度应控制在 240±10℃，每次焊接时间不超过 2～3s，焊接次数不超过 3 次，力求一次焊成。

④ 焊点要求锡量适中，有些端子最好采取定量供锡。可把焊锡丝剪成正常焊点所需要的颗粒焊料，就可做到定量供锡。

⑤ 焊金带时，必须考虑热膨胀系数，不可拉直焊接，两焊点之间的金带必须有半径为 0.16mm 的弧形（可用 0.16mm 的漆包线成形）。

⑥ 微波场效应管应按源极、栅极、漏极的顺序进行焊接，焊接时烙铁头的温度建议设在 280°，不得超过 320°。焊接时间不超过 3s，焊接次数不大于 2 次。

⑦ 手工贴焊微波集成电路时，应采用对角线方法依次焊接引线，最小焊接长度为 1～2mm。

⑧ 混合微带电路板梁式引线与陶瓷基板镀金带线的焊接要求是：将带盒的微带电路板从电烘箱中取出，把颗粒焊锡放置在引线焊接处，用棉签棍蘸取适量助焊剂滴在需要搭接引线的微带上及其周围；把螺丝刀轻轻放在引线根部，帮助散热；焊接条件为，温度≤250℃、时间≤3s；焊点距离器件封装处必须大于等于 1mm。

（3）微带元件及无源器件的焊接要求。

① 带状引出线焊接要求：焊料应适量，应润湿引线和整个焊盘，焊点应光滑、均匀，无拉尖，焊点高度不大于 0.5mm，如图 6-115 所示。若润湿角过大（大于 90°），则易造成虚焊，因此推荐润湿角应小于 70°为宜。

② 微带元件及无源器件的安装应使其本体处于微带电路板两焊盘的中间并贴板安装。本体与焊盘之间的水平距离应为 0.5～1.0mm，引出线焊接长度最小为焊盘的 2/3，超长的引线应剪去。

③ 微调电容的安装应在微带电路板上其他元器件焊接清洗完毕后完成，以避免清洗液浸入其内部造成污染。

（4）圆柱形微波二极管的焊接要求。

最好采用前面提到过的马蹄形烙铁头焊接圆柱形微波二极管，焊点要均匀而光滑，要求焊料将其接地端全部包住，微带电路板表面电极焊接时，焊点突出部分应不大于 2mm，焊料不能漫流到电极的顶部，如图 6-116 所示。

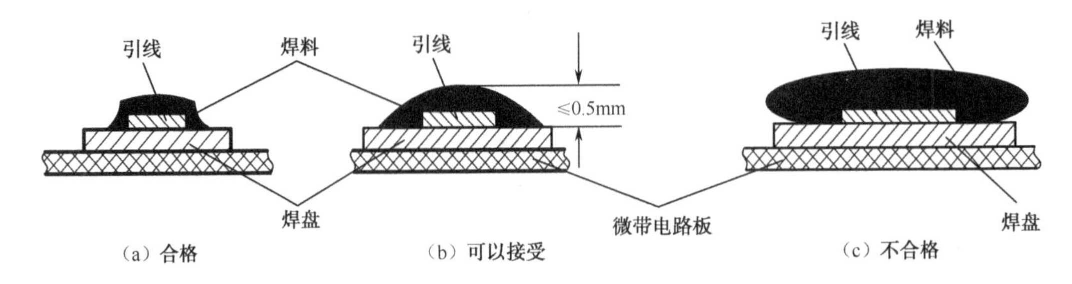

图 6-115　带状引出线焊接判定示意图

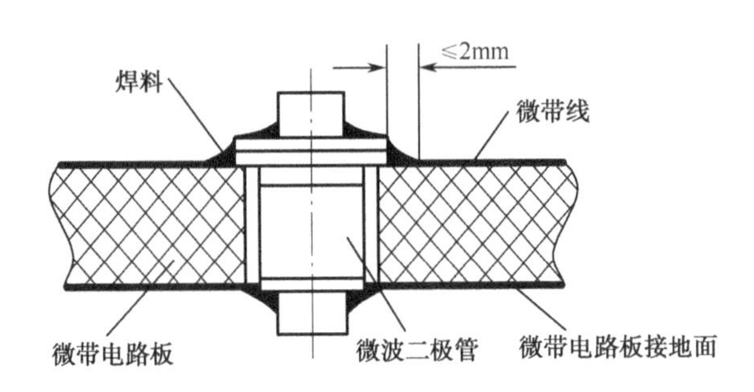

图 6-116　柱形微波二极管焊接示意图

（5）射频电连接器与微带线的焊接要求。

射频电连接器安装前，应先安装并紧固微带电路板组装件，然后安装电连接器，安装时应保证其电连接器芯线（内导体）与微带电路板上的 50Ω微带线对正。要求连接器四角牢固件均匀受力且牢固，在外力作用下不得有任何位移现象。

50Ω微带线焊接形式有两类：

① 电连接器芯线与微带电路板平行焊接时，与微带线焊接的最小接触长度应不小于芯线直径的 2 倍，焊缝长度与芯线等长，芯线轮廓在焊料中应可见。芯线离开微带线的高度应不大于 $D/4$（间隙越小越好），焊缝高度至少应从微带线上升到芯线侧面 1/2 高度处，如图 6-117 所示。

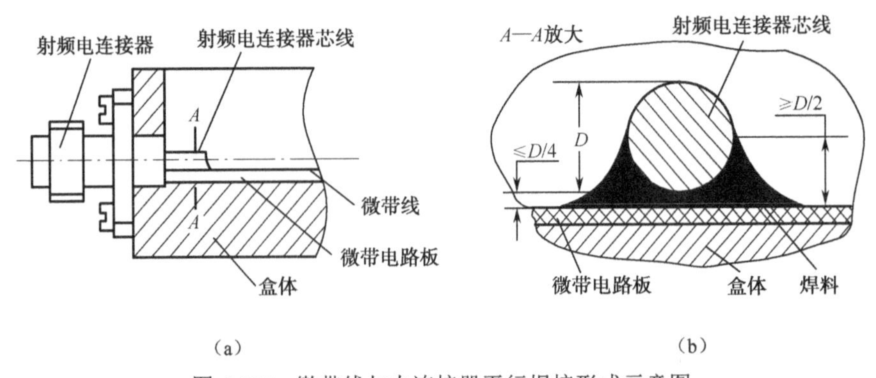

图 6-117　微带线与电连接器平行焊接形式示意图

② 芯线与微带电路板垂直焊接形式示意图如图 6-118 所示。

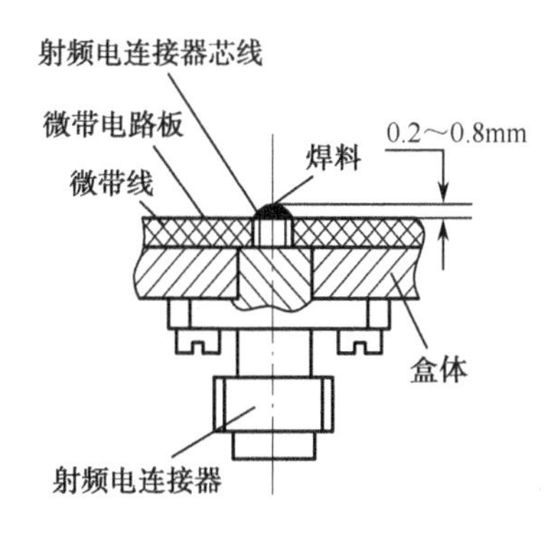

图 6-118　微带线与电连接器垂直焊接形式示意图

图 6-117 中微带线与电连接器芯线的平行焊接需要注意的问题是，当芯线不能靠近微带线并且有 2～3mm（或 1～3mm）的间隙时，怎么办？

由于电连接器安装在盒体侧面上，需要四个固定孔；电连接器内芯线（内导体）本身也是有公差尺寸的；微带线是微波板上的印制导线，微波板安装在盒体内的；这一系列的安装尺寸都是有公差的，因此这些累积的公差尺寸使得电连接器芯线可能正好落在微带线上。

很多时候没有工艺要求时，操作者往往会采取平行焊接，特别是间隙在 1～2mm 时，他们觉得没关系，焊料多一点就行了。

其实这是非常错误的处理方式，特别当间隙大时，这种焊接实际上是用焊料将这个间隙填起来了，焊料充当了“应力线”。当电子设备处于振动环境下，必然会使这个焊点开裂，并且这种开裂一定在“应力线”上。

图 6-119 所示为焊点开裂的实物放大图。

面对这种情况往往要求操作者采取“冗余焊”。

冗余就意味着“多余”，即以备后患。在手工焊接中，一般情况下是不用这种方法的，因为耗时、耗材料，但对于高可靠性要求的电子设备来说是必需的。对于一些不可避免会造成性能不可靠的因素，就必须使用冗余焊接的方法。以上情况采取冗余焊接的示意图如图 6-120 所示，用粗细合适的裸镀银导线进行搭接，工艺上应有适宜的搭接长度要求。

图 6-119　焊点开裂的实物放大图*

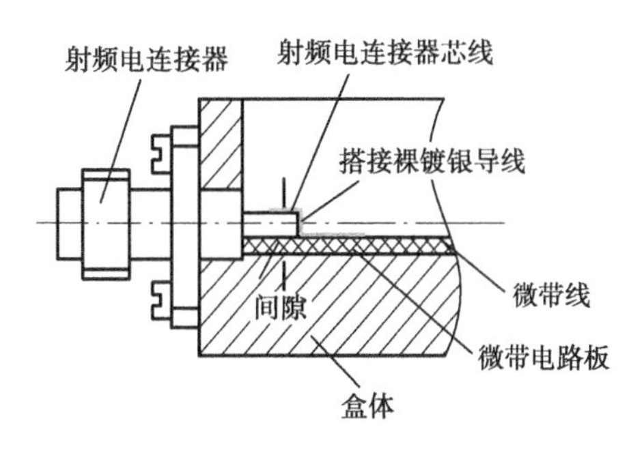

图 6-120　采取冗余焊接的示意图

Chapter 7

第 7 章 整机接地技术与布线处理

地线是电子设备及系统安全保护的基础，也是工作稳定的基础。电子装联技术中的系统装焊（机柜的装配焊接）、整机装焊，首先应解决的问题是：在电子装联操作中需不需要考虑电磁兼容的问题？回答是肯定的。为什么首先要提出这样的问题呢？因为在一些人看来电磁兼容问题是电路设计师和结构设计师的事情，与电子装联工艺和操作人员无关，怎么设计就怎么连接。原则上这种观点没错，但在实践中的确存在问题。通过本章阐述的装联接地技术与布线分析，希望能够使从业人员重新认识这个问题，使电子装联技术在电气装配、系统装配中发挥出更好的、应有的作用。

要认识并把握好电子装联中的整机接地技术，必须首先了解一些关于电磁兼容方面的知识。

7.1 电磁兼容

7.1.1 电磁兼容基本概念

随着现代科学技术的发展，各种电子、电气设备已广泛应用于人们的日常生活、国民经济和国防建设中。电子、电气设备不仅数量及种类不断增加，而且向小型化、数字化、高速化及网络化的方向快速发展。然而，电子、电气设备正常工作时，往往会产生一些有用或无用的电磁能量，影响其他设备、系统和生物体，导致电磁环境日趋复杂，造成了“电磁污染”，形成电磁干扰。

电磁干扰有可能使电子、电气设备和系统的工作性能偏离预期的指标或使工作性能出现不希望的偏差，即工作性能发生了“降级”，甚至还可能使电气、电子设备和系统失灵，或导致寿命缩短，或使电气、电子设备和系统的效能下降。严重时还可能摧毁电气、电子设备和系统，而且还会影响人体健康。因此，人们面临着一个新问题，这就是如何提高现代电气、电子设备和系统在复杂的电磁环境中的生存能力，以确保电气、电子设备和系统达到初始的设计目的。要实现这个设计目的，在电子装联上该如何操作呢？要在哪些方面注意才能最大限度地满足设计指标呢？我们需要对电磁兼容（Electromagnetic Compatibility，EMC）这门综合性学科有一定的认识和了解。

根据国内电磁兼容专家的解释：对于 EMC 这个英文缩写来说，如果针对设备或系统的性能指标，直译为“电磁兼容性”；但就作为一门学科来说，应称为“电磁兼容”。

7.1.2 电磁兼容和电磁兼容性

所谓兼容，通常指的是处于同一环境、状态中的万事万物能够和谐共存，互不伤害。电磁兼容则是针对电磁环境而言的。国家标准 GB/T 4365—1995《电磁兼容术语》对电磁兼容的定义为“设备或系统在其电磁环境中能正常工作且不对该环境中任何事物构成不能承受的电磁干扰的能力”。该标准等同采用国际电工委员会 IEC 60050（161）。电磁兼容是研究在有限的空间、有限的时间、有限的频谱资源条件下，各种用电设备（分系统、系统，广义的还包括生物体）可以共存并不致引起降级的一门科学。

这就是说，处于同一电磁环境中的所有电子设备和系统，若均能够按照设计的功能指标要求工作，互不产生不允许的干扰，就认为它们是电磁兼容的；否则，就是电磁不兼容。

电磁兼容性指的是电子设备、系统在规定的电磁环境中，按照设计要求而工作的能力，即电磁兼容能力。它表征的是共存于同一电磁环境中的设备、系统间互相兼容程度的好坏，是设备、系统的一种重要的技术性能。

电磁兼容和电磁兼容性是过去抗干扰理论的扩展和延伸，目前已发展成一门独立的新兴交叉综合性技术学科。在技术发展的早期阶段，实现电磁兼容主要靠改进个别电路和结构的方案，以及频谱的计划分配。但到现在，仅靠被动地采用个别的局部措施已远远不够。从整体上说，电磁兼容问题具有明显的系统性特点，在电子设备/系统设计、研制、生产和使用的全过程中，都必须考虑这个问题，主动采取措施抑制电磁干扰。只有这样，才能保证电子设备/系统在整个寿命期间满足电磁兼容性要求。今天，有关电磁兼容的定义、理论和电磁兼容性标准，已成为一个国家、一个地区，乃至世界范围内解决电子设备/系统相互间电磁兼容问题的基础。

7.1.3 电磁干扰及其危害

电磁兼容是相对于电磁干扰而言的。一般来说，当电磁发射源产生的电磁场信号对其周围环境中的装置、设备或系统（包括有生命和无生命系统）产生有害影响时，则称为电磁干扰信号，简称为电磁干扰。可见，电磁干扰是有害信号，也被叫作电磁噪声。

电磁干扰按频谱划分，通常可分为以下 6 类。

① 工频干扰：50Hz 频率，6000km 波长。

② 甚低频干扰：30kHz 以下频率，10km 波长。

③ 载频干扰：10～300 kHz 频率，1km 以上波长。

④ 射频、视频干扰：300kHz～300MHz 频率，1m～1km 波长。

⑤ 微波干扰：包括特高频、超高频、极高频 300MHz～300GHz 频率，1mm～1m 波长。

⑥ 雷电及核电磁脉冲干扰：频率范围很宽，最低可接近直流，最高可达 PHz 级。

不同频谱的电磁干扰的危害情况不尽相同。电磁干扰的危害主要表现在以下几方面。

（1）对电子设备的危害。

辐射能量最大的强电磁干扰，可以使电子设备中的半导体器件的结温升高，造成PN结击穿，使器件性能降低或失效，从而直接影响设备的正常工作，使信息失误，控制失灵，引发各类事故。另外，当电子设备工作时，由于电磁辐射的作用，即使辐射不强，如果不采取一定的措施，其辐射的信息内容也容易被有心侦探者清晰、稳定地接收，从而造成严重的泄密。这本质上也是对电子信息设备工作安全性、可靠性的一种危害。

（2）对军械装备的危害。

在现代飞机、坦克、舰船、导弹和航天飞行器及运载火箭上，都有许多电引爆装置，它已成为军械系统必不可少的设备，然而，电磁波会通过电引爆装置的控制电路感应耦合，形成干扰电流，引起爆炸。有关电磁干扰辐射对军械系统的危害问题，最早是由英国人于1932年在一次意外爆炸事故的分析中提出的。半个世纪以来的大量试验和失败经验表明，由于电磁干扰能量的作用，雷达可使导弹、火箭误发射，使飞机座舱盖误开启；调幅/调频广播电台可使雷管误爆炸，鱼雷误发射；双路无线电可使电引爆器误引燃；无线电辐射干扰可使飞机机翼副油箱误投放；射频发射机可使导弹在飞行中意外失效；机载电子设备的干扰可引起飞机偏航、损坏或意外投弹等。

（3）对燃油、燃气的危害。

各种低燃点的燃油、燃气在强电磁场作用下有发生燃烧和爆炸的危险。理论和实验研究表明：燃油蒸气在电磁波频率为2～13MHz范围的发射天线辐射的电磁波照射下，如果发射功率为100W，天线与燃油距离在11.5～75m之间，就会发生自燃而引起爆炸；在24～32MHz频率范围的电磁波，其电场强度只需达到37V/m便可获得引起电弧和电火花放电的电磁能量极限值（50V·A），从而产生电弧和电火花放电，使燃油燃烧起爆；当易挥发的燃油装在密封的油罐车中运输时，由于燃油在车罐内晃动摩擦会造成电荷积累，引发静电放电，一旦燃油蒸气和空气的混合比例满足一定条件，这种静电放电就会使燃油引燃起爆。国外就曾经发生过多起由此引发的油轮及工厂爆炸事故。

（4）对人体的危害。

电磁能量通过对人体组织器官的物理、化学作用，产生有害的生理效应，造成较严重的危害。电磁辐射对人体的危害表现为热效应和非热效应两方面。当电磁辐射的功率密度高达$10mW/cm^2$以上时，以明显的热效应为主，这时电磁辐射通过对人体细胞加热，增加血液的流通和发热，并使外部感觉神经末梢受到加热刺激作用，产生病理、生理和神经反应。当人体长时间接受高功率密度的辐射时，就会引起体温升高，如果温度升高率超过机体热调节系统的散热能力，就会引起烧伤、出血、组织坏死等损伤，容易发生白内障。当电磁辐射的功率密度低于$1mW/cm^2$时，对人体的危害以非热效应为主，其作用机理主要表现为：在射频场作用下，染色体结构会出现变异；在脉冲射频照射下，蛋白质分子会出现运动、定位和极化。长时间受这种低功率密度辐射，人的神经系统、造血功能和细胞免疫系统将会受到损害，从而引发头疼、头晕、疲劳嗜睡、失眠、记忆力衰退、心悸、忧郁、神经质和性功能减弱等病征。

电磁辐射对人体的危害程度，不仅取决于辐射的功率密度和时间，还与辐射的频率有关。一般来说，人体皮肤对高强度射频照射有吸收、反射和穿透3种作用机理。在1GHz频率以下的电磁波照射下，有50%～60%的辐射能量能穿透人体；而在1～3GHz频率的电磁波照射下，辐射能量全部被人体吸收，使人体深处的细胞致热效应最明显，温升最快，最易导致内部器官的损伤；而 3GHz 以上频率的电磁波照射时，其辐射能量一部分被皮肤表面吸收，一部分被皮肤反射，因此只会加热表面皮肤，不会加热内脏，对人体危害较小。

7.1.4　电磁干扰三要素

电磁干扰的形成必须同时具备以下 3 个因素：由电磁干扰源发出的电磁能量，经过某种耦合通道传输至敏感设备，导致敏感设备出现某种形式的响应并产生效果。这一作用过程及其效果，称为电磁干扰效应。

通常将这 3 个因素称为电磁干扰三要素，如图 7-1 所示。

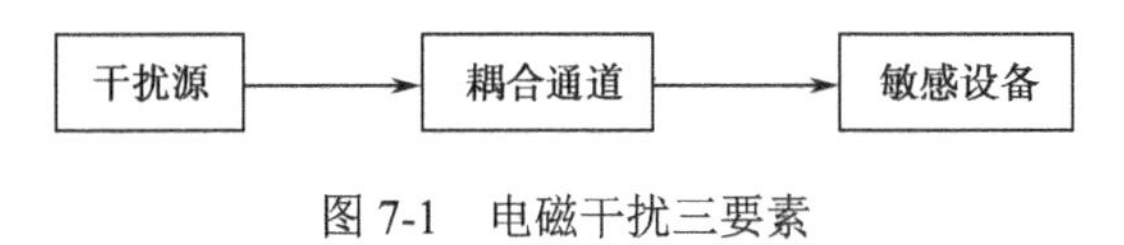

图 7-1　电磁干扰三要素

电磁干扰三要素如果用时间 t、频率 f、距离 r 和方位 θ 的函数 $S(t, f, r, \theta)$、$C(t, f, r, \theta)$、$R(t, f, r, \theta)$ 分别表示电磁干扰源、电磁能量的耦合通道、敏感设备的敏感性，当产生电磁干扰时，必须满足如下关系：

$$S(t, f, r, \theta)\,C(t, f, r, \theta) \geqslant R(t, f, r, \theta)$$

通过上式可以看到，形成电磁干扰时，电磁干扰源、耦合通道、敏感设备这三个要素缺一不可。这就是说，能产生巨大电磁能量的干扰源，如大功率雷达、核爆炸、雷电放电等，未必一定能形成电磁干扰，只能说它们是潜在的电磁干扰源。同样，对电磁能量比较敏感的设备，如计算机、信息处理设备、通信接收机等，也未必一定能够受干扰，也只能说它们是潜在的电磁敏感设备。此外，上式也表明，要想抑制电磁干扰，则使用电设备或系统在工作时达到电磁兼容，必须使 $SC<R$。

为了消除电磁干扰的这三个要素，以下几点的做法可以借鉴：

- 利用地线分离信号线路，可以减少电容的耦合。例如，在多层 PCB 的设计上，为了提高有效性，地线应每隔 $\lambda/4$ 与地层连接。
- 要解决电感的串扰问题，应当尽可能地减小环路的大小，在可能的情况下，尽量消除或破坏环路的存在。
- 避免信号返回线路时共享共同的路径，这样也可以减小电感串扰。

7.1.5　电磁兼容技术及电磁兼容性控制

（1）电磁兼容技术的内涵。

电磁兼容技术的根本任务是使处于同一电磁环境中的各种电气、电子设备或系统能够互不干扰而正常工作，达到所谓的“兼容”状态。电磁兼容技术的研究则是紧密围绕形成电磁干扰的三要素而进行的，即研究干扰产生的机理、干扰源的发射特性以及如何抑制干扰的发射；研究干扰以何种方式、通过什么途径传播，以及如何切断这些传播通道；研究干扰接收器对干扰产生何种响应，以及如何降低其干扰敏感度，增强抗干扰能力。基于此，电磁兼容技术的内涵可归结为以下几方面技术的研究。

① 电磁干扰三要素特性的分析。

② 电磁兼容性分析预测技术。

③ 电磁兼容设计技术。

④ 电磁干扰抑制技术（也称电磁兼容控制）。

⑤ 电磁兼容测量和试验技术。

⑥ 电磁脉冲干扰及其防护技术。

⑦ 信息设备电磁泄漏及其防护技术。

⑧ 电磁兼容性标准、规范的研究制定与工程管理。

（2）电磁兼容性的控制。

一般而言，实现电路、设备和系统的电磁兼容性，需要采取的技术措施可分为两大类。

第一类是尽可能选用相互干扰最小、符合电磁兼容性要求的器件、部件和电路，并进行合理布局、装配。

第二类是考虑形成电磁干扰的三要素，通过屏蔽、滤波、接地和搭接等技术来抑制和隔离电磁干扰。

这两大类控制电磁兼容性的技术措施紧密相连，相互影响，所以组合使用可以获得最佳效果。例如，选择合适的电路、设备和系统的信号电平、阻抗、工作频率以及电路、设备的合理布局将会降低对屏蔽、滤波、接地的要求。同样，电路、设备和系统的良好接地又可以降低它们对屏蔽和滤波技术的要求。良好的接地、屏蔽还可以降低电路、设备和系统对滤波器的技术要求。

所以，电子装联技术中我们应该特别关注良好接地的问题。

7.2 电磁兼容中的接地技术

前面我们了解并知道电磁干扰和电磁兼容性方面的一些基本知识后，对电子装联来说最关心的是电磁兼容技术中的接地问题。

接地技术是任何电子、电气设备或系统正常工作时必须采取的重要技术，它不仅是保护设施和人身安全的必要手段，也是抑制电磁干扰、保障设备或系统电磁兼容性、提高设备或系统可靠性的重要技术措施。任何电路的电流都需要经过地线形成回路，因而地线就是用电设备中各电路的公共导线。然而，任何导线（地线）都具有一定的阻抗（电阻和电抗），该公共阻抗使两个接地点很难是等电位的。这样公共阻抗就会使两接地点间形成一定的电压，通过这个电压会产生接地干扰。所以恰当的接地方式可以为干扰信号电压提供一个低阻抗通路，从而抑制干扰信号对其他电子设备的干扰。因此，良好的接地可以抑制干扰。

需要强调的是，设备或系统的接地技术与电路的电磁兼容功能设计有着同等的重要性。接地的效果常常无法在产品的设计之初立即显现，因而容易被设计人员（特别是电路分机/单元模块设计人员）忽略，但在电子设备的联试过程中（特别是大系统联试中）可发现，良好的接地可花费较少的时间、极大节省人力资源的情况下，解决许多设计上不好预料的电磁干扰问题。

7.2.1　接地概念

所谓“地”(Ground)，一般定义为电路或系统的零电位参考点，直流电压的零电位点或者零电位面，这时的这个地（Ground）不一定为实际的大地（建筑地面），它可以是设备的外壳或其他金属板或金属带、金属线。

接地原意指与真正的大地（Earth）连接以提供雷击放电的通路，后来成为用电设备提供漏电保护的技术措施。现在接地的含义在电路制造工艺上已经延伸，“接地”（Grounding）一般指为了使电路、设备或系统与“地”之间建立低阻抗通路，而将电路、设备或系统连接到一个作为参考电位点或参考电位面的良导体的技术行为，其中一点通常是系统的一个电气或电子元（组）件，而另一点则是称之为“地”的参考点。例如，当系统组件是设备中的一个电路时，则参考点就是设备的外壳或接地平面。

7.2.2　接地的分类

通常情况下，电路、用电设备按其作用可分为安全接地和信号接地。其中安全接地又有设备安全接地、接零保护接地和防雷接地，信号接地又分为单点接地、多点接地、混合接地和浮点接地，见表 7-1。

表 7-1　接地的分类

安 全 接 地	信 号 接 地
设备安全接地； 接零保护接地； 防雷接地	单点接地； 多点接地； 混合接地； 浮点接地

（1）安全接地。

安全接地就是采取低阻抗的导体将用电设备的外壳连接到大地上，使操作人员不致因设备外壳漏电或静电放电而发生触电危险。

我国规定人体安全电压为 36V、12V。流经人体的安全电流值，对于交流电流为 15～20 mA，对于直流电流为 50mA。一般家用电器的安全电压为 36V，以保证触电时流经人体的电流值小于 40mA。当流经人体电流高达 100mA 时就可能导致死亡。

人体电阻变化范围很大，一般来说，人体皮肤处于干燥洁净和无破损情况时，人体电阻可高达 40～100kΩ；人体处于出汗、潮湿状态时，人体电阻降至 1000Ω 左右。为了保证人体安全，应将机壳与接地体连接，这样当人体接触带电机壳时，人体电阻与接地导线的阻抗并联，人体电阻远大于接地导线的阻抗，大部分漏电电流经接地导线旁路流入大地。通常规定接地电阻值为 5～10Ω，所以，流经人体的电流值将减少为原先的 1/200～1/100。

（2）安全接地的有效性。

安全接地的质量好坏，关系到人身安全和设施安全，因此必须检验安全接地的有效性。

接地的目的是使设备与大地有一条低阻抗的电流通路，因此，接地是否有效取决于接地电阻的阻值。接地电阻的阻值越小越好。针对接地目的不同，对接地电阻有不同的选择。设备安全接地的电阻一般应小于 10Ω；1000V 以上的电力线路要求小于 0.5Ω；防雷接地电阻要求为 10～25Ω。注意，接地电阻受到环境条件的影响，天气的潮湿程度、季节变化和温度高低变化都会影响接地电阻的阻值。因此，接地电阻的阻值并不是固定不变的，需要定期测定监视。

对于大电流接地系统，要求接地电阻阻值较低。埋设于地下的自然接地体因表面腐蚀等使其接地电阻难以降低，因此必须采用人工接地体。需要注意的是，在弱信号、敏感度高的测控系统、计算机系统、贵重精密仪器系统中不能滥用自然接地体。例如，水管，一般的水管并没有与建筑的金属构件及大地有良好的接触，其接地电阻阻值比较大，因此不宜作为接地体。人工接地体是人工埋入地下的金属导体，常见的形式有垂直埋入地下的钢管、角钢和水平放置的圆钢、扁钢及环形、圆形和方形的金属导体。

7.2.3 接地的要求

接地通常有以下几点要求：

（1）理想的接地应使流经地线的各个电路、设备的电流互不影响，即不使其形成地电流环路，避免使电路、设备受磁场和地电位差的影响。

（2）理想的接地导体应是零阻抗的，流过接地导体的任何电流都不应该产生电位降，即各个接地点之间没有电位差，或者说各接地点之间的电压与电路中任何功能部分的电位相比较，均可忽略不计。

（3）接地平面应是零电位，它作为系统中各电路任何位置所有电信号的公共电位参考点。

（4）良好的接地平面与布线间有大的分布电容，而接地平面本身的引线电感应很小。理论上，它必须能吸收所有信号，使设备稳定地工作。接地平面应采用低阻抗材料制成，并且有足够的长度、宽度和厚度，以保证在所有频率上它的两边之间均呈现低阻抗。

用于安装固定式设备的接地平面，应由整块铜板或者铜网组成。

7.2.4 搭接

（1）搭接的概念。

搭接是指两个金属物体之间通过机械、化学或物理方法实现结构连接，以建立一条稳定的低阻抗电气通路的工艺过程。搭接的目的在于为电流的流动提供一个均匀的结构面和低阻抗通路，以避免在相互连接的两金属件间形成电位差，因为这种电位差对所有频率都可能引起电磁干扰。搭接技术在电子、电气设备和系统中有广泛的应用。从一个设备的机箱到另一个设备的机箱、从设备机箱到接地平面、信号回路与地回路之间、电源回路与地回路之间、屏蔽层与地回路之间、接地平面与连接大地的地网或地桩之间，都要进行搭接。导体的搭接阻抗一般是很小的，在一些电路的性能设计中可不予考虑。但是，在分析电磁干扰时，特别是在高频电磁干扰情况下，就必须考虑搭接阻抗的作用。

一个好的搭接其作用在于：

① 减少设备间电位差引起的干扰。

② 减小接地电阻，从而降低公共阻抗骚扰和各种地回路骚扰。

③ 实现屏蔽、滤波、接地等技术的设计目的。

④ 防止雷电放电的危害，保护设备等的安全。

⑤ 防止设备运行期间的静电电荷积累，避免静电放电骚扰。

此外，良好的搭接可以保护人身安全，避免电源与设备外壳偶然短路时形成的电击伤害等。因此，搭接技术是抑制电磁干扰的重要措施之一。

（2）搭接的类型与方法。

搭接有两种基本类型：直接搭接和间接搭接。

直接搭接是两裸金属或导电性很好的金属特定部位的表面直接接触，牢固地建立一条导电良好的电气通路。直接搭接的连接电阻取决于搭接金属表面接触面积、接触压力、接触表面的杂质和接触表面硬度等因素。

间接搭接是在实际工程应用中，往往要求两个互连的金属导体在空间位置上分离或者保持相对运动，这样就无法实现直接搭接的要求。此时就需要采用搭接带（搭接条）将两个金属物体连接起来，这种连接的方式就称为间接搭接。

间接搭接的连接电阻等于搭接条两端的连接电阻之和与搭接条电阻相加。搭接条在高频时呈现很大的阻抗，因此，高频时多采用直接搭接的方法。在设备需要移动或者抗机械冲击时，需要用间接搭接。熔接、焊接、锻造、铆接、拴接等方法都可以实现两金属间的裸面积接触。搭接前需要对搭接体表面进行清洁处理，有时还在搭接体表面镀银或镀金来覆盖一层良导电层，以获得永久性搭接。电子装联技术中常常使用裸镀银铜带、裸镀银导线进行接地搭接。

（3）搭接的有效性。

无论选择什么样的搭接方式和方法，都要注意其搭接的有效性。

特别对于接头长度接近$\lambda/4$ 的搭接条，这时接头就要起传输线的作用了，其驻波存在于接头上，所以应尽量避免使用这样的搭接。

为了使接头的阻抗最小化，需要减小设备外壳到地的距离，或者减小搭接条的长度与宽度的比，以尽可能使搭接条的电容与电感比值高。在大多数情况下，搭接电感不要超过 0.025μH。

另外，在实施搭接时，要注意两种金属互相接触时出现的质变，即它们的腐蚀性。其腐蚀的程度取决于两种金属不同的电化学序列的组别和接触时所处的环境，适当地改变这些因素可使搭接的腐蚀性降低。在电化学序列中，同一组的两种金属接触时，不会发生明显的腐蚀现象。如果是不同组的两种金属接触，会产生较强的腐蚀。组别相差越远的两种金属接触时，腐蚀越严重。因此，两个相接触的金属材料，应尽量选择表 7-2 中同一组别的金属或者相邻组别中的金属。

表 7-2　常见金属的电化学序列表（以对腐蚀灵敏度递减排序）

第一组	镁
第二组	铝及其合金、锌、镉
第三组	碳钢、铁、铅、锡及锡铅焊料
第四组	镍、铬、不锈钢
第五组	铜、银、金、铂、钛

实施搭接的方法很多，按原理可分为三类：物理方法、机械方法、化学方法。

物理方法：熔焊、软钎焊、硬钎焊。

机械方法：螺栓连接、铆接、压接、卡箍紧固、销键紧固、拧绞连接等。

化学方法：主要是导电胶连接。

在电子装联技术中考虑搭接的有效性，应首选物理性质的搭接方法。

7.3 整机/模块中常见的几种接地

通过前面对电磁干扰和电磁兼容性方面一些基本知识的了解，对接地、搭接导体阻抗频率特性的认识后，下面对电子装联中整机接地的问题我们就能更好地进行理解和把握了。

7.3.1 整机装联接地概念

现代电子技术的迅速发展，使得电子设备越来越复杂，密集程度越来越高了，设备的使用频率也相应增大了。在这种情况下，要保证电子设备在种种复杂的电磁环境中正常可靠地工作，除在电路设计、结构设计上必须考虑电磁兼容性问题，还必须考虑机箱的布线、接地问题，这样才能确保电子设备工作的可靠性。

电子装联技术中容易使机箱通电后产生麻烦的除了虚焊，还有地线的干扰。因此，接好地是最重要、最有效地减少电磁干扰的措施之一。

那么，在电子装联的整机装配中，应该认识哪些"地"呢？这些"地"与电子装联工艺有什么关系呢？下面我们就来看这些问题。

7.3.2 整机装联中的几种接地形式

在整机/单元装焊中接触到的接地类型如下。

（1）单点接地。

单点接地是指在一个线路中，只有一个物理点被定义为参考点。当单点接地的几条连接线的长度与电路工作波长相比很小时，则可采用这样的接地方式。因此，它只适用于低频设备系统中。单点接地的应用范围一般为300kHz以下，在有些场合也可用在3MHz以下。

① 信号频率和接地线长度表征量。

对于一个电子设备是否选择单点接地，主要取决于系统的工作信号频率和接地线的长度。其表征量是L/λ。

$$L/\lambda=L\times f/c$$

式中 L——接地线长度（m）；

λ——工作波长（m）；

c——介质中电磁场传播速度（m/s）；

f——工作频率（Hz）。

当$L/\lambda\geqslant0.15$时，选择多点接地；当$L/\lambda\leqslant0.15$（电路或部件尺寸小于0.15倍波长）时，选择单点接地。

一般单点接地系统的工作频率最高为 1MHz，对于高于 1MHz 的工作频率采用多点接地。

② 单点接地的两种结构形式。

单点接地系统尽量避免使地线构成回路，因此在配置上经常是使地线成为树杈状，在结构上有下列两种形式。

● 共用地线串联一点接地。

图 7-2 所示为共用地线串联一点接地的实例。

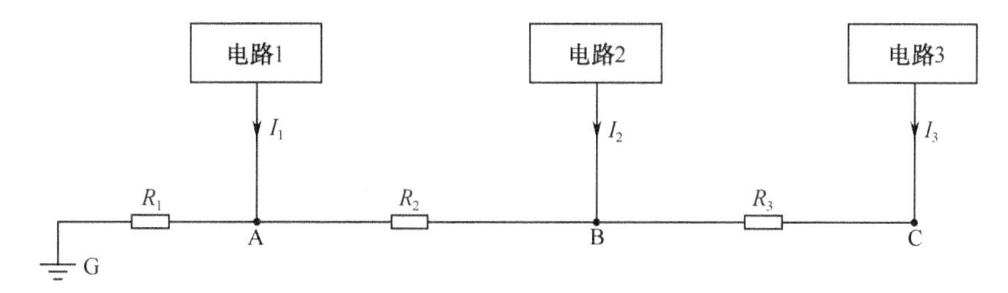

图 7-2　共用地线串联一点接地示意图

电路 1、电路 2、电路 3 接地导线的电流分别为 I_1、I_2、I_3；R_1 为 A 点至接地点之间的一段地线（AG 段）的电阻，AG 段地线是电路 1、电路 2 和电路 3 的共用地线；R_2 为 BA 段的地线电阻，BA 段地线是电路 2 和电路 3 的共用地线；R_3 为 CB 段的地线电阻；G 点为共用地线的接地点。

共用地线上 A 点的电位：

$$U_A = (I_1+I_2+I_3) R_1$$

共用地线上 B 点的电位：

$$\begin{aligned} U_B &= U_A + (I_2+I_3) R_2 \\ &= (I_1+I_2+I_3) R_1 + (I_2+I_3) R_2 \end{aligned}$$

共用地线上 C 点的电位：

$$\begin{aligned} U_C &= U_B + (I_3 R_3) \\ &= (I_1+I_2+I_3) R_1 + (I_2+I_3) R_2 + I_3 R_3 \end{aligned}$$

通常地线的直流电阻不为零，特别是在高频的情况下，地线的交流电阻比其直流电阻大，因此共用地线上 A、B、C 点的电位不为零，并且各点电位受到所有电路注入地线电流的影响。从抑制干扰的角度考虑，这种接地方式是最不适用的。但是这种接地方式的结构比较简单，各个电路的接地引线比较短，其电阻相对小，所以这种接地方式可用于设备机柜中的接地。

当采用共用地线串联一点接地时应注意：如果各个电路的接地电平差别不大，可采用这种接地方式，反之，高电平电路会干扰低电平电路；要把具有最低接地电平的电路放在最靠近接地点 G 的地方，即图 7-3 中的 A 点，以便 B 点和 C 点的接地电位受其影响最小。

● 独立地线并联一点接地。

图 7-3 所示为独立地线并联一点接地示意图。

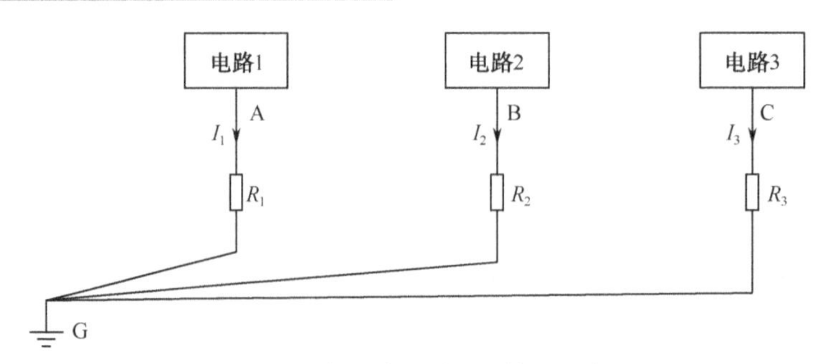

图 7-3　独立地线并联一点接地示意图

图 7-3 中各电路分别用一条地线连接到接地点 G。I_1、I_2、I_3 依次表示电路 1、电路 2、电路 3 注入地线的电流，R_1、R_2、R_3 依次表示电路 1、电路 2、电路 3 的接地导线的电阻。

各电路的地电位分别为：

$$U_A=R_1 I_1$$

$$U_B=R_2 I_2$$

$$U_C=R_3 I_3$$

可见，独立地线并联一点接地方式的优点：各电路的地电位只与本电路的地电流及地线阻抗有关，不受其他电路的影响。

独立地线并联一点接地方式的缺点：

- 因各个电路分别采用独立地线接地，需多根地线，势必会增加地线长度，从而增加了地线阻抗，使用比较麻烦，结构比较复杂。
- 会造成各地线相互间的耦合，且随着频率增加，地线阻抗、地线间的电感及电容耦合都会增大。
- 这种接地方式不适合高频电路。

需要注意的是：当地线的长度接近于四分之一波长时，它就像一根终端短路的传输线。由分布参数理论可知，终端短路四分之一波长线的输入阻抗为无穷大，即相当于开路，此时地线不仅起不到接地作用，而且将有很强的天线效应向外辐射干扰信号。一般地线长度不应超过信号波长的 1/20。

（2）多点接地。

多点接地是指在某一个系统中，各个接地点都直接接到距它最近的接地平面上，以使接地引线的长度最短。这里说的接地平面，可以是设备的底板，也可以是贯通整个系统的地导线，在比较大的系统中，还可以是设备的结构框架等。此外，如有可能，还可以用一个大型导电物体作为整个系统的公共地。

图 7-4 所示为多点接地示意图，各电路的地线分别连接至最近的低阻抗公共地。R_1、R_2、R_3，L_1、L_2、L_3 分别是各个电路的地线电阻和地线电感，每个电路的地线电流分别为 I_1、I_2、I_3。

各电路对地的电位为：

$$U_1=I_1(R_1+\mathrm{j}\omega L_1)$$

$$U_2=I_2(R_2+\mathrm{j}\omega L_2)$$

$$U_3=I_3(R_3+\mathrm{j}\omega L_3)$$

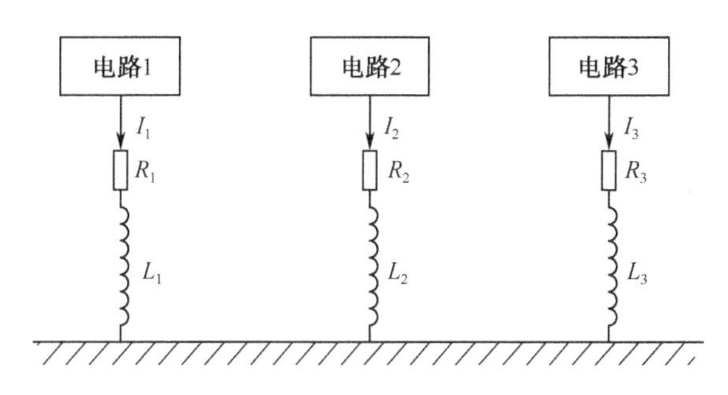

图 7-4　多点接地示意图

为了降低电路的地电位，每个电路的地线应尽可能短，以降低地线阻抗。

高频时，由于集肤效应，高频电流只流经导体表面，即使加大导体厚度也不能降低阻抗。为了降低地线阻抗，要将地线和公共地镀银。在导线截面积相同的情况下，为了减小地线阻抗，常用矩形截面导体制成接地导体带。

多点接地的优点是电路构成比单点接地简单，而且由于采用了多点接地，接地线上可能出现的高频驻波现象就显著减小。因此，它是高频信号电路的唯一实用的接地方式。但采用多点接地以后，设备内部就存在许多地线回路，因此，提高接地系统的质量就变得十分重要了。为了使多点接地有效，当导线长度超过最高频率的$\lambda/8$时，多点接地就需要一个等电位接地平面。系统中每一级或每一装置都各自用接地线分别单点就近接地，其每级中的干扰电流就只能在本级中循环，而不会耦合到其他级中。在多点串联接地系统中，使串联的顺序尽可能由小信号电路单元向大信号电路单元移动。这样可以避免大信号对小信号的影响。

一般来说，频率在 1MHz 以下，采用单点接地方式；频率高于 10MHz，采用多点接地方式；频率在 1～10MHz 之间，采用混合接地方式。

选择时还要看通过的接地电流的大小，以及允许在每一接地线上产生多大的电压降。

（3）混合接地。

混合接地是指单点接地和多点接地的组合。如果电路工作频带很宽，低频时需单点接地，高频时又需多点接地，此时可采取混合接地的方法。即将那些只需高频接地的电路、设备使用串联电容器把它们和接地平面连接起来，如图 7-5 所示。

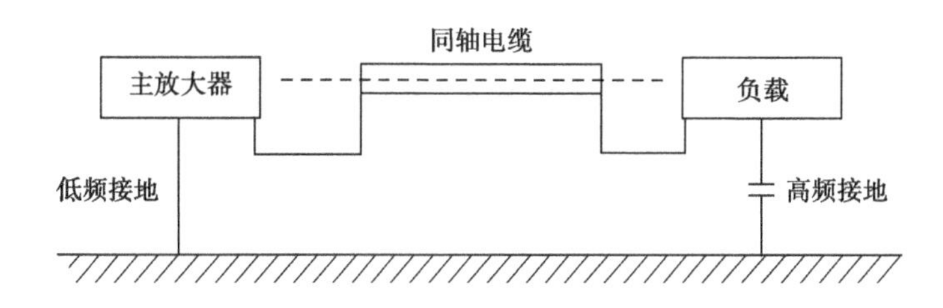

图 7-5　混合接地示意图

从图 7-5 中可以看到：在低频时，电容的阻抗较大，故电路为单点接地方式；但在高频时，电容的阻抗较低，故电路成为多点接地方式。因此，这种接地方式适用于工作在宽频带的电路。但要注意，要避免所用的电容与引线电感发生谐振。

电子设备混合接地示意图如图 7-6 所示。

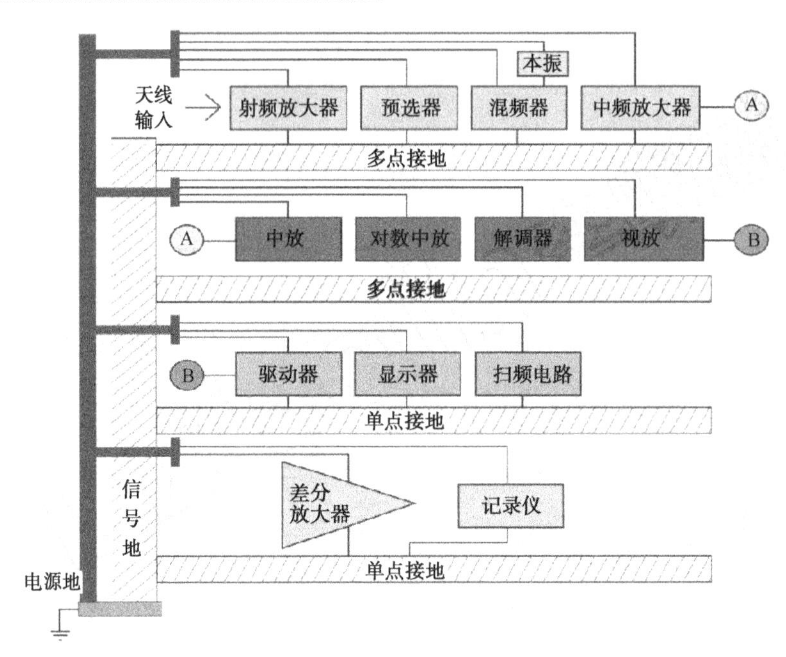

图 7-6　电子设备混合接地示意图

一般混合接地的应用频率范围为 50kHz～10MHz。实际上，用电设备的情况比较复杂，很难通过某一种简单的接地方式解决问题，因此混合接地应用更为普遍。

（4）浮点接地。

浮点接地是指设备的悬浮地，就是说设备中的地线在电气上与参考地及其他导体是绝缘的。我们这里讲的是整机/单元的浮地，要求整机/单元中所有电源的负端，即它们的公共地不接机壳（一般情况下电源的负端是需要接机壳的），而等到整机装配在一个大系统中后与某一个用户的分机地的公共端连接。采用这种方法连接的悬浮地，其电磁干扰可大为减小。浮点接地示意图如图 7-7 所示。

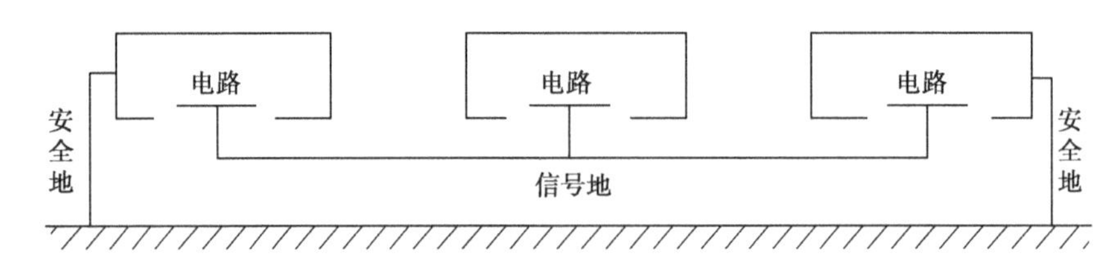

图 7-7　浮点接地示意图

图 7-7 中的三个电路设备，各个设备内部电路都有各自的“参考地”，它们通过低阻抗接地导线连接到信号地，信号地与建筑结构地及其他导电物体隔离，即不与图中“安全地”连接，暂时成“悬浮地”，等整个电子设备（图 7-7 中这三个电路设备）调试完毕，交付后与其他电子设备的公共地连接。

浮点接地的目的是将电路或设备与公共地或可能引起环流的公共导线隔离开来，它可以避免安全接地回路中存在的干扰电流影响信号接地回路，所以对消除电磁干扰有一定好处。

浮点接地的干扰耦合取决于悬浮接地系统和其他接地系统的隔离程度，在一些大系统中往往很难做到理想浮地。这种接地方式的缺点是设备不与大地直接相连，容易产生静电积累现象，当积累起来的电荷达到一定程度后，在设备和大地之间会产生具有强大放电电流的静电击穿现象，同时也易遭雷击。为了解决这个问题，在设备和大地之间接入一个阻值很大的泄放电阻，以消除静电积累的影响。

因此，除了在低频情况下，为防止结构地、安全地中的干扰地电流骚扰信号接地系统，一般不采用浮点接地的方式。

7.3.3　信号地

信号地的定义：信号电流流回信号源的低阻抗路径。

设备信号地：设备内用于传输数据、定时、控制信号的直流地回路称为设备信号地。

一般信号电路、放大器前级、数字电路等都有信号地存在。这些电路工作电平低，容易受到电磁骚扰而出现电路失效或电路性能降级现象，所以信号地的导线要避免混杂在其他电路中，并且接地点在电气上要与机壳绝缘。

信号地连接的对象是种类繁多的电路，因此信号地的接地方式多种多样。为了防止辐射和降低地线阻抗，对信号接地线的长度有一定的限制。

因为随着频率的升高，地线阻抗增加，特别当地线的长度是四分之一波长的奇数倍时，地线阻抗会变得很高，这时地线就相当于四分之一的天线，会向外辐射干扰信号。

另外，电源地线上两点间的电压在几百毫伏至几伏的范围内，对信号电平来说是非常严重的骚扰。因此，电源地线不能用作信号地线。电子装联工艺人员在布地线时（或检查地线时）需要检查这点。

7.3.4　模拟地

工程实践中，模拟信号地（简称模拟地）要与数字信号地严格隔离并分别设置，这样才能避免数字信号流经模拟地导致模拟信号噪声。在整机装焊中，特别是信号接收机（如有 SAD007——16 位 A/D 转换器等类似器件），它们在一个矩形插座中往往同时存在模拟地、数字信号地，在具体焊接时对它们的接法一定要有所考虑。

7.3.5　功率地

功率地与信号地的区别主要在于，通常功率地指高电平电路的接地点，如继电器绕组、伺服电机绕组、白炽指示灯、大功率输出装置、电源等的接地点。

7.3.6　机械地

对电子设备进行电磁屏蔽及对人员起安全保护等作用的机箱金属构件的接地称为机械地。一个作战系统的设备，其外表必须提供机壳接地的连接点，目的是屏蔽壳体内的电子电路，提高设备的电磁兼容性能力，同时也为了人的安全。

7.3.7 基准地

信号地、功率地、机械地总的汇入点称为基准地。一般由基准地与大地相连（信号地、功率地、机械地不单独与大地相连）。

以上这几种“地”，在装焊机箱时都把它们称为“分支地”，如果在处理它们时有特殊要求，再将它们的具体“地”名称，在工艺编制卡上进行说明。

7.4 整机中的地回路干扰问题

对电子装联中的整机“地”有了一定认识后，就要对这些“地”进行正确的接地处理。在如何对众多的“地”进行处理前，我们对电路接地还应有更深的考虑，只有这样，装焊出来的整机或系统才能不费劲地调试出来，很顺利地满足要求并达到电路设计的最高指标。

7.4.1 对地环路干扰的认识

地环路干扰主要是由接地线上产生的公共阻抗干扰引起的。

任何地线既有电阻又有电抗，当有电流通过时，地线上产生压降，两个不同接地点之间必然存在地电压。

当电路多点接地，而各电路间又有信号线联系时将构成地环路，产生共模电流并在负载两端产生差模电压，对有用信号构成骚扰。因此，在电路设计和工艺接地上必须对公共地阻抗的存在及大小有足够的重视和应对措施。例如，切断地环路或在两个电路间插入隔离变压器、共模扼流圈或光电耦合器等。

7.4.2 地电流与地电压的形成

接地电流产生的原因主要有以下几种：

（1）导电耦合引起接地电流；

（2）电容耦合形成接地电流；

（3）变压器耦合形成接地电流；

（4）金属导体的天线效应形成接地电流。

电子设备电路中地电流和地电压的形成和接地材料、接地方法、接地面积等因素有关。一般电子设备中采用具有一定面积的金属板作为接地面，特别是在系统级的机柜中。由于各种原因在接地面上总有接地电流通过，而金属接地板两点之间总是会存在一定的阻抗，因而必然会产生接地干扰电压。因此，接地电流的存在是产生接地干扰的根源。

例如，金属箱体（就像整机的机壳）同回路连接时，就会形成有接地电流通过的电流回路；电容的耦合所形成的感应电流；当电路中的线圈靠近设备壳体时，壳体相当于只有一匝的二次线圈，它和一次线圈之间形成变压器耦合，机壳内因电磁感应将产生接地电流，而且不管线圈的位置如何，只要有变化的磁通通过壳体，就会产生感应电流；金属导体的天线效应也会形成地电流，当辐射电磁场照射到金属导体时，由于金属导体的接收天线效应，使金属导体上产生感应电动势，如果金属体是箱体结构，那么由于电场作用，在平行的两个平面上将产生电位差，使箱体有接地电流流过。

可以看到，电子设备（系统）中的接地公共阻抗、传输线或者金属机壳的天线效应等因素，使地回路中存在共模干扰电压，该共模干扰电压通过地回路作用到受害电路的输入端，形成地回路干扰。

7.4.3　整机中几个接地点的选择考虑

对地回路干扰有了一些认识后，在装焊整机时，虽然设计师已经将电路的接地问题和接地点进行了考虑或者在图纸中已标明了接地去向，但有的设计师不一定对这些接地的工程问题考虑得很详细，特别是系统装联时（分机设计师不会考虑系统接地，而系统总师一般不对所有分机内部如何接地进行关注），往往他们更注重电路的参数设计、功能实现，因此作为电子装联工艺师就应当对电路接地点的选择问题有一个基本的了解。

装联电子设备时地回路的干扰与接地点的位置、接地点的个数直接相关，因此在考虑接地时，必须恰当地选择接地点的位置和个数。下面简单介绍几个在整机中如何选择接地点的例子。

（1）放大器与信号源的接地点选择。

在放大器与信号源的接地点选择问题上，当信号源与放大器连接构成电路时，按照电磁兼容资料中的建议，推荐采用信号源与地隔离的一点接地方式进行接地处理，这样可以比较有效地抑制接地干扰电压对放大器输入端产生干扰。

（2）多级电路接地点的选择。

当有多极电路需要考虑接地问题时，这些电路中的接地点应选择在何处呢？一般来说，电子设备中的低电平级电路是最容易受到干扰的电路，在考虑接地点的选择时首先应该使这些低电平级电路所受干扰最小。因此，多级电路的接地点应该选择在低电平级电路的输入端。

（3）谐振回路接地点的选择。

众所周知，电路中并联谐振回路内部的电流是其外部电流的 Q 倍（Q 为谐振回路的品质因数）。有时谐振回路内部的电流是非常大的，如果把谐振回路的电感 L 和电容 C 分别接地，在接地回路中将有高频大电流通过，这样将会产生很强的地回路干扰。

如果将谐振回路的电感 L 和电容 C 取一点接地，使谐振回路本身形成一个闭合回路，高频大电流将不通过接地面，从而有效地抑制了地回路干扰。因此，建议谐振回路采取单点接地。

7.5　整机装联中的接地工艺

电子装联中容易使机箱通电后产生故障的除了虚焊外，往往就是地线的干扰。因此接好地是最重要、最有效的减少干扰的措施之一。

7.5.1 主地线概念及其处理

关于电子装联技术提到的整机中的“主地线”是作者在工作中自己根据需要定义的，很多年过去了，相关业内仍然在延用这一专用名词。

所谓主地线，是在整机装联中采用较粗的裸镀银导线将整机/单元中所有器件、零部件其安装螺钉上的接地焊片端子（或其他形式的焊接端子）连接在一起的导线（不能形成闭合回路）。

这种裸镀银导线的电阻数值为每米若干毫欧（mΩ/m），当地线与其他导体相距较远时，地线的电感为每米 0.8μH。一米长的地线对 f=10MHz 的正弦信号电源所呈现的感抗为

$$X_L=2\pi fL$$

约为 50Ω。

我们知道，电流流经地阻抗造成的干扰称为地阻抗干扰。感抗是地阻抗干扰的主要原因，因此要减少地阻抗的干扰，需从地线设计方面入手，这就是说要减小地线本身的阻抗。所以在整机装焊中地线往往要用镀银铜线的原因，即增大地线的截面积。因此，整机/单元（特别是电源机箱）中的地线，其做法是要求操作者采用直径至少 1mm 以上的镀银线作为整机/单元的主地导线。另外，机箱/单元中各插座内的“信号地”“模拟地”“电源地”等，在这里把它们称为“分支地”（相对于主地来讲）。对于这些分支地，工艺上也要求对其做出要求，一定不能随意接；否则，给下一步的调机、联试都会造成影响。

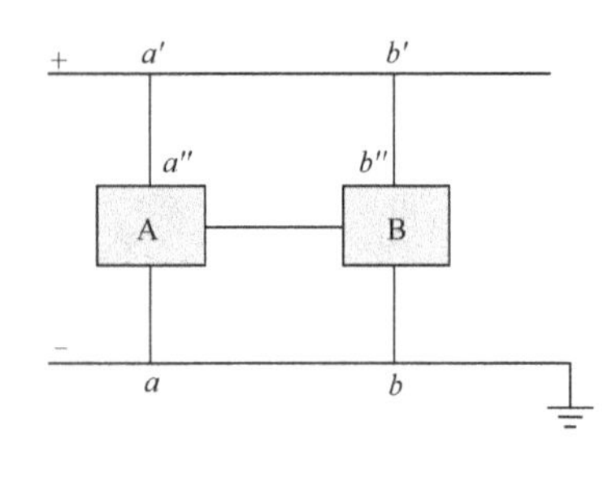

图 7-8 逻辑电路单元图

整机装配前必须首先处理主地线：用直径 1.0mm 或以上的镀银导线将所有需接地的器件端子以最近的连接距离将其连接起来，注意千万不可将其头尾连接，以避免形成闭合回路。其次，用直径为 0.8mm 镀银导线将整机中各零部件或插座内的“分支地”以最近距离连到主地线上。为什么要这样做呢？让我们看如图 7-8 所示的例子。

如在逻辑电路中有一脉冲电流，其前沿上升时间Δt=20ms，幅度 I_m=50mA，流经一米长的地线时，由地线电感感生的电压为

$$e=L\mathrm{d}i/\mathrm{d}t\approx L\Delta I/\Delta t$$

$$=0.8\mu\mathrm{H}\times 50\mathrm{mA}/20\mathrm{ms}$$

$$=2\mathrm{mV}$$

如果这一电压在 ab 段，而 B 单元是 TTL 电路，则感生电压 e 就会使 B 单元电路翻转造成误动作。电源的正极馈线与地线在 AB 两电路单元之间构成一个环路 $a'abb'$，信号线与地线在 AB 两电路单元之间构成另一个环路 $a''abb''$，当交变磁场穿过这些环路网孔时，会在环路中感应一个电势 e_m。

感应电势为

$$e_m=\mathrm{d}\Phi/\mathrm{d}t=S\mathrm{d}B/\mathrm{d}t$$

式中 Φ——穿过环路的磁通量（Wb）；

S——环路的面积（m^2）；

B——穿过环路的平均磁感应强度（T）。

由于环路的存在，磁场在环路中感生的电势 e_m 就会经电源的正极馈线或经信号线对各电路单元造成干扰。因为构成环路的一个边是地线，故称为地环路干扰。减小地环路的面积 S，就可以减小磁场对电路的干扰。

7.5.2　分支地线概念及其处理

分支地线是针对整机的主地线而言的，就是整机中各个零部件或单元电路中的“地”，或需要接地的一些“地”。在装联工艺上，将它们称为“分支地”，连接这些分支地的导线称为分支地线。一般来说，在焊接完整机的主地线后，就需要焊接这些分支地线，工艺上常常要求用直径 0.8mm 的裸镀银导线进行焊接。

对于整机中分支地线的具体处理工艺要求，我们通过一个例子来说明这个问题。

图 7-9 可以说明地环路干扰对电路的影响，这是一个“信号电路处理分机”中的故障问题：信号时有时无，一会儿好一会儿坏，把电路设计师折腾了近一个月，最终无法解决。后将地线形成的环路处理后，分机信号立刻正常了。这个问题用图 7-9 简示了在分机底板上连接各插座上焊接的主地线、分支地线的正确与不正确连接方式。注意，图 7-9 中“分支地”不正确的连接方式就是上述所说的故障原因所在：将所有插座上的分支地串联起来后再去接主地，由单元电路构成了环路干扰。

因为分机中每一个插座就是一个单元电路（插座的正面是需要装配 PCB 的），如果每个单元电路中都有干扰信号，那整个“环路”中，有用信号、干扰信号都串在一起，所有单元电路将受到干扰，因而电路就无法正常工作了。

将每个单元电路中的“地”（即分支地）分别与整机的主地线连接，如果某个单元电路中有干扰，就随着主地线就近“走”了，不会将干扰传递到下一个单元电路中。这种做法就是图 7-9 中所示的正确的分支地连接方法。

所以在这里把这个例子提出告诫大家，不要再犯这种错误，不要走这种弯路！

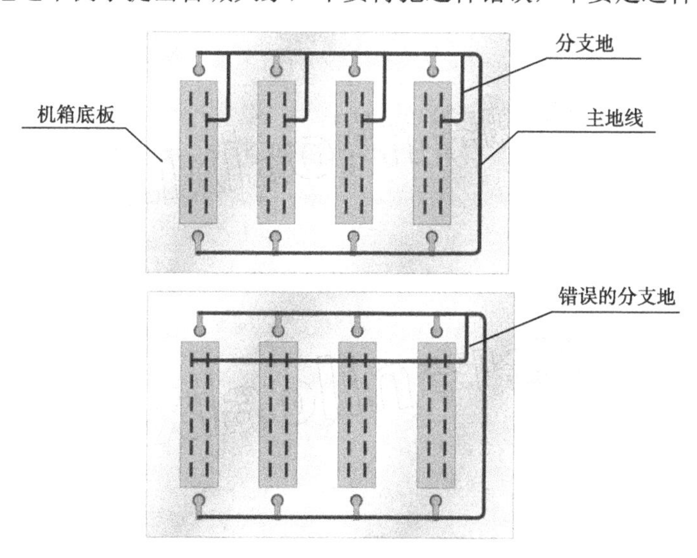

图 7-9　主地线、分支地线的连接示意图

7.5.3 整机/模块中接地的归纳

在整机的接地技术中原则上应遵循以下要点：

- 接地线尽可能直、短、粗。
- 接大地、底板、地线的电阻尽量小，其焊点要有良好的电接触，阻抗尽量小。
- 公共参考地选在大负载电流电路附近。
- 尽量采用永久式、直接式接地。
- 如用接地条做主地线，其长宽比要小于 5 或 3。
- 尽量采用同类金属接地，不同类金属接地时，要选其电化学序列尽量靠近的金属。
- 接地面要清洁、光滑、无绝缘物，要防潮、防腐蚀。
- 信号线、信号线屏蔽体、电源的地应彼此隔离，只准有一个公共点。
- 在数字电路的机箱中，信号地、模拟地应尽量远离后再接主地。例如，同一个插座上既有信号地又有模拟地，这时不要将其焊到同一点的主地上，应将它们分开焊在插座两边的主地线上。
- 大突变电流电路和低电平信号的地应彼此隔离，并同其他地回路隔离。
- 导弹系统设施都应有以大地为基准的、与避雷地分开的接地点。

7.6 电子机柜的接地工艺技术

7.6.1 装联中机柜接地的概念及种类

什么是电子机柜？电子装联中的电子机柜一般直接称为“机柜”（有的单位称之为机架），就是各分机（机箱）的组合，可以说是各分机的“家”。由这样一个一个的机柜，再组合成电子设备的分系统、系统。就像一个一个的“家”组合成社会一样。

现代电子技术的迅速发展，使得电子设备越来越复杂，密集程度越来越高，设备的使用频率也相应地增大了。设备内的元器件、集成电路、PCB 的走线、有信号电流经过的地方都可能向空间辐射电磁能量，频率越高越容易产生电磁辐射。在这么复杂的电磁环境中，要保证电子设备系统正常、可靠地工作，除了在电路设计、结构设计上必须考虑电磁辐射的抑制，在机柜的布线、电缆敷设、接地问题上也必须加以严格的考虑，这样才能确保电子设备系统可靠地工作。

目前在电子设备系统的工作中，机柜的种类一般有三种形式。

① 铸件式机柜：这种机柜由铸铁制造，是整体加工而成的，因此铸件式机柜的质量大，看起来较笨重。不过这种机柜一般只有 1.4m 左右的高度，比如电子设备系统中发射机的“家”往往就离不开这种机柜。

② 焊接式机柜：这种机柜是由钢件采取硬钎焊组成的，由多层隔板任意组成大小不同的空间（根据每个分机的高矮决定空间尺寸）。

③ 黏结式机柜：这种机柜一般由铝型材的组件搭接构成，所以称为黏结式机柜。由于铝型材可以做成标准件，因此这种机柜有一定的标准尺寸，机柜中各个分机的高度尺寸也是可以调节的。正因为是标准件，黏结式机柜在电子工业领域、通信设备系统领域用得较多，使用较为广泛。

7.6.2　机柜装焊中的接地要求

机柜装焊中的接地问题实际上也是一个电磁兼容性问题，其接地要求与电子设备整机的电磁兼容性要求是一致的。整机中的接地方法同样适用于机柜的接地。因为机柜属于系统级电子设备，因此它比起整机来说，应该有着更严格的接地要求和电磁兼容性的考虑。所以，对待机柜装焊中的接地工艺，首先要求在装焊机柜时，弄清楚机柜的电特性，比如，它是电源机柜、信号处理机柜、终端控制机柜、发射机柜、功率管理机柜，还是别的什么机柜等。机柜的电特性不同，它们的接地工艺要求和方法也不完全一致。这是装焊机柜中首要解决的问题。其次，我们必须搞清楚机柜的接地系统是什么？是大系统还是小系统？它们的“地”状态如何？系统总师在“接地”上有什么要求或考虑？工艺上如何连接？如何考虑机柜的系统接地问题？等等。

关于以上问题，现将作者近三十年从事电子装联工艺工作的经验体会与一些被实践证实有用的做法介绍给读者，以供参考。

需要说明的是，因为电子设备系统中的机柜接地是一个非常复杂的问题，不可能用一个恒定不变的指标式的东西进行要求，只能定性给出一些指南，做一些原则性要求而已。

（1）机柜接地的要求。

- 在选用接地线时尽可能直、短、粗、平。
- 接地线的电阻要尽量小，焊点要有良好的电接触，阻抗尽量小。一般情况下，尽量采用软钎焊接形式。
- 作为公共参考地的点，应选在大负载电流电路的附近。
- 尽量用同类金属材料接地，不同类金属接地时，要考虑选其电化学序列尽量靠近的金属。
- 选择的接地面（或点）一定要清洁、光滑、无绝缘物，要防潮、防腐蚀。
- 机柜系统接地的设施应有以大地为基准的、与避雷地分开的接地点。
- 尽量采用永久式、直接式接地，避免采用化学方法或机械方法接地。

（2）系统接地的要求。

一般来说，无论是什么型号的机柜，在机柜接地中建议按照常规的三层次接地系统进行初步的考虑，这种三层次接地系统示意图如图 7-10 所示。

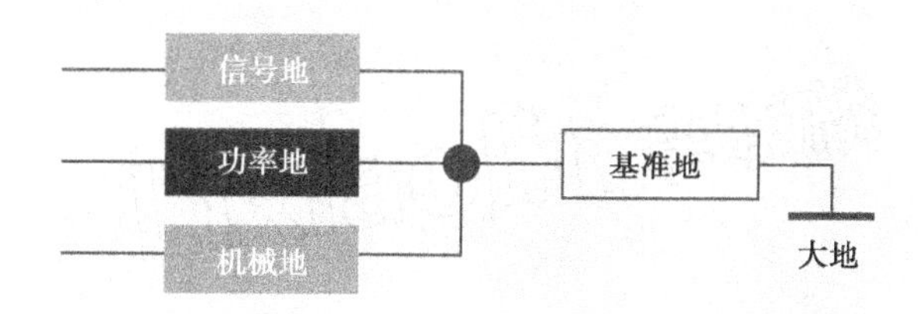

图 7-10　机柜三层次接地系统示意图

机柜的三层次接地线在汇入基准地之前不能随意接，各层次的地连接必须按规定进行。信号地、功率地、机械地的接法，可以参考整机的这三种地特性进行考虑。基准地因机柜的性质不同可能选择点也不同。基准地可以是本机柜的“地”，也可以是机柜安装地的“地”，这点读者需要注意。

7.6.3 机柜主接地的处理方式

机柜的主地线与整机中的主地线一样，也是作者在工作中给予命名的，这样方便与设计者、操作者进行沟通。机柜的主地，是一条贯通机柜从上到下的金属带状物。在工艺上结合整机的使用（裸镀银导线），要求用铜镀银制成矩形带状，这个“带”有 10～20mm 宽，将它布接在机柜内的柜顶到柜底间，用螺钉固定在机柜的侧面，就是机柜的主地线。

主地线的用途：方便机柜中各分机或单元电路就近接地；机柜中各种多芯电缆外皮（防波套）的接地；提供机柜与交付安装地的“地”连接点等。

主接地的要求：

- 根据机柜的电特性要求、结构情况等，决定是否需要有主接地带；
- 根据机柜的电特性，选择主接地带的尺寸大小和安装位置；
- 确定机柜的机械结构模架形式；
- 布设主接地带；
- 在工艺操作上，确定在什么工序和位置布设主接地带更为适宜。

在考虑好上面的基本要求后，就可以根据具体机柜的形式，编制工艺卡片或直接进行现场指导操作。

图 7-11 所示为机柜主接地带的安装实物图。

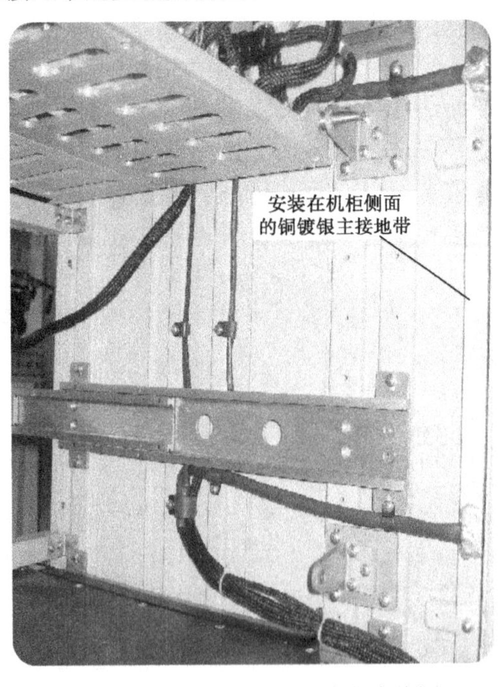

图 7-11 机柜主接地带的安装实物图

7.6.4　机柜中各分机的接地处理

对机柜“地”有了以上认识后，就要对各分机“地”进行正确的接地处理。面对众多的各分机“地”，如何与机柜地进行连接呢？必须进一步考虑机柜中各分机的电路接地，只有这样，装焊出来的机柜系统才能按要求调试出来，并且顺利地满足电路设计的最高指标。这些考虑同样要结合整机中工程电磁兼容性的一些做法。

在机柜中一般有四到五个分机，对于这些分机中的地和机柜中地的连接，一般有两种工艺方法：把每个引出到设备机壳外表面的分机信号地、功率地的连接点，就近与机柜安装的主接地带相连接；将这些连接点在电气上与本机壳（这里指分机的机壳，即安全地）绝缘，等分机装入机柜时接到支接地电缆的防波套上，防波套再与机柜的主接地带连接通，或直接与机柜的主接地带连接。这两种工艺方法如图 7-12 所示。

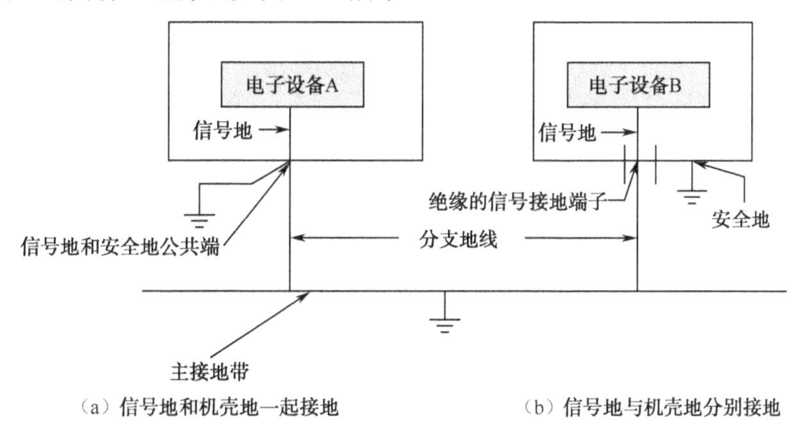

（a）信号地和机壳地一起接地　　（b）信号地与机壳地分别接地

图 7-12　机柜中分机接地的两种工艺方法

7.6.5　多机柜的接地处理

在处理多机柜接地之前，我们先看一个机柜中多个分机电子设备接地的处理情况，如图 7-13 所示。图 7-13 中一个机柜内装有多个分机电子设备，有设备 A、设备 B、设备 C……设备 *N*，这些分机电子设备中的信号地或功率地，可以有两种接法，所以在图中“支”点处，画的是空心点，即机柜中的分机电子设备的信号地或功率地可以和本分机机壳连接，也可以和机柜的主地连接，还可以两者都连接。总之，要根据具体机柜和分机电子设备的电磁兼容情况来决定。因为电子设备处在一个动态的电磁环境中，在具体做法上必须考虑设备可能在最糟糕的电磁环境条件下应具有的抗干扰能力。

如果电子设备系统中有多个机柜，在安装场地一般要求有统一的信号地电平，这些机柜的地理位置相邻近，这时应把多个机柜电子设备看作同一个单独的设备，它们的信号地建议仅通过一个公共地点与系统的支接地电缆上的地连接（也可以直接和安装场地的主地系统或主电缆地连接）。

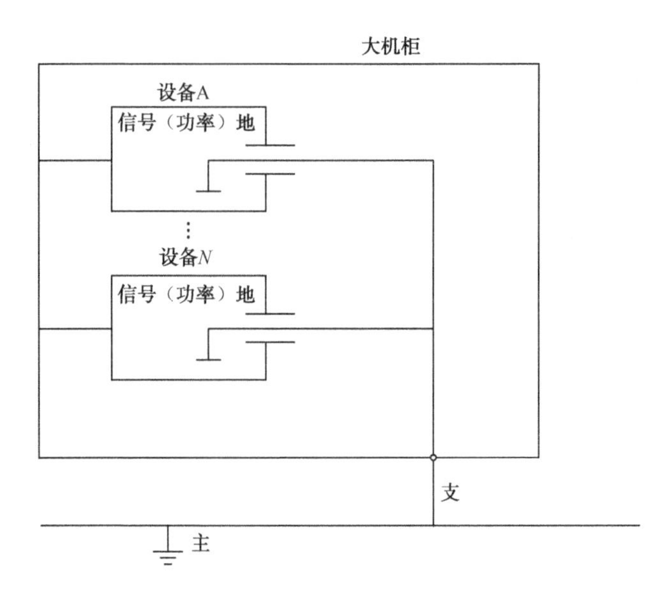

图 7-13　机柜内多个分机电子设备接地示意图

图 7-14 所示为安装位置邻近的多机柜接地系统示意图。图 7-15 中各机柜的信号地是各分机中信号地的总合（根据分机电气特性也可以单独接地），没有画出与机柜地连接还是与系统主地连接，应根据具体情况在机柜装配时进行考虑。

图 7-14 中“各机柜地”的公共点及“支接地点”也是空心点，这意味着在这个地方的接地可以参照前面两种接地方法根据具体机柜、电气要求进行接地处理。

另外，“支接地点”是相对于“系统主地”而言的，它可以是各个机柜主接地带的汇总地，也可以是机柜中各分机电缆的分支地。

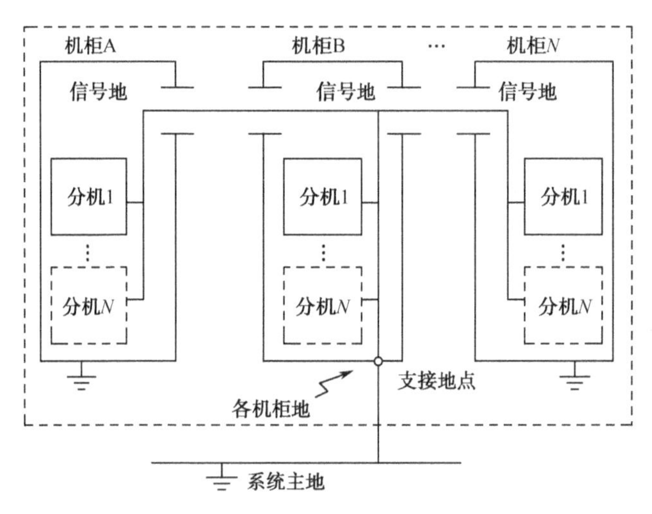

图 7-14　多机柜接地系统示意图

这里需要说明的是，各机柜的汇总地，实际上是前面所介绍的独立地线并联一点接地的形式。其实，各机柜的地带不一定需要汇总集中接地，如电路工作在比较高的频率下，应该考虑选择机柜的多点接地形式（与电子设备安装场地的“地”系统多点连接）。关于这个问题具体的工艺做法可以借助每个机柜的减振器螺钉（减振器安装在机柜的“脚上”），在其上装一个事先焊接好的接地线，这种特制的接地线，其实已经不是“线”的概念了，如图 7-15 所示。它是一根 P4×6 规格的防波套（也可选其他型号，比如 P6×10），一端焊在一个能套进减振器上螺钉的焊片上，另一端就等待在机柜到达安装场地后与系统主地焊接，完成多点焊接的目的。

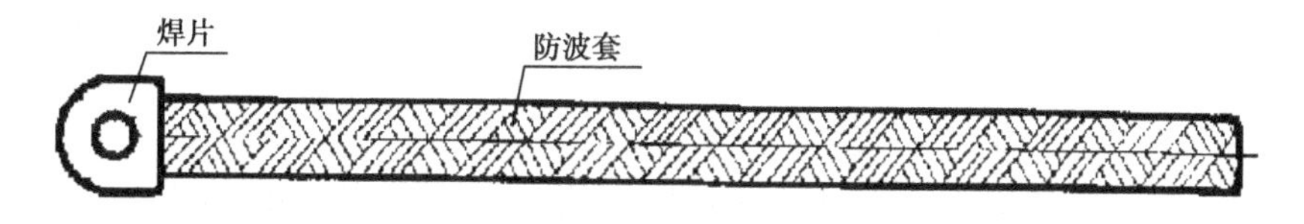

图 7-15　带焊片接地带示意图

7.6.6　机柜中多芯电缆防波套的接地处理

在机柜装配中有大量的多芯电缆敷设在柜内，电缆中除了电路上已有的各种接地，上机后有防波套外皮的多芯电缆还应视系统电路特性的要求，决定是否需要对防波套进行接地处理；如果需要，则在处理上有如下一些考虑或建议。

（1）主接地电缆的接地要求。

一般大型的电子设备（至少有一个机柜）都有为整个系统服务的主接地电缆（一般应该在电子设备服役的安装场地），各支接地电缆通过主接地电缆将其地连接起来，其截面积为几百平方毫米。主接地电缆在系统的总指挥室内敷设，并且只能在一点（或一处）与设备安置处的地焊接在一起。这个点的选择要求在系统总指挥室的各数字设备的中央处，并使用与主接地电缆同类型的短电缆将接地电缆与设备安置处的地连接起来。

（2）支接地电缆的接地要求。

支接地电缆在电子设备系统内，可以是机柜中的地带（主地线），也可以是专用于各机柜接地用的装置，它们用于连接设备的信号地（功率地）和主接地电缆，设备的信号地通过支接地电缆单点连接到主接地电缆上。支接地电缆除与主接地电缆、设备的信号地及机壳地连接，还应与设备安装处其他金属体在电气上绝缘。两个或多个分机设备可以与同一支路接地电缆连接，与支路电缆进行连接应保证接地电缆的机械及电气性能完好，因此最好采用焊接形式。

如果支接地电缆的截面积 $A=0.85L$（mm^2），其中 L 为支接地电缆的长度（m）。

当计算值小于 $20mm^2$ 时，A 的最小值应取 $20mm^2$。

（3）机柜信号电缆防波套的接地要求。

在复杂的系统级电子设备里，电气的兼容性问题依赖于屏蔽措施以及互连电缆的防波套接地的处理方法。护套为防波套的电缆一般分为低频电缆和高频电缆，对低频信号电缆其防波套可以单点接地，对电力电缆和高频电缆的防波套至少应在电缆两端接地。

因此，对信号电缆防波套的接地做如下原则性的建议：

当 $L/\lambda \geq 0.15$ 时，选择多点接地方案；

当 $L/\lambda < 0.15$ 时，选择单点接地方案。

其中，L 为信号电缆长度（m），λ为信号波长（m）。

当输入信号电缆的防波套不能在机壳内接地时，可以选择在机壳的入口处接地，此时防波套上的外加干扰信号直接在机壳入口处接地，以避免防波套上的外加干扰信号进入设备内的信号电路上。

（4）机柜中双屏蔽层电缆的接地要求。

当机柜中有双层屏蔽电缆时，外屏蔽层的接地按“支接地”要求处理，内屏蔽层的处理依其具体的电路系统要求而定。

对机柜中双屏蔽层电缆的接地有以下几点建议：

① 如果电缆屏蔽层的主要目的是提高电磁屏蔽效果，内屏蔽层的接地应按“支接地”要求处理。

② 如果主要目的是减小互连设备之间的信号地阻抗，内屏蔽层的两端分别与互连设备的信号地直接连接，这时内屏蔽层的导体就成为两设备之间信号地线的一部分。

③ 对于高输入阻抗和高输出阻抗的电路，尤其是在高静电环境中，可能需要用双层屏蔽的电缆，内屏蔽层可以在信号源端接地，外屏蔽层则在负载端接地。

7.6.7 机柜安装中的接地问题

（1）机柜的机械地接地问题。

电子系统设备的外表面必须提供机壳接地连接点，其目的是屏蔽壳体内的电子电路，提高设备的电磁兼容性能力。同时，为了人身的安全，机壳地可以与信号地（功率地）分开，也可以合在一起后接到支接地电缆上。如果机壳地与信号地分开，机壳地可以就近接到设备安装处的金属壳体上。

（2）机柜/系统的安装问题。

为了提高整个机柜/系统的可靠性，在设备安装时应注意以下几点：

① 在最小的使用范围内进行设备的安装，以使接地系统的范围最小；

② 设备的信号地及金属壳体的机壳地要正确地与设备安装处的接地系统连接；

③ 主接地电缆的路径应使支接地电缆的长度最短；

④ 主电源电缆与主接地系统和支接地系统的电缆尽可能远离安装；

⑤ 设备以及互连电缆的安装不应破坏整个大系统的接地要求；

⑥ 每根支接地电缆在敷设走向时，应保持机械和电气上有良好的接地性，要注意避免或减轻长期的化学腐蚀和物理损伤，从而导致系统的性能降低。

（3）机柜安装接地时的其他问题。

① 当机柜安装接地时，不得将机壳地本身作为信号地电流回路使用；

② 底板、面板、底座等机械地可以接到机壳上；

③ 变压器的静电屏蔽引出端应作为机械地处理；

④ 高频机柜的门，要采取特殊措施，以保证门与机柜良好接触；

⑤ 接地线应有足够大的截面积，并且要尽可能短；

⑥ 接地装置的接触电阻及接地线的总电阻应有一定要求。

7.6.8 机柜中电缆的敷设工艺

机柜中的电缆是使各分机（机箱）电气性能畅通，使电子设备系统正常运转的连接线束。要满足电路设计师的图纸要求，使之最大限度地达到各项电气指标的实现，多芯电缆在机柜中的敷设工艺是实现指标的重要环节。

（1）常规工艺过程。

电子装联工艺师根据不同机柜的具体装机情况，在装焊机柜前要编制出相应的工艺文件来指导操作者装机。一般机柜装配工艺流程如图 7-16 所示。（注：这个工艺流程供读者参考，产品不同，流程就有所变化。）

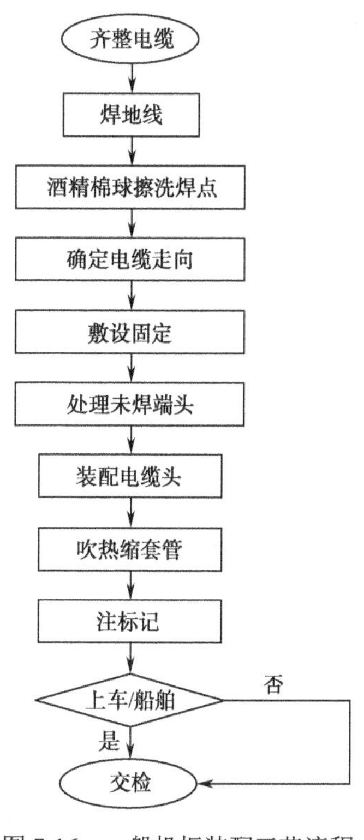

图 7-16　一般机柜装配工艺流程

（2）电缆的固定方式一。

无论是哪种类型的机柜，它们都有走线槽或布线板、跟线架或摆线架装在机柜的侧面和层间，用以敷设、固定电缆线束。

跟线架固定在走线槽侧边上（有点像人的手臂关节一样，可伸直或弯曲），一般都在机柜的侧面，走线槽里装好的线束或电缆组件布放在其上。可一边布放线束一边用尼龙扎带固定，同时将各层分机的电缆或线束甩出来，再将其布放到跟线架或摆线架上，将这些电缆和线束固定在上面。导线束和电缆组件甩出的长度要根据各分机上电缆座的排列情况或要连接的去向确定其长度，因为这个甩出的长度是随着固定在机柜上分机的拉出或送入一起运动的（像我们使用的柜子中的抽屉一样），当分机拉出到最长时电缆或线束也会一起移动到最外面，所以必须考虑运动的最长距离为甩出长度，留长留短了都不行。机柜上的走线槽和跟线架实物图如图 7-17 所示。

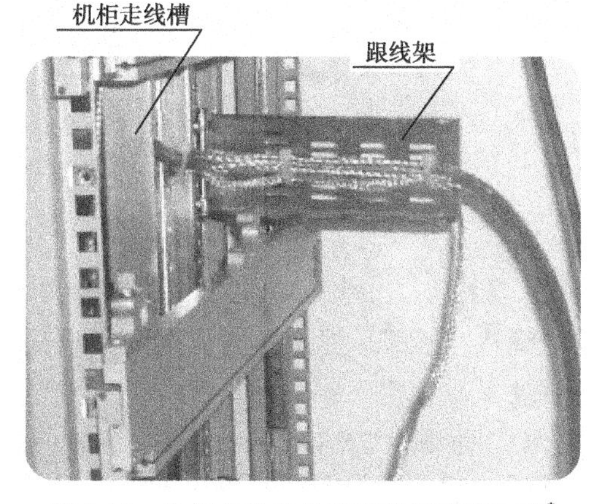

图 7-17　机柜中的走线槽和跟线架实物图*

（3）电缆的固定方式二。

如果机柜内没有跟线架，线束或电缆束从机柜的两侧面走线槽内按各自分机去向分出来后，布放在各分机的层间隔板上，这些分出来的电缆线束可以用绝缘套管将其甩出部分套上，分别按它们在机箱上的插座位置有顺序地编排固定，并且每个线束像一根电缆一样需要套上套管，再用镀锌铝压条将这一排线束进行分隔固定。如果线束中有电缆组件，其与线束一样固定在隔板上。

当各分机装上后，按各电缆头上的标号拧在各分机相应的电缆座上，这样一排有序的电缆束就会随分机的拉出、送入而整体运动，并且不会乱，还可使分机（机箱）运动自如，线束不会出现卡死现象。机柜中无跟线架线束的布放实物图如图 7-18 所示。

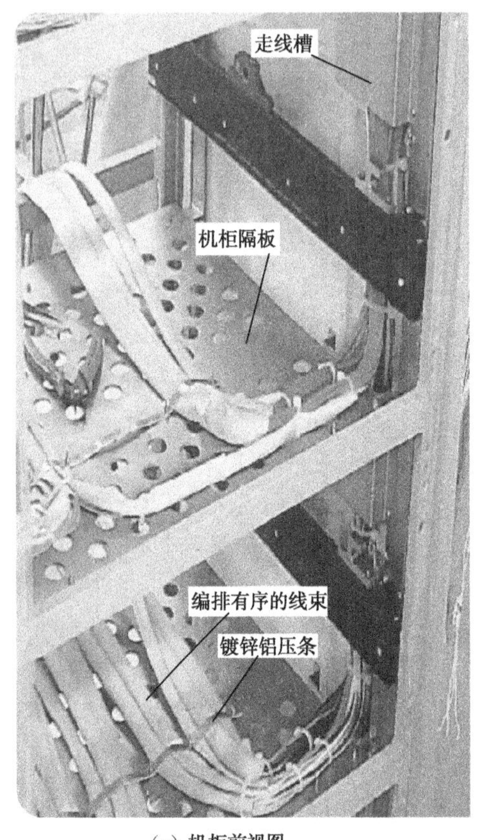

（a）机柜前视图

（b）机柜后视图

图 7-18　机柜中无跟线架线束的布放实物图

图 7-18 是这种机柜的前、后视图，分机（机箱）是从机柜的前面进行拉出或送入的。后视图中从镀锌铝压条甩出的电缆线束长度就是分机拉出后的最长长度。

（4）机柜中多余物的控制要求。

机柜的装焊操作中，一定要注意多余物的控制。因在上述的各加工环节都会有较多的多余物产生，特别是金属多余物（修剪防波套时有很多细小的金属屑），属于致命多余物，很容易使产品丧失主要功能，造成致命故障。有时也会掉一些垫片、螺钉、螺母、导线头、残余焊料、焊渣等。

这些多余物在不同的条件、不同的部位、不同的场合，其危害性是不同的。需要注意的是，一般危害性也可转化为致命危害性，切不可存有侥幸心理，必须在整个机柜装配过程中对多余物的控制有明确规定及措施。

（5）设计好机柜的工艺图纸。

装机柜的图纸如同装联中的其他图纸一样，同样是一种工程语言。图纸设计好了就不需要工艺人员、线路设计人员到现场进行指导，操作人员照图施工，最后交检，加电调试即成。可是这种工程语言的编制不那么容易，它需要设计人员具有一定的生产实践经验，才能设计出可操作性的工艺图纸来正确指导机柜的装配、焊接。

下面是在设计电缆工艺装配图前应注意的问题。

- 对机柜的结构形式要有所了解；
- 对机柜中将装有多少层分机（机箱），它们的电特性、功能要求，对接地、布线有何需求，工艺师应心中有数；
- 要确定好机柜布线槽的结构形式；
- 要清楚机柜中各分机上的电缆座位置及顺序方向；
- 柜顶、柜底的电气结构情况如何（机柜中的电缆组件主要与柜顶连接得多，还是通过柜底的“地沟”连接得多）；
- 一个机柜由几个分机组成，机柜间的电缆组件或线束如何连接；
- 对需要上车的机柜，哪些电缆或线束不需要上车做，哪些在车上才能做，图纸上如何表达出来；
- 机柜中如果有天线电缆，考不考虑天线电缆工作时的暴露情况，需不需要防雨、防潮，工艺上如何对其采取相应措施；
- 天线电缆或去天线的线束在随天线的升降机构运动时（不工作时，电子设备中的天线是不架设出去的），如何布设这些活动的电缆和线束；
- 需装车船的机柜，如何与车船上的外部进行电气连接，其可靠性如何，工艺图纸上是否表达清楚了（因为这些操作有时不一定由本单位派员装配）；
- 机柜布线图是先从柜顶敷设下来，还是先从柜底敷设上去，哪些电缆组件（或电缆线束）从机柜的左边敷设，哪些从右边敷设；
- 如何在机柜连接图上简明设计出（与结构师设计出的图纸不同）电缆头、电缆头芯数、针头还是孔头、L8 头还是 SMA 头、N 型头还是 L16 头等，使装机者找电缆时方便快捷，使检验者一目了然。

搞清上述这些问题后，才可以动手设计机柜的电缆工艺装配图。

7.7　整机布线工艺

整机级的装焊是电子设备装联技术的核心，不少单位可以将器件级的组装采取外购，部件级的组装进行外协（如 PCB 组件），而把整机级组装留在本单位进行；其原因是整机级组装不但技术难度高，工作量大，基本上是手工操作，而且还涉及企业的核心技术利益。对于整机级组装工艺技术，工艺人员和操作者对整机装配焊接的质量是如何保证的呢？这里将作者多年学习和工作中的经验教训与读者分享，尽管各个单位情况不同，产品的用途不同，使用的材料不同，工艺要求方法有所差别，但工艺思路是可以借鉴的。

国外发达国家从 20 世纪 90 年代初期开始对整机互连进行三维布线设计的课题研究，采用计算机进行辅助设计。使用这种技术事先需要解决：布线路径的优化；三维布线软件的建立；线束上每根导线的电气连接性能参数；整机内零部件端子的连接情况及零部件的外貌形状等数据。这些资料必须在应用前建立数据库以支持布线软件的运行。国内对三维布线在电子整机装联中的应用也已有十几年，但总体效果不太好，特别是对小批量多品种的电子产品而言，在提高效率方面不明显。另外，最重要的一点是，对整机的电磁兼容性布线要求还不能做到智能化。随着科技水平的不断发展和提高，相信不久的将来这些问题能够解决。

本章不涉及计算机三维布线的工艺方法。

7.7.1 接线图

国标 GB/T 6988《电气技术用文件的编制》中指出：“为了详细地表示电路、器件、设备或成套装置的布线或布缆，需要编制一种文件以提供其中各个项目（包括元件、器件、组件和设备）之间的实际电连接信息，包括连接关系、线缆种类和敷设路径等。这些信息以简图的图示形式编制的称为接线图。”

不难看出，接线图是以电路图为依据编制的。它反映了一个设备内的电子元器件、零部件、组装件的相对位置及这些器件的引出端子和连接关系，并且特别提到连接导线和线缆的敷设路径，这样便于布线或布缆，方便看图和进行操作。这是重要的电路设计文件，因此，应该由电路设计人员完成设计。

接线图的用途是：

① 提供部件、整件或整机产品内部项目之间的连接明细；

② 用于安装接线、线路检查、维修和故障处理；

③ 为制造和使用产品提供技术依据。

7.7.2 接线图的构成与布局

（1）如何设计接线图。

接线图可依据结构装配图采用“位置布局法”，即近似地按照零部件、元器件所在整机中的实际位置，无须按比例布局而进行的布线绘制。图 7-19 所示就是以这种方法设计接线图的例子，图中的线束敷设采用的是结构式画法。

从图 7-19 中可以看到，有线束的路径，有零部件在整机中的位置及方向，有线束上导线与零部件引出端子的接线位置指示等。因此，如何简明扼要、准确地将这些信息表达在图纸上，是非常重要的。其中，怎样将需要连接导线的零部件引出端子展现在图上，是需要工程经验的。因为在选定的一个视图中（往往先确定主视图），有的零部件的接线位置正好全部被选中，而有的零部件其引出端子的接线位置按照视图关系就不能表达出来。所以，在接线图的设计中，往往需要有“向视图”（向着可以表达接线关系的面进行局部单独设计），有时还需要有几个向视图，才能将一台整机的接线关系表达完整。因此，在面对一台电子设备的整机时，应当尽量选择能够完整表达接线关系的那个视图作为主视图，其余再用向视图的方法进行表达。用向视图表达接线图的例子如图 7-20 所示。这种接线图中的线束是采用示意画法对线束的走向以及与零部件的连接关系进行表述的。

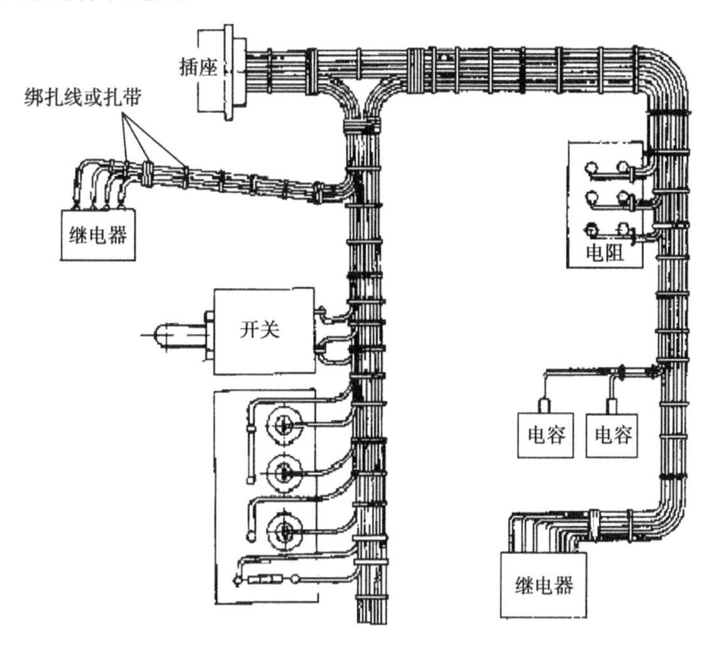

图 7-19　结构式画法的接线图示例

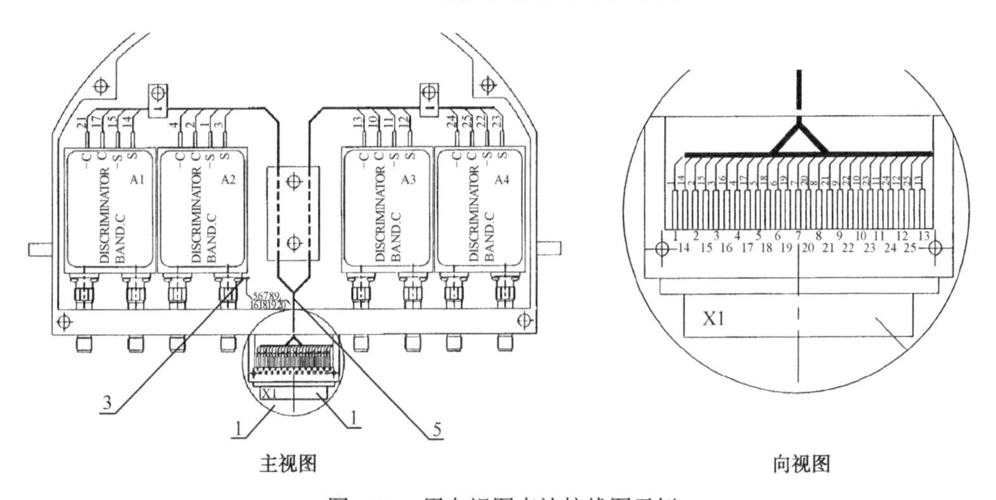

图 7-20　用向视图表达接线图示例

接线图中零部件引出端子上连接导线上的标号是线号，就是扎线图中每根导线的编号，这个编号是按照电路设计人员给出的“接线表”为依据而产生的；图中其余数字指示该器件在接线图的相关明细栏中的名称、代号或其需要说明的要素。

电路设计师可以按照结构设计师绘出的装配图进行连线的布局，但需要注意的是：在借助结构装配图来设计接线图时，不要把结构图中的安装螺钉、结构件安装位置、结构尺寸标注等也标在接线图中，凡是与器件接线无关的线条统统应删掉，这样才能清晰表明线束的走线去向及接线关系。

接线图应包括正视图、向视图、侧视图和剖视图，需要特别强调的是，接线图通常以主干线束的安装焊接面为主视图，其相反面为后视图，再辅以向视图、侧视图和剖视图，构成一幅完整的接线图。当用一个视图能表达清楚时，可只画一个视图，其反面的连接关系可用虚线在同一个视图里绘制。

对接线图中主干线束的选择和安装位置，电路设计师可会同结构设计师及电子装联工艺师共同确定，由电路设计师拟制完成。

（2）接线图的构成。

按照国标的规定，接线图应由以下部分构成。

- 设计图主体：接线面的展开视图。
- 接线表：项目之间的连接关系。
- 明细栏：接线图需要的部件、零件、材料（包括辅助材料）的代号、名称、数量等。
- 技术要求：需要详尽地注明电路设计对组装该产品接线时的技术要求。

（3）接线图的布局。

从前面两个接线图（结构画法和示意画法）的例子我们已经看到：对于线束的布局，其表示方法是不一样的。接线图中导线的表示方法按照标准，可采用“连续线”法，即用连续线表示端子之间的实际导线；也可采用“中断线”法，即把表示导线的线中断，同时采取适当方法使中断线在某个地方再相关联，适于导线数量不多或对布线要求不高的地方，如单元盒；还有“连续总线”法，即用连续线的表示方法将多个导线分成多个连续的总线。

至于具体用什么方法来表示线束的走向，在国标、航空航天工业标准中有详细介绍，读者可自行查找。站在操作者的角度，推荐采用结构式画法来设计接线图。因为这种方法制作的接线图最符合实际装机情况，无论操作者水平如何、经验怎样，打开图纸对照实物，都能非常顺利地进行操作。

7.7.3 接线图的设计及需要注意的问题

很多设计师设计的生产线上装配的接线图，经常只简单地反映了各个项目之间的连接关系和线缆种类，各个零部件的实际位置关系、线束在整机内的敷设路径等在接线图上完全没有反映出来。

接线图上线束的连接关系及敷设路径关系到电路信息的传输，而线束的敷设路径则关系到产品的电磁兼容性问题。例如，220V 的交流线，只简单地提出 220V 交流线“单独走线”，但如何“单独走线”？从哪里“单独走线”才能满足电磁兼容的要求？

另外，在与接线图相关的接线表中，往往没有准确的工艺和制造部门需要的“导线长度”的数据。这就意味着，提供给工艺及制造部门的接线图是不完整的。这给操作者带来难度，下线时他们宁可导线留长也不愿剪短，常常因此造成浪费，对生产成本、材料预算、工时预算等后序环节造成影响。

7.7.4 扎线图

扎线图就是根据电路接线表的导线型号规格，按照 1:1 的设计关系和图纸技术要求所绘制的导线束图纸。在图中不表达电子设备中的任何元器件、零部件的相关位置和与这些器件的接线关系。

扎线图为整机的装焊做准备，即事先将需要布设在整机中的线束进行扎制，等到整机装配完毕，将扎制好的导线束直接放入整机内，就可以与整机中各种零部件的引出端子焊接了。这种工艺方法对提高工作效率、保证产品质量、降低生产成本、保证批次产品布线的一致性都有非常深远的意义。

7.7.5　扎线图的设计与制作

（1）扎线图的设计。

扎线图的设计是依靠一台已装好所有元器件、零部件的整机以及电路设计师提供的电路图和接线表，由电子装联工艺师根据这台实物机箱内元器件和零部件的位置、高度，端子接线关系等信息，制成 1∶1 的线束图。因此，在这样一个图纸内除了“线把子”，是没有任何元器件和零部件的。设计好的线束图，再配上接线表、扎线工艺卡，就是一份用于整机扎线用的工艺资料了。图 7-21 用立体的方式表示出了扎线图的主要部分（分支上的线头进行了省略）。

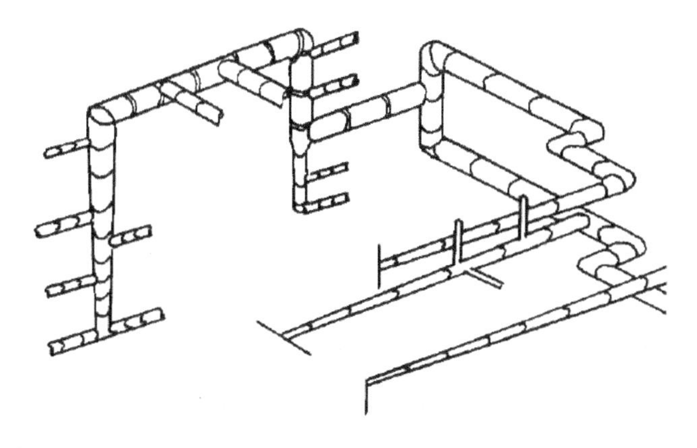

图 7-21　立体扎线图示意图

图 7-22 是将立体扎线图转化成平面扎线图后，在向上和向下的地方用符号加尺寸的方式设计的扎线图（注：图中没有将扎线带或扎线扣画出）。

另外，在设计扎线图时常常会遇到在一个分线束的出线位置上需要有很多导线分出来，此时如果将这些导线一一地标注在图纸上，常常会占用较大的幅面，如果旁边也有较多导线的分支，就会出现互相干扰交叉的情况，严重影响看图。因此，在设计扎线图时，对这种情况的处理方法是：采用示意表示法，即一束导线可用一根直线画出，在线的末端用一小方框标注符号、代号等（视各单位标准化要求情况进行标注），再将这一符号或代号中的所有详细内容用表格形式在图纸的适当地方进行表示。图 7-23 所示就是采用的这种方法。将图 7-23 中的表格放大，以便读者参考。

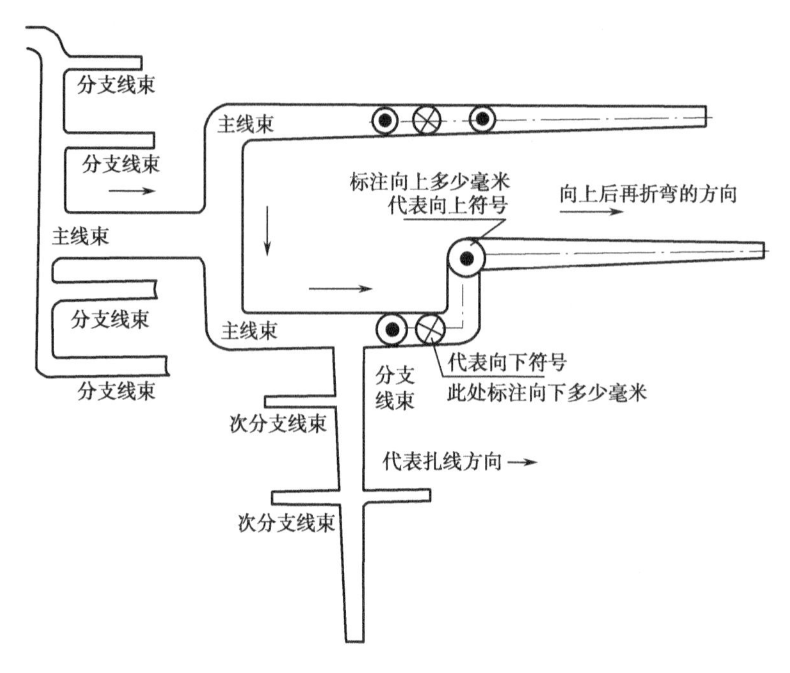

图 7-22　平面扎线图示意图

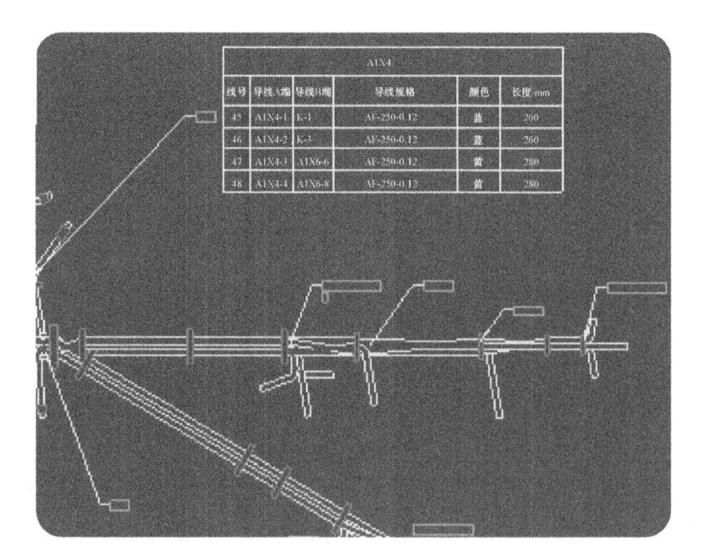

A1X4					
线号	导线 A 端	导线 B 端	导线规格	颜色	长度/mm
45	A1X4-1	K-1	AF-250-0.12	蓝	260
46	A1X4-2	K-3	AF-250-0.12	蓝	260
47	A1X4-3	A1X6-6	AF-250-0.12	黄	280
48	A1X4-4	A1X6-8	AF-250-0.12	黄	280

图 7-23　示意表示法

采用扎线图进行整机的装配，等整机中所有元器件、零部件齐套装配好后就可以直接把预先扎制好的“线把”放进机箱内敷设，进行元器件、零部件引出端子的焊接，这种工艺方法可极大地提高生产效率，对保证产品质量也有很好的控制作用。

工艺人员在设计扎线图时，原则上应该按照以上介绍的标准设计方法（SJ2735—1986、QJ1722—1989）进行扎线图的设计。也可以根据本单位、本企业的标准及产品形式的需要来进行设计，最根本的是：设计出来的扎线图是一种工程语言，不用任何技术人员再到生产现场进行指点，操作者按照设计的图纸就能加工出符合产品质量要求的东西。

鉴于这一点，扎线图上的一些表示方法（如线束的表示方法、线号的标注方法、线束上连续直线的表示方法、分支线端头甩出表示方法等），应该根据产品情况（简单、复杂、周期等因素）、操作者情况进行可操作性设计。

（2）扎线图的制作。

① 样板扎线法。

操作者将 1∶1 的图纸钉在木板或工作台面上（生产量大或需多次使用时，将图纸用透明塑料包覆），在木板上将钢钉钉在样板图的拐弯和分支处，并给钉身套以长于钉杆 3～5mm 的塑料套管，直接在图纸上进行操作，这种操作方法称为样板扎线法，如图 7-24 所示。也可用双层透明有机塑料板将图纸夹在中间，整块板上可以钻等距离的孔，用于插钢钉固定线束。

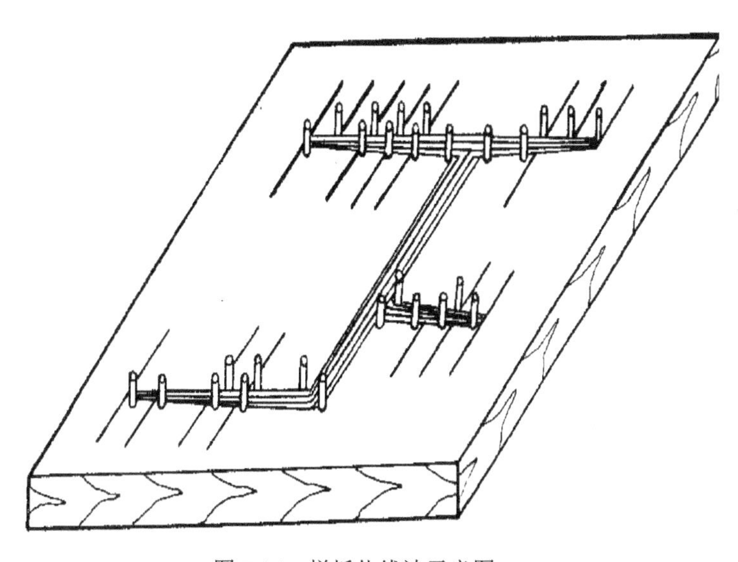

图 7-24　样板扎线法示意图

② 手工扎线法。

其实样板扎线法也是手工进行扎制的，这里所说的手工扎线法是指根据机箱内电子元器件、零部件的位置直接在机箱内进行布线的一种方法。

手工扎线法比较适合科研单位，是在产品比较少的情况下所采用的扎线方法。这时就没有扎线图可以参照了，而是靠操作者在一定的工艺要求或指导下，按照接线图或电路图进行扎线。这种扎线是先焊接导线的一端（与机箱内元器件、零部件的引出端子焊接），然后再敷设导线束，一边焊接一边敷设。

③ 线束的制作工艺过程。

- 熟悉设计图纸和实物机箱，了解扎线图、接线表、工艺要求等文件以后，才能进行施工。
- 按下线表将所需的各类导线分别放在线架上备用。
- 写线号：将胶带纸撕下贴在板上，按下线表的顺序写线号（每个线号写两次），以备在排放线时贴在导线的两端。
- 按照扎线图及工艺技术说明进行扎线。
- 一般情况下可按接线表的顺序进行排线，如果导线表中有屏蔽线和高频电缆，则应先排放屏蔽线和高频电缆，再依次排放其他导线。
- 电压大于等于 100V 的电源线应尽可能远离底板或机壳布设，即电源线后排，可把导线放在线扎中间上方。
- 严禁在线扎内排放绝缘层已破坏（烫伤、损伤）的和有接头的导线。
- 扎制时拉导线不要用力太大，张力要均匀，不能将导线束拉得太紧。
- 扎线完毕，必须按扎线图自验：线号、导线规格、出线位置及数量等是否符合图纸要求。

④ 线束中的特殊处理工艺。

在扎线图中，有时为了某个分支线束在机箱中敷设的需要，要求将分线束套上专门的护套，这些护套主要是绝缘护套（线束中敷设的屏蔽线需要与邻近金属端子绝缘），比如装联技术中常用的聚氯乙烯套管、聚乙烯氯磺化套管、柔性编织套、聚四氟乙烯薄膜（缠绕线束）等，图 7-25 就是这种情况的图例。

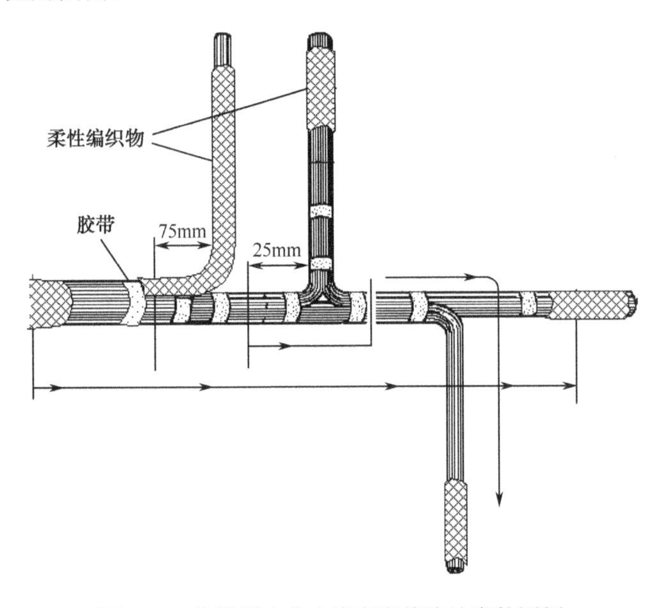

图 7-25　扎线图中分支线束套绝缘护套的图例

⑤ 线束的绑扎要求。

在同一根线束中，只能采用一种打结方法，同时打结的方向及距离应一致，比如图 7-26 中的距离 S。

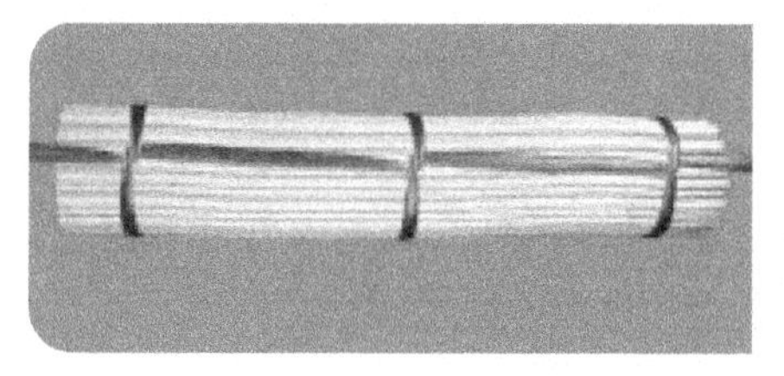
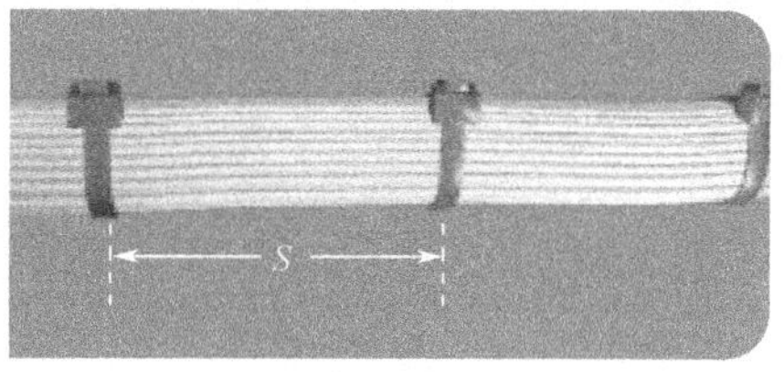

图 7-26　同一线束中采用相同方法扎制示意图

绑扎间距及打结方向应放置在线扎的侧下方，如图 7-27 所示。

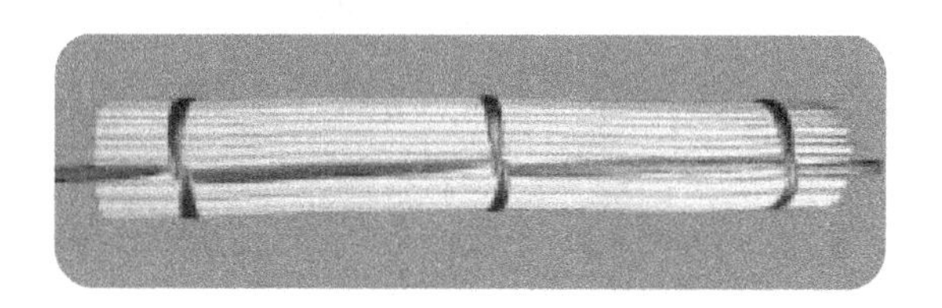

图 7-27　线扎上打结位置示意图

绑扎间距可参考表 7-3（此表来自 QJ1722 标准中的《线扎制作工艺细则》）。

表 7-3　线束直径与绑扎间距

单位/mm

线扎直径	绑扎间距
<8	10～15
8～15	15～25
15～25	25～40
>25	40～60

用锦丝线或扎线扣绑扎时，不宜拉得过紧，以免线束受正负温度影响和老化以后，使锦丝线嵌入塑料层内而导致绝缘层受破坏。线束拉得太紧导致不合格的示意图如图 7-28 所示。

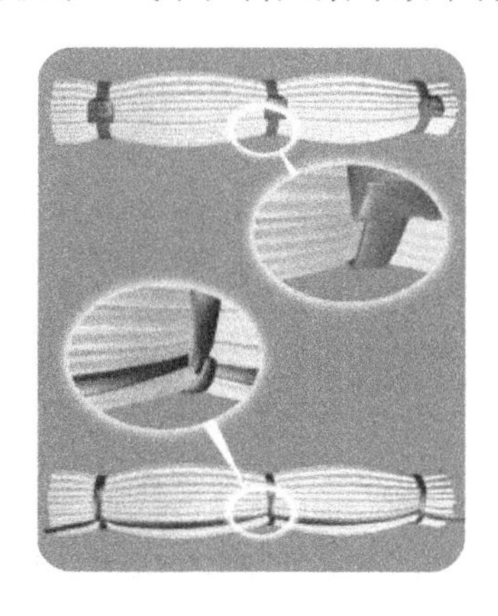

图 7-28　线束拉得太紧导致不合格的示意图

⑥ 分支线束的几种绑扎方法。

在扎线时，无论线束有无机械或其他保护，线束在分支处都应进行绑扎。用绑扎带对分支线束的绑扎方法示意图如图 7-29 所示。

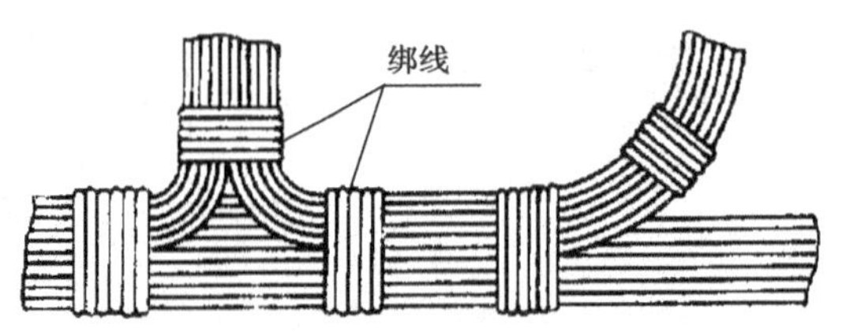

（a）分支线束绑扎方法1

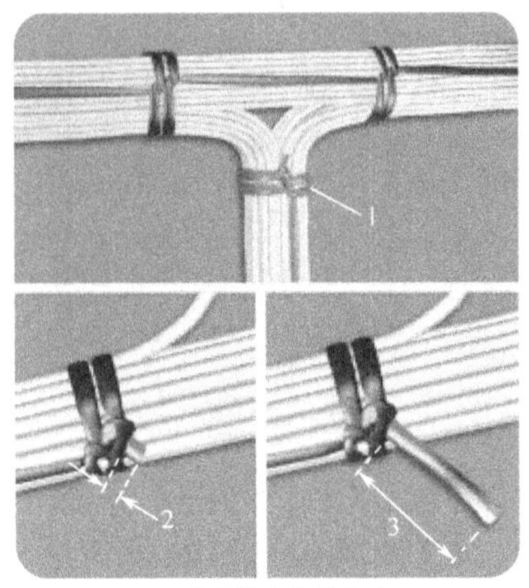

（b）分支线束绑扎方法2

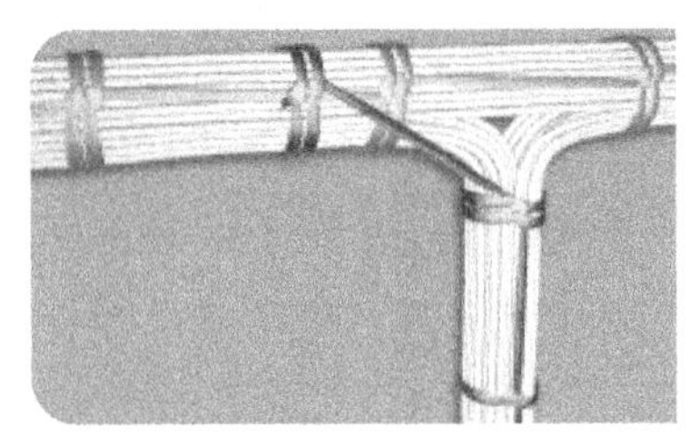

（c）分支线束绑扎方法3

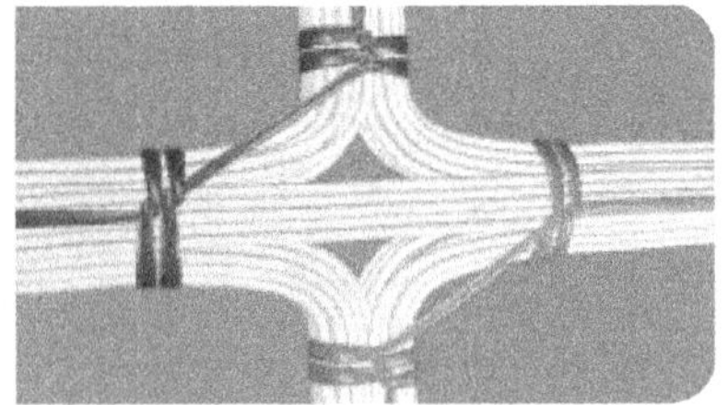

（d）分支线束绑扎方法4

图 7-29　分支线束绑扎方法示意图

用扎线扣绑扎分支线束的工艺方法和要求如图 7-30 所示。

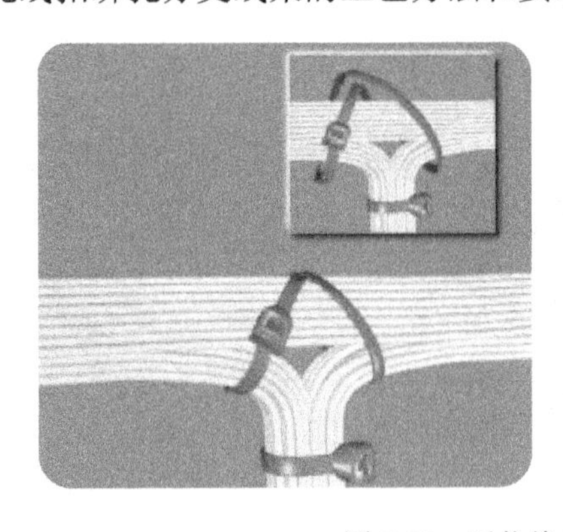

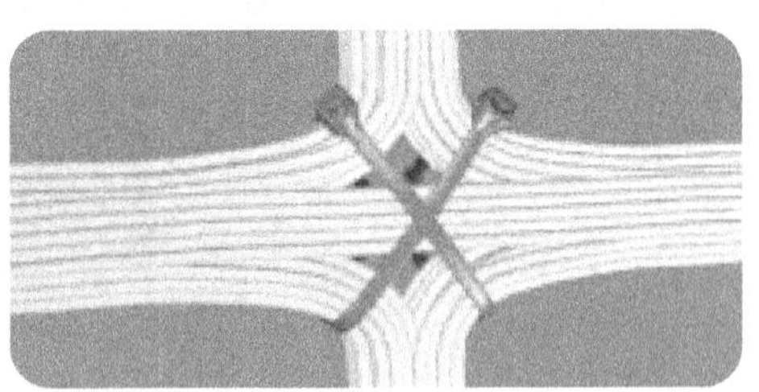

图 7-30　用扎线扣绑扎分支线束示意图

分支线束不合格的实物图如图 7-31 所示。

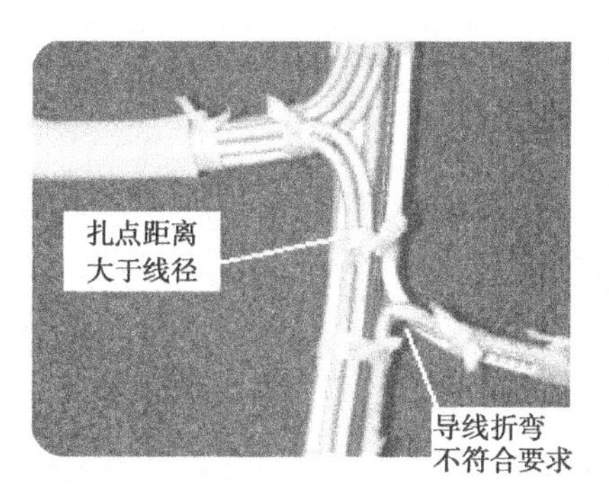

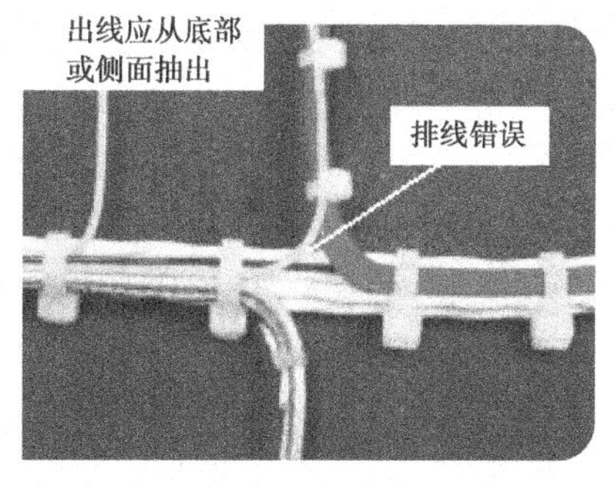

图 7-31　分支线束不合格的实物图

（3）线束的整理。

导线束中导线的排列应像图 7-32 所示的那样整齐、美观。

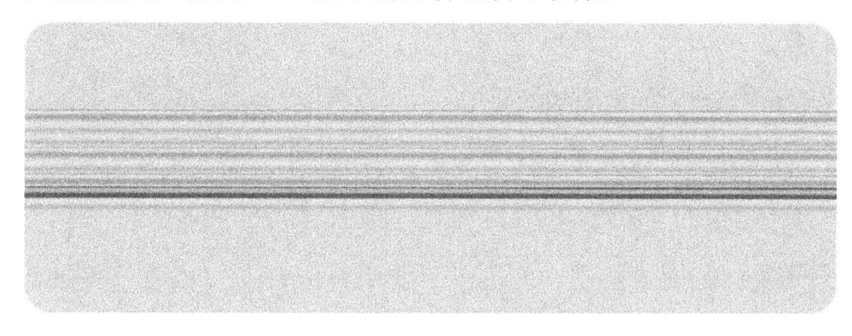

图 7-32　正确的导线束排列示意图

如果线束中导线排列混乱、交叉严重，不仅不美观，而且常常会导致导线长度不够，甚至影响电路特性，这种不合格的导线束排列如图 7-33 所示。

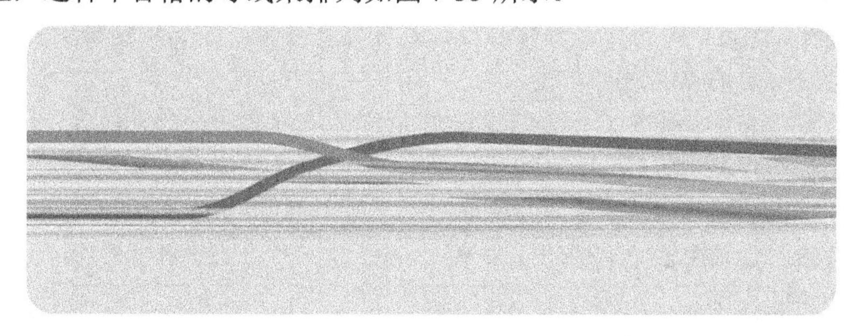

图 7-33　不合格的导线束排列示意图

（4）线束的防护处理。

- 当线束需要在某段用绝缘材料缠绕防护时，缠绕的前后搭边宽度应不少于带宽的 1/2，缠绕末端用相应黏合剂粘牢或用锦丝线绑扎收口。
- 线束需要套聚氯乙烯套管、尼龙编织套管、热缩套管时，套管的内径应与线扎的直径相匹配，套管的两端应用锦丝线扎紧收口（热缩套管除外）。

（5）扎线的质量保证措施。

- 扎线所使用的导线应具有合格证，使用期限符合有关规定，外绝缘层光滑、平直，无气泡、凸瘤、凹陷、伤痕和老化显现，线芯光亮、无氧化痕迹。

- 百分之百检验线扎的形状、尺寸、导线规格是否符合设计和工艺文件的要求。
- 线扎外观清洁，各单根导线与线扎的轴线相平行，没有交叉；线头出线应从线束底部或侧面抽出。
- 线束扎制松紧适宜，锦丝线或扎扣没有嵌入塑料层内；屏蔽套不松散，金属丝没有断股。
- 用锦丝线绑扎的线束始端结、终端结、分叉起头结和锦丝线的续接点结扣必须用黏合剂固定，防止线扎及锦丝线松散。
- 线束绑扎间距符合工艺文件的要求。
- 线束内没有绝缘层破坏（烫伤、损伤）和有接头的导线。
- 屏蔽线和高频电缆在线扎的底部。
- 分支线到焊点有 1～2 次的 8～20mm 的焊接余量（导线出线长度比扎线图上要求的长度长 8～20mm）。
- 百分之百检验线束中导线的导通、绝缘电阻（必要时）等情况。

（6）线扎的保管。

- 线扎应保存在符合环境要求的房间内。
- 线扎应平放并予以遮盖。
- 线扎如暂时不用，不要对导线端头进行处理（不剥头），以防止线芯氧化和折伤。

7.7.6 整机布线

本节对整机布线的介绍，对电路设计师、工艺人员及操作者也是非常值得参考的。

整机布线设计就是对机箱中各种无线电零部件之间进行电连接布线设计，为生产提供工艺性设计文件，保证布线位置与结构的合理性，实现整个机箱内元器件组合之间的电连接并满足整机的电性能指标。因此，对布线进行精心设计是非常重要的，要尽可能排除各种干扰，有效、合理地利用机箱内宝贵的空间进行布线。

布线设计除符合布线原则外，还要从美学的角度尽量使布线均匀、美观，使装配完成的一台整机看上去比较美观。

对于电子装联的整机布线，导线从线束中分出后要与整机中元器件、零部件端子进行连接，这中间留多长合适？如何考虑布线形状？下面给予读者一些指南，作为工作中的参考。

（1）整机布线的原则。

- 应按导线传送信号的类型、频率、功率，分类捆扎线束，这样可防止线间耦合串扰。此外，还应考虑设备的可靠性和可维修性。
- 整机中的所有连线都应本着尽可能走短线、距离近的原则进行布线。
- 布线要尽可能减小电流环路的面积（特别是布地线时）。如果信号不能通过尽可能小的环路返回，就可能形成一个大的环状天线。
- 电源线、信号线、控制线、高电平线、低电平线要隔离。
- 引信线与所有其他线隔离，双绞线、屏蔽线多点接地。
- 直流电路导线和控制电路导线应分开，并放在各自的线束内。
- 隔离输入、输出信号线，不要把它们放在同一线束内。
- 对能确定的辐射干扰较大的导线应加以屏蔽。

- 尽量不将性质不同的信号导线安排在一个连接器或电缆中。
- 敷设数字电路的输入、输出线时，要注意同电源线和控制线隔离。
- 数字信号线和电源线、控制线分开布放。
- 在同一插座内，数字地和模拟地的导线要分开布设焊接。
- 数字信号的回流不要流到模拟信号的地线上。如果将数字信号布线在模拟部分上，或者将模拟信号布线在数字部分上，形成交叉，会出现数字信号对模拟信号的骚扰，布线时应注意避免这种情况。
- 对于传送信号的扁平电缆，采用“地—信号—地—信号—地”的排列方式，这样不仅能有效抑制干扰，也可明显提高抗干扰能力。
- 线束不能靠近发热元器件放置。
- 对敏感性的导线，应远离电源、变压器和其他高功率元件布线束。
- 不能把高电平能量的同轴电缆和非屏蔽电缆或低电平信号屏蔽电缆放在同一个线束内。
- 对于机箱外部的电缆，应确保屏蔽层与屏蔽机箱之间的低阻抗搭接。
- 不能把基准电路和敏感电路同电源和其他载有高电平信号的导线捆在一把线束内。
- 音频高电平信号线用双绞线或屏蔽线在信号源端接地。
- 音频低电平低阻抗输出线必须用屏蔽线，屏蔽体在接收端单点接地。
- 高频和前后沿小于 5μs 的脉冲信号线用多点接地，并应使用屏蔽线。
- 交流线束、直流线束要分开布置。
- 线束通过锐角或有可能划伤导线的地方时，应将线束通过部分或锐角处进行处理，以保证线束的安全。

特别注意：防止线束中由屏蔽线与主地线间可能构成的地回路！

（2）整机布线问题的例子。

① 不要将电源输入导线布得太长。

一台电子设备，特别是比较复杂的电子设备（如车载系统），常常需要引入外来的电源设备，如果电源设备上的导线经过很长的路径才能接到滤波器的输入端，或机箱中滤波器的安装位置距电源线入口较远，就会造成引线太长。例如，电源线需要从机箱后面板输入，再接到前面板的电源开关上，又要回到后面板再接到滤波器输入端。

为什么不能使电源输入导线布得太长呢？如果电源入口到滤波器输入端的引线太长，设备产生的电磁干扰会通过电容性或电感性耦合，重新耦合到电源线上，而且干扰信号的频率越高，耦合越强，将带来电磁不兼容问题。

② 对于输入、输出导线平行布线的问题。

在电子装联的机箱中布线，为了使布线美观，常常把线束、线缆捆扎在一起。一般情况下这样做是可以的，但对于电源线是不利的。比如电源滤波器的输入、输出线平行地捆扎在一起，由于平行传输线之间存在分布电容，这种走线方式相当于在滤波器的输入、输出线之间并接了一个电容，为干扰信号提供了一条绕过滤波器的路径，导致滤波器的作用大打折扣，当设备工作频率很高时甚至会发生电路失效的故障。

因为等效电容的大小与导线距离成反比，与平行走线的长度成正比。所以等效电容越大，对滤波器性能的影响越大。

因此，电路设计师和工艺人员都应该注意这个问题。在设计和装配布线时对电源滤波器上的走线应给予关注。图 7-34 所示为一种比较理想的电源滤波器在机箱中的安装及布线示意图。

首先滤波器的壳体和机壳要接触良好，输入的电源线在机箱上的开口处必须进行密封，保证机箱的屏蔽性能；另外，滤波器的输入、输出线之间有机箱屏蔽相隔离，消除了输入、输出线之间的干扰耦合，保证滤波性能。

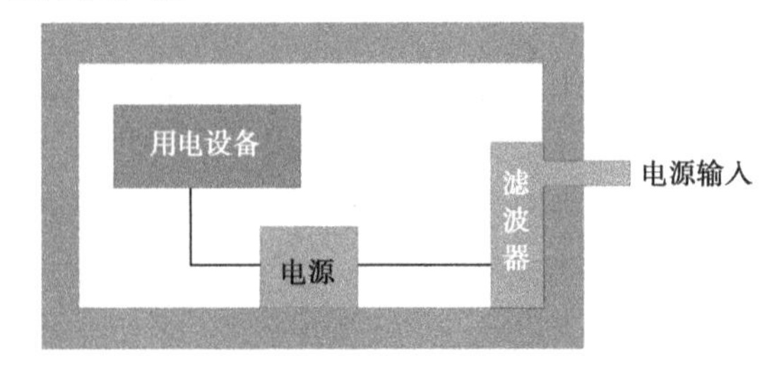

图 7-34　电源滤波器在机箱中的安装及布线示意图

7.7.7　结构设计不到位时布线的处理

电子装联不像机加工，机加工装配时就可看出问题所在，而电子器件的整机装焊，只有在布线时才能发现结构设计的问题，特别时是在没有试装的情况下。结构设计时并不知道机箱/单元内的布线情况、线束的粗细情况，以及该在什么地方设计线卡装置等。

在整机装联中对于结构设计不到位的布线有下面 3 种情况：

第 1 种：机箱内器件位置摆放不合理，线束无法走线或因线束粗实施不下去。

第 2 种：布好的线束无法固定，给出的安装线卡孔用不上，需要上线卡的地方又没有孔（并且有时还无法打孔）。

第 3 种：机箱中的前面板、后面板、侧板上的器件或插座与底座上的插座或器件的连接导线，来回交叉连接（电路设计不合理），使操作者无法按常规的工艺要求布线。

在实际电子装联整机布线中还有很多问题，为什么会产生诸多结构设计不到位的问题呢？对于一台电子设备，如果设计师没有很好的工程设计经验，靠一次设计就能准确地把握并满足设备中电气装配、连接、焊接的各项工艺要求，一般来说是不大可能的（尽管现在有三维设计软件）。

对于这些结构设计不到位的情况，工艺人员会经常碰到。这是由于产品的研制、生产节奏以及日新月异发展的元器件等因素造成的，其中结构设计师不懂电子装联布线是最大的因素之一。因为，电路设计师大多关注产品功能的实现，不太考虑或不知道怎样设计才能符合可生产性、可制造性。

那么，作为一名成熟的工艺人员，每天面对生产线上或工作间里许多“生产性差”，甚至有些还是“不可生产”的问题时，要积极地面对现实，想办法，出主意，与电路设计师、结构设计师一起，把这些“生产性差”“不可生产”的问题在一批批产品的生产中加以消除。

对以上 3 种结构设计不到位的布线情况的工艺处理方法如下。

（1）对第 1 种情况的处理方法。

对于器件位置在机箱装配中摆放不合理使得线束无法走或实施的问题，在实际生产中这种例子最多，机箱内布线空间往往很小，电路设计上导线大多用的是屏蔽导线，线径会增加很多，线束变粗，而工艺上又要求导线的屏蔽体就近接地，布线每走一步都要考虑这个问题。而结构设计师没有考虑线束的粗细问题，没有想到在机箱底部上布满了插座，插座间还有许多螺钉，因为线束不能布放在螺钉上，这意味着有效布线面积被减小了。所以整机在受到各种振动时容易损伤线束。

对于这个问题给出三种处理方法：

① 把线束扎成矩形（常规的线束是圆形），即往高处伸展。

② 换螺钉，即特制一批带圆帽的螺钉（或在原螺钉上再戴一个圆顶的螺母）。

③ 根据装配布线情况临时做一个放线束的支架。

（2）对第 2 种情况的处理方法。

对第 2 种情况的处理，给出四种处理方法。

① 当机箱中无法固定线束时，建议采用常规的处理方法：借螺钉固定。

利用导线束附近固定零部件的螺钉上一个线卡，如果这个螺钉的螺杆太短，就换一个能满足上线卡的螺钉。这是电子装联工艺工作时常使用的方法之一。

② 特殊处理方法。

当整机内布线面积很小，而线束不是很粗又无法借螺钉固定时，可采用塑料套管固定线束的方法。即剪一个适当长度的塑料套管，剪开后这个长度就是固定线束的宽度，对折成一个开口的套管状，再在末端根据需要固定的螺钉直径大小，剪一个尽量圆的洞，包上线束后，将这个洞套在螺钉上，再压一个适当的垫圈，然后拧上螺母。

③ 利用机箱内主地线固定线束。

在整机装配焊接前，一般都需要敷设主地线。主地线是用直径 2mm 的裸镀银铜导线，利用整机内固定各器件、零部件螺钉上的焊片焊接而敷设的。因此利用这根主地线固定线束比较牢固，也不影响主地线的功能。利用主地线固定线束的实例如图 7-35 和图 7-36 所示。

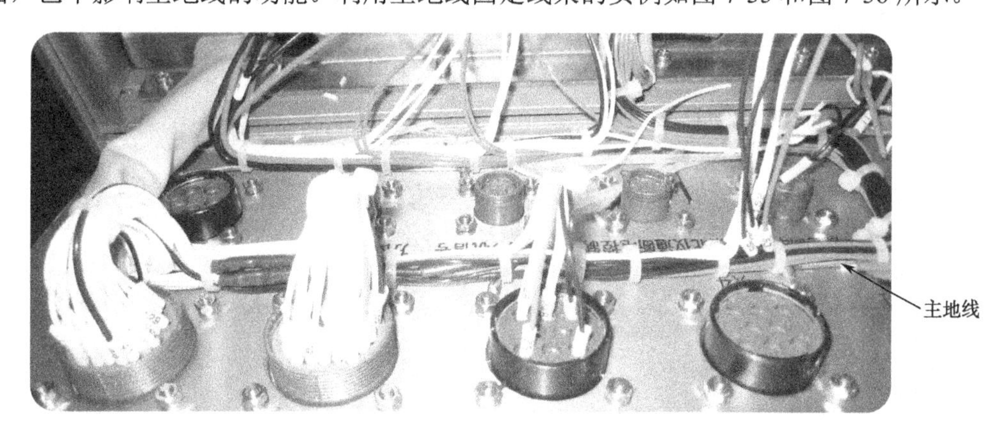

图 7-35　利用主地线固定线束实例 1

④ 化学处理法。

在电子装联技术整机装配中，目前有不少的地方用胶来固定线束，特别是在小型的模块机箱中，采用这种方法还是比较多的。

整机中线束不是很粗的情况下，可以选择在合适的间距处将胶点涂在线束的底部及其线束上，如图 7-37 所示。

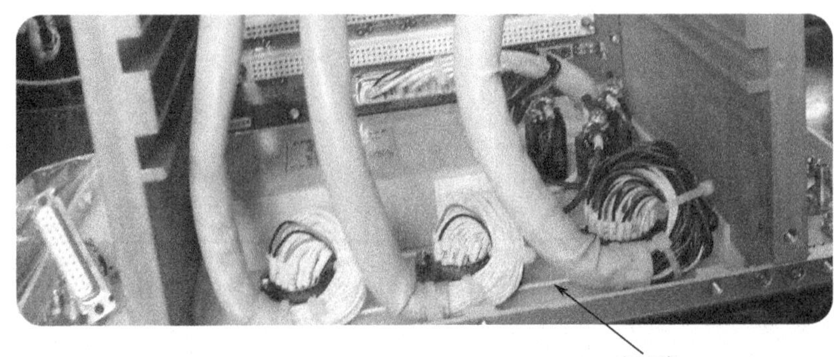

图 7-36　利用主地线固定线束实例 2

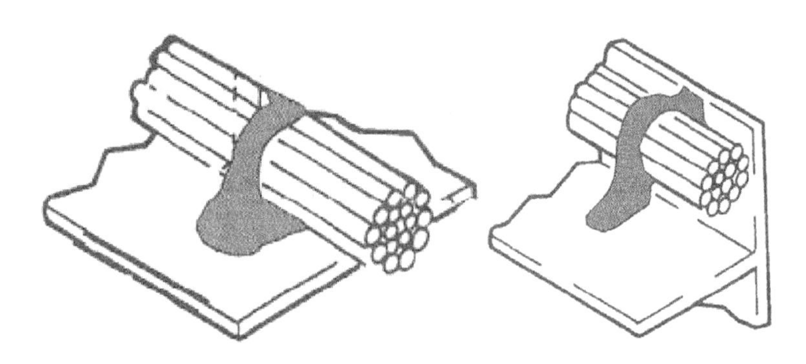

图 7-37　用胶固定整机中线束的示意图

比较常用的胶型号是 GD-414，白色，不透明，室温固化需三天。还有一种胶是 GD-401，基本无色，透明，室温固化约需 4 小时。也可以使用满足整机中电气要求的其他胶黏剂。

（3）对第 3 种情况的处理方法。

在整机装配特别是大系统的整机装配中，不合理地来回交叉布线是经常发生的事情。因为，常常会有装在左上角插座内的导线与装在右下角插座内的导线发生连接关系，造成导线的交叉布线。

对于这种情况，在布线上应该优先考虑电磁兼容的问题，对这些实在无法避免来回交叉的导线，建议单独布线，并且尽量敷设得短一些。

7.7.8　整机布线实例

下面通过一些在整机布线中的实际例子，来加强说明在电子装联技术中整机布线的问题。整机布线的问题在电子装联中是千奇百怪的，多举一些实例来说明这个问题，目的是培养一种意识，引发读者的悟性，从而产生解决问题的办法。

例 1： 在整机装焊中，类似图 7-38 所示的多引出脚的器件，焊点上导线的弯曲方向在焊接前就必须确定下来，不至于使焊接后由于导线的弯曲而带来焊点受力。

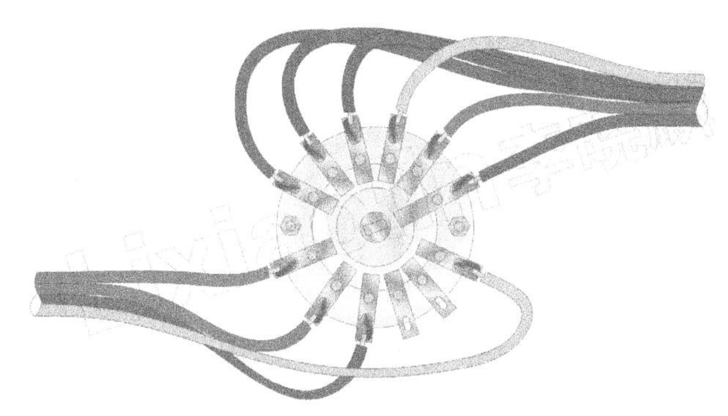

图 7-38　多引出脚的器件布线要求示意图

例 2： 整机装配中，常常会遇到一些安装在整机内专门用于接线的端子，如图 7-39 所示的孔状端子。无论什么形状的端子，在其上导线的布线形状都必须按图中“合格”的状态进行要求。为了说明问题，图中同时给出了“不合格”的状态。对于整机中不合格的布线，应该返工。

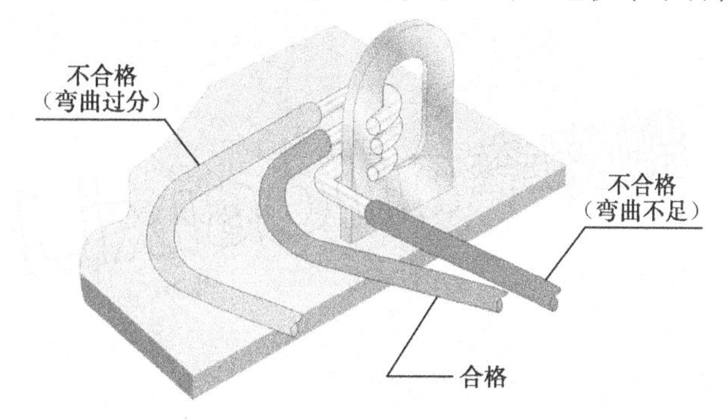

图 7-39　判断焊接端子上布线合格与否的示意图

例 3： 图 7-40 是一个单元模块整机布线实物图。整机中布有软导线束（蓝色）、硬同轴电缆导线（褐色）、软射频同轴导线（白色）。其中白色软射频同轴导线（模块上 SMA 插座引出标志为“TTL2”处）的布线弯曲弧度太大，由于这根导线上扎线扣的位置不对，导线又长，导线弯曲后导线上的应力直逼 SMA 电缆头焊点（正确的工艺是：电缆头上的焊接处导线出来后应有一段直线距离再行弯曲）。

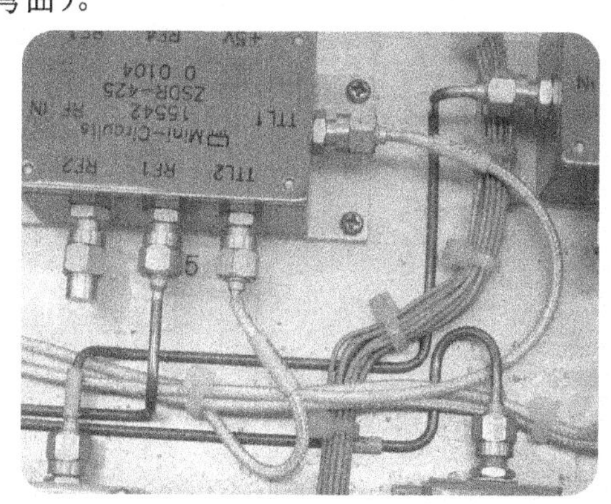

图 7-40　单元模块整机布线实物图*

例 4： 在整机布线中，让工艺人员和操作者最为棘手的事情是：悬挂线束的处理。图 7-41

就是一个关于悬挂线束的实物照片，从图中我们可以看到，在一个小 PCB 上需要有数根导线与上面一个金属板上的座连接，这其间导线处于悬挂状态。通过图 7-42 我们不难看到，在金属座下面的连接导线上紧跟着扎了一个线扣，然后数根导线散乱地与 PCB 上的焊盘连接。这种布线看上去很不舒服，并且其他导线的布设也不符合工艺要求，大都偏长了。整个布线较乱，导线与螺钉和管座焊腿接触，PCB 管座上的焊接端子尖锐，焊后又没有加热缩套管保护。设备在使用过程中将存在导线与螺钉或管座焊腿磨损的隐患。

图 7-41　悬挂线束不合格的布线照片*

对以上不合格布线进行了整理后，如图 7-42 所示，PCB 管座上尖锐焊接端加热缩套管，焊接后热缩，线束远离螺钉和管座焊腿，布线就不显零乱且安全美观，无论设备处于怎样的振动状态，这种布线都比图 7-41 更安全、更合理。

图 7-42　悬挂线束合格的布线照片*

例 5：图 7-43 所示的是一个装在整机底板上的矩形插座，可以看到插座上焊接的导线，其根部受到了一个“力”的挤压，如果整机受到振动，线束上的“力”就会传递到焊接点处，直接威胁着焊点，随着时间的推移，导线与焊接点处发生折断的故障就会产生。插座上的导线束在焊接完成后，应该整理成图 6-104 所示的形式才是合理、正确的。导线从插座中出来后，一定要顺着焊线方向再伸直一段距离后按照线束需要的方向折弯。

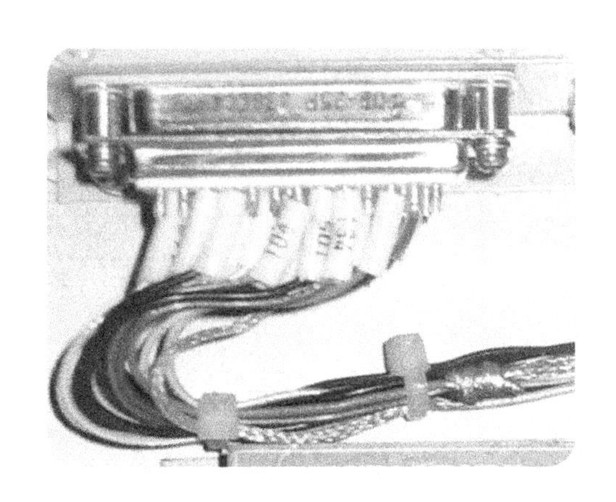

图 7-43 插座上不正确的布线例子*

例 6：在有微波模块器件的整机中，一般微波器件的电气连接大多用硬同轴电缆导线进行连接，有时还需要软导线束布设其间，如图 7-44 所示。

图 7-44 中的软导线束敷设得既不美观也不合理。首先导线束的扎制没有进行整理，图中右下边的标记套管也没有套在焊接端子上，一个扎线扣扎在硬同轴电缆线上，想以此固定线束（图右边中部位置，一般情况下不允许）；其次，扎扣节距不均匀且不符合有关标准要求；整个线束很不美观。正确做法是：操作者应该从下面敷设软导线，因为下面空间大一些，并且布线距离与连接点更近一些。

在整机装配布线上，还可以举出很多类似的各种问题，通过以上 6 个实例的分析，目的是想抛砖引玉，使读者可以在对这些布线问题的处理上举一反三，思维更宽泛地解决电子装联整机装配中各式各样的问题。

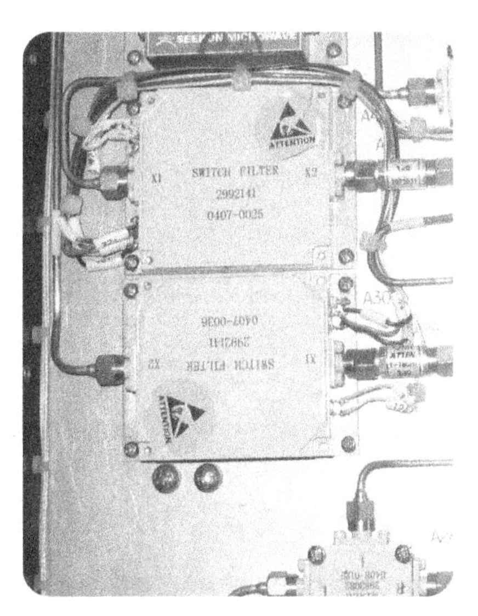

图 7-44 线束走线不合理实物图*

最后，提醒读者注意的是：在布线问题上在保证电磁性能要求的前提下，最需要把握的是，必须保证整机内所有焊点上的导线没有任何应力存在。这就是说，工艺技术人员、检验人员、操作者，应该学会“把握”和“看透”整机装焊中的静态质量和动态质量。

Chapter 8

第8章 电子装联工艺文件的编制

长期以来，对于电子装联工艺文件的编制问题，一直存在一个争论不休的问题：工艺卡片编细化一点还是编粗略一点。细到什么程度？粗到什么程度？特别是当生产中出现问题时，往往首先在电子装联工艺卡的“细化”“粗略”问题上纠缠不休。

对于这个问题，本章通过工艺文件的编制对实际操作的可指导性方面、生产管理方面等进行一些探讨。需要说明的是，随着技术的发展，电子设备的不断变化，生产手段的推陈出新，在工艺文件编制这个问题上应该也有非常大的改革空间，希望读者结合实践，大胆创新，编制出与产品结合得更合理、更好的工艺文件出来。

8.1 工艺文件的编制要求

8.1.1 工艺文件的编制原则

编制工艺文件的主要依据是产品的电路设计文件，另外还要根据本单位的生产条件、工艺手段、工艺总方案和有关标准等。这些标准首先是国家的一些标准，其次是企业自己的标准，这两者需要结合起来考虑。

（1）基本要求。

编制的工艺文件应该具有完整性、正确性、可行性。各种技术文件的蓝图与底图要统一，各部门（工艺、质检、生产）使用的技术文件要统一，技术标准、设计图样和工艺文件相关的要求要统一。对电路设计也有要求，因为，在设计文件具备完整性的基础上，才能有工艺文件的完整性。

在编制工艺文件时还应考虑根据本单位的生产资料情况，尽量采用先进的技术，选择科学的加工方法，并且工艺方案和工艺方法在经济效果方面是最佳的。工艺文件的编制决定了材料、方法、成本等，工艺工作直接关系到质量、效率、成本，这三大因素在编制工艺文件时必须考虑，工艺人员在工作中应该培养这种素质。

工艺文件的编制，一般要求采用A4幅面。在用语方面，要求语言要简练，通俗易懂，有逻辑性，表达的内容要严密准确，避免产生不易理解或不同理解的可能性。工艺文件中所采用的名词、术语、符号、代号、计量单位应符合现行国标或部标的规定，引用的标准必须是现行有效的各级标准（比如国家标准、行业标准、企业标准）。

（2）工艺附图绘制要求。

在编制工艺卡片时，有时需要在“工艺说明”中画一个附图对“要求”说明，对于这方面有如下要求：

- 工艺附图是工艺文件的组成部分。
- 同一工艺附图的绘制比例应协调。
- 工艺附图说明需要的视图数量，以能保证装配图的图形直观、清晰，或表明零部件的位置与装配焊接件的关系为准。
- 工艺附图上应注出与电路图纸相符合的零部件名称、代号、连接符号等。
- 当工艺附图需要用表格、示意图和有技术要求说明时，应布置在图形的右面或图形的下面。

8.1.2　工艺文件的继承性和通用性

工艺卡必须具有工艺继承性和通用性。因为，电子装联工艺卡的编制不能因“人”而异，必须按工艺标准化的模式进行设计和编制。设计和编制的卡片能满足产品或批量生产要求，包括印制电路板组装、整机和单元模块组装、微波电路组装、高/低频电缆组件组装等的通用化、标准化要求。

满足以上要求编制出的电子装联工艺卡，才有工艺继承性和通用性。

尽管各个单位的产品不一样、性能要求不一样，但在编制工艺文件的要求上应该是相同的。因此，工艺卡的继承性和通用性应有以下一些特征。

（1）工艺卡的标准化。

运用标准化手段，对工艺卡的格式、内容、填写方法和使用程序等实现标准化，让参加工作不久的人员在进行一定的电子装联实习操作后，能够很快独立地完成电子装联工艺卡的编制任务。这样十分有利于年轻人的成长，有利于尽快解决目前工艺工作存在的人才断层和技术断层的问题。

（2）通用性好。

这里所说的工艺文件通用性，不是指一张工艺卡所有操作都通用，还是要对 PCB 工艺卡、整机装配工艺卡、电缆组装工艺卡、微波电路模块组装工艺卡等进行区别。

所谓电子装联工艺卡的通用性，是在标准化的要求下，格式上的通用性，以及在设计过程中需要涵盖电路设计文件的通用性。

（3）一致性好。

工艺文件在继承性上应体现：一致性好，不易出错，便于管理的特性。不论工艺人员有多少人，编制的所有同类型电子装联工艺卡都能保持一致，最大限度地避免工艺设计的不一致性和因不一致性所造成的影响，这样可以缩短电子装联工艺人员下生产线的时间。

（4）管理效益高。

使用通用化、标准化电子装联工艺卡的管理模式，可以提高工作效率，缩短研制或生产周期，节省人力资本，工艺人员可以将更多的精力投入新工艺、新技术的研究中。

8.1.3 编制工艺卡应考虑的因素

工艺卡是针对每个产品的某一生产阶段而编制的一种工艺文件。它规定了产品在这一阶段的各道工序的操作方法要求，以及使用的设备要求、工具要求、工装要求、材料要求、工时定额等。因此，在编制时以下因素是编制人员需要了解和把控的。

（1）产品属性。

编制者首先应熟悉并了解产品状况如何（是否已多次生产、经过试制阶段、处于研制阶段等）。其次需要知道用户对产品工作环境的要求如何（是否耐振动、耐磨损、有“三防”要求等）。这些都是产品的属性问题，编制前应该予以了解。

（2）电路设计文件的完整性。

工艺卡的编制必须建立在电路设计文件的完整性基础上。如果电路设计文件不完整，就不能编制工艺卡。例如，PCB 的工艺编制，如果只有装配图，没有元器件明细表；多芯电缆组件的编制，如果只有连接图，没有连接关系表，或标注尺寸不规范；整机装配的编制，如果只有电路原理图，无接线图，等等。这些情况下电路设计文件都是不完整的，必须处理完整后才能进行工艺卡的编制。

（3）操作者技术等级问题。

操作人员的技术等级不同，具备的相关知识（应知）和基本技能（应会）也各不相同，但是在生产实际情况中，他们基本上都从事着一样的装配工作。不少操作人员的实际技术等级并不能如实反映他们的实际技能水平，这就给编制工艺卡增加了困难。工艺卡的编制既不可能以操作人员的实际技能水平作为工艺卡的编制基础，更不可能以学徒工的技术水平作为编制工艺卡的基础，当然也不应该以高级技工或技师的技术水平作为工艺卡的基础。只能以满足产品生产需求的企业标准或典型工艺规范（或工艺大纲），作为编制工艺卡的基本技术基础。

（4）生产资料的把控。

工艺就是制造。对于同一种产品，生产厂家或公司不同，往往最终的生产成本也不一样。这就关系到生产资料的问题，用什么方法、用什么设备来制造产品？因此，对产品制造至关重要的工艺文件的编制，就要考虑本单位有什么样的生产资料，能充分利用的要尽量利用，必须在保证产品质量的前提下，最大限度地提高生产效率、降低生产成本。

（5）工艺体系。

一个产品的工艺卡如何编制，在很大程度上取决于本单位工艺体系建立得怎样。工艺体系建得合理，工艺卡编制就非常简单，工艺体系不合理，工艺卡就会编制得很复杂。一个单位的工艺体系应该建立得越详细、越完善越好，这实际上关系到一个单位的生产管理水平。可以说，工艺就是生产管理，一个不懂得生产流程、生产效益和生产成本的管理者，可以想象是不懂得工艺的。

8.1.4 完整的工艺文件

在电子装联工艺技术中，工艺文件应该有哪些？其结构关系又怎样呢？对于这个问题，除了 1985 年曾颁布过关于机械制造工艺文件基本术语的国标，即 GB4863—1985，到目前为止还没有针对电子装联技术行业工艺文件编制的标准颁布。虽然只要本单位的工艺文件能指导生产，便于生产管理就行了。但作为一名从业者，我们应该对工艺文件的完整性进行了解，这样对本单位工艺体系的建立也是大有好处的。

（1）工艺文件完整性要求。

对产品工艺文件的完整性要求，是指工艺部门在各生产阶段，为组织指导生产所必须编写的有关工艺准备，零部件组件制造，产品装配、调试、试验、检验、包装存放、运输等各项工作的全套工艺文件。这是产品制造的所有阶段的工艺文件完整性要求，对于电子装联技术来讲，工艺文件的完整性应该有哪些呢？

电子装联技术工艺文件应该根据产品的复杂程度、生产特点、研制阶段的不同要求来区别对待。在满足组织生产的前提下，企业可以自己对工艺文件的完整性做出具体规定。

（2）设计定型时必备的工艺文件。

产品设计经过试制后，设计方案经过检验，证明能满足产品性能要求、各种技术指标及结构工艺性要求，就可以设计定型了，这时应具备以下几种工艺文件：

① 关键零部件工艺路线卡；

② 材料类有关工艺文件，如材料消耗定额表；

③ 有关的关键工艺说明；

④ 专用工艺装备方面的工艺文件；

⑤ 装配的关键工序操作卡；

⑥ 新材料的应用工艺文件。

（3）产品生产定型时必备的工艺文件。

产品设计定型后，该产品即将转入批量生产，因此，工艺文件的齐套性要求就很高。在转入批量生产前，工艺部门必须为企业加工、装配、生产管理、计划、调度、原材料准备、劳动组织、质量管理、工艺装备管理、经济核算等环节提供必要的工艺文件。

根据一般产品的情况，生产定型时应具备以下各类工艺文件：

① 所有零件都应有一份零件工艺路线卡（也称流程卡）。

如果该零件是外协加工的，则应在工艺目录卡片上注明是外协件。如果由本单位提供材料，还应把材料消耗定额标注出来。

② 各部件产品应有一份装配工艺路线卡片。

如果是机械部件产品，在装配后还要进行机械加工的，则可以采用零件过程装配卡。这类部件产品一般占有的零件较少，可以注明装入部件的零件图号、名称和数量。

③ 重要工序的工艺说明。

④ 产品中需要外协的零部件，应有明细表、专用工装、标准工具、材料定额等工艺资料。

⑤ 管理工艺文件的文件，比如工艺文件封面、目录等。

（4）产品样机试制时必备的工艺文件。

在产品进行样机试制阶段或对一次性生产的产品，工艺文件应尽量少，甚至可以没有正式的工艺文件。一般来说，应有下列一些工艺文件：

① 关键的零部件和整件的关键工艺及其说明；

② 新工艺、新工具、新仪表、新设备等工艺文件及清单；

③ 关键的专用工装清单及图纸。

（5）工艺文件的结构层次。

对于工艺文件的完整性方面，还应注意的有：工艺文件的结构层次问题。目前在任何标准中都没有找到关于电子装联工艺文件的结构层次的介绍，作者在承担 SJ 标准和 GJB 标准（电子工业行业军用标准和国家军用标准）的编写过程中，对工艺文件的这种结构关系有了进一步认识，这里总结出来与业内人士共享。作为一个工艺工作者，应该将工艺文件的结构关系搞清楚，这样我们在编写各种工艺文件时就会层次清晰、目的明确，编写出来的工艺文件能够具有实际价值。

在电子装联工艺工作中常常要为电子产品的研制、生产制造拟制一些工艺文件，用以规范设计行为、操作行为、生产管理行为等。下面介绍工艺文件的结构关系及文件的主要内容，供读者在工作上参考。

工艺文件的结构层次如下。

① 工艺大纲（或工艺总方案）：根据电子设备的设计要求、生产类型和企业的生产能力，提出工艺技术准备要求及措施。用以规范电子设备的研制、生产全过程的电气互联装配。

② 工艺规范：根据电子设备的使用要求、环境要求，对产品在研制、生产的各个环节提出规范性要求。特别应对产品中的关键件、重要件在制造、装配、焊接方面进行规范性要求。

③ 工艺细则：根据产品的某一电路特性要求，或针对产品的某个制造环节，制订工艺操作方法。工艺细则的内容应包括设备的使用、材料的选择、工具的要求、检查方法、检验要求等，是一个比较详细具体的工艺文件。

④ 作业指导书：当产品制造的某一环节或工序容易出问题，或正常操作情况下不易把握装配、焊接质量时，在这种情况下就应该制订作业指导书。这是一个非常详细的工艺文件，包括需要操作的所有工序内容及操作方法，材料使用的规格型号及其尺寸大小，工具的使用及其操作方法。根据作业指导书可以使具有中等技能水平的操作者完成满足质量要求的产品。

对于一个生产电子设备或电气产品的企业来说，可以根据以上 4 种工艺文件的类型来建立本单位电子装联工艺文件的体系制度。

8.2 整机工艺文件的编制

编制整机工艺文件是每一个从事电子装联工艺技术人员必须首先学会的“本事”。电气装配和机械加工相比较，工步顺序没有机械加工灵活，整机装焊几乎都是手工操作，所以在加工工序上整机装配的顺序一般来说是固定的：熟悉电路图纸及资料→布设主地线→焊接短连接导线→布设线束（有事先扎好的线把就直接敷设）→焊接（包含焊点的清洗）→整理（如有热缩套管，需要处理热缩套管、清理多余物等）→自检→提交专职检验。

以上是整机装焊最基础的工艺步骤，在这些步骤中根据产品特点及要求不同其内容可能有所差异，但基本步骤还是一样的。所以从这个角度来看，似乎编制整机工艺文件是一件非常容易的事情。其实，通过电子装联工艺工作本身来看，工艺文件背后的“故事”仍然是不易的。支撑工艺文件的工作只要有产品，工作就做不完。

8.2.1　整机工艺文件的编制与范例

（1）整机工艺文件类别。

电子装联整机工艺文件的类别按照 1985 年的 QJ 903.19 航天标准《电气装配工艺文件编制规则》，有 5 种工艺卡片：

① 电气工艺卡片　　　　　　　　格式 1
② 电气装配工序卡片　　　　　　格式 2
③ 电子元器件加工工艺卡片　　　格式 3
④ 扎（接）线工艺卡片　　　　　格式 4
⑤ 电子装联仪器、仪表、工艺装备明细表　　格式 5

其中，电气装配工序卡片是目前使用得最多的，即我们常见的格式 2。有的单位可能在名称上稍有不同，比如“电子装联工艺过程卡”，这个卡片也常常用于印制电路组件装配工艺文件的编制。

这 5 种工艺文件，现今已不完全适合生产了，但目前也没有统一的关于工艺文件格式的新标准颁布。所以在实际操作中，各单位所用的工艺格式在这 5 种格式的基础上都根据产品装配的需要有所改进。只要符合实际情况的需求，能指导生产，便于工艺管理，无论什么格式的工艺文件都不是问题，重要的是内容及其可操作性、可指导性。

（2）装配工序卡片。

在电子装联整机装配焊接中，装配工序卡片是使用最多的。主要用于编制产品一个单元的工序制作（注：整机/分机也是一个单元），也用于编制较复杂的部（整）件、组件的装配工序的制作，它包括工序的全部工步内容及操作方法和具体要求等。

对装配工序卡片中需要填写的内容，见表 8-1。

表 8-1　装配工序卡片中需要填写的内容

栏　号	填 写 内 容
1	需要的设备、仪器、仪表及非标设备和仪器、仪表的型号名称及编号
2～4	装配件的批次号、代号或名称及数量
5	工步顺序号
6	工步名称、内容及操作方法要求等
7	有无工装，名称编号或规格，标准号等
8	辅助材料名称、牌号、规格及数量
9	工时定额
10	工艺附图或工艺说明

注：表中的“栏号”是举例，应根据具体工艺表格中的栏号及内容决定。

（3）整机工艺装配卡片编制范例。

编制整机工艺卡片，实际上是对电路设计图纸进行二次工艺开发。

业内人员通常会意识到，特别是在一些电子研究所，电气装配的电路图纸往往就是一张原理接线图，图纸上没有器件、零部件的结构位置，没有实际布线的路径，操作者只能根据这个原理接线图、一个接线表、一份工艺卡片进行整机的装配、焊接，这种操作形式目前在不少单位可能已形成惯例。如果有一批整机，不是由一个操作者完成的，那么最终装配、焊接后的整机其布线就会不一致，甚至在导线颜色的选择上也不一样。

针对整机的电子装联过程，需要下线、焊地线、短接线、扎制线束这几个工序流程。而操作者面对的是一张电路原理图、接线表（一些短连接导线在接线表上并没有反映出来，从原理图上才能分析出来），这就需要操作者从设计图纸中按照工序流程进行分解，否则是无法装焊的。因此，对于这样的操作没有一定的电路原理图装配焊接的经验，基本上是完成不了的。如果将操作者这种“分解”，变为对电路设计图纸的二次工艺性开发，根据流程编制成规范的工序操作，就不会因操作者水平高低、对电路图理解差异、布线不一致最终造成产品的批次性差异了。

在对整机电路设计图纸理解后，根据工序流程操作，开发出的工艺资料包括三图四表。

三图是指：

- 地线图，一份（可以是一张或多张）；
- 接线图，一份（可以是一张或多张）；
- 扎线图，一份（可以是一张或多张）。

四表是指：

- 整机短接线表；
- 整机下线表；
- 整机扎线表；
- 整机焊线表。

下面对三图四表具体的拟制要求进行说明。

① 地线图：这份地线图，就是前面所讲到的“主地线”。它的拟制是根据整机中所有器件、零部件的结构位置，确定需要焊接地线的端子位置进行主地线的形状绘制。在图纸上的表达可以是 1∶1 的，也可以是简绘的，但一定要将主地线上所有需要连接的地线端子、敷设路径形状包括进去。与地线图一起使用的还有一张工艺说明卡片，其内容有（可用格式 2 装配工序卡）：布地线的使用材料规格和型号、布设要求、焊接要求等。如果整机中的主地线需要多根（面板主地线的敷设、整机底座主地线的敷设、侧板主地线的敷设等），可以拟制多张图纸，或集中在一张图纸上，具体如何操作，工艺人员应根据产品批量情况、地线复杂程度、本单位人员操作习惯等因素进行选择。

② 整机短接线表：整机的短接线是需要在电路设计图中重新定义出来的，定义的原则如下。

按照电路中的接线关系，根据器件、零部件在整机内的位置来确定是否作为短连接导线处理。一般以相邻插座的连接、就近导线的连接、分支地线的连接等结构位置作为定义短接线的原则。被确定为短连接导线的线就不再出现在整机的线束里了。

定义出的短接线可以用表格形式反映出来，这样以便下线。

填写表格内容时以器件为单位比较好，一个器件写完后再填写另一个器件，这样不易发生漏写的情况。表格可选用 A4 纸，表格的内容及填写例子，见表 8-2。

表 8-2　整机短接线关系表

来　处	去　向	导线型号	长　度/mm	更　改
CZ1-1	CZ1-5	ASTVR0.2	20	
AX1-2	CH1-6	ASTVR0.2	25	

③ 接线图：在第 7 章中对接线图的设计已做了介绍，它应该是设计文件，由电路设计人员完成，但在很多生产状况下，工艺人员也是可以设计的。要对电路设计图纸进行二次开发，工艺人员就必须设计接线图。工艺人员设计接线图时也必须按照规范的要求进行设计，这里不再赘述。

④ 扎线图：关于扎线图在第 7 章中已经做了详细的介绍，在拟制方法和要求上就不再赘述。这里对电路设计图纸的二次开发是，在对电路设计图纸审阅后，根据实物机箱内器件、零部件结构位置进行扎线图的设计。

凡是进入扎线的导线均应在扎线图中反映出来。为了方便操作者扎线，建议在画法上采用结构画法，不要采用示意画法。因为结构画法可以将扎线图中线把的实际粗细反映在扎线图上。另外，对于每一根导线，应尽量表示出它详细的出线位置，如果出线位置上的导线排列很密，无法清晰地将所有出线表示出来，这时可以采用局部视图、表格形式等方法画出出线关系。

工艺师在拟制扎线图时，必须对整机的实际空间和电磁兼容性要求结合起来考虑。如果线扎里有带状导线时，在出线位置上应要求将其撕开并注明撕开的长度要求。

在扎线图的拟制中自然涉及导线，所以由扎线图可产生整机下线表、整机扎线表、整机焊线表。

⑤ 整机下线表：除短连接导线外，所有反映电路连接关系的导线都必须进入扎线图中，扎线图中所用导线根据整机下线表进行下线。这里说明一下，如果需要设计出接线图，接线图中的导线也可以根据整机下线表进行操作。

整机下线表的填制顺序主要以电路设计师拟制的接线表线号为序，如果导线中有双绞导线且两两双绞的线又各有线号时，需把相互双绞的两个线号放在一起并在备注栏里加以说明。根据下线表可以选用 A4 纸，其格式及例子见表 8-3。

表 8-3　整机下线表

线　号	导线型号	颜　色	长　度/cm	备　注	更　改
1	AF-250-0.2	红	130		
2	AF-250-0.2	黄	150		
3	ASTVR-0.12	红	120	双绞	
4	ASTVR-0.12	黑	120	双绞	

注意：长度必须按扎线图的实际长度填写。

⑥ 整机扎线表：这是一份对应扎线图指导线把制作的工艺文件，扎线图拟制好后，操作者根据整机扎线表排线。这一点对于大、中批量的电子产品来说特别有意义。因为扎制线把时，并不是按照接线表上的导线号顺序进行的。为了方便、快速扎制线把，就要按照扎线图上工艺确定的起始点开始扎制，那么所用导线就要按照扎制操作中的加线顺序进行摆放。如果批量为 100 台/套整机，就需要扎制 100 个线把，相同线号的导线需要摆放在一起。线把中有多少根导

线就摆放多少堆。摆放顺序可按照扎线表摆放（出线没有导线），这样便于操作者进行扎制，又好又快，并且扎制中出现漏线、错线时也能很快找到错误之处。

整机扎线表可采用A4纸，整机扎线表的形式及填写例子见表8-4。

表8-4　整机扎线表

器件代号	加　线	出　线	导线型号	颜　色	去　向	备　注	更　改
CH1	5#		AF-250-0.35	蓝	CZ1		
CH2	6#		AF-250-0.35	棕	CZ2		
AX1		22#	ASTVR-0.35	蓝	B1		
AX2	8#		ASTVR-0.2	红	B1		

填写时以器件为单位，一个器件的所有导线填完后再填下一个器件；注意每一个器件里如果有屏蔽导线，应放在“加线”栏的前面；双绞线需靠在一起并加以说明（在“备注”栏里）；“出线”栏里的填写顺序不做要求。

一个整机内有几个线扎，就有几份扎线表。拟制好的扎线图必须编制一份工艺卡，工艺卡的内容主要是对扎线图的制作提出要求，包括所用辅助材料的规格型号，扎制中一些注意事项以及对扎制好的线把的具体检验要求等工艺事项。

⑦ 整机焊线表：根据电路接线图中的接线关系和电路设计的接线表，拟制焊线表。即扎制好的线把放入整机内后，所有的导线头与整机内焊接端子的连接关系就在这个表中了，不需要操作者再去看复杂的“电路接线图”了。

整机焊线表可采用A4纸，具体格式及填写例子见表8-5。

表8-5　整机焊线表

器件代号	线　号	来　源	导线型号	去　向	更　改
CH1	5	CH1-1	AF-250 0.35	CZ1-1	
CH2	6	CH2-1	AF-250 0.35	CZ2-1	
AX1	8	AX1-1	ASTVR-0.35	B1-1	
AX2	9	AX2-1	ASTVR-0.2	B1-2	

整机焊线表的填写要以线把的起始焊接为准按顺序填写，这样表格就可以与线把同步进行焊接，方便操作，提高工效，有利于质量的保证。

这样，一个整机的电气装配工艺资料就从一张电路原理图、一个接线表被开发为三图四表。为了日后的工艺管理和再次生产，这些工艺资料必须按照工艺文件归档的相关要求对它们进行相应的编号。如何编号？下面对以上开发出的三图四表进行编号。

这些图表都是根据电路原理图进行开发的，而设计的电路图都有一个图号，开发出的这些工艺文件都是和电路图相关的，所以就在电路图的图号之后加后缀以区分三图四表，按照这个原则以上工艺文件的编号就可以生成了。具体的编号各个企业有各自的产品文件编制标准，按照这个标准再辅以汉语拼音后缀就可非常方便地区分所开发出的工艺文件，也方便存档与调用。

例如，地线图：企业标准号+DXT

扎线图：企业标准号+ZXT。

接线图：企业标准号+JXT。

整机短接线表：企业标准号+DJXB。

整机下线表：企业标准号+XXB。

整机扎线表：企业标准号+ZXB。

整机焊线表：企业标准号+HXB。

注意：配合这些工艺文件加工的工艺卡片也要与之对应编号。

有了上述完整的工艺文件之后（各种表格及相应的装配工艺过程卡），还应附上一份整机装配流程图，一份文件目录，一份封面，这样整机的所有工艺文件就完整成册了。

通过以上整机工艺装配卡片编制范例，我们可以看到，对电路原理图的二次开发，有利于电子装联从下线到焊线各过程进行专业化操作，工序能分能合；对操作过程的细化、规范化提供了条件；比起各自下线装配焊接，节约了线材，统一了标准，使加工变得简单、容易，让操作者从繁杂的电路图、接线表中解脱出来，更利于质量保证和效率提高；同时为检验提供了一份较为详尽的资料；也为整机电气装配开展流水作业奠定了基础。

8.2.2　PCB 工艺文件的编制与范例

与整机工艺文件比较，PCB 装焊的工艺文件要简单一些。因为 PCB 的电子装联常常可以依赖设备工作，只要有详细的专门针对 PCB 装焊的各种工艺细则，PCB 装焊工艺卡片的编制就非常简单。只需强调具体这块电路板的一些特殊要求地方（如果有的话），其余按常规工艺流程编制就可以了。卡片的格式和整机装焊工艺卡片是一样的，也可以用带有“工艺草图”的格式，因为 PCB 的工艺文件中常常需要对某些元器件的成形做出说明要求，即绘制元器件的成形形状、标注尺寸在工艺卡片的“工艺草图”栏内。元器件的成形形状及尺寸加工要求的图形示例，如图 8-1 所示。

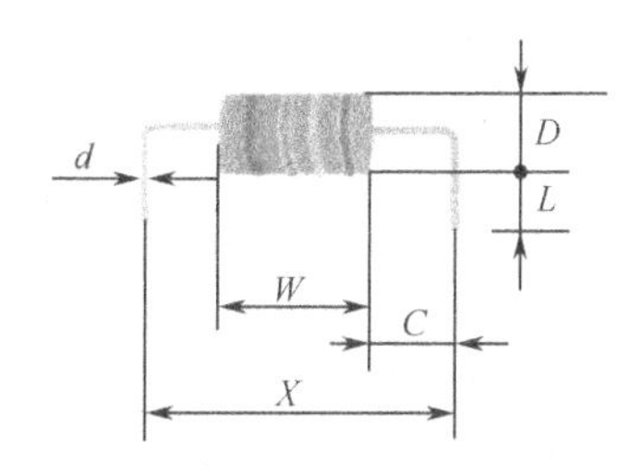

宽度 W	0～50mm
脚长 L	0～13mm
厚度 D	0.4～16mm
成形宽度 X	6.5～60mm
引线直径 d	0.4～1.3mm
C	>1.2mm

图 8-1　工艺草图中元器件的成形形状及尺寸加工要求

8.2.3 电缆工艺文件的编制与范例

电缆工艺文件主要是指多芯电缆的工艺文件编制。其使用的工艺卡片格式和整机装焊使用的工艺卡片是一样的。

多芯电缆工艺卡片的编制也是根据其制作流程来编制的，对多芯电缆的一些详细制作情况及流程请读者参考《多芯电缆装焊工艺及技术》一书，此节只是针对工艺卡片编制的一些要素进行讨论。

（1）电缆设计图纸问题。

关于多芯电缆的装配图，电路设计师常常给出的只是一个示意图，如图 8-2 所示；在图中有一个接线表用于表示导线束的接线关系，这里给出一个简单的接线表例子，见表 8-6；还有一个明细栏用以说明装配中所需要的电连接器型号、导线规格及预计长度、厂家等，见表 8-7，这些构成了多芯电缆的设计装配图纸。这些设计元素并没有给出详细的电缆装配结构图，更没有每一根导线的准确长度（在明细栏中导线的长度是总长），工艺人员在进行工艺性审查后，首先要对每一根导线的长度、规格型号、需要多少根导线等在卡片上写清楚。

图 8-2 多芯电缆装配图

表 8-6 导线接线表

线 号	1	2	3	4
A220X	A	B	C	D
A226X	1	2	3	4

表 8-7 电缆装配明细栏

序 号	编 号	规 格	数量或长度	备 注
1		插头 YA3016F14S2PW	1 个	四川华丰
2	GJB598A-96	插头 YB3110F18-32PNL	1 个	
3	GJB598A-96	插头 YB3470L14-19PNI	1 个	
4	Q/RR20030-1996	插头 QS1-18T4JY1	1 个	
5	SL・Q205-92	电缆 KYVRP $108\times0.2mm^2$	30m	
6		导线 55A111-26-6	20m	Raychem
7	Q/12JD3784-2002	导线 ASTVR0.14mm^2 蓝	50m	
8		尼龙编织套 RF-PET-3/8-0-SP	20m	Raychem
9		防波套 P-6X10	10m	天津 609 厂
10		透明热缩管 TMS-SCE-3/32-2.0-White	1m	Raychem

续表

序　号	编　号	规　格	数量或长度	备　注
11		带热熔胶热缩管 ATUM-3/8-0（黑色）	1m	Raychem
12		热缩管 K0S00 K-1 普通型ϕ10.0 白	1m	Raychem
13		金属不干胶标签 THT-1-428-10	23 件	BRADY
14		覆膜标签 THI 8-427-10	10 件	BRADY
15		标记的热缩套管	8 件	

（2）分叉电缆的长度问题。

编制工艺卡片时，特别要注意分叉电缆中导线的长度问题。对每一根导线的计算并不像做加减法那样简单，如果操作者按照设计师所标注的图纸尺寸剪裁导线，最后装出来的分叉多芯电缆一定会产生很大的误差，并且经常会发生尺寸变短的问题。

图 8-3 所示的是一个简单的多芯电缆分叉例子。分叉的长度标注应该按照图纸中所示的 L1-1、L1-2、L1-3 分段标注。

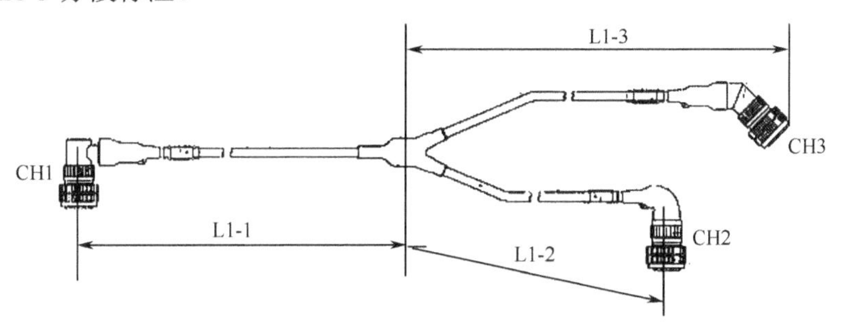

图 8-3　电缆分叉示意图

对于这样的分叉电缆，工艺人员在编制卡片时必须关注“分支对分支”上的导线是哪些，分叉情况如何（分几个叉？分叉处电缆线束的粗细如何？等等），然后再决定需要多计算的长度大概应该是多少。关于这些情况在《多芯电缆装焊工艺及技术》一书中有介绍，这里不再赘述。

针对图 8-3 这种分叉情况，根据接线表 8-8 所示的接线关系，很快就知道这根分叉电缆的分支对分支的导线是：6 号、7 号导线，即 CH2 电缆“头”的第 4、第 5 插针与 CH3 电缆“头”的第 3、第 4 插针连接。那么在编制工艺卡片时对这两根导线的长度就要在设计图纸给出的尺寸上进行一定的加放。

表 8-8　分叉电缆接线表

线　号	1	2	3	4	5	6	7	8	9	10
CH1 插针号	1	2	3	4	6			7	8	9
CH2 插针号	1	2	3			4	5			
CH3 插针号				1	2	3	4	5	6	7

这只是一个简单的例子，如果多芯电缆的分叉很多、很复杂，如图 8-4 所示（实际中还有比图 8-4 更为复杂的）的电缆，在编制工艺卡片时就需要非常仔细地进行导线的长度计算。编

制复杂的多芯电缆卡片所耗费的时间是整个编制时间的一半还多。对电缆导线长度的计算，必须事先要了解、明白这根电缆的使用情况、上机柜情况，才能最后确定其准确长度。否则操作者按照工艺卡片上的长度尺寸下线、组合线束、焊接电缆“头”，最后会发现长度尺寸有误，这时就已经造成了很大的损失。

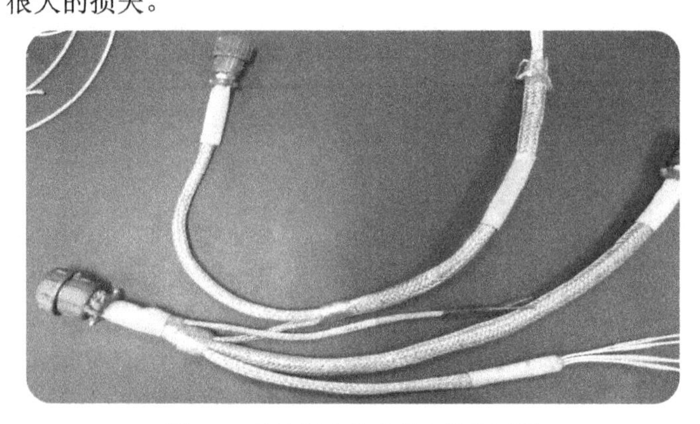

图 8-4　较为复杂的多芯电缆分叉图

（3）工序的考虑。

多芯电缆的加工流程不像整机装焊、PCB 装焊比较固化，多芯电缆常常需要和机柜的装焊联系起来。例如，有些多芯电缆只需要在工作台上装焊一个电连接器（即电缆线束的一个“头”），另一个需要留在机柜中将线束敷设好后再装配焊接；有时整个电缆都需要在机柜上敷设、装配、焊接。但是，为了尽量保证产品质量、提高工作效率、减轻操作者劳动强度，工艺人员要尽量使装配、焊接的工作在操作工作台上完成，在编制工艺卡片时就要考虑流程问题。对于需要留在机柜上装配的操作及流程要在卡片上进行详细说明。

（4）电缆材料的考虑。

制作多芯电缆所用的材料是比较多的，并且型号规格也比较繁杂。这些制作材料一般是反映在电路设计图纸的“明细栏”中的，如表 8-7 所示的那样。需要工艺技术人员注意的是，明细栏里的这些材料，特别是辅助材料，常常有这种情况出现：图纸上所标注的规格与实际所用规格不一致。

这是多芯电缆制造中最容易发生的图物不一致情况。例如，电缆线束的粗细问题，只有等到实物做好后才能真正确定选择哪种粗细合适的电缆护套规格（如防波套）；还有热缩标记套管、热缩套管等，这些材料很容易在其规格上与设计图纸不符（型号上一般是没有问题的）。这种情况往往发生在电子整机研究阶段，因为电子设备或产品没有试制阶段，往往研制、生产一起完成，这种情况的发生就不可避免了。但是作为一个电子装联工艺技术人员，应尽量规范这些情况，使电路设计师在设计电缆图纸时有一个可以参考的依据。在编制工艺卡片时，工艺技术人员对这部分要特别关注，能够加以修正的要尽量修正。

8.2.4　作业指导书

关于作业指导书我们前面已经说过，在产品制造的某一环节或工序中容易出问题，或正常操作情况下不易把握装配、焊接质量时就需要制订这种工艺文件。它是所有工艺文件中最具体的、最详细的操作书。

编制作业指导书一般考虑以下这些情况。

（1）主题内容与适用范围：作业指导书的编写目的。

（2）相关性文件：一般是将本企业与目的相关的工艺细则引入。

（3）工具、设备和环境要求：包括简单工具及需要用到的设备型号；环境应涉及工作场地的环境要求、工作台面的要求、工作服的要求等。

（4）材料：针对作业指导书中所涉及的所有材料。

（5）工艺要求和工艺过程：这是作业指导书中最主要的内容，需要一项一项地按照工序来进行描述。有些工序还要求配以图形或照片。

另外，工艺过程还要体现出机装工序，或机装工序和电装工序的交叉。

（6）检验：和常规装配焊接的产品应该是一样的。如有特殊要求时，应编写出来。

8.3 工艺卡片编“粗”还是编“细”

这个问题，的确是一个在业内长期纠缠不休的问题。其实，还是有很多企业和公司做得比较好的。

8.3.1 工艺卡片的作用

工艺卡片的编制是依据工艺标准化的要求来对产品进行管理的内容之一，而工艺标准化是为了使产品生产过程能够切实保证产品的质量，同时又能提高效率，降低消耗。运用标准化手段，对工艺文件的种类、格式、内容、填写方法和使用程序等实现标准化，保证工艺文件的成套、完整和统一。

工艺卡片的内容是产品或产品的某一阶段的加工流程，强调的是工艺规程，它研究产品的加工工艺性，并把有相似的加工特征或加工工艺特征归并在一起，研究它们在工艺上的共同特性，结合本单位、本企业的实际生产技术条件，找出比较先进的工艺方案，形成指导生产的工艺卡片。

所以，工艺卡片是指导生产、规范流程、强调操作方法的一种工艺文件。那么在编制上就应该围绕这个作用和目的进行考虑，至于是编制“粗”一点，还是“细”一点，就要根据具体生产情况按照作用和目的进行编制。

8.3.2 “粗”和“细”与操作者的关系问题

这个问题关系到操作者识卡的基本要求。每一个从事电子装配的操作人员在从事电子装配前，首先必须学习和掌握本工种的企业标准和各种电子装联工艺大纲、规范、细则，然后熟悉电子装联工艺卡进行电子产品的装配。因此，操作人员必须具备应知、应会知识是工艺卡片编制的前提，企业的产品标准和工艺体系文件是工艺卡片编制的基本技术支撑。

如果企业或单位的工艺制造体系文件完善、健全，企业文化及培训工作做得较好，那么操作人员的技术水平就可以决定工艺卡片编制的“细”或“粗”。当然，在这种情况下可以将工艺卡片编制得粗一些，卡片上反映的仅仅是流程及各流程所需的定额工时；各工序中只需提简单要求及引入与要求相关的工艺文件的企业标准号和名称。如果产品能按照正常作业流程进行，一般情况下无需工艺人员或设计人员在生产现场当“保姆”；如果产品或某一个工序环节产生了质量故障，在排除电路设计问题后，就要从指导生产的工艺卡片来检查，是否对所产生的质量问题在工艺卡片上已做出要求（引入的文件号和名称都应视为有要求），然后再检查是否是工具问题、使用问题或材料问题等。

需要注意的是：无论企业或单位的工艺体系文件建得如何，工艺卡片必须以中等水平的操作技能为出发点进行编制。

8.3.3 “细”工艺卡有无必要

从工艺卡片的作用我们已经看到，它是“重在过程”，强调“典型、特殊工艺”装配的卡片。随着电子产品技术含量的增高，工艺卡片所要反映的装配工艺过程也越来越复杂，技术难度也越来越高。如果要在每一份卡片里详尽地反映很多产品都共同具有的装配细节，重复操作要求，既无必要，也不现实。因为企业标准和各种工艺文件已经详尽地规定了各类电子装配的技术要求、工艺过程和检验要求。

以 SJ 20882—2003《印制电路板组件装焊工艺要求》为例，其中规定了印制电路板组件装配和焊接时应遵循的基本工艺要求和产品检验合格标准，涉及通孔插装的常用插装焊接要求和产品检验合格标准，共计 80 余条，插图 50 余幅。如果要把这些插装焊接要求和检验合格标准编制到工艺卡上，即使只有其中的三分之一，一块普通的以通孔插装为主的印制电路板组件装配工艺过程卡也会长达 50 页以上，再加上表面组装元器件的焊接要求和产品检验合格标准，一块普通的 THT/SMT 印制电路板组件的电子装联工艺卡就可能长达 100 页以上。

又如，电子装联操作者一般都具有简单的钳装技能。如果初级工连螺装的基本技能都不具备，还需要在电子装联工艺卡上重复地编制诸如“先上平垫，后上弹垫，拧紧螺钉，不允许起毛”等要求，再详细叙述“拧紧螺钉要用多少牛顿力”等，若这样编制工艺卡，那人们就会质疑这些操作人员有没有上岗证。

再如，按照苏联制式的要求，工艺卡片编制需要非常详细。从整机的机装开始，几乎把结构图纸上使用的所有紧固件的代号、名称、数量，还有其他安装件，全部重新在工艺卡上抄一遍。如果是 PCB 的组装，也要把电路设计图纸上的所有元器件一个不漏地在工艺卡片上抄一遍。

表 8-9 是摘录工艺卡片上的部分内容（代号栏中的“xx”应根据企业自己的文件标准编制要求确定）。

表 8-9 装配工艺卡片 A

序 号	代 号	零（部）件名称及规格	数 量
1	xx6.150.555	安装支架	1
2	xx6.150.554	安装支架	1
3	xx2.813.159	点频源及时钟模块	1
4	xx2.990.220	微波接收及发射模块	1

续表

序　号	代　号	零（部）件名称及规格	数　量
5	xx2.650.078	数字射频存储及其控制模块	1
6	xx8.038.1430	安装支架	1
7	GB818-85	不锈钢螺钉 M2.5×8	17
8	GB848-85	不锈钢垫圈 2.5	17
9	QJ2963.2-97	不锈钢弹簧垫圈 2.5	17
10	GB818-85	不锈钢螺钉 M3×12	12
11	GB848-85	不锈钢垫圈 3	12

对于整机常常需要抄好几张这样的工艺卡片，编制钳装工序时，难道不能直接引用这些内容吗？并且在结构图纸上，这些内容都是有“件号”的。

图 8-5 所示为工艺卡片中的部分内容，通过“工艺说明”栏中的工序内容及要求，应该说已表述得很清楚了，即不需要重新照抄结构图纸上的这些紧固件、安装件，就完全可以编制钳装工序内容及要求。

工 艺 说 明
1. 按草图所示，先将安装支架件1、件2和微波接收级发射模块件4用不锈钢螺钉件10、11、12挂上，不要上紧
2. 用不锈钢螺钉件13、14、15、16把点频源及时钟模块件3固定在安装支架件1和件2上
3. 用不锈钢螺钉件17把安装支架件6固定在安装支架件1和件2上
4. 用不锈钢螺钉件7、8、9、把数字射频存储及其控制模块件5固定在安装支架件6上
5. 按对角原则紧固不锈钢螺钉件10、13、16、17，当弹垫压平后再旋转10°～15° 即可，用力要均匀一致
6. 按对角原则把不锈钢螺钉件7上紧，用力要均匀一致，把弹垫压平即可
7. 检验

图 8-5　工艺卡片中的部分内容

8.3.4　编制标准卡片替代“粗”和“细”

对于工艺卡片编“粗”还是编“细”的问题，推荐将工艺卡片按照“类别”做成标准工艺卡片，这就是工艺“哑卡”的编制。

（1）“哑卡”。

所谓“哑卡”是针对同种类型的装配产品而编制的标准工艺卡片。比如 PCB 的组装、整机装配的焊接、射频电缆的装配、多芯电缆的装配等。这些有针对性编制的工艺卡片其流程在同类型产品中都是一样的，事先将这些流程按照规定格式编制好，一旦电路设计图纸设计好，工艺人员在对图纸进行工艺性审查完后，只需要将产品的批号（或生产任务代号）、电路名称、数量等在标准卡片上填写好就行了，这样就能很快地将图纸转入生产线。如果这项产品有特殊于哑卡上的标准编制时，只需对其特殊地方进行专门说明就可以了。图 8-6 所示为关于 PCB 组装的一个简单哑卡示例，其他电子装联工艺过程的哑卡同样可以这样编制。

	装配工艺过程卡			图号			
装入件	工序号	工序名称	工序内容	名称　印制电路板			
图号				设备/工装	操作者	工时	
名称						估工	实作
	1	齐套	按图纸齐套元器件。				
	2	沾锡	对需沾锡的元器件引脚进行沾				
			锡处理：见《×××细则》。				
	3	整形	按元件在板子上的孔位进行整				
			形处理，要求　　，				
			按《×××细则》操作。				
	4	装焊	先装焊SMD件：				
			手工：				
			设备：				
			分立元件的装焊：				
	5	自检					
	6	清洗					
	7	送检					

图 8-6　PCB 组装的一个简单哑卡示例

这就是标准的 PCB 组装的工艺卡片。在这个卡片的基础上还可以根据本单位产品的具体情况再分为：通孔插装件的标准工艺卡片、完全是表面组装件的标准工艺卡片、通孔插装件和表面组装件混装的标准工艺卡片。

分好类别的标准工艺卡片其操作流程是固化的，即卡片中“工序名称”是不变的。PCB 的装配焊接无论是使用设备还是手工，其装配类别无非就是上面这三种情况，所以完全可以针对这三种情况编制出三种标准模板，这样的模板，我们称之为“哑卡”。

（2）哑卡的基石。

从上面 PCB 的标准哑卡模板中可以看到，在“工序内容”栏中有一些空白，这些空白在实际编制哑卡时，根据本单位工艺体系建立情况（工艺文件有多少，产品覆盖率如何）进行填写。哪种工序内容需要哪个工艺文件支撑，这个工艺文件的编号、名称就要在哑卡上写清楚，产品一旦在加工中发生质量问题，就要仔细查看这个工艺文件中有关这个质量问题是怎么要求的。因为哑卡只是引入相关工艺文件，不用写得非常详细，否则就不能称为模板了。

如果工序中都有相关的工艺文件可以引入，不管电子产品是大是小、是复杂还是简单，哑卡编制都会很容易。

所以，制定标准是一流企业做产品的体现与风范。

8.4 生产线上工艺文件不能替代的事情

生产现场是由许多作业场地组成的，而作业场地又是由许多工序组成的。因此，如何对这些工序、作业现场，提供操作方便快捷的工艺技术服务，是一个成熟的工艺人员应经常思考的事情。

8.4.1 工艺卡片不能解决产品所有问题

原则上说，产品是因为有了工艺卡片才得以生产出来的。而有些关于工艺的东西不是靠工艺卡片就能解决的。工艺是什么？是制造业，是生产管理。产品制造中有很多有经验的操作者，他们成天埋头于某一项或某一类型产品的加工，在他们头脑里有一些东西是值得工艺人员去开发、挖掘的。

工艺卡片是不能解决生产线上产品制造中的所有问题的，尽管我们前面讨论了要尽量编制好具有指导性、可操作的工艺卡片。

8.4.2 现场工艺服务的体现

在生产线现场，工艺可以提供的技术体现在以下几方面：

（1）针对性地对操作者进行加强工艺意识的教育，现场工艺技术的培训和技术指导。

（2）将提供给现场使用的工艺文件与实际产品进行比对。

（3）及时发现问题（设计的、工艺的、材料的、元器件的问题等）并予以解决。

（4）协调操作者与工艺人员、现场管理人员和专职检验人员的关系。

（5）做“工艺卡片”不能做的事情。

8.4.3 工艺卡片以外的应用实例

例 1：图 8-7 所示为一张“导线型号识别卡”，它主要用于多芯电缆装配中，是压接连接用导线的一个适配表。关于满足导线压接关系的适配表，在相关工艺文件中是有的，这里值得推荐的是，把实物导线的规格放在了这张表上。

在生产线上，常常在整圈导线使用后，其上面所挂的产品标记牌就没有了。没有标记牌的导线规格型号就不方便查找了，有经验的操作者可能一看就知道是什么规格的导线。但是，对于没有经验的操作者非常不方便。这是非常实际的情况，并且就算靠经验，难免有看花眼的情况发生。从质量管理角度来看，也不能采取“凭经验”来进行产品的操作。特别是对于压接技术，导线规格的使用要求是非常严格的，一点都不可以发生偏差。

为了解决一些实际不好控制的问题发生，图 8-7 所示方法是值得推荐的。有关操作者每人发一张，长期使用不坏不皱（过塑密封），易于保管。不仅仅是导线识别问题，同时更重要的是，导线的适配关系、工具挡位的选择等，这些数据如果不是经常使用，一般是记不住的。

导线型号识别卡

0.12	0.2	0.35	0.5	0.75	1.0	1.5	2.0	2.5	4.0

YB 压接

针孔规格	美标	国产	压接工具	调节档位
20# 红定	24	0.2	M22520/1-01	1
	22	0.35		2
	20	0.5		3
16# 兰定	20	0.5		4
	18	0.75 1.0		5
	16	1.2 1.5		6
12# 黄定	14	2.0		7
	12	3.0		8

死接头匹配表

死接头代号	色标	匹配导线（美标）	匹配导线（国产）
D-436-36	红	22、20	0.3-0.5
D-436-37	兰	20、18、16	0.5-1.2
D-436-38	黄	18、16、14、12	1.0-3.0

XKE 压接

插针(孔)规格	色环标记	适配导线截面积 mm^2	SYQ-001 调节盘档位	SYQ-002 调节盘档位
Ø1 红色定位块	红	0.2	1	
	兰	0.35 0.5		
Ø1.5 黄色定位块	红	0.5	2	
		0.75 1.0	3	1
	兰	1.2	3	1
		1.5	4	2
ϕ2/蓝色定位块	红	1.5 2.0		3
ϕ3/白色定位块	兰	2.5		
Ø3 白色定位块	红	3.0 4.0		4
	兰	5.0		4
		6.0		5

图 8-7　导线型号识别卡

例 2： 图 8-8 所示为一张还没有正规化的草图，图中将压接连接技术中常用的几种规格的插针与插孔配成对，并说明这些插针与插孔应该配用什么型号的压接工具。将这个草图做成正规的图片，再用塑料膜封装好便于存放。对生产线上的操作者来说，这是非常管用的好办法。

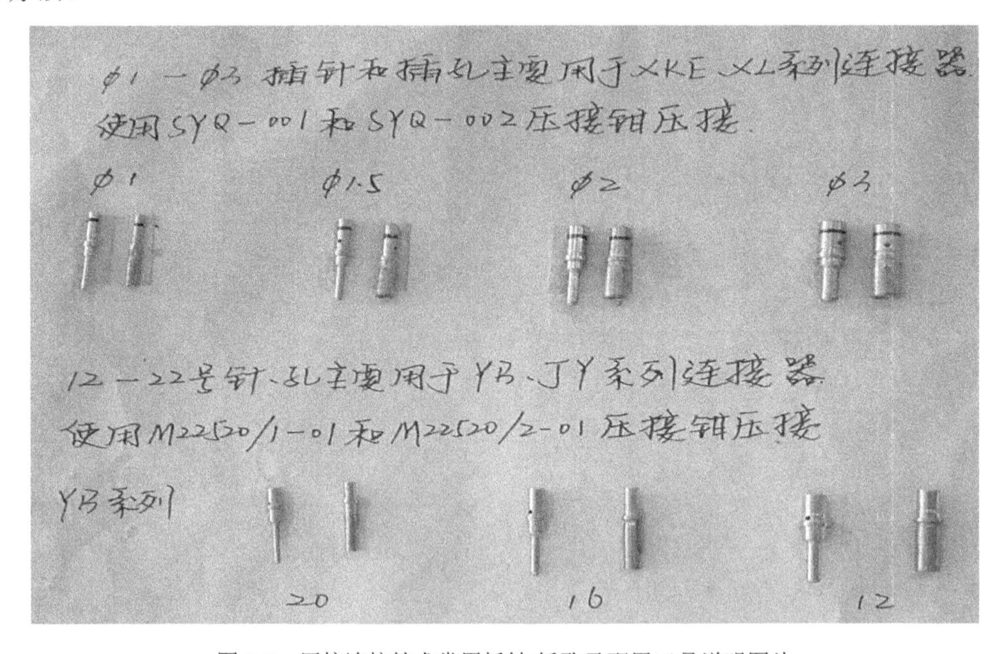

图 8-8　压接连接技术常用插针/插孔及配用工具说明图片

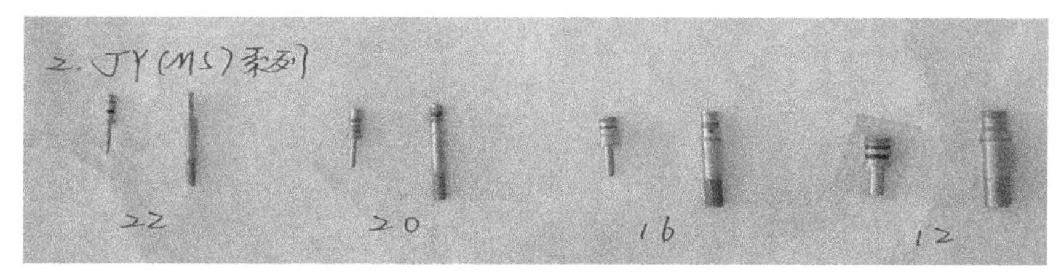

图 8-8　压接连接技术常用插针/插孔及配用工具说明图片（续）

例 3：

目前，热缩套管在电子装联技术中的使用非常广泛，品种规格十分繁杂，常常给设计者、工艺者、使用者造成不易分辨的问题，因此，操作者就将五花八门的热缩套管也以实物的方式给出标记，并做出相应的说明，图 8-9 是一幅临时的、还没有做完的不正规的部分实物图片，用胶带纸将热缩套管从大到小排列起来。因为在生产线上，操作者们一般都用非常简单的行业用语来标示他们所使用的材料，这种方式可以方便操作者在生产线上使用。工艺人员应该将这种方法进行完善，把自己单位产品上常用的热缩材料的规格、型号与实物对照起来，使之更全面、更正规、更方便。

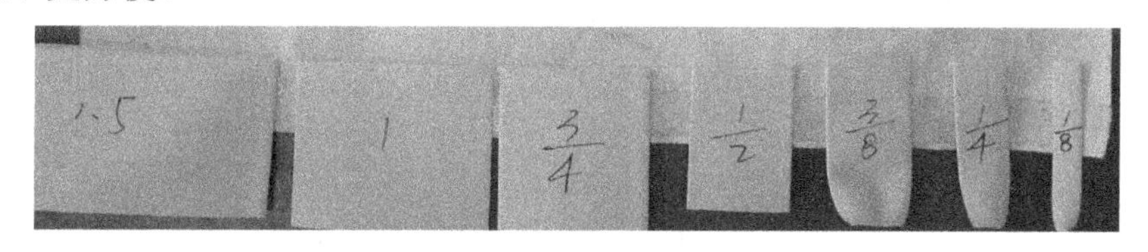

图 8-9　用胶带纸排列的热缩套管实物图

例 4： 关于射频电缆与同轴电缆导线的配用问题，本书已有很多介绍。图 8-10、图 8-11、图 8-12、图 8-13 就是各种型号的射频电缆与同轴电缆导线的配用情况。说明一下：有的地方空了，是由于时间太长，用胶带纸粘的实物掉了，但是，这种做法可以供读者参考。

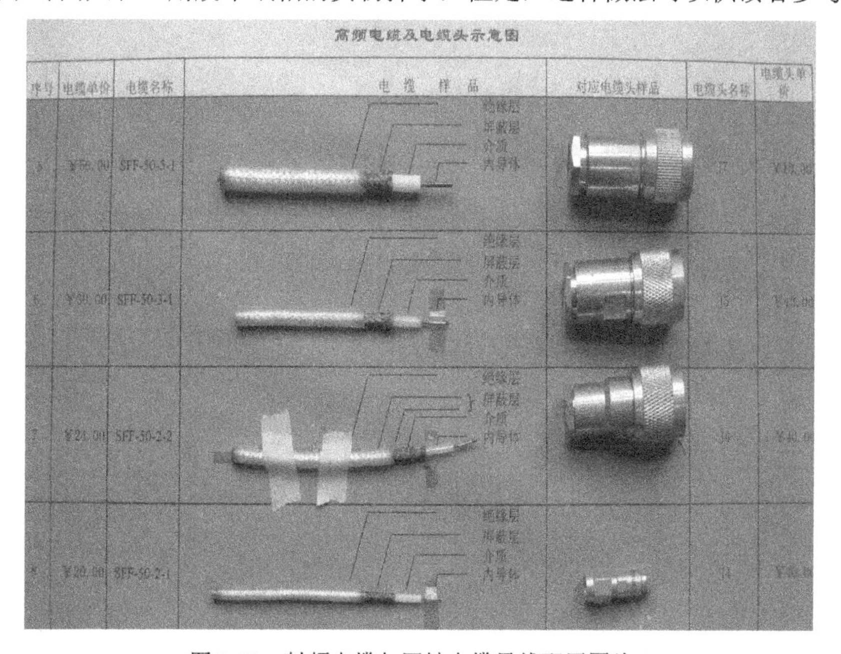

图 8-10　射频电缆与同轴电缆导线配用图片 1

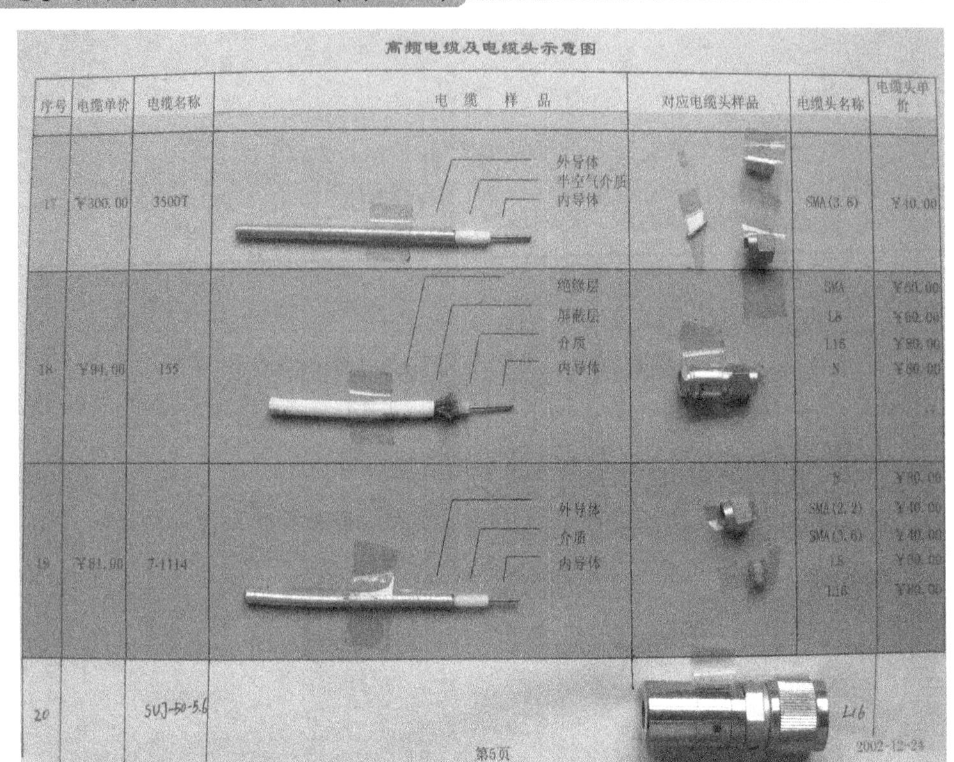

高频电缆及电缆头示意图

序号	电缆单价	电缆名称	电缆样品	对应电缆头样品	电缆头名称	电缆头单价
17	¥300.00	3500T	外导体 半空气介质 内导体		SMA(3.6)	¥40.00
18	¥94.00	155	绝缘层 屏蔽层 介质 内导体		SMA L8 L16 N	¥80.00 ¥60.00 ¥80.00 ¥80.00
19	¥81.00	7-1114	外导体 介质 内导体		N SMA(2.2) SMA(3.6) L8 L16	¥80.00 ¥40.00 ¥40.00 ¥60.00 ¥80.00
20		SUJ-50-5.6			L16	

第5页　2002-12-24

图 8-11　射频电缆与同轴电缆导线配用图片 2

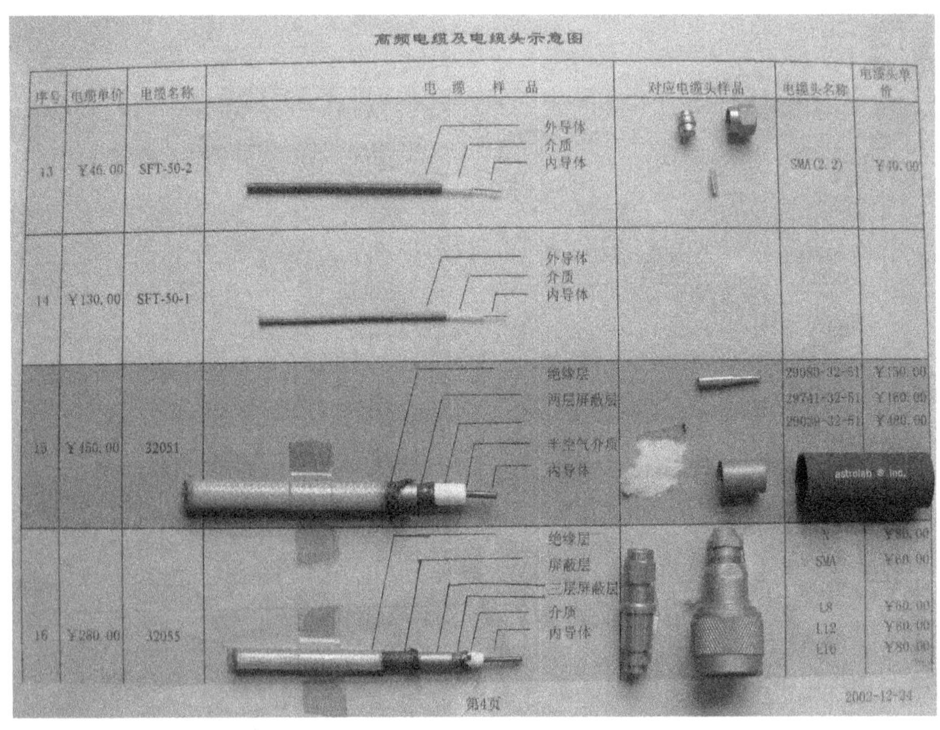

高频电缆及电缆头示意图

序号	电缆单价	电缆名称	电缆样品	对应电缆头样品	电缆头名称	电缆头单价
13	¥46.00	SFT-50-2	外导体 介质 内导体		SMA(2.2)	¥40.00
14	¥130.00	SFT-50-1	外导体 介质 内导体			
15	¥450.00	32051	绝缘层 两层屏蔽层 半空气介质 内导体	astrolab ® inc.	29080-32-51 29741-32-51 29039-32-51	¥150.00 ¥160.00 ¥480.00
16	¥280.00	32055	绝缘层 屏蔽层 三层屏蔽层 介质 内导体		N SMA L8 L12 L16	¥80.00 ¥60.00 ¥60.00 ¥60.00 ¥80.00

第4页　2002-12-24

图 8-12　射频电缆与同轴电缆导线配用图片 3

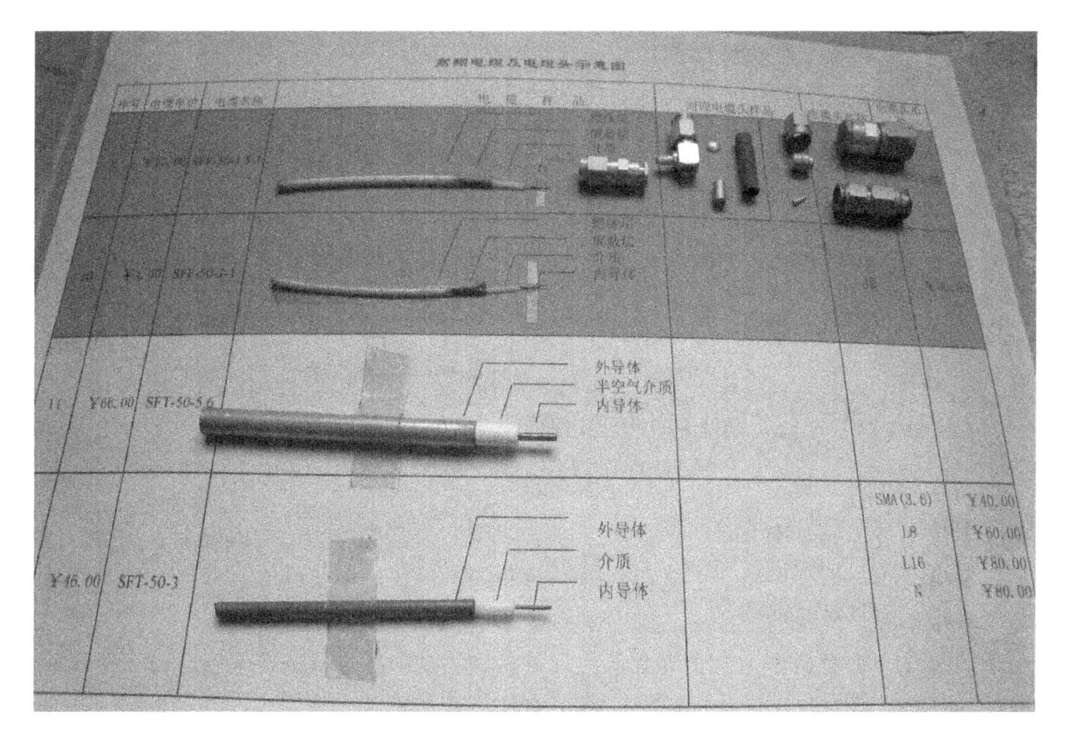

图 8-13　射频电缆与同轴电缆导线配用图片 4

通过以上几个例子，工艺技术人员可以举一反三在自己本单位的生产线上做更多诸如此类的事情。

最后，对工艺卡片的格式、如何编制等问题，希望不要用“符合什么标准”的眼光来看待它们，各种表格只要对产品的制造有用、对工艺管理方便、实用，就可以借鉴采纳（表格化管理有利于质量提升）。并希望广大工艺工作者在工艺卡片、表格的基础上进行创新，为电子产品制造业服务，为质量管理服务，共同提升我们国家的电子设备制造水平。

Chapter 9

第9章 电子装联技术的检验

检验工作涉及的知识面是很广的，并且要求质检人员具备丰富的实践经验。加工后的产品从微观上来讲虽然与设计图纸、工艺要求是一致和符合的，但还是存有差异，特别是在电子装联这个有着很多隐含质量的行业中，这个问题更显突出。

一个电子设备中有成千上万个焊点，用目视、放大镜、显微镜是否就能对每一个焊点的优良性、可接收性、是否合格进行判定呢？肯定不是这么简单的。必须根据判定标准，如焊点形态、焊料润湿情况及分析焊点的表征现象和潜在可靠性质量，质检人员才能做到心中有数，放行与不放行。

电子装联技术不像机械加工产品，一旦加工完成其质量要素可以立刻断定是正公差还是负公差，能装配还是不能装配，并且产品不会随着时间的推移发生变化，而电子产品的软钎焊质量是一种隐含质量，会随着日后物理、化学及环境的变化而变化，检验中需要用动态的思维和眼光来分析装配焊接质量。

软钎焊焊点的可靠性问题主要涉及以下方面：①生产装配中的焊接；②在使用过程中不可避免地会受到冲击、振动等造成焊点的机械损伤；③随着时间的推移低熔点钎料产生黏性行为，导致蠕变产生疲劳；④元器件服役过程中通、断电或环境温度变化时，元器件与PCB基板材料热膨胀匹配失效，导致元器件损伤等。这些都是电子装联质量的内在变化因素。

9.1 电子装联检验基础知识

9.1.1 质量检验发展简况

质量检验是社会大生产的必然产物，自有生产活动，特别是商品活动以来，为保证产品质量的好坏而同步产生的一种实践活动。

我国早在数千年以前《周礼·考工记》中就有百工审查五库器材质量的记载，这也是历史上质量检验的雏形。

1. 质量检验的三个阶段

质量管理是在质量检验的基础上发展起来的，大致经过了三个阶段。

（1）初级阶段。

大约从 19 世纪末到 20 世纪 40 年代，是近代质量管理的初级阶段。随着机械化程度的逐步提高，工厂取代分散经营的手工作坊，产品结构越来越复杂，生产工序逐步增加，为满足各个工序在时间、数量、质量上相互衔接和配合，需要对各个工序的加工质量进行准确的测量与评定，从而产生了检验人员和检验机构。

质量检验作为一项专门职能或工种从生产操作中分离出来，这也是社会发展中专业分工的必然结果。这种单纯地依靠检验来找出废品、次品的方式，在当时对产品质量起到了一定的保证作用。

20 世纪初期，美国的泰勒根据 18 世纪工业革命以来工业生产管理的实践和经验出版了《科学管理原理》一书，提出了在生产过程中要有检验和监督，实现专业化管理。从此，专职检验就在企业中得到了进一步的推广。

质量检验初期阶段的特点就是强调把关。

专职检验人员的职责是根据产品标准对已生产出的产品进行筛选，合格通过，不合格返工、返修或报废。这对于防止不合格产品流入下道工序或用户手中是必要和有效的。但单纯的检验方法往往是在废品已经产生后才能发现，这时损失已无可挽回。由此以来，单纯靠质量检验的管理办法对预防废品出现所起的作用是比较小的，一般把这个阶段称为质量管理的初期阶段。

（2）质量控制阶段。

针对检验方法缺乏出废品的预防性问题，1924 年，美国贝尔电话研究所休哈特运用数理统计学的原理，提出了“3δ”法控制生产过程的产品质量，即后来发展起来的“工序质量控制图”和在生产中“预防缺陷”等一系列概念，对于预防生产过程中废品的出现起到了重要作用。特别是针对军工产品生产任务重、时间紧、许多产品不能实行全检，只能进行抽检等方式，该系列概念是最早把统计方法引入质量检验与质量管理中的。

从此质量管理进入了一个新的阶段，即从 20 世纪 40 年代初到 50 年代末的统计质量管理阶段。其特点是：从被动的事后把关变为积极的事前预防。

统计质量管理是在质量检验的基础上运用数理统计方法从产品质量波动中找出规律性，然后采取控制措施，消除产生波动的异常原因，使生产过程的各个环节控制在正常生产状态，从而生产出经济的、符合标准要求的产品。

实践表明，统计质量管理是保证产品质量、预防不合格品产生的一种有效方法。但是，由于片面地强调了数据统计方法的作用，忽视了组织管理工作和人的主观能动作用，往往使人们误认为“质量管理就是数据统计方法”，再加上数理统计需要一定的知识水平，因而在推广上随着时间的推移受到了一定的影响。

（3）全面质量管理阶段。

全面质量管理阶段始于 20 世纪 60 年代初，由美国通用电气公司的质量经理菲根堡姆最早提出了全面质量管理概念。1961 年，他出版了《全面质量管理》一书，强调“执行质量职能是公司全体人员的责任。全面质量管理是为了把生产、技术、经营管理和统计方法等有机地结合起来，建成一整套完善的质量管理工作体系”。20 世纪 60 年代以来，菲根堡姆的全面质量管理理念逐步被世界各国所接受。

2. 当下的全面质量管理与ISO9000标准

随着全面质量管理的不断完善，质量管理学科的日趋形成和众多的企业都在广泛地实践着这一质量体系，也为各国质量管理和质量保证标准的相继产生提供了充分的理论依据和坚实的实践基础。1959年，美国发布了MIL-Q-9858A《质量大纲要求》。要求军品的承制企业在实现合同要求的所有领域和过程中须充分保证质量（如设计、 研制、加工、装配、检验、试验、维护、装箱、运输、储存和安装等）。

美国质量保证活动的成功经验很快被一些工业发达国家借鉴。1979 年，英国颁布了一套质量保证标准；加拿大也于1979修订了一套质量保证标准；法国于1980年和1986年分别颁布了法国国家标准NFX-110-80《企业质量管理体系指南》和NFX-110-86《质量手册的编制指南》。此外，挪威、荷兰和澳大利亚等国家也先后制定了质量标准保证体系。这些活动以及标准的成功实施经验都为ISO 9000系列国际标准的产生奠定了必要的理论基础。

随着国际经济交流的蓬勃发展，贸易交流的日益增多，产品和资本的流动日趋国际化，为避免及处理在国际贸易中发生的产品质量争端和产品质量责任，一些地区性组织开始大力研究质量管理国际化问题。为使不同国家、企业间技术合作、经验交流和贸易往来在质量方面具有共同语言、统一认识和共同遵守的规范，国际标准化组织在1987年颁布了ISO 9000《质量管理和质量保证》系列标准，使世界性的质量管理又进入了一个崭新的阶段。

目前实施的ISO 9000标准，对质量管理体系的理论和内容进行了系统性的提炼、概括和总结。

因此，我们的检验制度就是在ISO 9000标准的规范化基础上为企业实施对外质量保证提供的一种手段。

9.1.2 质量检验概念及定义

人们所说的检验，就是根据产品图样或检验操作规程测量原材料、半成品、成品，并把所测量的特性值和规定的值作比较，由此判定出产品的好与坏或成批产品的合格与不合格，这样的处理方法，通常被称为检验。

在ISO 9000：2000质量管理体系中对质量的定义是：

产品、体系或过程的一组固有特性满足顾客和其他相关方要求的能力。

这里我们可以看到，质量是一组固有特性满足要求的程度。

所谓固有特性就是事物本来就有的，尤其是永久性的特性。比如固有特性包含的功能性、安全性、维修性、可靠性、交货期等。

ISO/DIS 9000：2000质量管理体系中对检验的定义是：

检验：是通过观察和判断，必要时结合测量、试验所进行的符合性评价。

检验是对产品的一个或多个质量特性进行观察、测量、试验，并将结果和规定的质量要求进行比较，以确定每项产品的质量特性合格与不合格情况的技术性检查活动。这里强调的是一种活动。

在笔者对质量检验的学习中发现对检验的定义，在标准上存在着不同的解释：

国标GB/T 6583—1994对检验的定义如下：

检验是对产品一项或若干特性，所进行的诸如测量、检查、试验或度量的总称。这里对检验的定义是一种称谓。

国标 GB/T 6583—1994：对“合格”的定义及解释如下：

“合格”：满足规定的要求。

ISO/DIS 9000：2000 质量管理体系中对“合格”及“不合格”的定义及解释如下：

“合格”：满足要求。

“不合格”：未满足要求。

通过以上规定我们看到，国标与现行国际标准在用词上的差异，即 ISO 标准更加精炼与贴近实际。这也反映了与时俱进的要求。

9.1.3　质量检验基本要点

首先，质量检验是检查产品与设计、工艺文件的符合性。

质量的符合性观点是：质量意味着对规范或要求的符合。

“合格即质量”这种观点在质量管理的具体工作中比较实用，但它仅强调了规范，强调了合格，忽略了用户的需要，企业存在的意义和价值。因此，“合格即质量”既对也不对，因为质量是个变量因素，时间、条件、环境都会对质量存在影响。

其次，质量应当满足适用性，质量的适用性即产品在使用过程中成功地满足用户要求的程度。对用户而言，质量就是适用性。用户很少知道规范是什么，规范的内容有哪些。所以 ISO/DIS 9000：2000 质量管理体系中对“合格”的定义是：满足要求。这种适用性观念更重视用户，对明确企业存在的根本目的和使命有着深远的意义。

质量检验依从的基本要点如下。

（1）产品为满足用户需求或预期的使用要求和政府法律、法规的强制性规定，都要对其技术性能、安全性能、互换性能及对环境和人身安全、健康影响的程度等多方面的要求做出规定，这些规定组成了产品相应的质量特性。

不同的产品会有不同的质量特性，同一产品的不同用途，其质量特性也会有所不同。

（2）产品的质量特性一般都会转化为具体的技术要求。在产品的技术标准（国家标准、行业标准、企业标准）和其他相关的产品设计图样、作业文件或检验规程中应有明确规定，它们是质量检验的技术依据和检验后比较检验结果的基础。

（3）产品质量特性是在产品实现过程中形成的，是由产品的原材料、构成产品的各个组成部分的质量决定的，并与产品实现过程的专业技术、人员水平、设备能力甚至环境条件密切相关。产品实现过程不仅需要对环境进行监控，明确规定作业或工艺方法，必要时对作业或工艺参数进行监控，而且还要对产品质量进行检验，从而判定产品的质量状态。

（4）质量检验是对产品的一个或多个质量特性，通过物理的、化学的和其他科学技术手段和方法进行观察、测量、试验，取得证实产品质量的客观依据。

（5）质量检验的结果，要依据产品技术标准和相关的产品图样、过程、工艺文件或检验规程的规定进行对比，确定每项质量特性是否合格，从而对单件产品或批量产品质量进行判定。

9.1.4　质量检验的必要性

（1）产品生产者的责任是向社会、市场提供满足使用要求和符合法律、法规、技术标准等规定的产品。但交付（应当包含销售、使用）的产品是否满足这些要求，需要有客观的事实和科学的依据证实上述要求已经得到满足，同时确认产品能交付使用所必要的过程。

（2）在产品形成的复杂过程中，由于影响产品的各种因素（如人、机器、材料、方法、环境）的变化，必然会造成质量的波动。

（3）产品质量对人身健康、安全，对环境污染，对企业生存、消费者权益和社会效益的关系重大，所以质量检验对任何产品都是必要的，而对于健康、安全、环境的产品就尤为重要。

9.1.5 质量检验的主要功能

（1）鉴别功能。

根据技术标准、产品图样、工艺规范或订货合同的规定，采用相应的检测方法，测量、检查、试验或度量产品的质量特性，并判定产品的合格与不合格，从而起到鉴别功能的作用。鉴别功能主要由专职检验人员来完成。

（2）把关功能。

在产品形成全过程的各生产环节，通过严格的质量检验，剔除不合格产品，使不合格的原材料不投产、不合格的中间产品不转入下道工序、不合格的产品不出厂，把住质量关，实现把关功能。

（3）预防功能。

通过质量检验，把所获得的大量数据和质量信息，为质量控制提供依据，通过过程质量检验控制，把影响产品质量的异常因素加以控制和管理，实现以“预防为主”的方针。

（4）报告功能。

把质量检验中所获得的质量信息、数据和情况，认真做好记录，及时进行整理、分析和评价，并向有关部门和领导及时报告生产环节及企业的产品整理情况，为质量改进提供信息，为领导决策提供依据。

这里谈谈关于质量报告这个问题，因为在生产实践中，很多检验人员不善于写质量报告。质量报告的内容应包含以下几个方面：

① 原材料、外构件、外协件的验收质量情况及合格率报告。

② 过程检验、产品检验的合格率、返修率、报废率和等级率及相应的废品损失金额。

（5）质量检验功能。

质量检验有以下四项基本功能，它们是相互关联、密切相关、缺一不可的，这样才能形成一个完整的概念。

① 检验工作的主要功能就是“把关”，要对原材料、 外购件、外协件、配套产品的入厂质量把好关；各生产环节的过程质量把好关；还要把好成品的交货关。因此说“把关”是核心，是四项基本功能中最重要的一项功能。

② “鉴别”是把关的前提，通过“鉴别”才能判断产品质量合格与否。不进行“鉴别”不能确定产品质量状况，也就难以把住质量关。

③ 通过“报告”功能可把检验中发现的产品质量问题或质量状况及时向有关部门和领导报告，为改进产品质量提供信息，为领导决策提供重要依据。

④ 质量检验具有“预防”作用。预防作用可起到预警作用。

9.2 检验步骤

9.2.1 检验前的准备要求

熟悉规定要求，选择检验方法，制定检验规范。首先要熟悉规定要求的一项或多项特性的内容，并将一项或多项特性要求转换成明确而具体的质量要求、检验方法，从而确定所用检验量具或测量设备。通过规定要求的具体化，使有关人员熟悉与掌握什么样的产品合格，什么样的产品不合格。

9.2.2 明确检验条件

检验人员不能自行选择被捡组件的产品级别。应当了解并确定被检产品所要求的级别和文件，特别是工艺文件。

检验人员在工作中应对以下的定义有明确的认识。

目标：是指保证产品在其运行环境下的可靠性的必要条件。这是一种理想而非总能达到的状态，是一种近乎完美的状况。

可接受：指产品不必要完美，但要求在其服务环境下保持完整性和可靠性的条件。

非缺陷警示：是指没有影响产品的外形、装配、功能或可靠性的一种情况。

对非缺陷警示需要补充说明如下：

（1）由材料、设计或操作人员、机器设备等相关因素引起的，即产品不能完全满足验收标准属非缺陷。

（2）当警示的数量表明生产发生异常波动或预示生产向着不理想的趋势变化时，或者显示生产（或接近）失控的其他状况时，应当对生产进行分析，并采取措施使之满足要求。

缺陷：指不能满足产品验收标准，并且产品的外形、装配、功能不足以确保其使用。

处置：处置即如何处理缺陷的决定。处置并不只限于返工，它包括照常使用、维修或报废。

这里需要说明，“照常使用”应当得到用户的同意；“维修”的处置方式也应当征得用户的同意。因为“过程”涉及材料、处置手段等。

9.2.3 电子装联产品的测试/检查要求与方法

电子装联产品的测试/检查是按已确定的检验方法和方案，对产品质量特性进行定量或定性的观察、测试、检查、试验，得到需要的量值和结果。测量和试验前后，检验人员要确认检验仪器设备和被检验物品试样状态的正常情况，保证测量和试验数据的正确、有效。

对于电子装联产品，需要检验测试、测量的项目不多，更多的是检查工作，下面对电子装联检验中涉及的测试/检查进行描述。

（1）电气间隙的测量问题。

电气间隙距离是指未绝缘的通电部件之间或通电部件与地线之间点到点的最短空间距离。

只要可能，导体之间的电气间隔距离应该最大化。导体与导电材料之间的最小间隙应该在所使用的图纸或文件中标注出来。当同一个产品上出现不同的工作电压时，应该在图纸中划分出具体的区域并标注适当的间隔。虽然最小电气间隙通常是由设计或图纸确定的（如两个接线柱之间的最小距离），但可能由于后序安装方法而造成最小电气间隙不符合要求。

例如，未绝缘保护的接线片方向不当或是过长的导线缠绕/焊接引出端的朝向，使得连接点过于接近非电气公共导体，就会不满足最小间隙要求。

如果产品是高压或高功率电子产品，电气间隙不满足规定要求会引起严重的损伤甚至火灾。

最小电气间隙主要取决于电路电压的额定值和常规伏安等级。在没有确定最小电气间隙值的情况下，则可将表9-1中的规范作为指南。

表9-1　电气间隙要求表

电　压	范　围	间　隙
大于等于64V	A	1.6mm
	B	3.2mm
	C	3.2mm
64～600V	A	1.6mm
	B	3.2mm
	C	6.4mm
600～1000V	A	3.2mm
	B	6.4mm
	C	12.7mm
1000～3000V	C	50mm
3000～5000V	C	75mm

注：A=正常工作伏安值0～50；
B=正常工作伏安值50～2000；
C=正常工作伏安值2000以上。

（2）电气测试。

电气测试的项目，在电子装联中常常应用于射频同轴电缆的装配中，其余基本上是不带电的测试。

电压驻波比测试（VSWR）：

VSWR是用来评估射频同轴电缆的反射能量。

装焊后的射频同轴电缆必须根据其使用频段，用矢量测试仪对电压驻波系数、插入损耗（需要时）进行测试。符合设计图纸要求的才能进行专职检验，不满足指标要求需要重装。

驻波系数：

当传输线上存在反射现象时，传输线上就会出现入射波和反射波叠加而成的驻波，即存在驻波波峰和波谷。

驻波系数的定义：

驻波系数为同轴传输线上最大电压（或电流）与最小电压（或电流）之比

$$P=U_{max}/U_{min}=I_{max}/I_{min}$$

【案例】网络分析仪：5447A，测量射频同轴电缆组件。

① 设置频段范围，根据电缆测试大概值设置驻波值；

② 打开测驻波的通道；

③ 用被测电缆相匹配的连接接头（电桥、检波器）校准仪器；

④ 用力矩扳手将接头连接好后，进行测试。（注意：射频同轴电缆组件要自然放平）

插损：一般将射频电缆接入网络分析仪，直接测量即可，射频插入损耗一般采用 dB 为衡量单位。

（3）绝缘电阻（IR）的测试。

绝缘电阻测试是一种高压测试，用来验证绝缘材料所具有的电阻。当测得的电阻值低于规定值或测试设备检测到漏电，表明失效。

电子装联生产线上敷设的主地线，是为方便静电桌垫上的地钉接地，还可为一些需要接地的工具接地用。这些接地之处常常需要测试其绝缘电阻，这也是生产线上的日常工艺工作之一。

注：测试绝缘电阻时，一般情况下，应该在相对湿度小于 80%的场合。当相对湿度大于80%时，对于产品应和用户商讨重新设定测试条件和要求。

（4）连通性测试。

连通性测试就是装联技术界中常说的“通断检查”。

连通性测试是检验电子产品中所用的元器件、零部件之间的连接关系正确与否，是一种点与点的电气连接，应符合设计图纸、工艺图纸、装配图、接线表或原理图的要求。

这个测试在电子装联检验工作中是最为基本和工作量最大的，需要仔细并事先熟悉设计图纸和明确工艺要求后，才能着手开始。

（5）短路测试。

短路测试是一种低压测试，用来检验不需要的连接。

短路测试也可以是一种静态的通断检查。对于电子装联产品来说，在装配完成后，以及连通性测试后（也可与连通性测试一起穿插进行），对高要求、高可靠性的电子产品来说，检验必须进行这项“短路检查”。即用蜂鸣器将所有焊接端子与“地”进行通断检查，观察有无不该接地的端子与机壳或元器件、零部件与封装接触。这些在设计图纸中往往不会提及，但是作为整机装焊来说，产品的整个过程中，难免会有一些意想不到的行为或许造成短路。因此，最好在整机检验工作中增加这项检查。

（6）压接连接技术的测试要求。

压接连接技术代替了焊接技术，其质量的优劣不再依赖操作者技能水平的高低。但是对压接连接的可靠性需要进行严格的测试。这个测试主要是压接导线耐拉力测试，拉力测试通过施加轴向力来评估压接连接质量的完整性。

压接导线耐拉力测试是一种破坏性测试，因为要把压接导线与压接筒之间的连接拉断，在接断时的拉力值就是需要检测的值，将这个值与规定值进行比对，即可判定出压接质量的好坏。导线规格不一样，耐拉力的值也不一样。

关于这方面的详细测试及要求请读者参见笔者《多芯电缆装焊工艺与技术》。

这里需要说明的是压接测试时需要了解的一些概念及做法。

牵引与断裂：即逐渐增加连接处的轴向力，直到端子与导线分开或导线断裂。

牵引力与撤销：对端子施加一定的拉力，施加的力一旦达到规定的数值，即可撤销牵引力。

牵引与保持：施加到端子的力达到规定值后，保持一段规定的时间，然后逐渐减至零。

牵引、保持与断裂：对端子施加的拉力达到规定值后，保持一段规定的时间，然后加大牵引力直到端子与导线分开或至导线断裂。

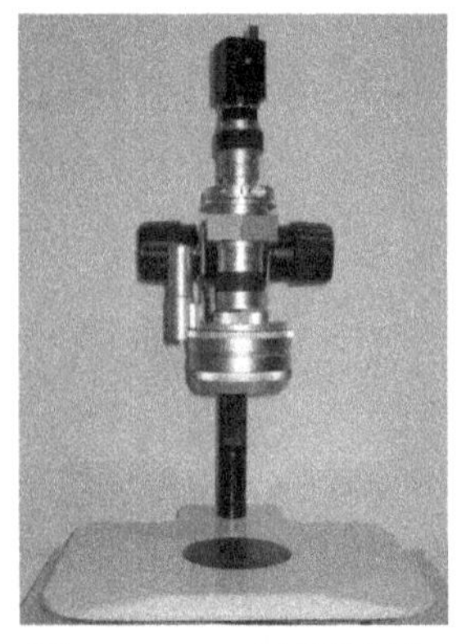

图 9-1　三 D 视频检测仪

（7）对焊点的测试。

目前在业界对焊点的检验只能采用观察的方法进行。常用目视或者借助一些仪器等方法进行观察。

目视方法就是常规的用肉眼看，整机中的焊点大一点，对 PCBA 上的细小焊点可借助手握的放大镜查看。这是最基本、最常规、最普遍的检验方法。

在 PCBA 的检验中，业界常采用 3D 旋转镜头，通过不同角度、三维旋转镜头观察焊点的焊接情况，这样可方便检验焊接缺陷，在不需要移动和倾斜被检验产品的情况下，实现 360° 连续观察和实时测量，展现清晰而极富层次感的立体图像。

3D 视频检测仪如图 9-1 所示。

9.2.4 记录

记录就是对检测的条件、检测到的量值和观察到的技术状态用规范化的格式和要求予以记载或描述，作为客观的质量证据保存下来。质量检验记录是证实产品质量的证据，因此数据要客观、真实、字迹要清晰、整齐，不能随意涂改。如果需要更改的地方要按规定程序和要求在检验记录签名栏中签名，便于质量追溯，明确质量责任。

记录的基本内容：

（1）被检测产品的名称、型号、规格、编号、数量、生产批次号、制造单位（部门）。

（2）检验环境条件，包括检验场所的温度、湿度、空气压力以及其他影响检验精度的特定条件。

（3）检验依据，包括技术规范或检验规范，检验项目等。

（4）检验用设备仪器、标准计量器具的名称、型号及编号，必要时还需记下主要辅助设备的名称。

（5）检验时的具体日期。

（6）检验过程中的每一次独立检验的额定特性和参数，需列出标准值、实测值及计算公式和计算结果的数值。

（7）必要时，需对检验结果的数据进行处理，算出平均值，求出被检验产品的测量误差，并给出修正值进行分析并做出受检产品的结论。

（8）检验过程中发生的异常情况和处理情况进行记录。

（9）检验员和校核人员签名。

（10）检验记录发生记错数字时，应及时更正。应在错误的数字上画一水平线，将正确的数字填写在其上方或下方，并加盖更改人印章。

9.2.5　比较和判定与确认和处理

比较和判定是指由专职人员将检验的结果按规定要求进行对照比较，确定每一项质量特性是否符合规定要求，从而判定被检验的产品是否合格。

确认和处理是指从事检验的有关人员对检验的记录和判定的结果进行签字确认。对产品（单件或批量）是否可以“接受”“放行”按以下做出处置：

对合格品准予放行，并及时转入下一作业过程，或准予入库、交付；对不合格品，按其程度分别情况做出返修、返工或报废处置。

对批量产品，根据产品批质量情况和检验判定结果分别做出接受、拒收、复验处置。

1．关于确认和处理的误差问题

对产品判定结果的准确度如何，关键在于检验人员的素质，但在产品检验过程中，由于主观因素的影响，检验人员的检验误差是经常发生的。国外一些企业的调查表明，检验的误差导致检验质量特性的准确性约为 80%。其余的 20%质量问题往往被漏掉。因此，应当重视并分析检验人员的检验误差，针对存在的问题，采取有效的防止措施，提高检验人员的工作质量，把好产品质量关，降低废品损失和提高企业经济效益。

2．检验误差的类型

质量检验人员的检验误差一般包括技术性误差、粗心大意误差及程序性误差几种类型。

如何发现检验人员的误差呢？需要做到以下几点。

（1）重复检验。

由检验人员对自己检验过的产品根据其技术规范或检验规范，再重复检验一至二次。

（2）循环检验。

由多名检验人员对同一批次的产品进行检验。

（3）复核检验。

由技术较高的检验人员或检验技术人员，复核检验员已经检验过的合格品或不合格，考核检验员的检验结果。

（4）改变检验条件。

检验员采用某种检测方法检验后，再采用精度较高或可靠性更好的检测手段，重新检测。

（5）建立标准品。

经常用标准品做比较，以便发现有缺陷的产品。

3．技术性误差的防止措施

技术性误差是指检验人员缺乏检验技能造成的误差，原因主要有：

（1）缺乏必要的技术知识及生产和加工工艺知识，对生产中易出现的质量问题不够了解。

（2）检验技术不熟练。不能熟练掌握检测设备、测试工具、检验方法等。

（3）缺乏检验经验。

4．粗心大意性误差的防止措施

检验人员马虎大意造成的误差称为粗心大意性误差，其产生的原因如下：

（1）检验项目精度要求高，精神过于紧张。

（2）生产任务重、时间紧、单位急催检验，责任心不强或经验不足。
（3）在检验工作中，情绪不好或抱着满不在乎的态度。

5．防止粗心大意性误差的措施

（1）把复杂的检验项目内容，分解成若干个简单的检验内容。
（2）采用不易出错的检验方法。
（3）采用自动化检验装置。
（4）采用感官放大器。如放大镜、其他检测放大器或装置。
（5）建立标准样品或标准件。
（6）采用通用或专用量、器具。
（7）合理安排检验人员的工作时间。
（8）保持检验工作场所的良好工作秩序。

6．造成程序误差的原因

程序误差是指生产不均匀、管理混乱造成的检验误差。如生产月初松懈，月末突击，被检产品过于集中，待检产品和已检产品放置混乱，标识不清，造成混淆。

7．防止程序误差的措施

（1）加强企业管理，实现均衡生产。
（2）分区堆放，将待检、已检产品按指定区域堆放，有明显界限、标识，防止忙乱中误用。
（3）将不合格品、返修品等，分别标有明显的标识，防止调度错用。
（4）按照产品质量水平，实行发放合格证、优质品证的办法。
（5）建立调度人员责任制，严格执行调运手续。

9.3 检验的形式及分类

9.3.1 实物检验

由本单位的专职检验人员（也可委托外部单位）按规定程序和检验规则要求，进行产品的符合性检查、测量、试验后出具检验记录，作为提供产品合格的证据。

9.3.2 原始质量凭证检验

原始质量凭证检验一般是针对外购件的质量控制。因为大量外购材料不可能、也没有必要对实物质量特性进行一一检验。在供货方质量稳定、有充分信誉的条件下，质量检验往往可采取与产品验证密切结合的方式。具体方法是查验原始质量凭证，如质量证明书、合格证、检验（试验）报告等以认定其质量状况。原始质量凭证检验主要包括：能证实供方原始凭证完整齐全，并符合技术性能和有关标准要求；签字盖章手续合法齐备；实物数量相符等。

9.3.3　验收

采购方派人到（或可常驻）供货方对其产品进行现场查验和接受对产品形成的作业过程（或工艺过程）和质量控制实行监督和成品质量的认定，证实供货方质量受控，其提供的有关检验报告（记录）证实检验结果符合规定要求，放行和交付的原始凭证完整、齐备、产品合格，给予认可接受。

9.3.4　过程检验与最终检验

（1）根据产品阶段分类。

质量检验按产品形成过程的相应阶段可分为以下几种：

① 进货检验：

进货检验是指产品的生产者对采购的原材料、产品组成部分等物资进行入库前质量特性的符合性检查，证实其是否符合采购规定的质量要求活动。进货检验是采购产品的一种验证手段，进货检验主要的对象是，原材料及其他对产品形成和最终产品质量有重大影响的采购物品和物资。其目的在于防止不合格品投入使用（工序），流入作业过程中影响产品质量。

② 过程检验：

过程检验是指对产品形成过程中所完成的中间产品、成品，通过观察、试验、测量等方法，确定其是否符合规定的质量要求。

过程检验的目的是判断产品的质量是否合格并证实过程（工序）是否受控，保证各过程（工序）不合格的半成品流入下道工序，防止造成批量报废。

由于过程检验是按生产工艺方法及操作规程进行检验，起到了验证工艺和保证工艺规程贯彻执行的作用。

③ 最终检验：

最终检验是对产品形成过程最终完成的产品是否符合规定质量要求所进行的检验，并为产品符合规定的质量特性要求提供证据。最终检验是产品质量控制的重点，也是产品放行交付、使用的重要依据。最终检验的目的是防止不合格的产品流入市场和用户手中。

最终检验的内容一般包括对产品的装配、焊接、外观、安全性和完整性等的检验。特别注意，包装检验也是最终检验中一项不可忽视的重要内容。

（2）按产品场所分类。

① 规定场所检验：

规定场所检验是在产品形成过程中的作业场所、场地、工地设立的固定检验站（点）进行检验的活动。检验点可设置在产品流水线作业过程（工序）之间或其生产终端作业班组。完成的中间产品、成品集中送到检验点按规定进行检验。固定检验点相对工作环境较好，有利于检验工具或仪器设备的使用和管理。

② 流动检验（巡回检验）：

流动检验是作业过程中，检验人员到产品形成的作业场地、作业人员处进行的流动性检查。比如一些机柜、大型的装备车等，一般来说，这些机柜、装备车等的装配焊接都不能在操作者的工位上进行，需要在专门的场地进行，因此需要检验人员到专门场地进行检验。这种检验一般适用于检验工具比较简单（一般是用蜂鸣器），没有复杂的测量检验。

（3）按产品数量分类。

① 全数检验：

全数检验是指产品形成全过程中对全部单一产品、中间产品的质量特性进行逐个（逐台）的检验。全数检验又称为百分之百检验。

全数检验的使用过程需注意的问题：

如果存在下面的影响因素，全数检验就不合适，有时甚至是不可能的。

a．当检验具有破坏性时，就不能实行全数检验。否则，就不能向用户或下道工序提供合格的产品。如产品的抗电强度试验、压接产品的拉脱力试验，就无法实行全数检验。

b．当交验批量很大，如每班产量成千上万，进行全数检验工作量太大，花的人力太多，必然使成本增加。而且在未实现自动化检验的场合，检验员持续长时间单调重复的操作，易于疲劳，发生错检、漏检的可能性将大大增加，难以确保经过检验的产品百分之百合格，因此不宜实行全数检验。

c．被检产品是大批量连续体时，如电线、电缆，也无法进行全数检验。这里的电线和电缆是线材本身。

d．交验产品结构复杂、检验项目较多，而又希望检验花费较少时，一般也不宜采用全数检验。

② 抽样检验：

抽样检验是按照规定的抽样方案，随机从一批或一个过程中抽取少量个体进行的检验。其目的在于判定一批产品或一个过程是否符合要求的一种检验方法。

抽样检验的标准：

抽样检验国军标：GJB179—96《计数抽样检验程序及表》。这个标准等效于美军标MIL-STD-105E。标准主要用于军用电子产品连续批的检验，也可用于孤立批次的检验。

国标：GB 2828 和 GB/T 13264 主要适用于连续批次的检验。

（4）按检验人员分类。

① 自检：

在产品形成过程中，作业（操作）者本人对本作业（操作）过程完成的产品质量进行自我检查。自检的目的是操作者通过检验了解被加工产品的质量情况，以便生产出完全符合质量要求的产品。自检一般只能做到感官检查和使用蜂鸣器对部分质量特性的检查，自检有一定的局限性。

② 互检：

在产品形成过程中，上下相邻作业过程中的操作人员相互对作业过程中完成的产品质量进行复核性检查。互检的目的在于通过检查及时发现不符合工艺规程规定的质量问题，及时采取纠正措施，可以有效地防止自检中发生的错检、漏检造成的损失。

③ 专检：

产品形成过程中，专职检验人员对产品形成所需要的物料及产品形成的各过程（工序）完成的产品质量特性进行的检验。

（5）按检验方法分类。

① 理化检验：

理化检验是指主要依靠量具、检测工具、仪器、测试设备或化学方法对产品进行检验，获得检验结果的方法。

② 感官检验：

感官检验是指依靠检验人员的感觉器官所进行的产品质量评价或判定的检验。感官检验是通过人的感觉器官检查产品的色、味、形、手感等感官特性的质量检验。在电子装联中对多余物的检查很多时候就是依赖这种感官检查。

③ 仲裁检验：

检验中如发生质量问题的争议应进行仲裁解决，产品验收的仲裁条件主要依靠放大镜对有争议的地方进行放大检查。除非控制文件或用户注明放大倍数要求外，对焊盘大小、器件引脚粗细应采用不同放大装置进行检查，它们之间的关系可参照表 9-2 进行检查。

表 9-2　检查用放大倍数与焊盘直径关系表

焊 盘 直 径	用于检测放大倍数	用于仲裁的最大倍数
0.25～0.5mm	3～7.5 倍	20 倍
>0.5～1.0mm	3～5 倍	10 倍
>1.0mm	1.5～3 倍	4 倍
>0.25mm	5～10 倍	30 倍

（6）按检验产品损坏程度分类。

破坏性检验：

破坏性检验是指将被检样品破坏后才能进行检验，无重现性，如焊点的剪切力测量；或者在检验过程中，被检样品必然会损坏和消耗，如金相剖切试验、压接件拉脱力试验等。

破坏性物理分析亦称 DPA（Destructive Physical Analysis）

DPA 具有两重含义，第一重含义是 GJB548《微电子器件试验方法和程序》5009《破坏性物理分析》标准中对其下的定义，即以确定是否符合适用的设计和工艺要求为目的，对一个器件进行的分解、试验和检验的过程称为破坏性物理分析。

第二重含义是以确定产品失效源及从产品内部寻找失效原因为目的，对一个失效产品进行的分解和分析的过程。

第一重含义主要侧重对产品的符合性检验，第二重含义主要侧重对失效性产品的分析。

（7）PCBA 的过程检验设置点。

对于 PCBA 来说，其过程检验的质量控制点如何设置、在哪一个环节（工序）设置在工艺文件上应有明确规定。

如果是设备流水线，过程检验的设置更有必要。首件检验制度，其实也是一种过程检验的体现，主要是防止生产线上出现批量报废问题。

例如：点膏工序应是过程检验的一个窗口，然后是贴片，这两个是主要的过程检验。

如果是手工焊接 PCB，过程检验的设置如下：

元件整形→焊接温度和时间的确定→首件的检验。

9.4 把握装联技术拥有检验之道

“实践是检验真理的唯一标准”，任何学科如果与实际相脱离，就丧失了存在的价值。电子装联技术的检验工作便是堆积在经验之上的“判官”，是“道”上的行走者。

下面我们从实战出发看看检验的“道”在哪里。

9.4.1 印制电路组件——PCBA 的检验

在 PCBA 的检验中，目前业界内一般都是目检。目检就是用眼睛看，换句话说，目检的“仪器”就是眼睛。但是，随着 SMT 的快速发展，一般 PCBA 的检验并不完全单纯地依赖眼睛了。目检可以借助放大镜，必要的时候还可以用显微镜进行检查。

无论 PCBA 中采用的是 THT（通孔插装技术），还是 SMT（表面组装技术），其焊点的检验标准都是一样的，见本书第 6 章手工焊接技术 6.2.2 润湿角及其评定。在这个章节里列举的是通孔插装的焊点，对于表面贴装的焊点更多描述可以参见作者的《印制电路组件装焊工艺与技术》一书。为方便电子装联检验的工作，这里仅对 SMC/SMD 器件的焊点进行判定。

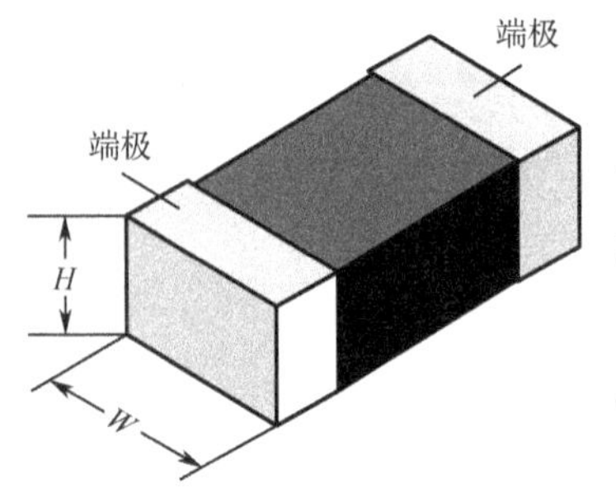

图 9-2　片式元件外形图

1. 片式元件的检验

片式元件一般都是矩形片状式的电阻、电容等无源器件。它们的结构外形两边有两个端极，用于焊接，如图 9-2 所示。这两个端极的被焊接面积、所处焊盘上的位置、焊料在端极上的爬升高度即图 9-2 中 *W*、*H* 部分，是片式元件装焊合格与否应关注的主要要素。

矩形片式元件的焊接验收要求如下：

焊端有良好的润湿，焊点呈弯月面，焊盘与端极间锡厚约 2mils（0.05mm），这样的焊点为优良焊点，如图 9-3、图 9-4 所示。

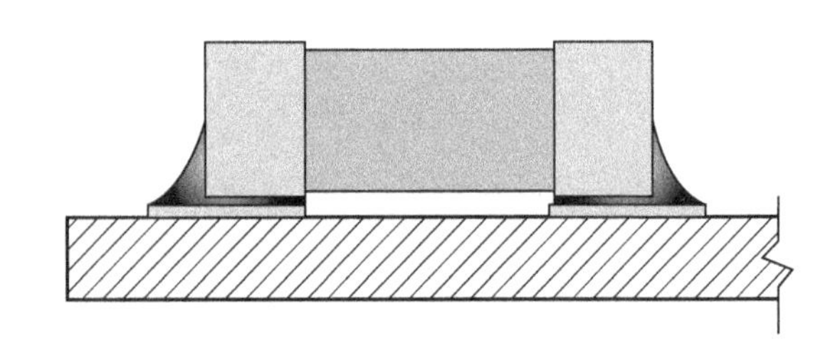
图 9-3　片式元件优良焊点图示（一）

图 9-4　片式元件优良焊点图示（二）*

片式元件特别需要注意的是：由于设计原因，焊盘图形太宽造成元件搭不够应有的焊盘面积，而操作者又勉强焊接，如图 9-5 所示。

因为焊点暴露在空气中，会受到物理的、化学的、机械冲击等的影响，其有效焊接工作区域还会减少，因此，这样的安装、焊接迟早会发生虚焊。

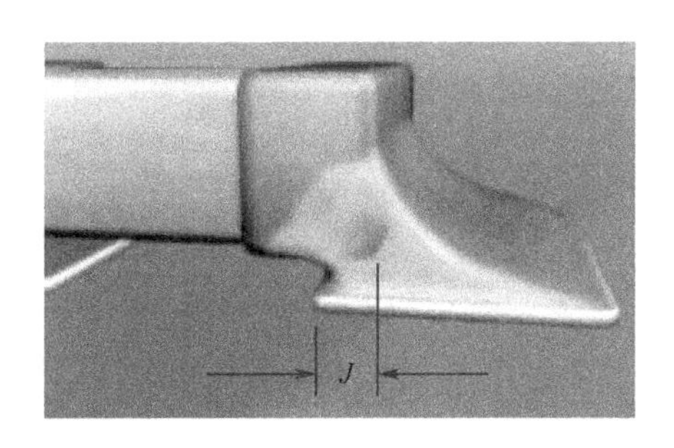

图 9-5　焊接端极与焊盘的安装位置太少*

2. “L”形和鸥翼形引脚器件的检验

（1）器件形状。

两边引脚的“L”形和鸥翼形器件在表面元器件中一般又称为 SOIC 系列器件，由于封装所用材料的不同，名称叫法稍有不同，它们的外观尺寸也有所不同。这种常见的两边引脚呈“L”形和鸥翼形器件的外观结构如图 9-6 所示。

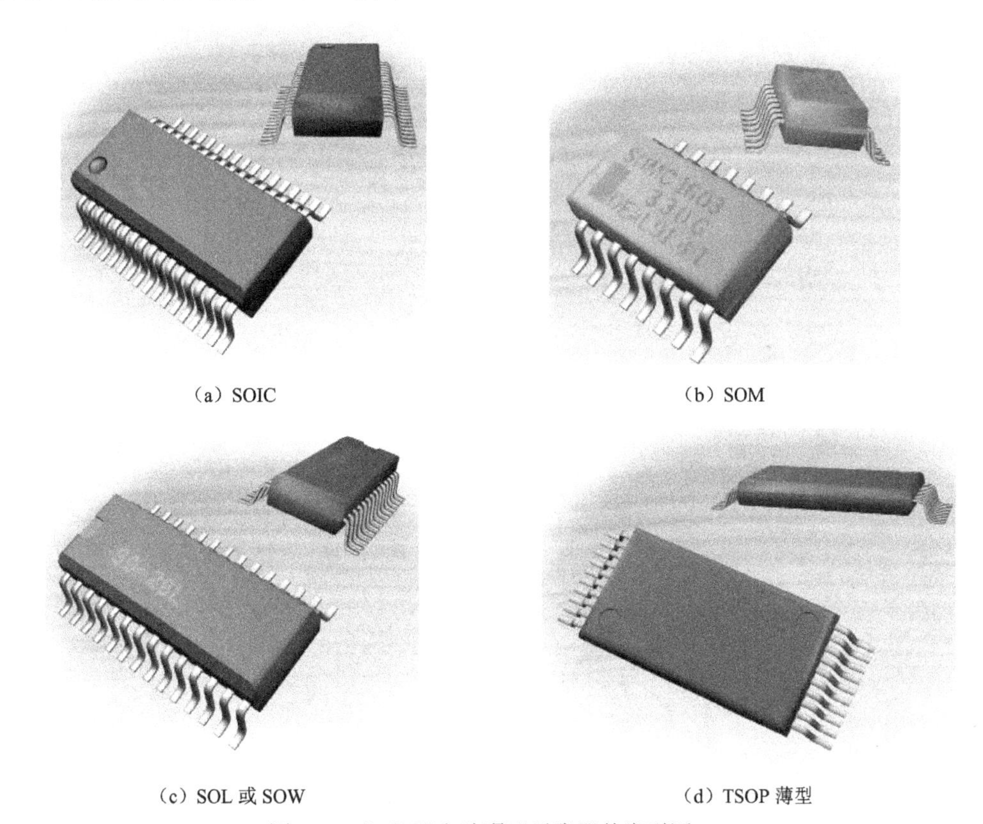

（a）SOIC　（b）SOM

（c）SOL 或 SOW　（d）TSOP 薄型

图 9-6　“L”形和鸥翼形引脚器件类型图

（2）对“L”形和鸥翼形引脚器件引脚安装检验。

正确的鸥翼形引脚器件的“前脚趾、后脚跟”的焊盘图形一定要使器件安装后的位置如图 9-7 所示，否则将会带来焊接隐患。

安装要求：器件引脚趾部及跟部全部位于焊盘上，并且所有引脚要求呈对称居中，如图 9-8 所示。

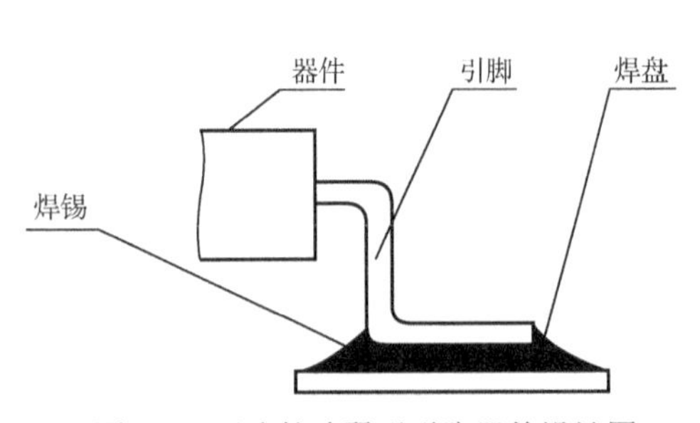

图 9-7　正确的鸥翼形引脚器件设计图

图 9-8　“L”形和鸥翼形引脚器件引脚的优良安装图

（3）判定“L”形和鸥翼形引脚器件引脚的优良焊接方式。

焊料填充在引脚高度“L”形的上弯与下弯中间（箭头所示），并且略显引线轮廓，焊接润湿、引脚处于焊盘合适位置等，如图 9-9 所示。

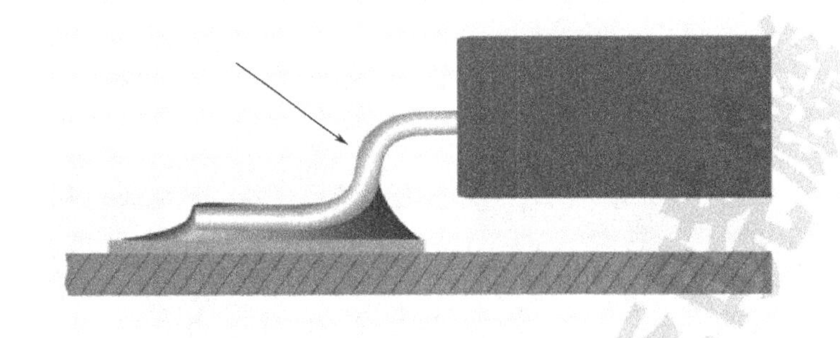

图 9-9　“L”形和鸥翼形引脚的优良焊接图示

检验人员在工作中可对照图 9-10 所示的实物图片领会合格焊接的形态，仔细进行判定。

（a）

（b）

图 9-10　“L”形和鸥翼形引脚的优良焊接实物图*

对于四边引脚的鸥翼形器件（如 QFP 等），在进行检验判定的时候，和上面所列出的要求一样。

这里需要提醒的是：无论对四边引脚的鸥翼形器件采用什么样的加工工艺（设备、手工），都必须保证引脚宽度的三分之二处于焊盘上，引脚的最前端（前脚趾）应看见一定距离的焊盘，如图 9-9 所示。不满足这个要求的焊盘图形，一定不能进行焊接，检验人员在检验时一定要将器件的这个部位的情况看清楚，不符合要求的应拒绝通过质检。

3．“J”形引脚器件的检验

在表面组装技术中 PLCC 器件即是业界里常说的“J”形引脚封装的表面安装器件。由于该器件的引出脚很像英文字母“J”，因此人们常常将这种器件称为“J”形引脚，如图 9-11 所示。

（a）　　　　（b）

图 9-11　“J”形引脚器件

“J”形引脚器件的焊接检验可按图 9-12 所示（示意图和实物图）。示意图呈现的是一个明确的焊接情况，即焊料多少、焊点大小，是一个比较标准的状况；实物图呈现的是焊点润湿情况、焊点外观的光泽情况（光泽情况可以判断焊接温度情况）及焊接好坏情况，是一个形态状况。由于很难对一个东西的标准界定，所以笔者往往将示意图和实物图放在一起让读者进行对比。

（a）示意图

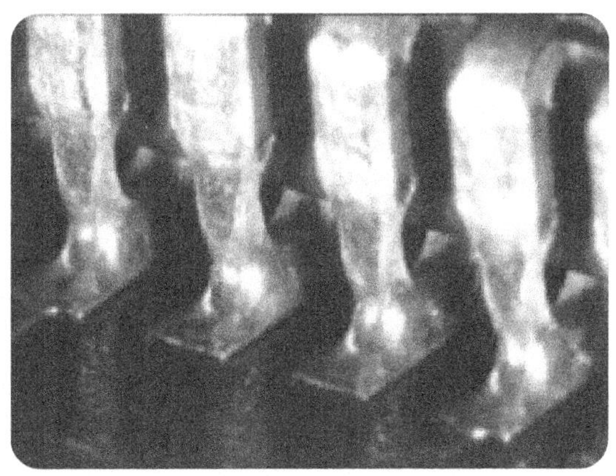

（b）实物图

图 9-12　“J”形引脚器件的焊接图*

9.4.2　多芯电缆组件的检验难度

多芯电缆组件就是电子装联中常说的低频电缆，它是维系分机与分机、分机与机柜、机柜与机柜之间的电特性传递者，是系统级电子设备重要的“零部件”。

1．多芯电缆组件接地问题

多芯电缆组件是由很多工序制作而成的，关于它的详细制作工艺技术参见笔者《多芯电缆装焊工艺与技术》一书。

正因为多芯电缆组件是一种“维系”产品，因此，它所承担的质量重要性非同小可的。因为整机/分机、机柜做得再好，如果多芯电缆组件中任何一个小问题都会使系统级电子设备不能正常工作。

多芯电缆组件的制作常按照设计图纸→工艺文件焊接/压接导线与连接器之间的接线关系→按要求穿护套→处理后附件等工艺流程进行操作，这些操作对检验来说都是“顺理成章”的事情，可以完全按照图纸、工艺要求进行。但就笔者多年来对多芯电缆组件的了解，对上机柜（系统级电缆）的多芯电缆组件必须关注它的“接地”问题。这个问题一般情况下在设计师的图纸上是没有涉及的。

设计师往往只注重导线间的连接问题，对于接地问题一般采用导线与接触偶（连接器中的插针/孔）接地，对使用屏蔽导线的屏蔽层如何接地？外护套使用防波套的防波套端口如何接地？接到哪里？对这类的接地问题在设计师的图纸上几乎很少涉及。

检验的工作是检验符合性，设计图纸上没有的就与检验无关。因此可以说：符合性检验是无法预防的问题。

在整机、系统电子设备中多芯电缆组件既然是传递它们的各种电信号、数据参数，那么在传递过程中需要防止电磁干扰这个问题。分机/整机设计师在交付时（交给系统即总体），其所有的性能参数都是满足设计指标要求的，但是分机与分机、分机与系统的共同工作时，系统就难免会有一些“异样”，异样小好处理，异样大了就会出“麻烦”，这种麻烦就是我们常说的：电磁不兼容性问题。

电路设计师和结构设计师对电磁兼容性问题是有预案设计的，他们在滤波、屏蔽设计方面一般来说是做足了功课，但是到了总调试阶段，当出现了系统性电磁不兼容的情况时，设计师们常常一筹莫展，要花费大量时间和精力来处理电磁不兼容性问题。这些问题归根结底就是接地问题。因此，多芯电缆组件的检验难度就在接地这个问题上，因为不存在检验符合性。如果工艺文件中有要求，好处理，但是如果工艺人员缺乏经验，没有考虑接地问题，那么检验不考虑接地的问题也属于“合格”。设计师只有当电子设备在联试、调试中出现了电磁不兼容的情况时，才会考虑接地。与其这样，笔者认为，在当今电磁环境超“污染”的情况下，无论电子设备会不会产生电磁不兼容的情况，都应该在多芯电缆的组装中有预案：应接好各种“地”。

2．使用屏蔽导线时屏蔽层的接地

如果多芯电缆的线束都是由屏蔽导线组成的，那么所有导线的屏蔽层都有一个相应的接触偶与之焊接吗（屏蔽层需要转成软导线才能与接触偶焊接）？当然，这是绝对不可能的，那么该如何处理呢？

在多芯电缆线束的适当位置，最好用屏蔽导线的屏蔽层（把芯线抽出来，只用屏蔽套）将屏蔽线束紧密缠绕，然后采用点焊方法对线束周界均匀焊接三圈，焊后立即用酒精清洗助焊剂。注意一定要把线束焊透锡（导线是耐高温的才可以，比如 AF-250 系列导线、QLA 系列导线），这样所有的屏蔽导线的屏蔽层都呈导通状。然后用一根黑色导线，最好用线径至少是 $0.8mm^2$ 的导线在缠绕处与之焊接，导线另一端甩出，如果电缆线束护套是防波套的，在适当位置要与防波套焊接。如果电缆线束不是防波套的，这根黑导线就应与整机/分机的机壳接通；如果这根多芯电缆是上机柜的，就要与机柜上的“主地带”焊接，如图 9-13 所示。

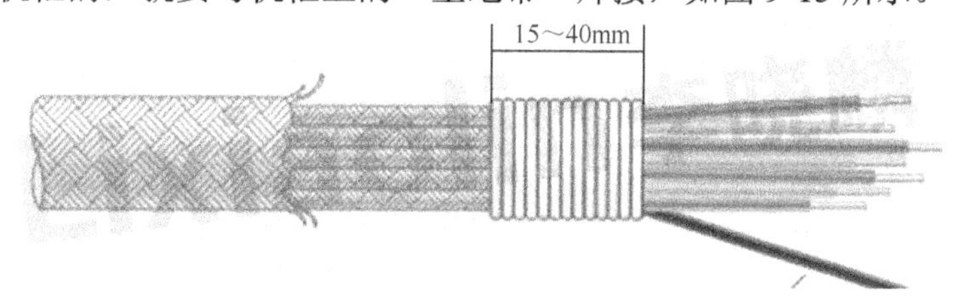

图 9-13 屏蔽导线的屏蔽层接地线引出线示意图*

对多芯电缆线束里少量的屏蔽导线其屏蔽层的处理可以使用“焊锡环”接地，如图 9-14 所示。

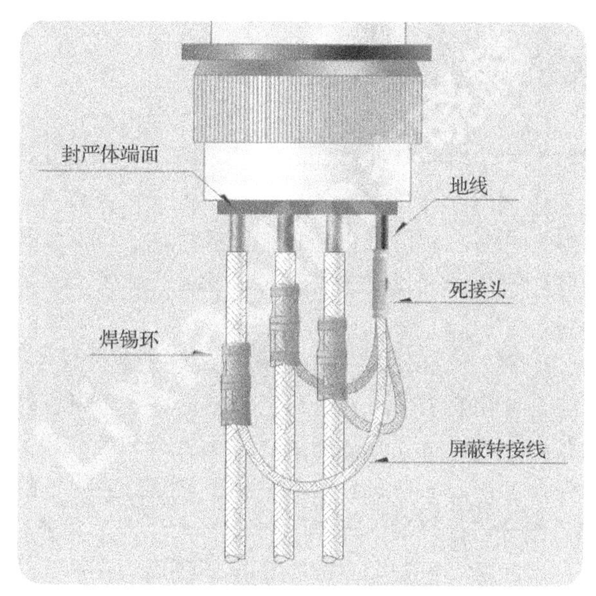

图 9-14 用焊锡环处理屏蔽层示意图*

3. 对使用防波套做多芯电缆护套的接地

目前在多芯电缆组件的组装中，选用防波套作为线束的护套的情况越来越多了，考虑电磁兼容性问题，使用防波套就是首选。但是，选用防波套就必须考虑接地问题，并且需要两端接地。

设计师如选用防波套作为多芯电缆线束的外护套，请一定要选用屏蔽型的后附件，因为一个电连接器可以选用 4～6 种不同型号的后附件，只有带屏蔽型的后附件才能方便操作者对防波套的端口收尾，屏蔽效果才最好。尽管有的电连接器外壳可以直接与电子设备的机壳接触，但是笔者还是建议在防波套的外皮适当位置上（一般在电连接器后附件后）焊接一根黑色导线并甩出（导线线径尽可能选择粗细为 $0.8mm^2$～$2mm^2$），这也是很多电磁兼容书中所说的“永久性搭接”方式之一。当多芯电缆上机柜时，这根甩出的黑色导线就需要在适当位置与机柜的主地带进行焊接。检验时如使用防波套的多芯电缆应该将这个接地进行检查，如图 9-15 所示。

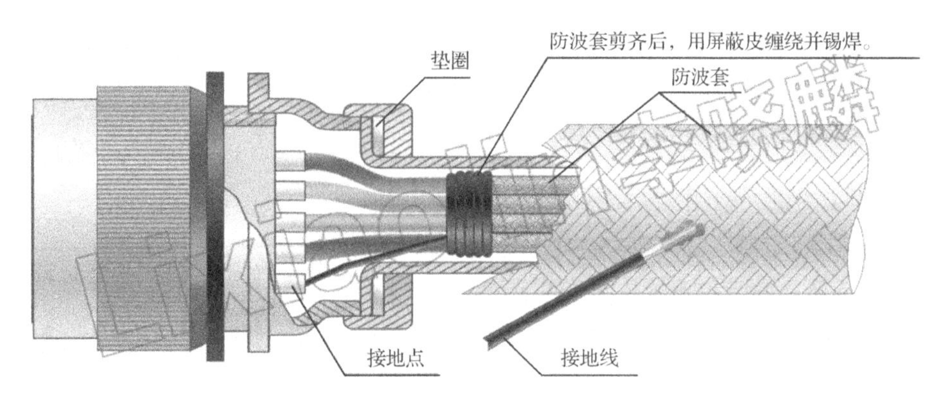

图 9-15　多芯电缆防波套上的接地导线焊接示意图*

9.4.3　如何把握整机中的隐含质量

电子装联的整机检验是一个经验性非常强的工作，除了导线的正确连接关系、焊点质量，整机的装焊质量还取决于布线的“表现”。

整机的电子装联质量存在着一定的隐含质量，需要用动态的眼光来检查静态的布线质量。在本书第 7 章对此问题有比较详细的描述和要求，这里着重对检验方面如何对整机检验放行与否与读者进行分享和探讨。

整机布线、走形、机柜布线、线束固定等，在电子装联工艺文件中只能是一些原则性要求，对于外观、形态，不可能有量化要求。因为这项工作的形态是千奇百怪的，如元器件、零部件外形结构形状不一样、布局不一样就会导致线束、甩头的不一致，这个批次这样处理了，下个批次也许还会有变数；这种操作方法在这台整机中用得非常好，但是到了另外一台整机就不一定适用了。如何进行选择与分辨处理呢？在当下没有哪个“人工智能”可以替代，全靠经验、悟性。这也是整机装联技术的魅力所在，也是当下电子装联“工匠”人才奇缺的因素之一。

1．焊接端子上导线的形态问题

面对一台整机，如何检验及正确判断它的布线和端子上焊接导线的弯曲形态、长度是否合理？下面我们来看看这个实例，如图 9-16 所示，你能判断哪种走线焊接形态好？因为对电性能、可靠性来说，这两种的走线焊接方式都是可以的，所以也就没有“对”还是“错”的界定了，只能说哪种方式更合适。在整机布线、甩线、焊接方式中，这种“都可以”的情况时有发生，对于检验来说如何判定呢？

图 9-16 中所用导线比较粗，约为 $2.0mm^2$，其中（a）图中所有导线均围着端子绕了一圈后再与端子焊接，从应力消除这个角度来看，完全没有问题，并且布线、扎线、出线位置十分规范。（b）图中的导线直接留出了一定的弯曲弧度后与端子焊接，对应力消除方面也没有问题，并且留出了对整机中零部件位置代号的识别码，导线的长度方面处理得应该说比（a）图好，在操作处理上效率也会稍微高一点（如果是批量处理这个问题就显得比较重要了，并且线材也会节约一些）。但是在扎线、出线位置的处理上没有（a）图规范。另外，对图中 V4、V5 端子的形态走线上没有顾及与其他三个端子的一致性，可能是由于这两个端子的引出焊接孔位方向不一致的原因，使得操作者没有考虑一致性的问题，只图操作上的便捷了。检验人员在生产线

上同时也是一个指导者。如果能够把以上两种的优势集中起来将是一个不错的处理方式。

（a）

（b）

图 9-16　焊接端子走线弯曲实物图*

2．导线在焊接端上的转向问题

要根据导线所在线束的位置、走向、焊接端子形状、套管材料及套端子要求等情况，来考虑导线在焊接前的形态问题。如图 9-17 所示，（a）图所示的导线就是从上方与端子焊接、（b）图所示的导线就是从侧边（实际操作上还应分清左右侧边）与端子焊接。在电子装联技术中，笔者总是在强调关于导线与端子焊接的这个转向问题。

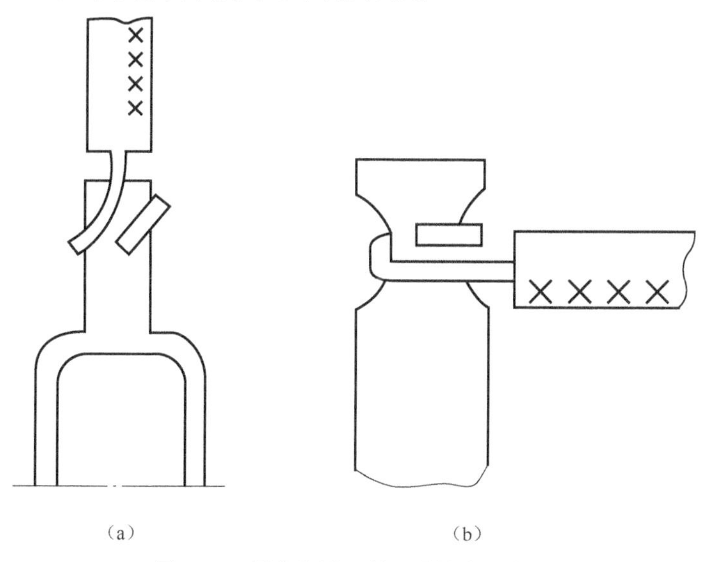

（a）　　　　　　　　　　（b）

图 9-17　导线与端子的正确转向示意图

线束中出来的导线应顺着线束布线方向自然、无应力甩出，如图 9-18（a）所示。如果焊接后再进行任何方向的转向，是绝不允许的，如图 9-18（b）所示。

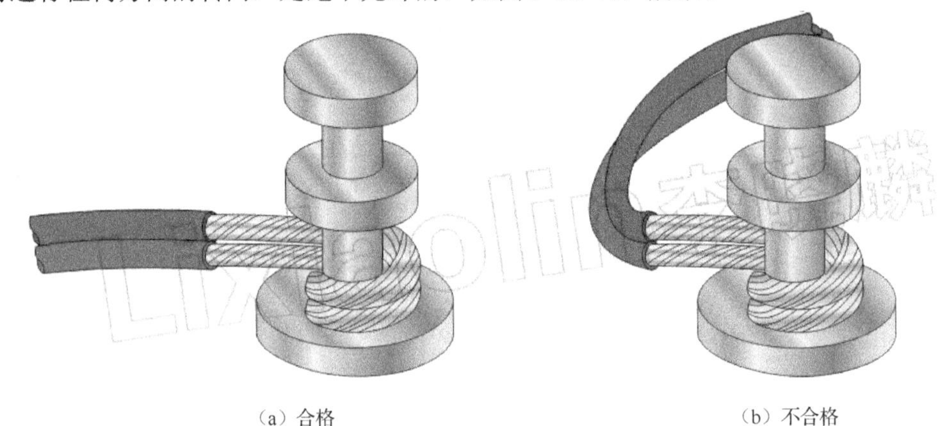

（a）合格　　（b）不合格

图 9-18　导线与焊接端子转向的合格评定示意图

3．导线在焊接端上的形态与留长问题

这个问题在整机检验中非常难于把握，如果不把装联技术的内涵吃透，在一些问题的处理上常常难于"盖章"(通过验收)。装联技术的内涵在于既要按原则要求，又能灵活处理。因此，这个原则和灵活的平衡点就是考量工艺人员、检验操作人员的实力了，也体现出是否敢于担当。因为要明确表态：到底这个布线要不要返工。返，要有返工的理由，不返要有不返的说明。

再看图 9-19，这是两个一样的产品，由不同的人员装焊，导线与部件端子焊接所引出的导线长短、弯曲形态存在差异。在保证导线与端子不存在应力的情况下，应该使导线短一些为好。显然（b）图要好一些。

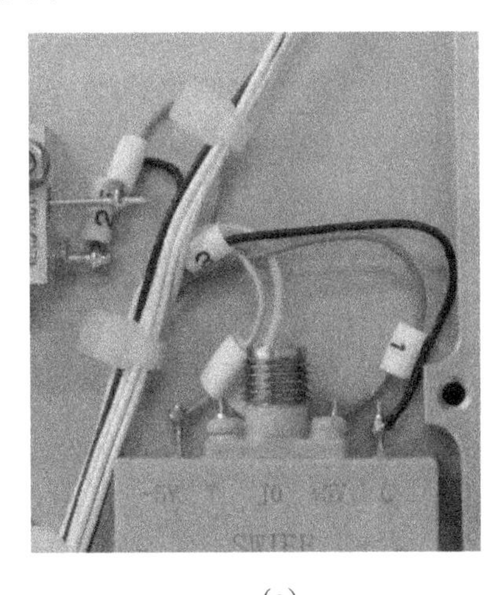

（a）

（b）

图 9-19　导线与端子形态、焊接处理（一）*

图 9-20 显示的是相同的产品由不同操作者进行的装焊。虽然不存在大的问题，但在导线的长短处理上略有差异。(a）图导线留得过于长了些，(b）图比较合适。

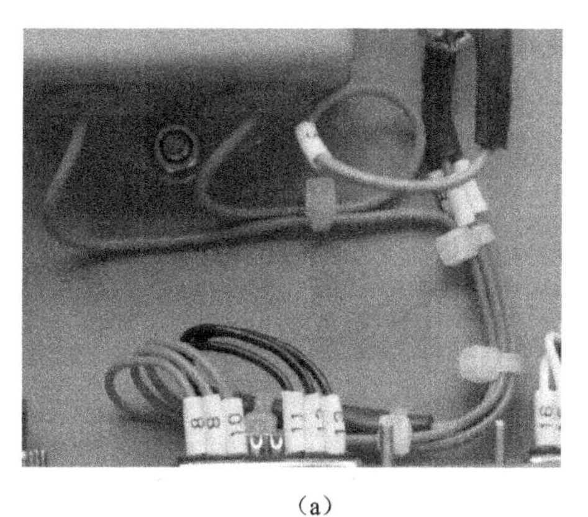
（a）

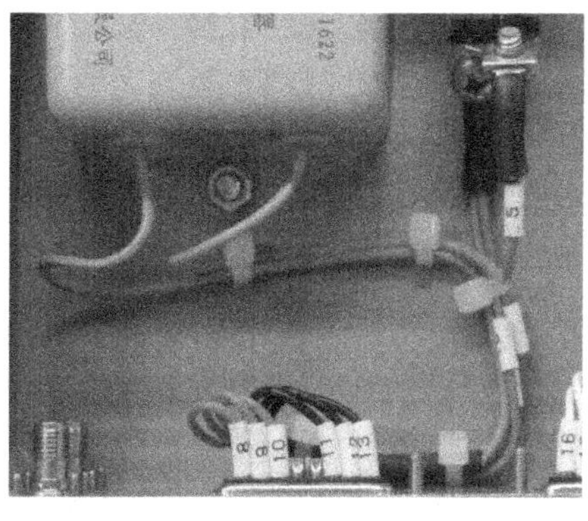
（b）

图 9-20 导线与端子形态、焊接处理（二）*

4. 导线从线束中的什么位置出来合适

这个问题在电子装联的整机中常常会因人而异，要想处理好这个问题就要在平时工作中善于积累、多动脑筋。

整机中的线束有主体、分支、甩线（导线到了该与端子焊接的地方需要甩出）。一般来说，大多数操作者对主体线束、分支线束处理得不错，存在差异的地方就是导线甩线的位置，甩早了，容易造成导线过长，甩晚了会使导线弯曲弧度不能满足要求，并且也容易存在应力的问题。要处理好甩线的位置就需要手上功夫了。那么如何来检验这些工艺文件中无法定量的手上功夫呢？

图 9-21 中所有导线甩出位置都不错。同样的线束图 9-22 中“1”所示的导线甩出位置就早了。

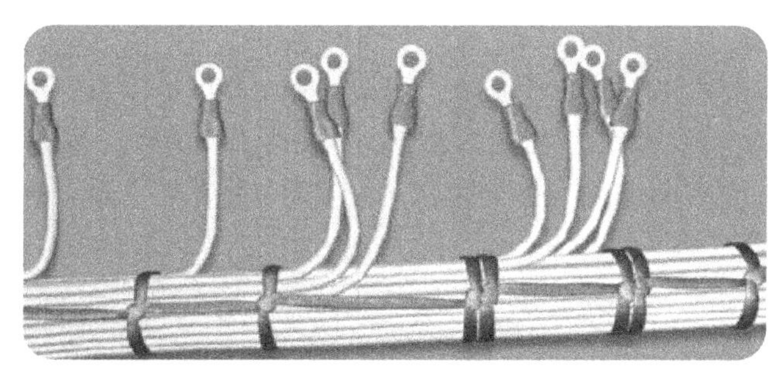

图 9-21 线束中正确的导线甩出位置*

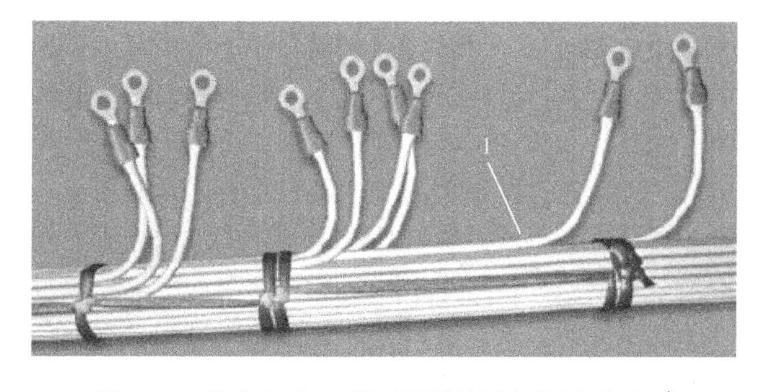

图 9-22 线束中“1”所示的导线甩出位置不正确*

整机中部分线束所显示的导线甩出位置如图 9-23 所示，可以看出这是一个非常缺乏经验的操作者所为。所有的导线都完全过晚地从线束中甩出，即导线与焊接端子都布完线才“回过头”来甩出与端子连接，造成了线束中潜在应力的存在，并且线束弯曲形态完全不符合布线原则要求。其中一根射频导线插头（型号：SFF-50）与相应连接的插座布线过长（射频导线必须尽可能短布线），因此，造成整个机箱的这种布线必须返工。

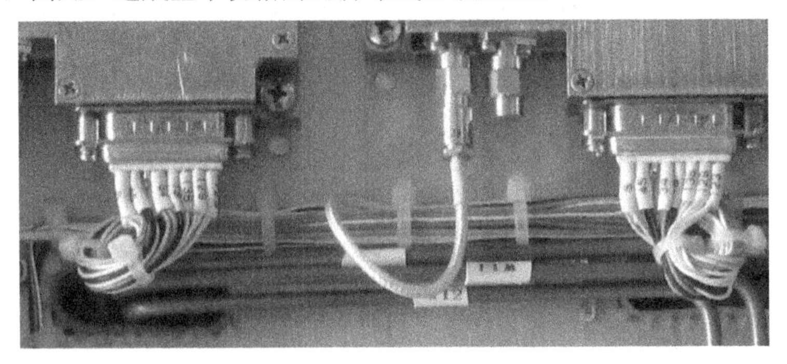

图 9-23　导线从扎带出来的错误位置图*

9.4.4　什么是整机检验中的“道”

装联技术中充满了矛盾，如材料的张力与润湿的矛盾；焊接温度与时间的矛盾；焊料量的多少与可靠性的矛盾；应力与布线长短的矛盾；静态和动态的矛盾；温度与助焊剂的挥发矛盾等（温度越高助焊剂的作用越低）。矛和盾是事物的本质，不要总想去消灭它们，我们应寻求矛和盾的平衡，得到矛盾的统一，这才是处理好这些矛盾的唯一出路，也是“道”之所在。

1．“道”的思维

“一阴一阳之谓道”。大自然的阴阳刚柔、动静变化，变易而不易，复杂而简单，在变化中生成发展，于反复中保持统一与和谐。对纷繁复杂、千变万化的整机焊接与布线，知变、应变、适变，唯有认识这种没有精确量化标准的操作，悟彻装联技术中“道”的变化作用原理，才能通幽明之故，最后领会“道”的含义。

在整机装联技术中我们如何来考虑、认识什么是这种技术的“道”呢？为什么作者想讲这个问题呢？因为装联技术中包含了各种各样的矛盾，和电子装联技术打了一辈子交道，特别是近十几年的讲课、内训，使笔者越来越感到大小、多少、长短、高低、粗细、快慢、松紧、硬软、厚薄等，这些都是装联技术中常常面对的、是必须正确处理的矛盾。正是对这些“阴”“阳”矛盾的不断认识和把握，平衡和统一，才能使我们成为电子装联技术领域的高手。

焊接时间和温度的矛盾，首先必须确定焊接温度，其次是时间，因此，温度是为阳为主宰，时间是为阴为顺从。材料的张力和焊点的润湿性矛盾中，润湿是软钎焊接的首要条件，焊接前必须了解材料的张力问题，因此是为阳。夏天荷塘里的荷叶，其表面有一层灰雾，水滴在荷叶上呈珠状，为什么不是伸展开来成一片儿呢？而水珠如果滴在玻璃板上，就会成一片儿，这是因为水润湿了玻璃板，所以水为阴。软钎焊接母材——紫铜，在没有污物氧化的条件下，熔融的焊料滴在其上很快就会伸展开来。材料的不同，它们的伸展能力是不同的，这种能力就是物理学所说的张力，因此张力主宰润湿，为阳，润湿为阴。焊料量的多少与可靠性的矛盾，一个焊点如果焊料量越多其可靠性越低（其原理参见本书第 6 章手工焊接技术）。焊点可靠性依附于焊料的多少，因此焊料为主宰，为阳，可靠性是随从，为阴。诸如此类，在电子装联技术中的那些矛盾其实就是我们身边事物的“阳”和“阴”的矛盾，只有充分认识这些“阳”和“阴”才能明白电子装联中的“道”，才能成为真正的电子装联高手。

2.“道”的理念

整机检验比起紧固件检验、PCBA 检验、多芯电缆组件检验更为复杂，更需要具有“道”的思维和理念。因为紧固件、PCBA、多芯电缆组件基本上就是检验符合性（符合即合格），但是面对一台整机，一台设备级、系统级整机就不仅仅是检验符合性了。再用检验符合性的方法来检验整机，对电子设备的可靠性和寿命可能就会存在风险了。因此，必须具有“道”的思维来审视整机的装配、焊接质量。

通过前面几章可以知道整机装配焊接技术的可变性、隐含性、方法的不确定性，单靠设计文件、工艺文件、标准要求操作，是完全不够的，甚至可能完不成任务。每一个在行业内工作多年的操作者都深深感到经验的宝贵。

如何在短时间内积累更好的电子装联经验呢？那就是学习—实践，再学习—再实践，如此循环没有捷径可走。要多看、多操作不同整机的装配、焊接、检验，才能积累起更多的经验。

整机中的焊接端子常常是各式各样的，使用的导线粗细各不相同，因此，在焊接手法上，不仅需要焊好，更重要的是要焊接得当。即该钩焊的就要钩焊；该绕焊的就要绕；穿焊、搭焊是否达到常规工艺要求（这里强调“常规”就是说，也许操作这台整机其工艺卡上并没有说如何焊接），穿焊需不需要端子两面有锡，搭焊最低搭接长度多少。这就是整机检验中常常会遇到的问题，而这些能否按照检验符合性来执行吗？显然不是。

因此，整机检验就要对每一台整机内除了符合性检查外的如焊点形态、焊接方式、布线合理等问题，建立起一整套的思路。有关整机内的所有质量要素其表象，必须经过检验人员的理性思考，最后检验才有正确的结果。这就是有经验的检验人员在大量实践中所形成的思想观念，精神向往和理想追求。这种检验理念渗透在工作之中，就有了对质量就是生命线的价值取向观念，从最低级的感性知识（实践）发展到“理念”认识的过程，这个过程已经在自身内部发展成了一种意识。一旦形成意识，才能成为一种自觉活动的产物，检验起来就会有游刃有余的感觉，这时“道”的理念便在其中了。

3.“道”的实施

电子装联检验工作中，常常也会遇到一些不可制造性的设计图纸，特别是在压接连接技术中，这样就带来了“无法检验”的情况，因为实物与图纸对不上。装好的整机没有办法与设计图纸、工艺文件符合，当然检验就不能放行。

在实际操作中，要么由设计师“更改”后，检验放行；要么就是由工艺师“担当”，签字画押后放行。这个担当是有条件的，即工艺师与设计师沟通后执行。但是也常有沟通无果的情况，因为不可制造性问题往往就是设计师不懂的问题，因此需要工艺师们耐心讲解，据“理”说服。这里所说的“理”就是本企业的工艺标准、生产制造规范等。从这里我们也能看到，一个企业必须围绕自身的电子设备、电子产品建立起详细的、完善的、可操作性的一整套工艺体系标准，才能对与生产相关的事情进行规范，产线上的质量问题发生后才能“有法可依”。

对整机检验中不在设计图纸方面的问题又如何检验呢？例如：焊点的形态、焊料量的多少、焊接方式、布线的规范、甩线（单根导线与端子的连接路径）的长短及弯曲大小、线束应该在什么地方有固定等问题，这些都需要检验人员自己在具体工作中做出判定。对感到比较棘手的问题应该与工艺人员共同商讨定夺，返工与否。笔者这里想说的是，对于一些偏于“合格”与“可接收”状态的判定，这个问题是非常考量检验人员的。

如果把前面第6章、第7章作者所说的内容都能真正理解明白并付诸实践，把握检验之“道”就不是很难了。

“可接受”的判定一定要根据用户及产品的使用要求，结合服役环境来判定。军品里也可以有“可接收”的放行，不是说只有“一刀切”才是军品检验的唯一尺度，这不符合实物发展的本质。对可接受的情况采取返工返修的做法，有时候可能反而会造成更大的损伤（主要指焊接方面），如元器件、零部件内部的热风险，返工返修致使内层连接界面的应力、剪切力发生变化的问题等，这些都是潜在的损伤，带来的问题往往体现在产品日后的影响，主要反映在可靠性、寿命方面。关于这个问题也是最容易被忽略、被轻视的。

因此，对产品质量的把握需要把“利”与“弊”分析透彻，把问题全面想明白后再做决定。针对不同的用户、不同的产品定位、不同的问题性质，“利”与“弊”的分析结论也是不一样的。也就是说“利”与“弊”的本身是可以转换的。

这就是检验中“道”的实施与把握，这个实施需要结合实践，多动脑、善动脑，应该是不难掌握的。

4．“道”的实施工具

除了万用表，电子装联检验常用的工具蜂鸣器，是一款非常简单，完全可以自制的工具。这里简单地介绍一下，这些工具不仅仅是专职检验的“饭碗”，也是操作者每个人应该必备的，因为工作中需要自检，也非常实用。图9-24所示为自制的蜂鸣器图示。

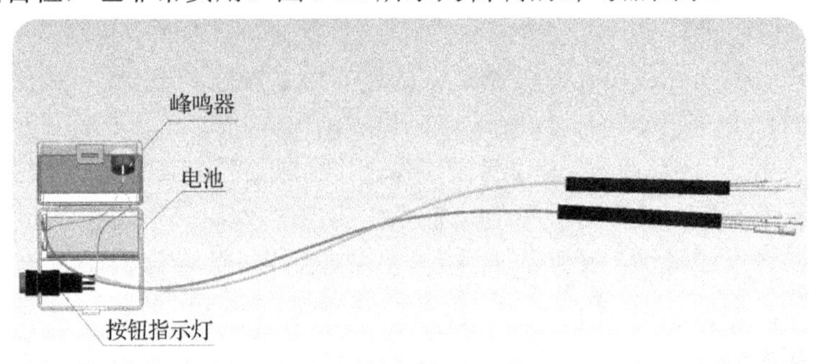

图9-24　自制的一种蜂鸣器展开图示

图9-25是整合后的整体图示，蜂鸣器里的电池采用的是可使用USB插口反复充电的电池，因此可长期使用。读者完全可以照此制作，材料来源也很方便。另外说明一点：连接导线头上有好几个不同类型的针、孔形状的接触件，这些在制作时，可根据本单位常用的元器件零部件引出端子形状进行选择并焊接好。在使用的时候可根据被检测的端子形状来任意选择，非常方便。

这种自己制作的蜂鸣器还可做成图9-26、图9-27的样式，使用器材费用低廉、简单易制作，读者完全可以自行制作，方便实用。当然，在检验工作中有时候还需要其他的一些工具，需要根据所检验的产品要求来选配，这里就不一一介绍了。

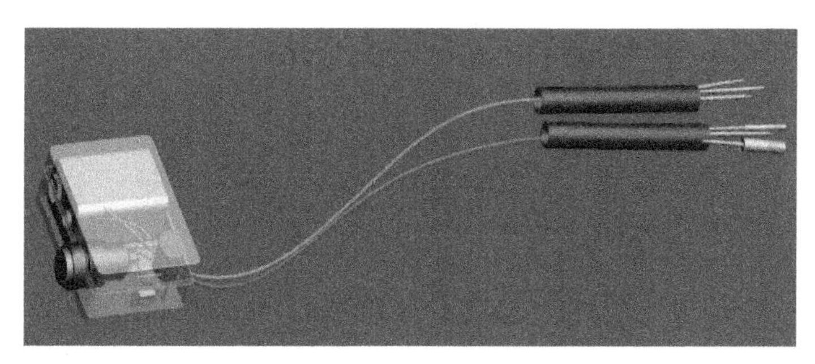

图 9-25　自制的蜂鸣器整合后的整体图示

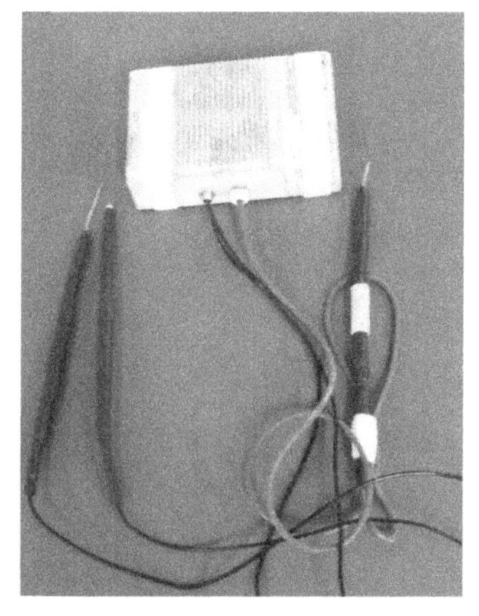

图 9-26　自制蜂鸣器实物图（一）

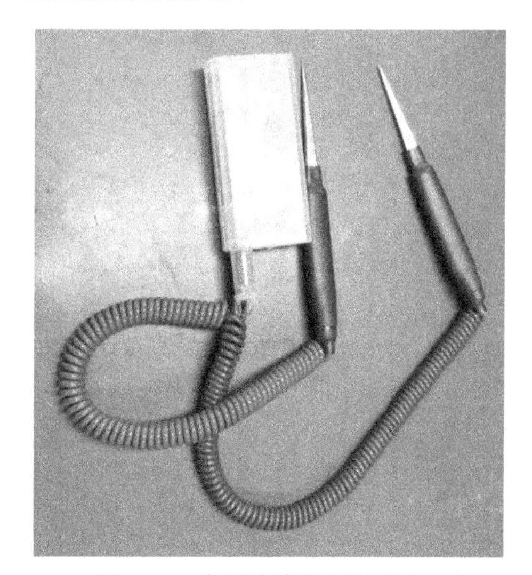

图 9-27　自制蜂鸣器实物图（二）

结束语：

质量检验人员在企业生产活动中起着十分重要的作用，不仅要当好质量检验员，还要当好操作人员的质量宣传员和技术指导员。要指导、帮助生产线上的工人分析产生不合格的原因，提出改进建议。因此，检验人员要有较高的综合素质，才能胜任检验工作。

而工艺又是质量管理的先行者。因为质量管理是在质量检验的基础上发展起来的。在经济全球化的今天，建立一个完善的质量管理体系，已成为全面推进企业进步的科学管理的重要组成部分。所以，工艺和检验都是责无旁贷的质量管理体系中的“建设者”与“维护者”。

良好质量是产品的手段，不是目的；利润才是我们企业发展的主要目的；做足功课的预测远胜于毫无预测的管理。因此，创品质，必须提升自己。

参 考 文 献

［1］樊融融．现代电子装联工艺过程控制．北京：电子工业出版社，2010.
［2］胡俊达．电子电气设备工艺设计与制造技术．北京：机械工业出版社，2004.
［3］廖爽，孟贵华．电子技术工艺基础（第 3 版）．北京：电子工业出版社，2003.
［4］宋金华，彭利标．电子产品与工艺．西安：西安电子科技大学出版社，2001.
［5］技工学校电子类专业教材编审委员会．无线电整机装配工艺基础． 北京：中国劳动出版社，1994.
［6］职业技能鉴定教材/职业技能鉴定指导编审委员会．无线电子装联接工．北京：中国劳动出版社，1998.
［7］劳动和社会保障部中国就业培训技术指导中心编写．电子仪器仪表装配工．北京：中国劳动社会保障出版社，2005.
［8］周瑞山，吴经玲，薛树满，肖珅，苏松．SMT 工艺材料．成都：四川省电子学会 SMT 专委会，2006.
［9］白同云．电磁兼容设计实践．北京：中国电力出版社，2007.
［10］路宏敏．工程电磁兼容技术．西安：西安电子科技大学出版社，2003.
［11］朱少军．工艺管理简单讲．广州：广东经济出版社，2006.
［12］电气电子组件的焊接要求 IPC/EIA J-STD-001C-2000.

反侵权盗版声明

举报电话：（010）88254396；（010）88258888

传　　真：（010）88254397

E-mail：　dbqq@phei.com.cn

通信地址：北京市海淀区万寿路 173 信箱

　　　　　电子工业出版社总编办公室

邮　　编：100036

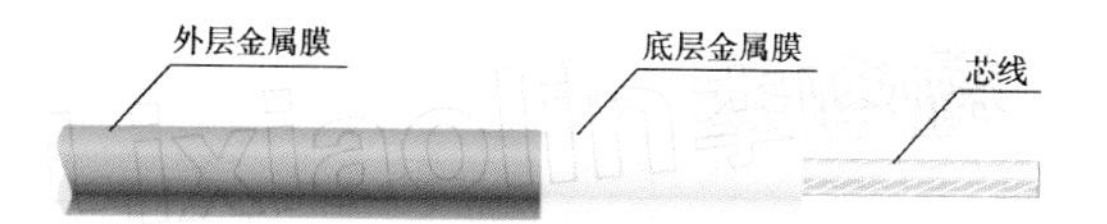

图 4-1 航空航天用镀膜电线

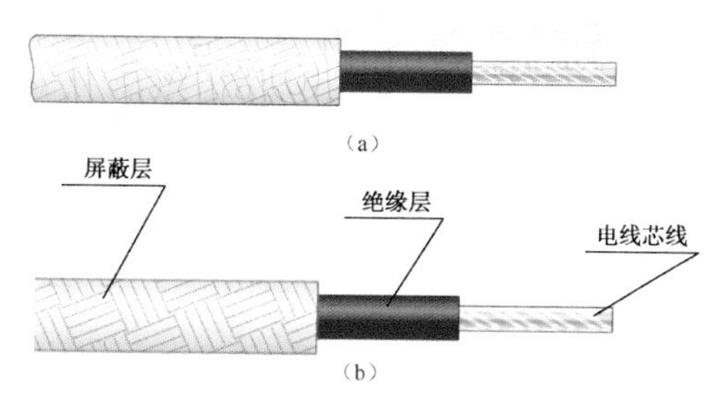

图 4-2 常用屏蔽导线的结构示意图

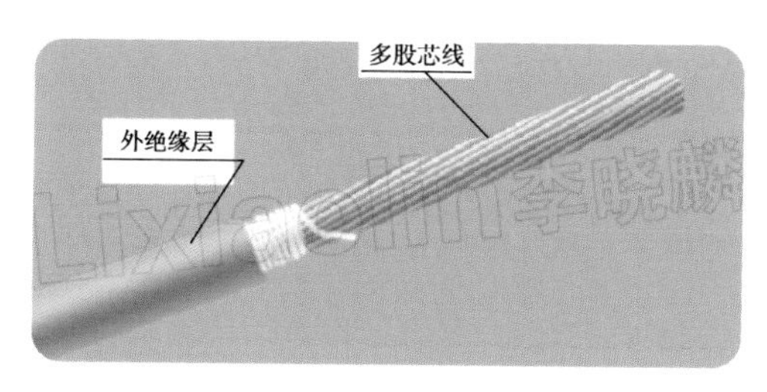

图 4-3 带缠绕丝包的绝缘电线

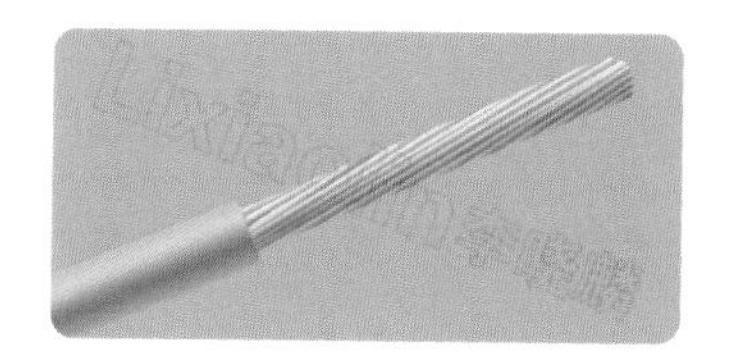

图 4-4 不带缠绕丝包的绝缘电线

图 4-5 红、黑双绞导线

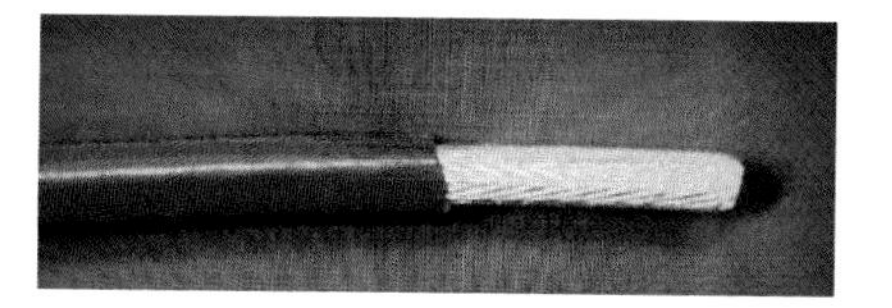

图 4-6 氟塑料绝缘安装电线外形

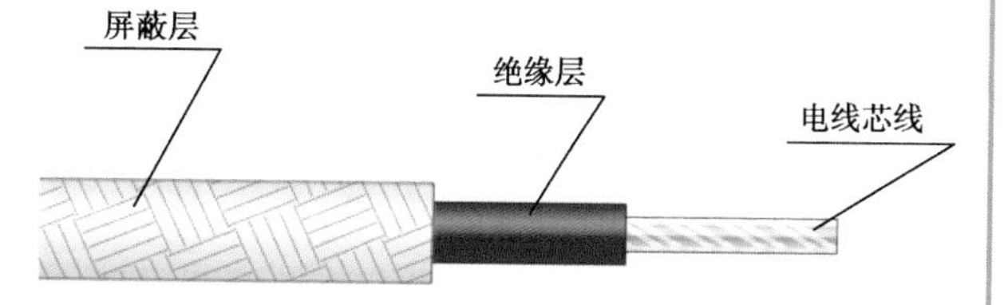

图 4-7 聚四氟乙烯带屏蔽安装电线外形

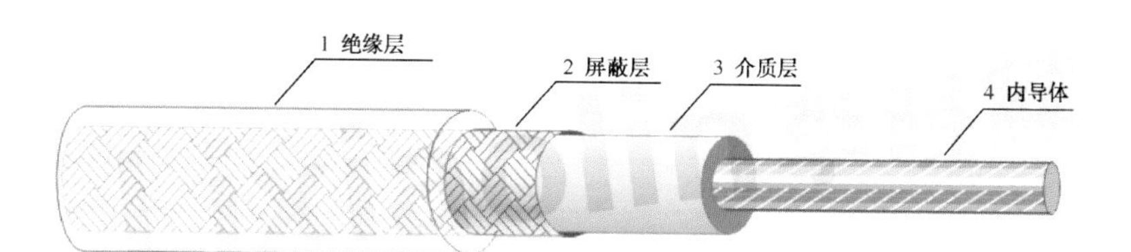

图 4-12 同轴电缆的结构示意图

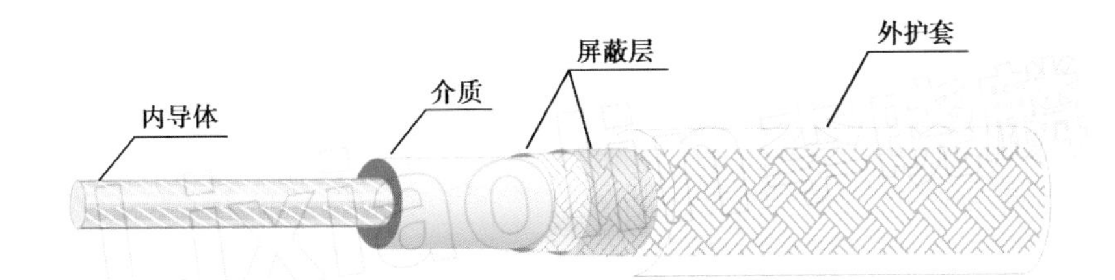

图 4-13　双屏蔽层射频同轴电缆的结构示意图

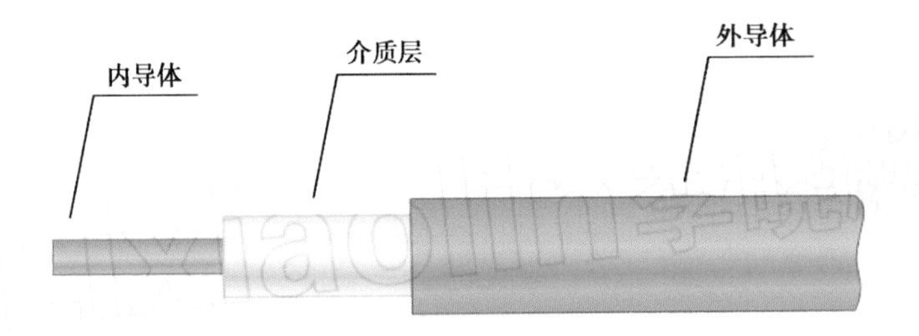

图 4-14　SFT 系列半刚性射频同轴电缆的结构示意图

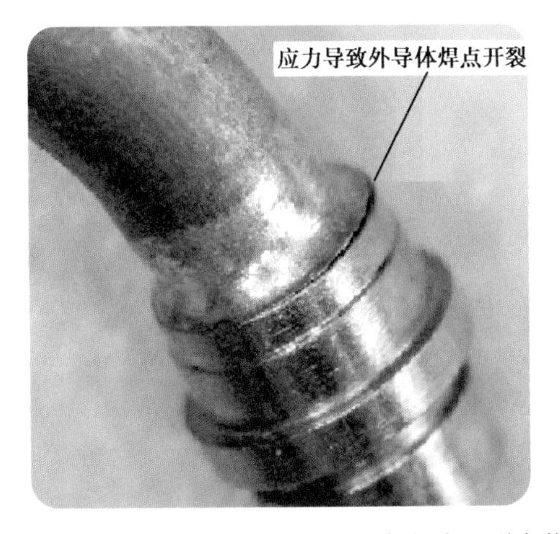

图 4-16　半刚性射频同轴电缆组件焊点开裂实物图

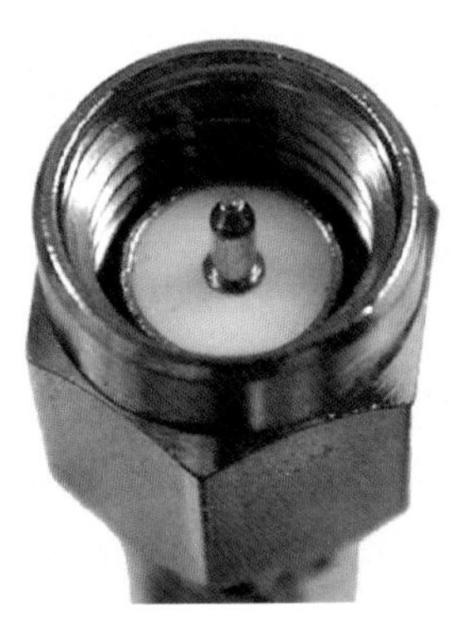

(a)装配后正常的介质状况

(b)介质发生了“缩头”现象

图 4-19　半刚性射频同轴电缆装配后的实物图

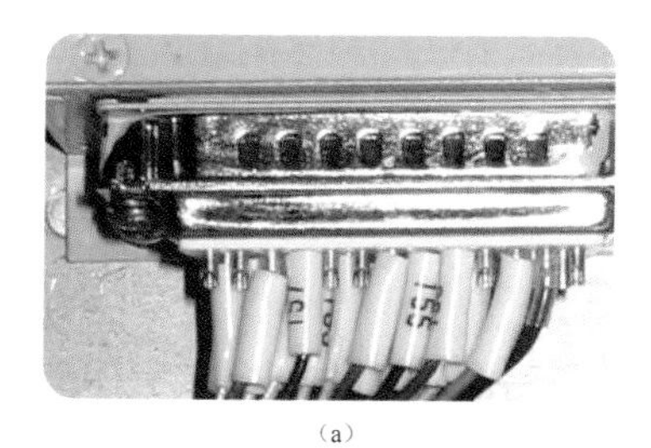

(a)

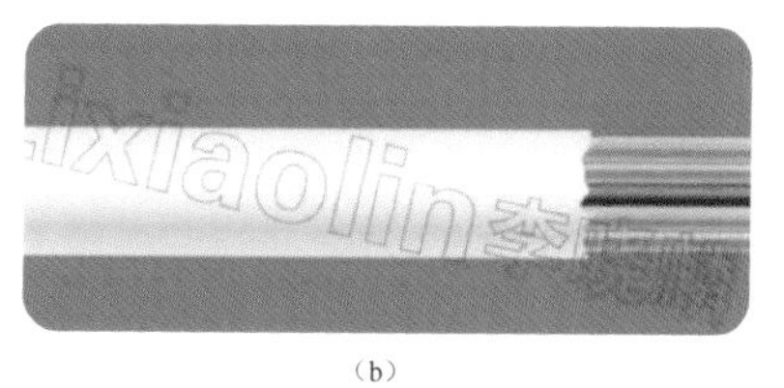

(b)

图 5-1 白 PVC 绝缘套管应用实物图及示意图

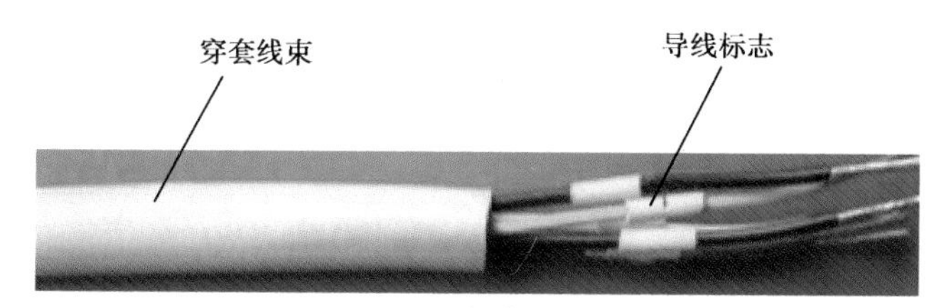

图 5-2 聚乙烯氯磺化套管应用实物图

图 5-3 聚乙烯氯磺化套管的标志应用实物图

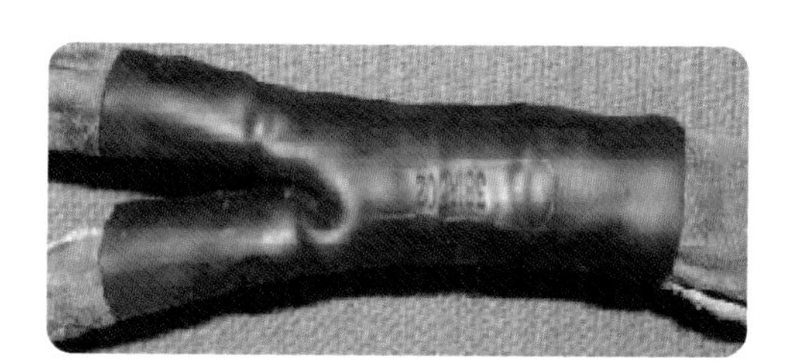

图 5-6 热缩套管在电缆分叉处的使用

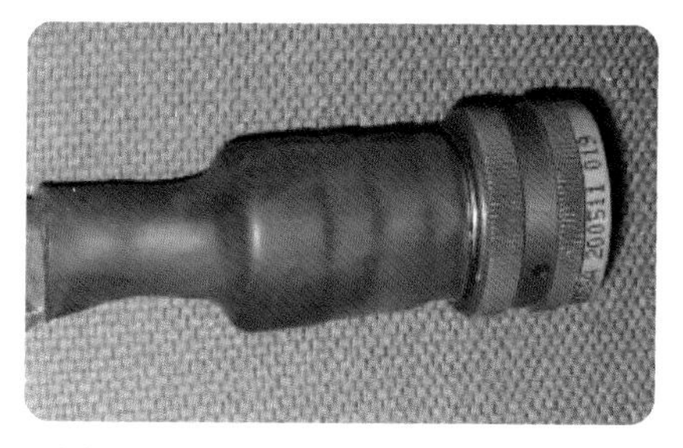

图 5-7 电连接器尾部与线束的固定

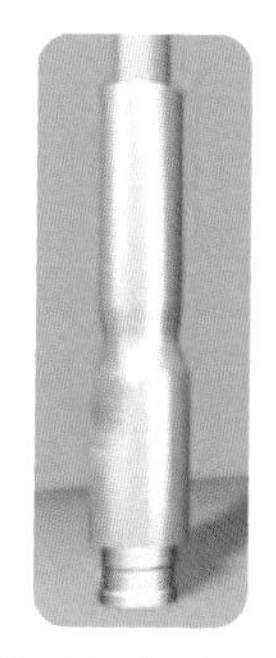

图 5-8 电连接器焊接端子的绝缘和保护

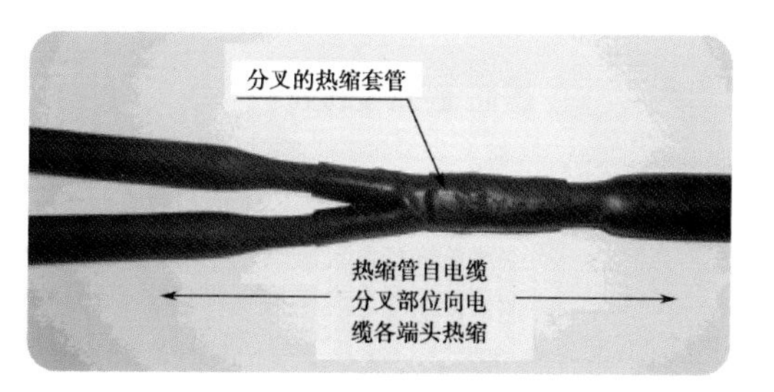

图 5-9 热缩套管作为整根电缆外护套的使用

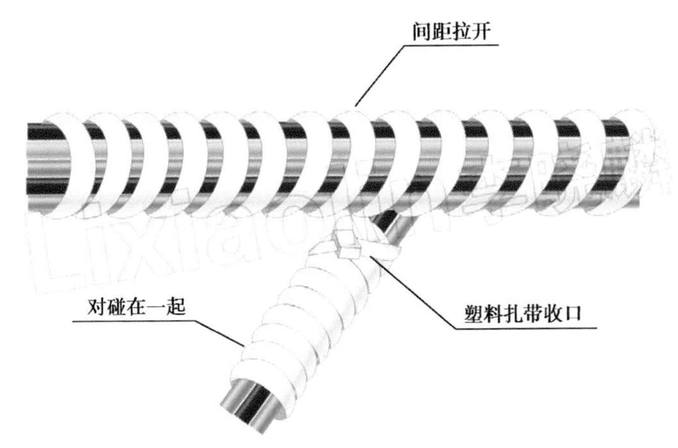

图 5-10　塑料螺旋套管的应用

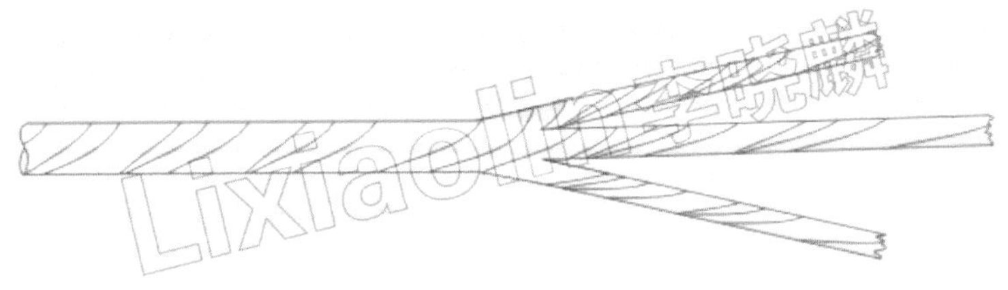

图 5-11　塑料薄膜对导线束的缠绕应用示意图

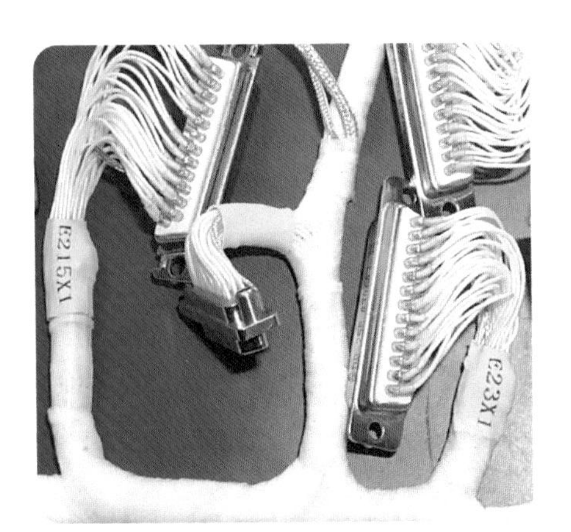

图 5-12　聚四氟乙烯薄膜缠绕线束实物图

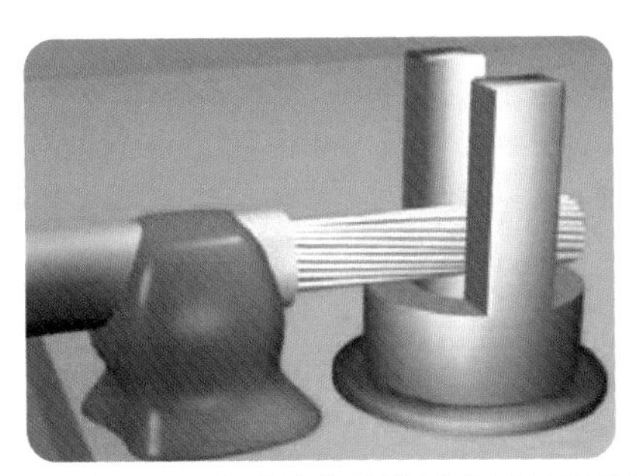

图 5-15　在 PCB 上对双分叉端子焊接导线的固定

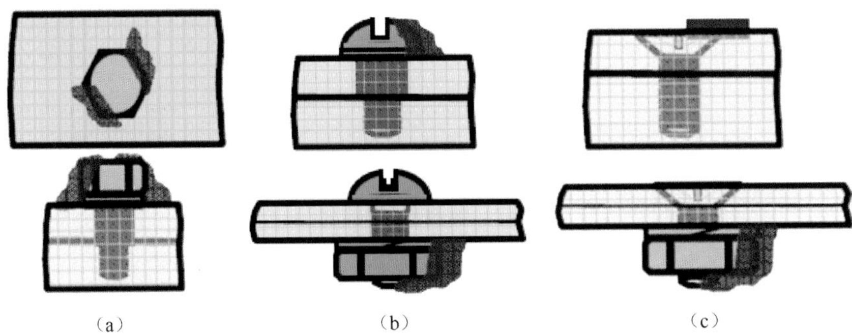

图 5-16　用胶固定各种紧固件

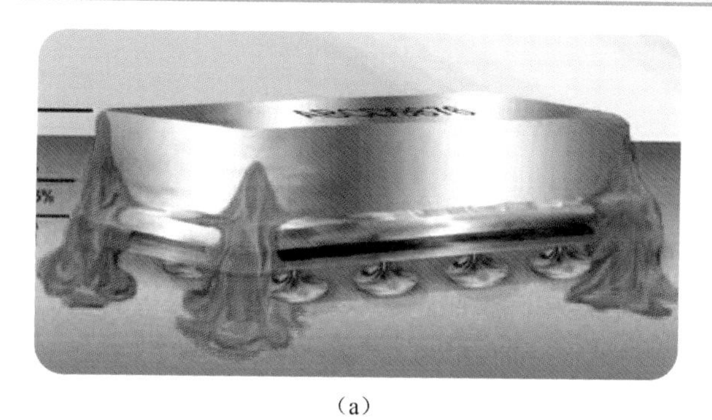

(a)

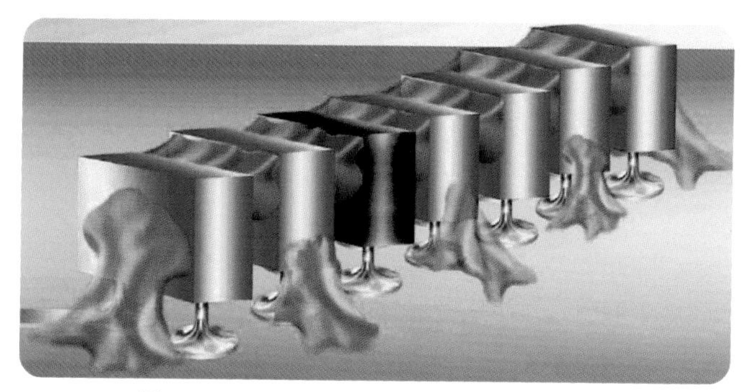

(b)

图 5-17 PCB 上元器件的防振与减振

图 5-18 PCB 上排列元器件的防振与减振

图 5-20 密封、绝缘和应力消除方面的应用

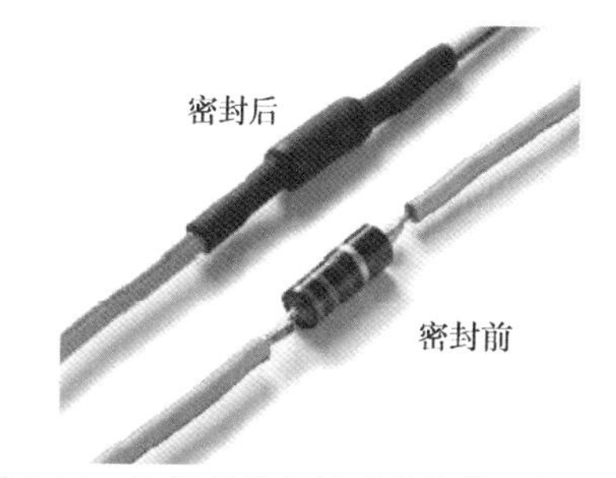

图 5-25 热缩套管密封元器件前后情形图

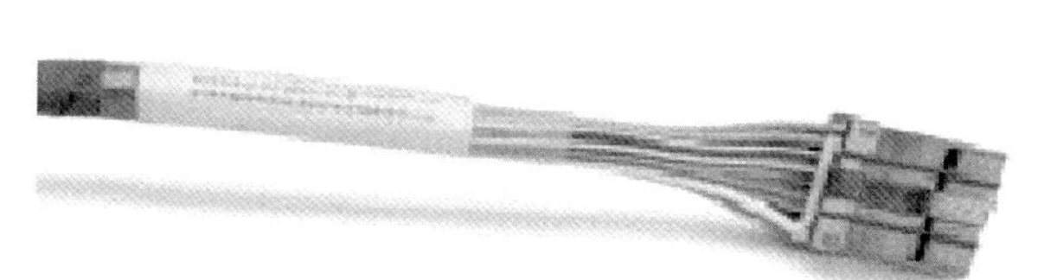

图 5-31 用于电缆标记的机械、防水、密封保护的热缩套管

图 5-34 用于地下防潮、防腐、电缆密封等热缩套管

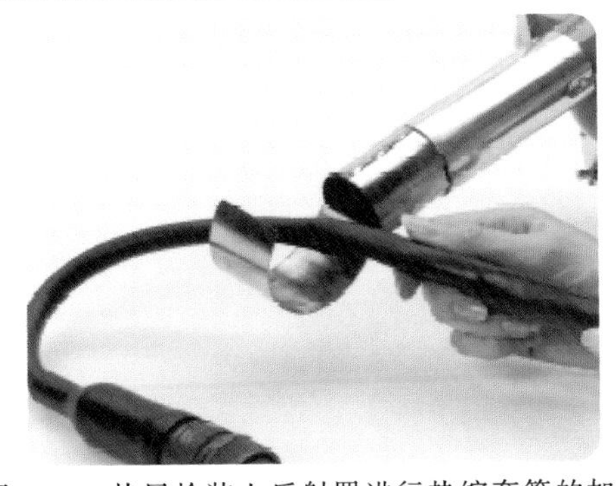

图 5-37 热风枪装上反射罩进行热缩套管的加工

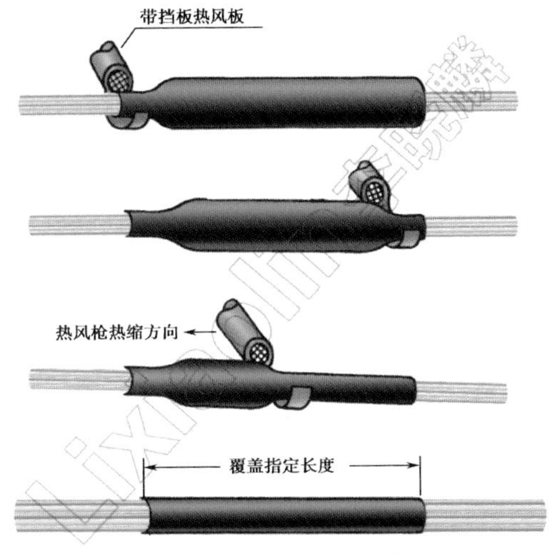

图 5-36 手工操作的示意图

图 5-38 常规热风枪热缩连接器导线上的热缩套管

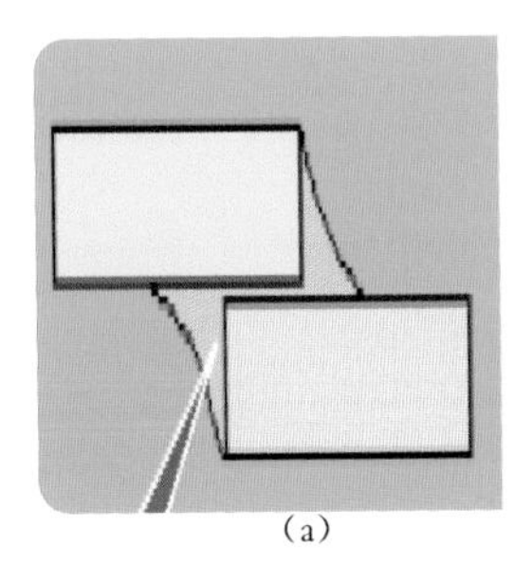

(a)

(b)

图 6-3 软钎焊接示意图及实物图

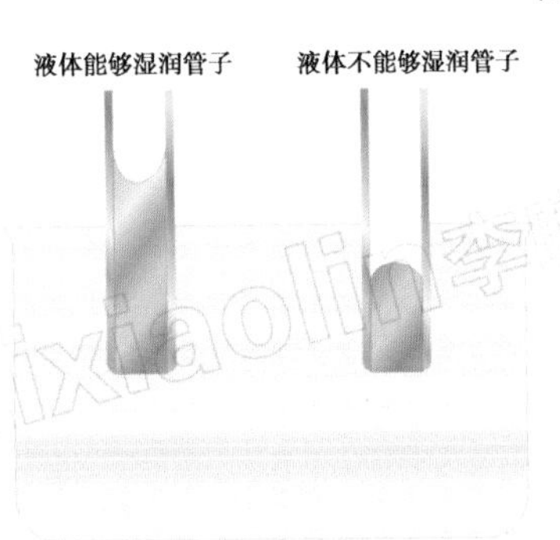

图 6-15 毛细管现象示意图

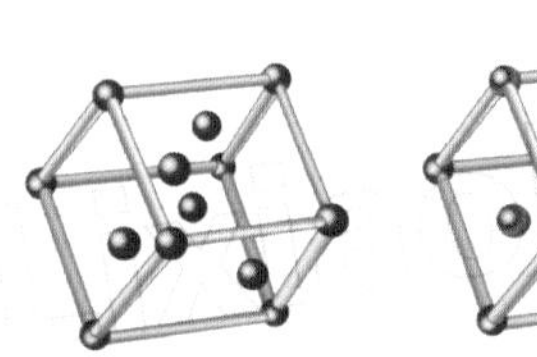

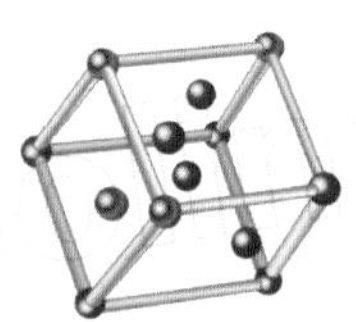

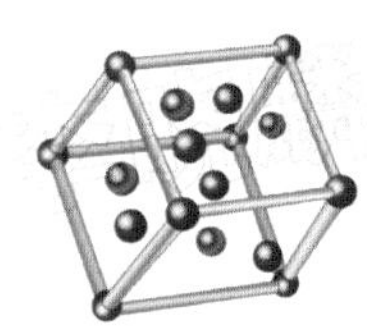

图 6-16 金属间原子扩散类型示意图

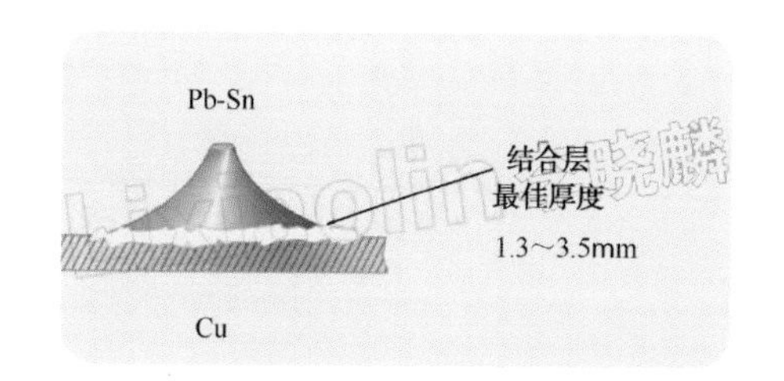

图 6-20　金属间结合层最佳厚度示意图

图 6-21　焊料太厚造成龟裂的实物图

图 6-24　柱状端子良好焊点的外观实物图

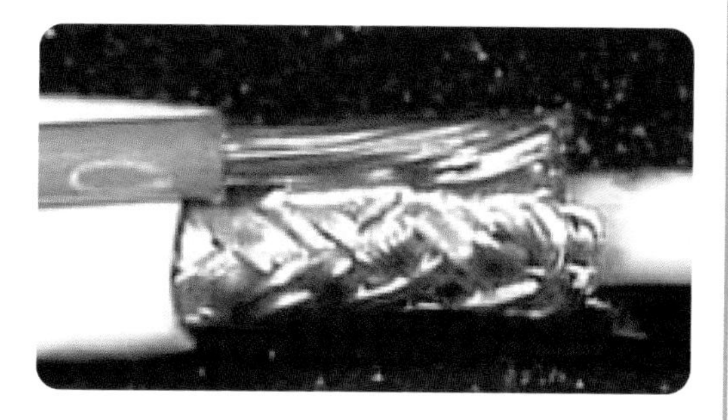

图 6-25　导线和屏蔽编织层焊料覆盖情形实物图

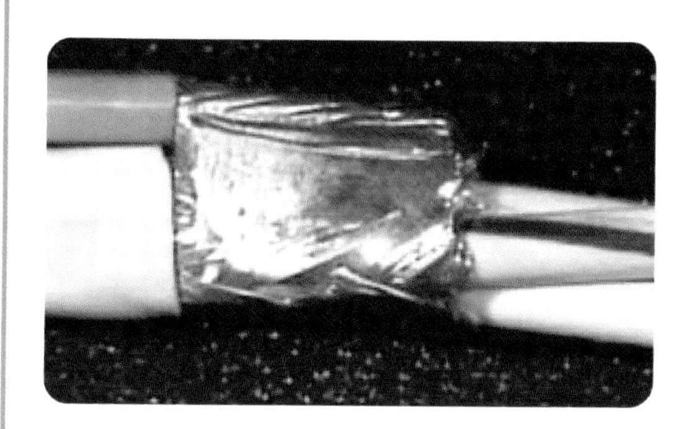

图 6-26　润湿但焊料稍多

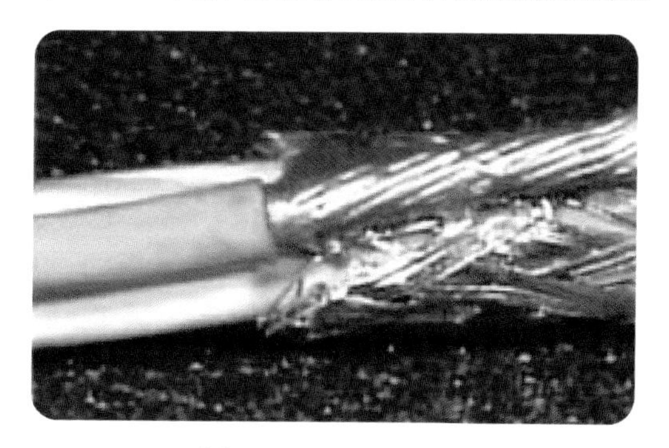

图 6-27　不润湿焊点

(a)　　(b)

图 6-29　高频电缆插针的焊接

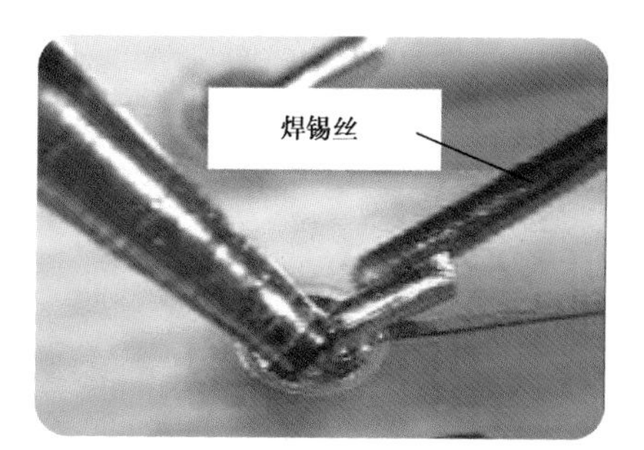

图 6-30　烙铁头最大限度地同时接触引脚与焊盘

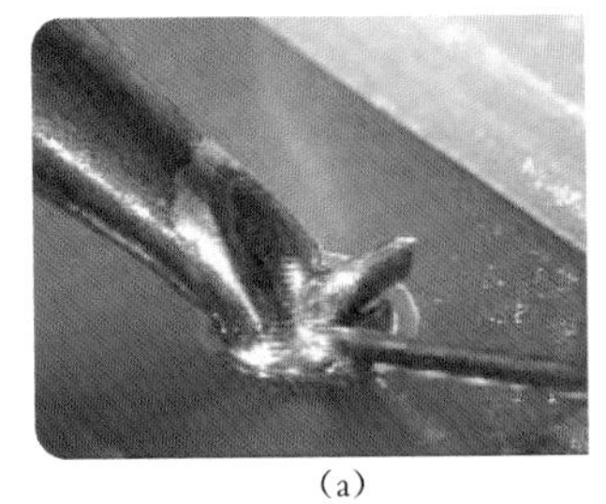
(a)

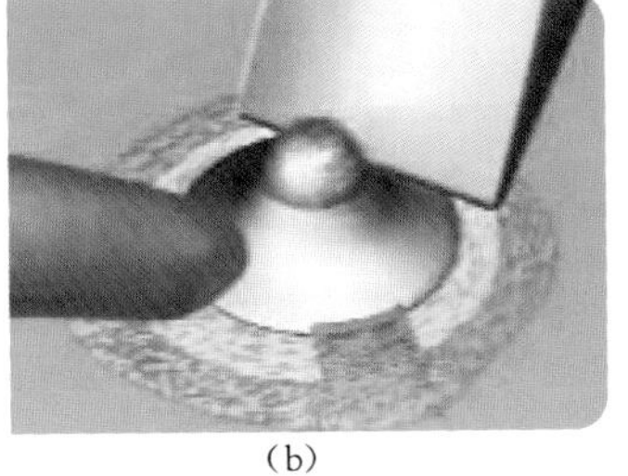
(b)

图 6-31　焊接中送焊锡丝的方向

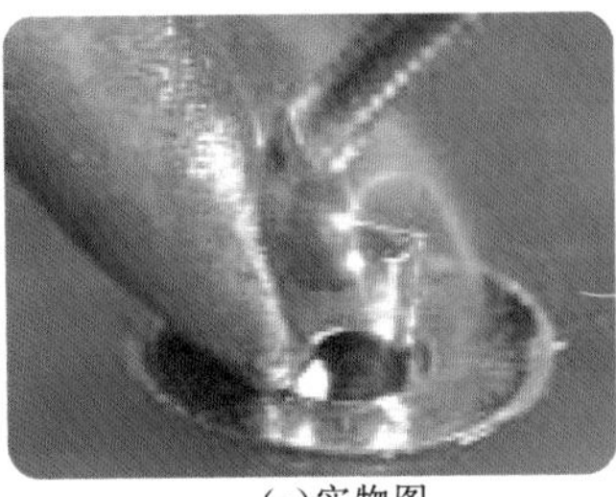
(a)实物图

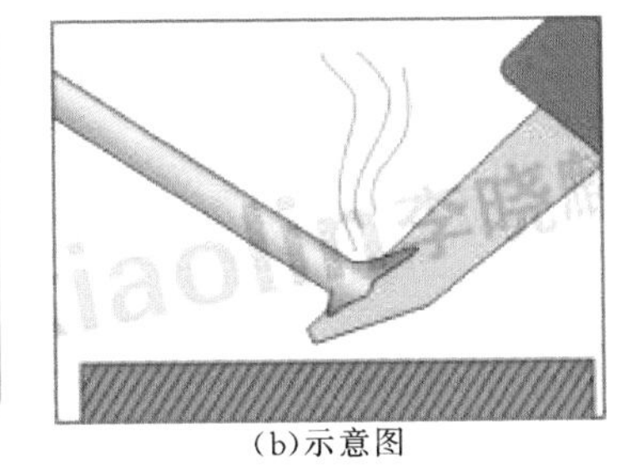
(b)示意图

图 6-33　焊接动作错误实物图及示意图

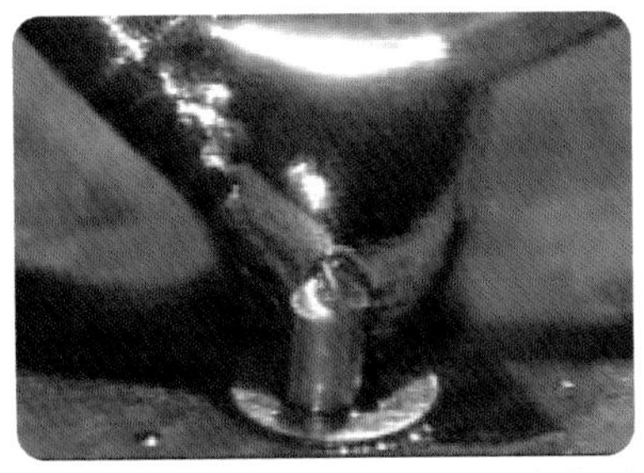
图 6-34　错误操作而不润湿的实物图

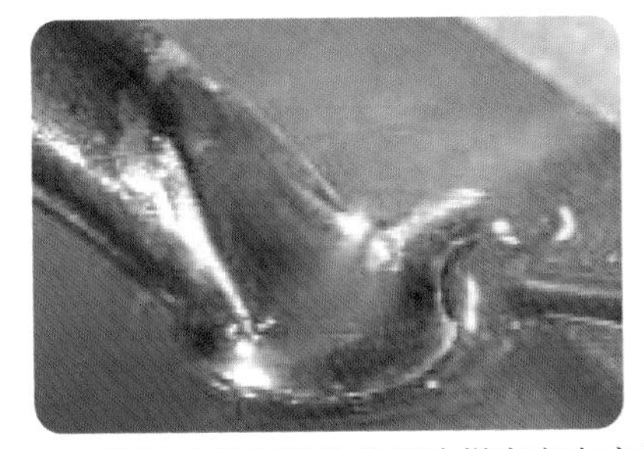
图 6-35　焊锡丝和烙铁头的正确撤离方向实物图

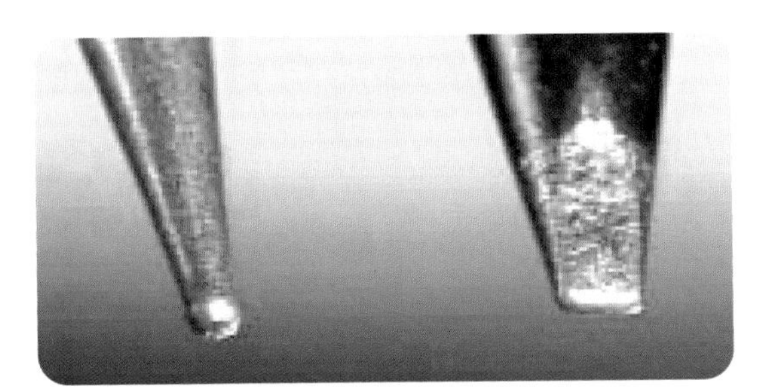
图 6-38　锥形和凿形烙铁头

图 6-39　烙铁头的处理

图 6-48　锥形头、凿形头烙铁头形状

图 6-49　以焊盘直径大小选择烙铁头尺寸

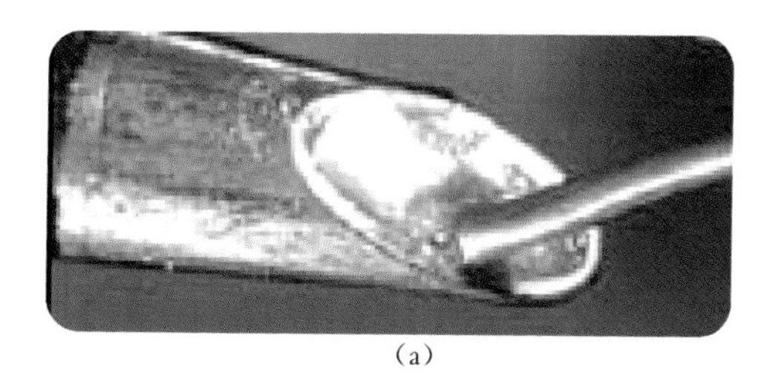

(a)　　(b)

图 6-57　马蹄形烙铁头实物图

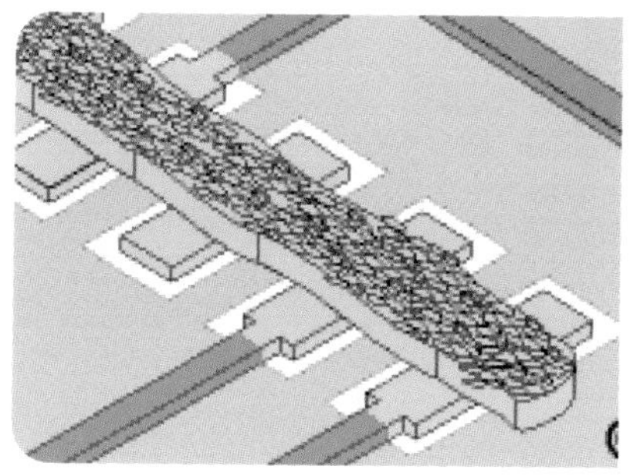

(a) 预涂焊膏

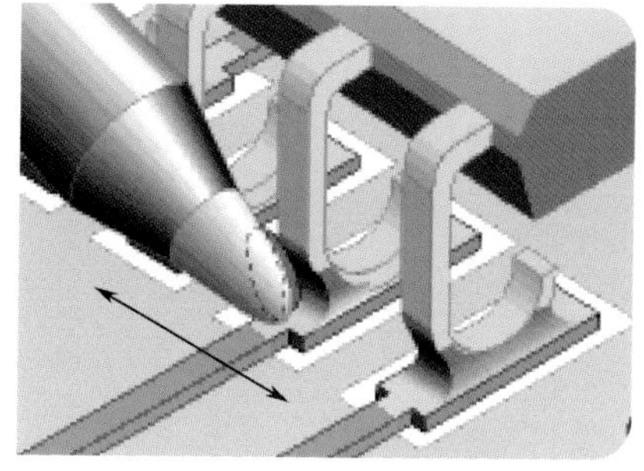

(b) "J"形引脚焊接示范

图 6-58　拖曳焊接示意图

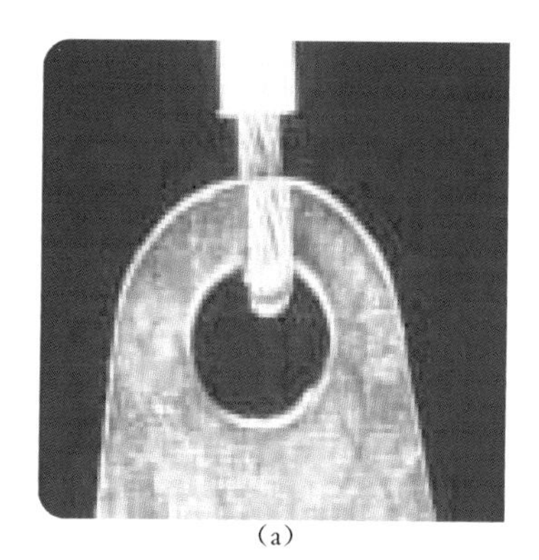

(a)

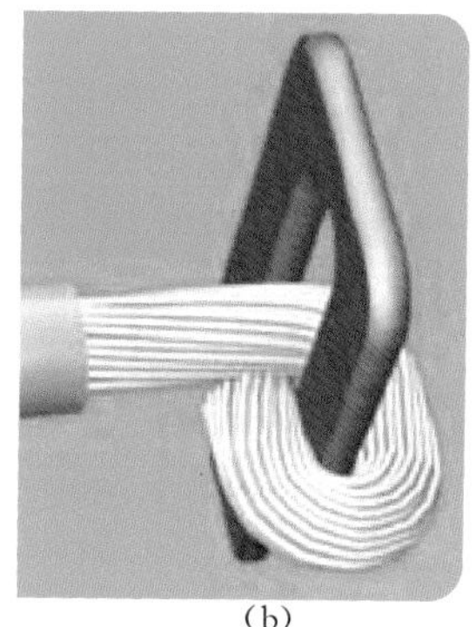

(b)

图 6-59　孔状端子的外形

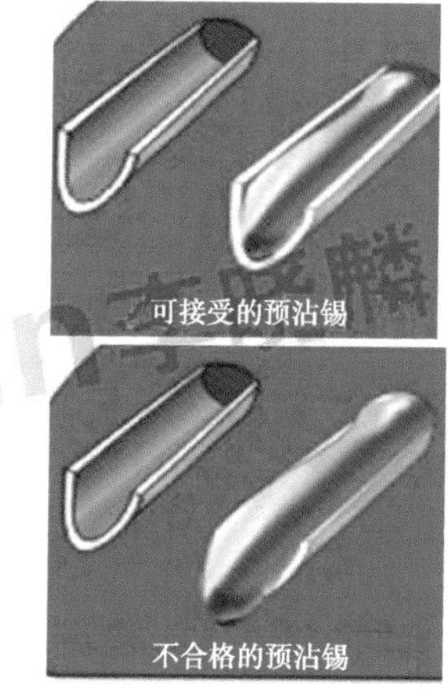

图 6-81　杯状端子的预沾锡合格与否判定示意图

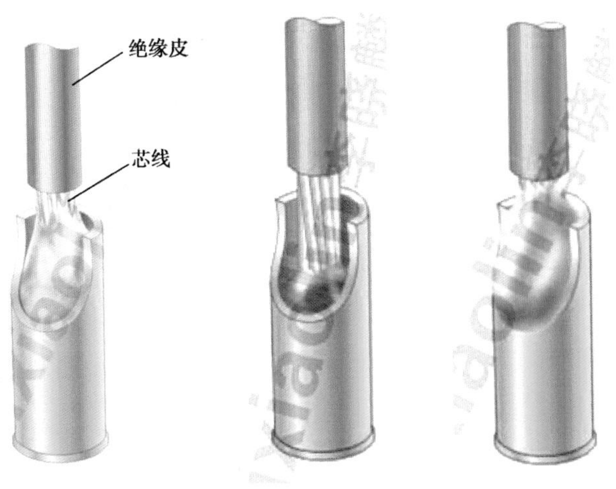

（a）合格　（b）不合格：不润湿且锡太少　（c）不合格：锡太多

图 6-89　杯状端子焊接合格与否示意图

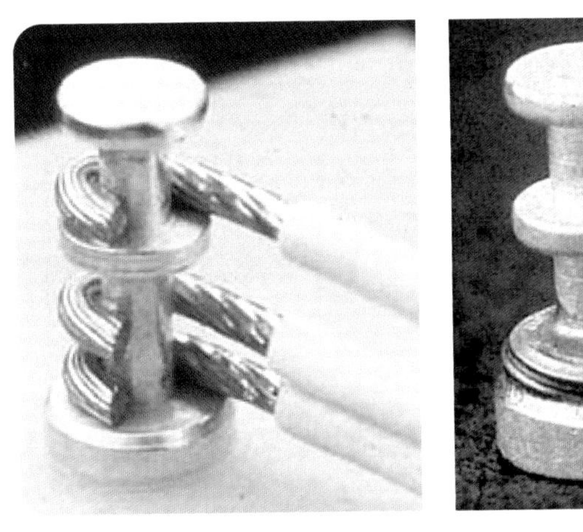

（a）　（b）

图 6-90　塔状端子的正确装配焊接图

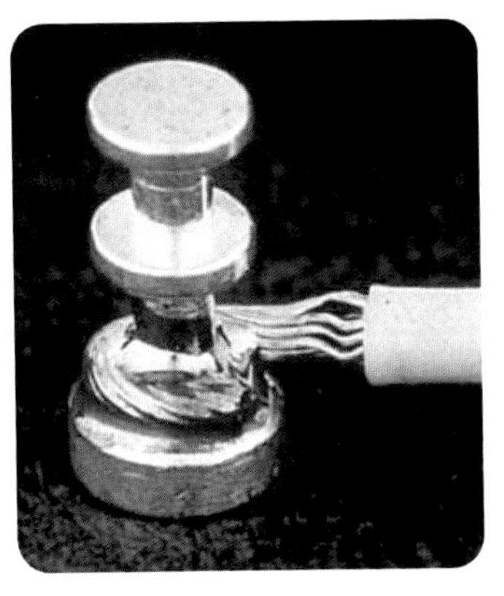

图 6-91　塔状端子不合格图 1

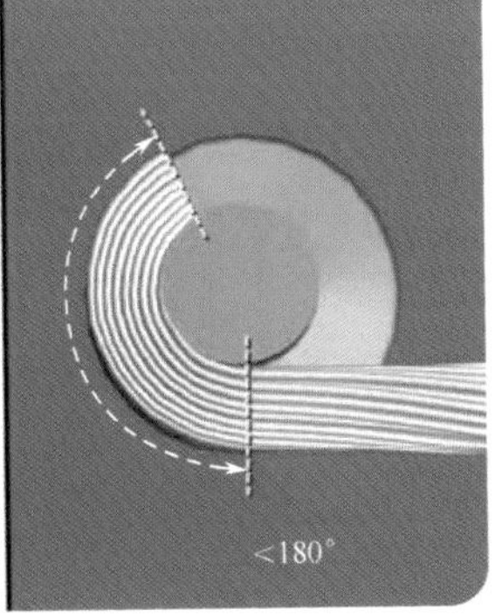

图 6-92　塔状端子不合格图 2

图 6-93　不合格的塔状端子焊接图

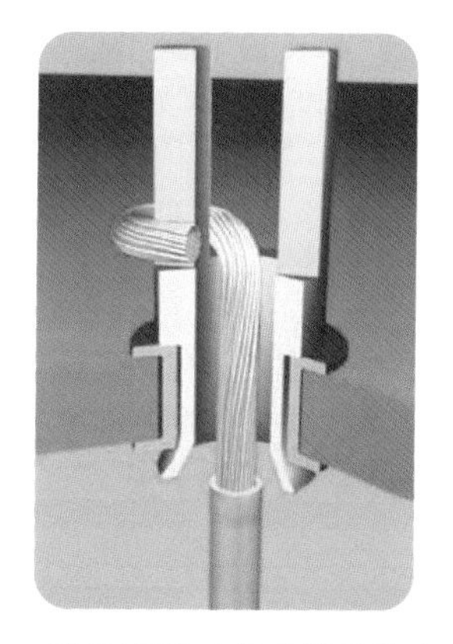

图 6-95　导线贯通双分叉端子装配示意图

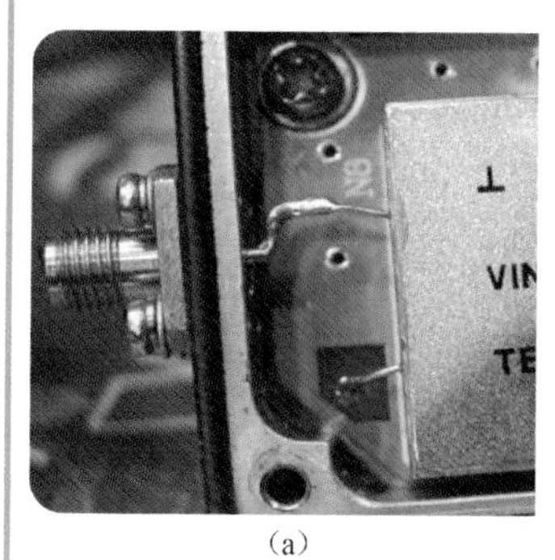

(a)　(b)

图 6-112　错误焊接与改进后的焊接实物图

图 6-119　焊点开裂的实物放大图

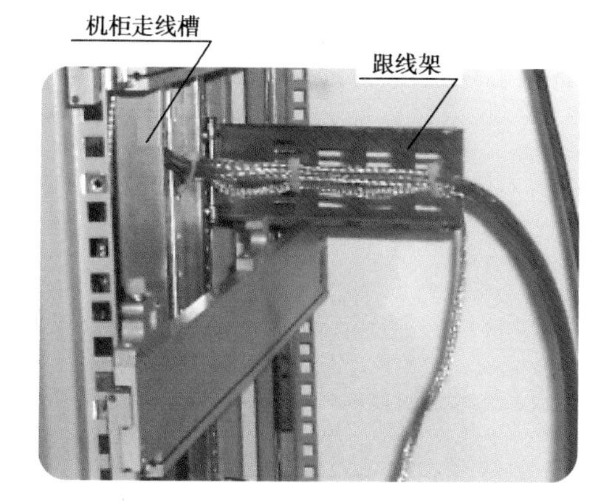

图 7-17　机柜中的走线槽和跟线架实物图

图 7-41　单元模块整机布线实物图

图 7-42　悬挂线束不合格的布线照片

图 7-43　悬挂线束合格的布线照片

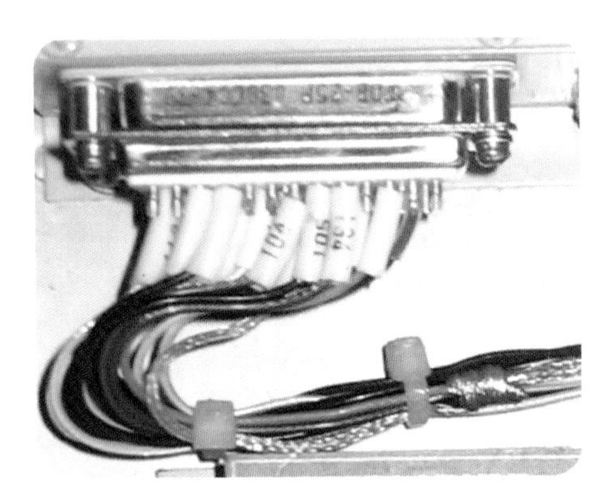

图 7-44　插座上不正确的布线例子

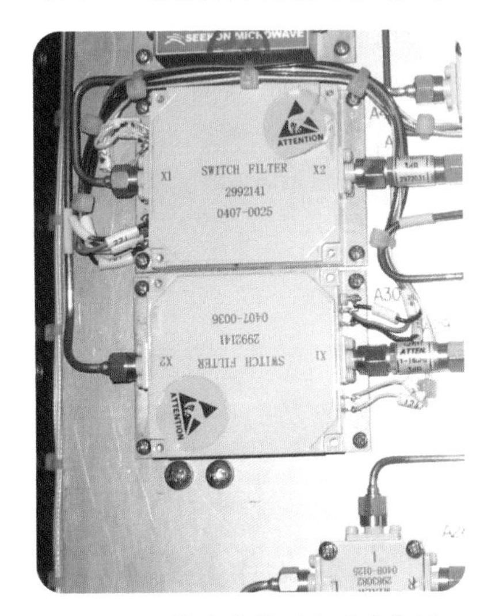

图 7-45　线束走线不合理实物图

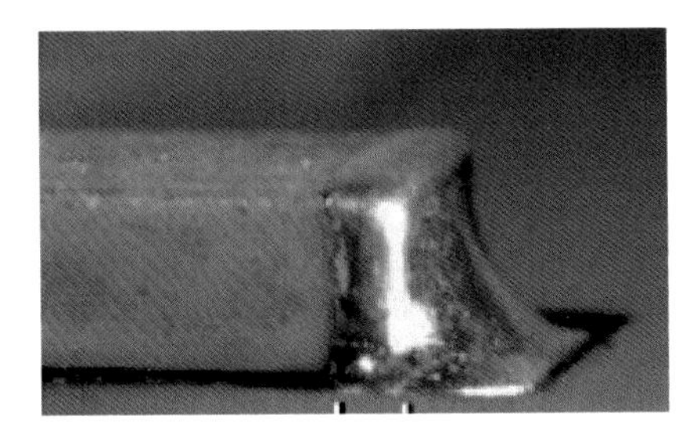

图 9-4　片式元件优良焊点图示(二)

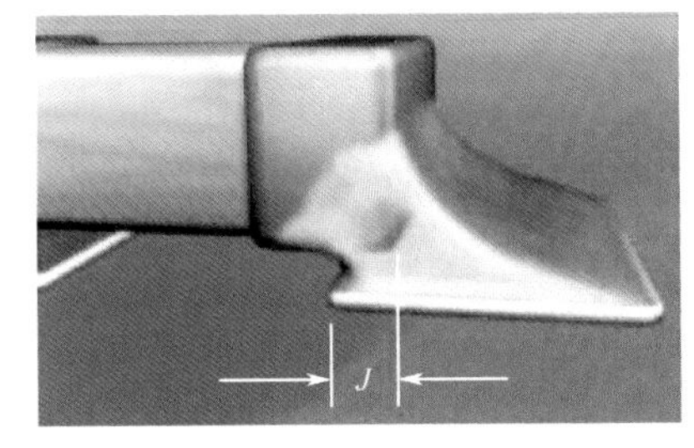

图 9-5　焊接端极与焊盘的安装位置太少

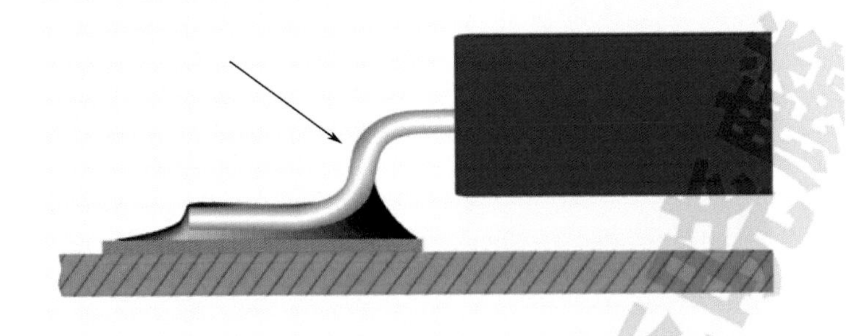

图 9-9　“L”形和鸥翼形引脚的优良焊接图示

（a）

（b）

图 9-10 “L”形和鸥翼形引脚的优良焊接实物图

（a）示意图

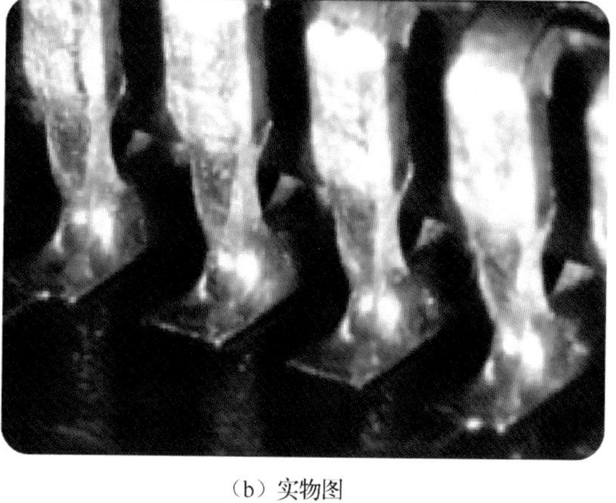

（b）实物图

图 9-12 “J”形引脚器件的焊接图

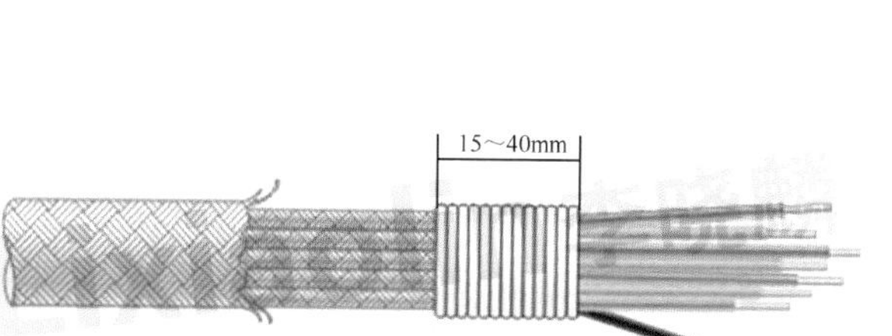

图 9-13 屏蔽导线的屏蔽层接地线引出线示意图

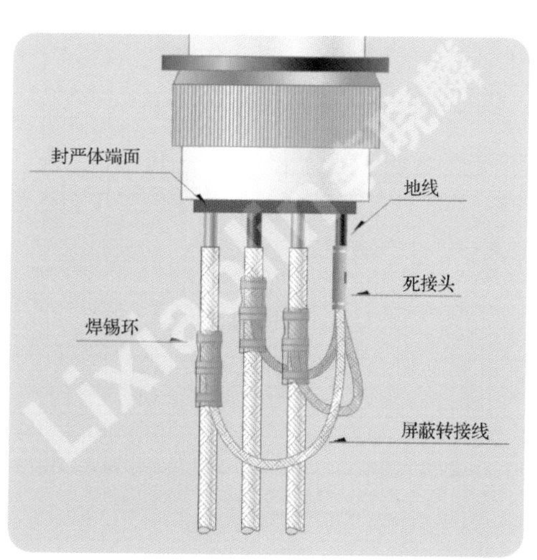

图 9-14 用焊锡环处理屏蔽层示意图

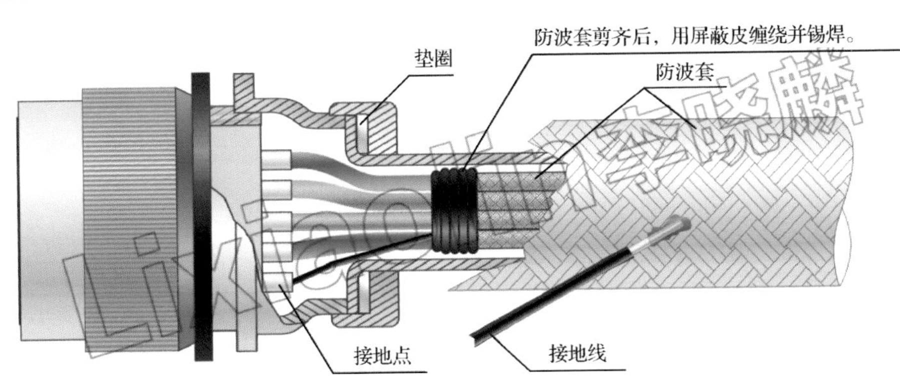

图 9-15　多芯电缆防波套上的接地导线焊接示意图

（a）

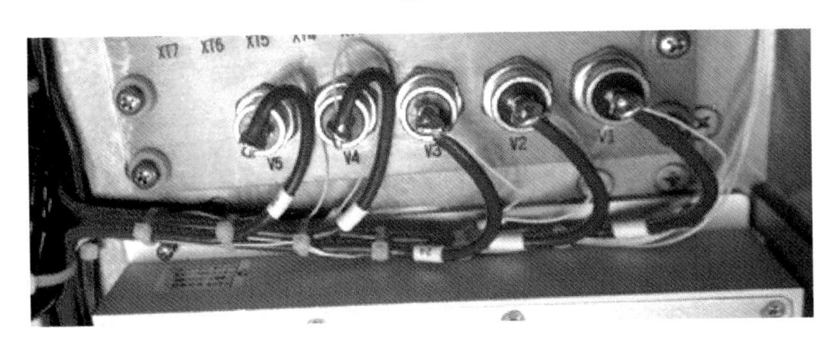

（b）

图 9-16　焊接端子走线弯曲实物图

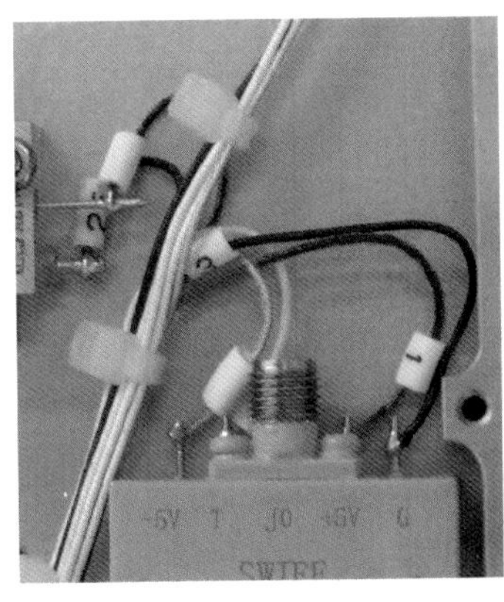

（a）

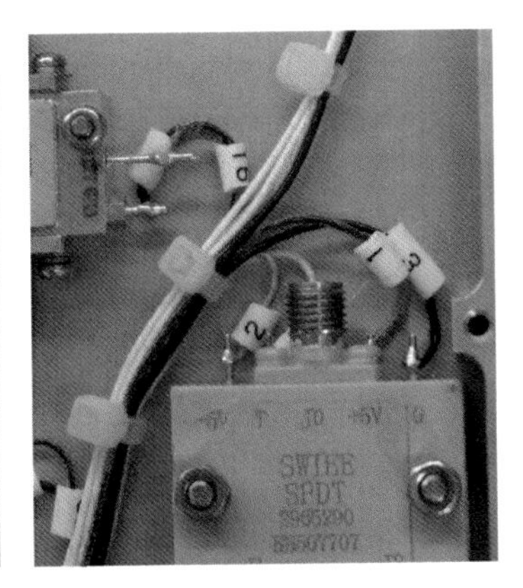

（b）

图 9-19　导线与端子形态、焊接处理（一）

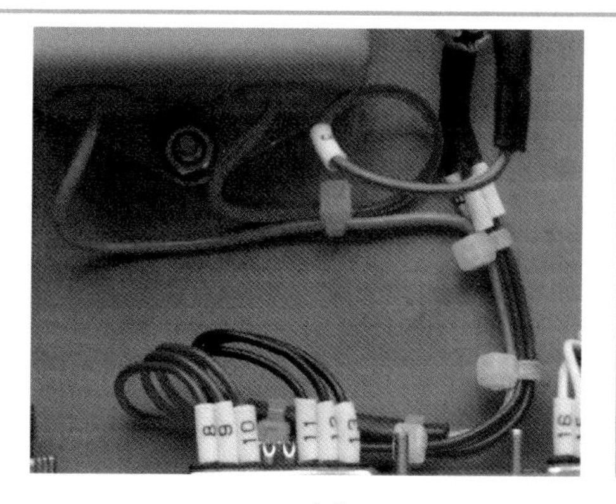

(a)

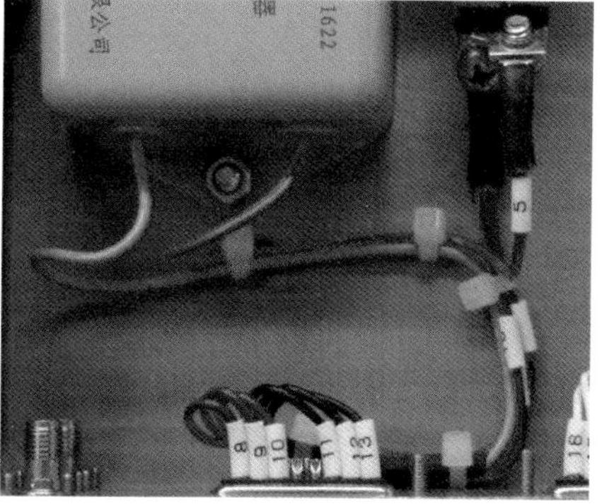

(b)

图 9-20　导线与端子形态、焊接处理(二)

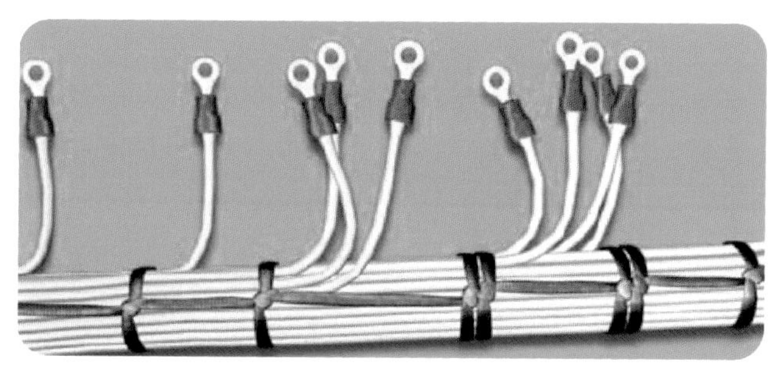

图 9-21　线束中正确的导线甩出位置

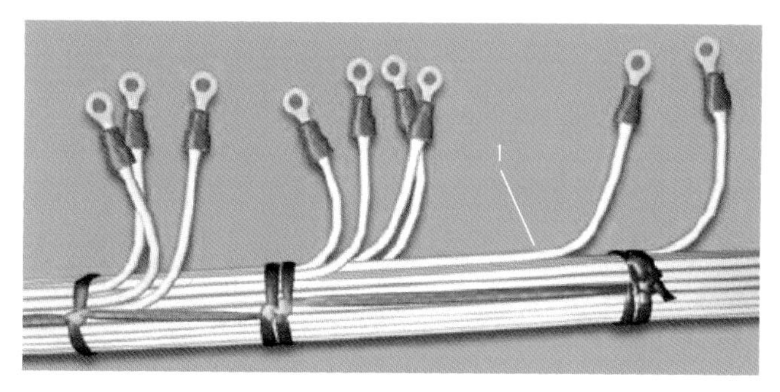

图 9-22　线束中“1”所示的导线甩出位置不正确

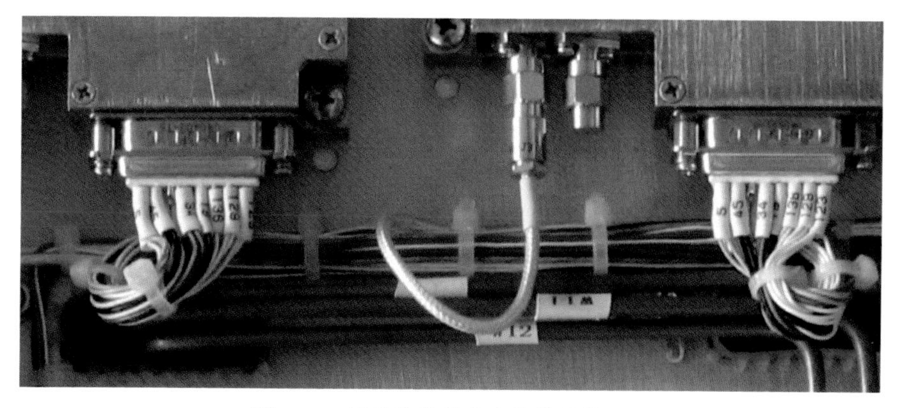

图 9-23　导线从扎带出来的错误位置图